次世代永久磁石の
開発最前線

磁性の解明から構造解析、省・脱レアアース磁石、モータ応用まで

[監修] 尾崎公洋　杉本諭

NTS

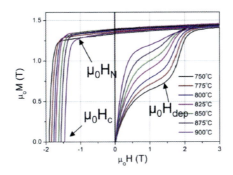

図2 異なる押出温度で作製された熱間加工ネオジム磁石の磁化曲線　Reprinted with permission from Elsevier.[3]（p.34）

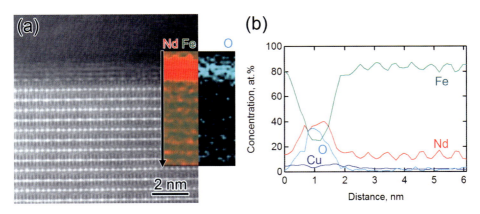

図4 ネオジム磁石の結晶粒界より得た(a) HAADF-STEM像とEDS元素マップ，(b) (a)中の矢印の方向に沿って分析した濃度プロファイル（p.64）

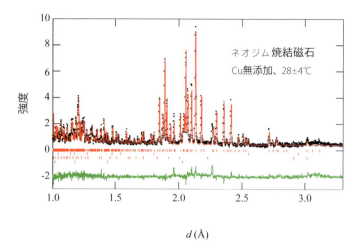

図1 ネオジム焼結磁石バルク試料の回折プロファイル（黒点）およびそのリートベルト解析から得られた強度（赤線）

回折プロファイルの下にある赤いティックは主相および副相のピーク位置を示す。緑線は残差。（p.100）

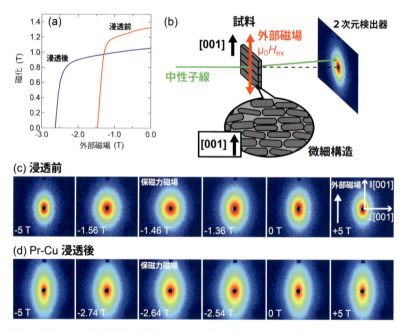

図1 (a)Pr–Cu浸透前後の熱間加工ネオジム磁石の磁化曲線，(b)中性子小角散乱実験の模式図，(c)Pr–Cu浸透前の熱間加工ネオジム磁石の中性子小角散乱パターンの外部磁場変化，(d)Pr–Cu浸透後の熱間加工ネオジム磁石の中性子小角散乱パターンの外部磁場変化（p.108）

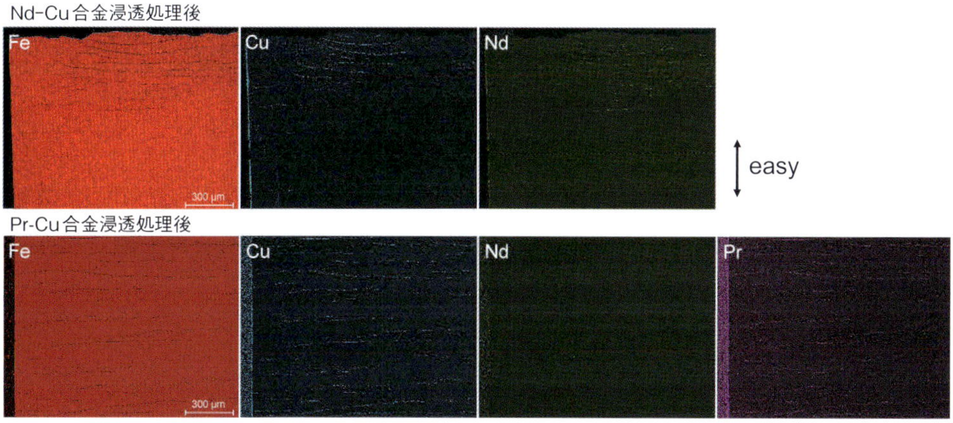

図8 Nd–Cu合金（上段）とPr–Cu合金（下段）を拡散させた熱間加工磁石の断面のEDSマッピング結果（p.149）

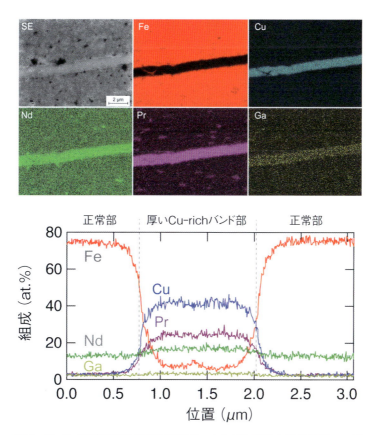

図9 Pr–Cu浸透処理後の磁石内のCu-richバンドにおける元素マッピングとラインプロファイル（p.149）

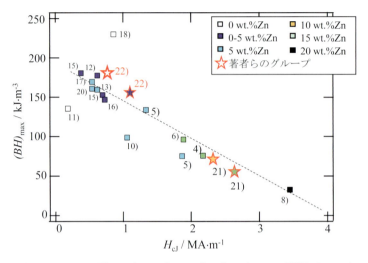

図1 Sm-Fe-N系Znボンド磁石の $(BH)_{max}$ と H_{cJ} の関係（p.194）

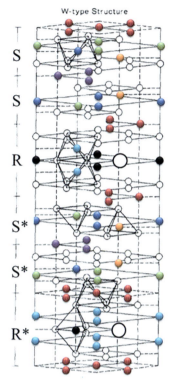

副格子		位置	ブロック	スピン
12k	●	八面体	R-S	UP
4e	●	四面体	S	DOWN
4f$_{IV}$	●	四面体	S	DOWN
4f$_{VI}$	●	八面体	R	DOWN
6g	●	八面体	S-S	UP
4f	●	八面体	S	UP
2d	●	両錐	R	UP

アルカリ土類金属（Ae^{2+}）のサイト ◯

酸素イオン（O^{2-}）のサイト ○

図4　W型フェライトの結晶構造 （p.216）

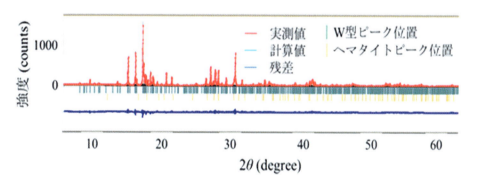

図6　SrZnMnFe$_{16}$O$_{27}$ の放射光X線回折測定データのRietveld解析結果 （p.217）

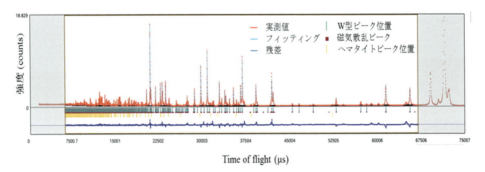

図9　SrZn$_{0.5}$Mn$_{1.5}$Fe$_{16}$O$_{27}$の中性子回折測定データのRietveld解析結果（p.219）

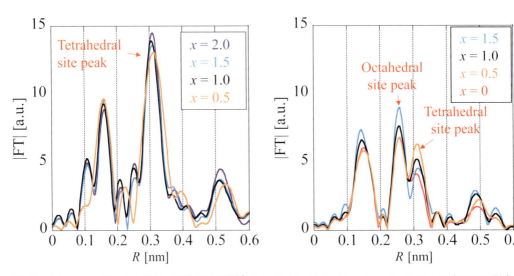

図13　SrZn$_x$Mn$_{2-x}$Fe$_{16}$O$_{27}$のZn-K端XAFS測定から得られたZnの動径構造関数（p.221）

図14　SrZn$_x$Mn$_{2-x}$Fe$_{16}$O$_{27}$のMn-K端XAFS測定から得られたMnの動径構造関数（p.221）

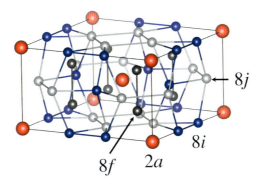

図1 ThMn$_{12}$構造（p.227）

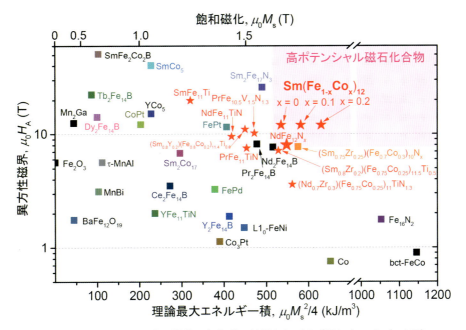

図1 報告されている強磁性体の永久磁石材料としてのポテンシャル（p.235）

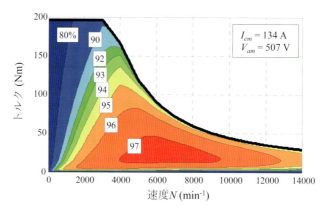

図9 基準モデル Type1V_R の効率マップ (p.294)

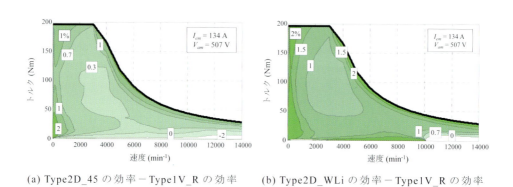

(a) Type2D_45 の効率 − Type1V_R の効率　　(b) Type2D_WLi の効率 − Type1V_R の効率

図10 基準モデルとの効率差のマップ (p.294)

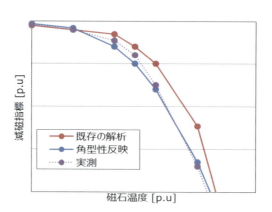

図4 モータ減磁特性 (p.300)

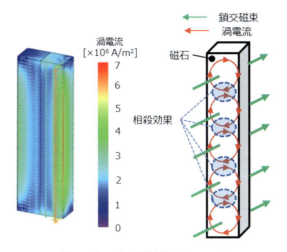

図5 磁石損失解析結果（p.301）

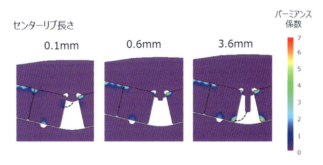

図10 センターリブ長さの磁場解析コンター図（p.304）

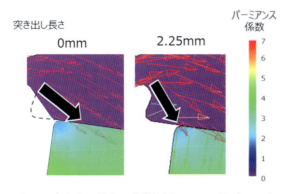

図12 突き出し長さの磁場解析コンター図（p.305）

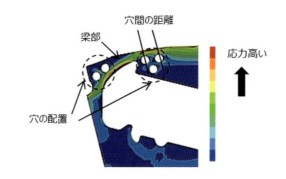

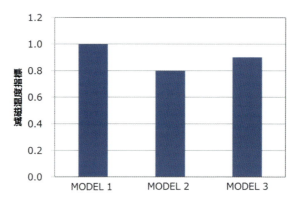

図13 応力コンター図と減磁温度指標の解析結果 (p.306)

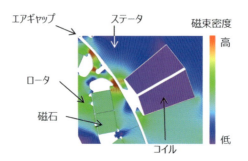

図15 磁石切り替わり時の磁束密度コンター (p.307)

監修者・執筆者一覧

【監修者】

| 尾崎　公洋 | 国立研究開発法人産業技術総合研究所磁性粉末冶金研究センター　研究センター長 |
| 杉本　　諭 | 東北大学大学院工学研究科　教授 |

【執筆者】(執筆順)

合田　義弘	東京工業大学物質理工学院　准教授
加藤　宏朗	山形大学大学院理工学研究科　教授
小池　邦博	山形大学大学院理工学研究科　准教授
大久保忠勝	国立研究開発法人物質・材料研究機構磁性・スピントロニクス材料研究拠点 グループリーダー
小山　敏幸	名古屋大学大学院工学研究科　教授
塚田　祐貴	名古屋大学大学院工学研究科　准教授
竹澤　昌晃	九州工業大学大学院工学研究院　教授
佐々木泰祐	国立研究開発法人物質・材料研究機構磁性・スピントロニクス材料研究拠点 主任研究員
板倉　　賢	九州大学大学院総合理工学研究院　准教授
小林　義徳	日立金属株式会社磁性材料研究所　主任研究員
川田　常宏	日立金属株式会社磁性材料研究所　研究員
岡﨑　宏之	公益財団法人高輝度光科学研究センター利用研究促進部門　博士研究員
中村　哲也	公益財団法人高輝度光科学研究センター利用研究促進部門　主席研究員
斉藤耕太郎	ポール・シェラー研究所中性子散乱イメージング研究室　博士研究員
小野　寛太	大学共同利用機関法人高エネルギー加速器研究機構物質構造科学研究所　准教授
小谷　佳範	公益財団法人高輝度光科学研究センター利用研究促進部門　研究員
豊木研太郎	公益財団法人高輝度光科学研究センター利用研究促進部門　博士研究員
日置　敬子	大同特殊鋼株式会社技術開発研究所磁石材料研究室　主任研究員
服部　　篤	株式会社ダイドー電子技術部製品技術2室　室長
清水　治彦	株式会社本田技術研究所四輪R&Dセンター第3技術開発室第3ブロック　研究員
中澤　義行	株式会社本田技術研究所四輪R&Dセンター第3技術開発室第3ブロック　研究員
秋屋　貴博	株式会社ダイドー電子技術部製品技術2室　副主任部員

廣田　晃一	信越化学工業株式会社磁性材料研究所第二部開発室　室長
中村　　元	信越化学工業株式会社磁性材料研究所　所長
三嶋　千里	愛知製鋼株式会社未来創生開発部モータ・磁石開発室　磁粉チーム長
度會　亜起	愛知製鋼株式会社未来創生開発部モータ・磁石開発室　室長
桜田　新哉	株式会社東芝研究開発本部研究開発センター　技監
髙木　健太	国立研究開発法人産業技術総合研究所磁性粉末冶金研究センター　研究チーム長
岡田　周祐	国立研究開発法人産業技術総合研究所磁性粉末冶金研究センター ハード磁性材料チーム　主任研究員
松浦　昌志	東北大学大学院工学研究科　助教
小原　　学	明治大学理工学部　専任准教授
中川　　貴	大阪大学大学院工学研究科　招へい教授
清野　智史	大阪大学大学院工学研究科　准教授
山本　孝夫	大阪大学大学院工学研究科　教授
三宅　　隆	国立研究開発法人産業技術総合研究所 機能材料コンピュテーショナルデザイン研究センター　研究チーム長
平山　悠介	国立研究開発法人産業技術総合研究所磁性粉末冶金研究センター　研究員
小林久理眞	静岡理工科大学理工学部　教授/学科長
水口　将輝	東北大学金属材料研究所　准教授
小嶋　隆幸	東北大学金属材料研究所　博士研究員
高梨　弘毅	東北大学金属材料研究所　教授/所長
柳原　英人	筑波大学数理物質系物理工学域　教授
後藤　　翔	株式会社デンソーマテリアル研究部　担当係長
中野　正基	長崎大学大学院工学研究科　教授
柳井　武志	長崎大学大学院工学研究科　准教授
福永　博俊	長崎大学　理事/副学長
山際　昭雄	ダイキン工業株式会社テクノロジー・イノベーションセンター グループリーダー/主席技師
森本　茂雄	大阪府立大学大学院工学研究科　教授
相馬　慎吾	株式会社本田技術研究所四輪 R&D センター第 4 技術開発室 第 3 ブロック　研究員
藤代　　智	株式会社本田技術研究所四輪 R&D センター第 4 技術開発室 第 2 ブロック　研究員
小坂　　卓	名古屋工業大学大学院工学研究科　教授

目　次

序論　希少金属に依らない次世代永久磁石の開発と今後の展望

(尾崎　公洋)

1. ネオジム磁石の発展 ……………………………………………………………………… 3
2. 奇跡の材料 ……………………………………………………………………………… 5
3. 永久磁石開発のこれまで，現在，今後 …………………………………………………… 5

第1編　磁性と構造解析

第1章　磁性と磁化反転挙動

第1節　第一原理計算による永久磁石材料の局所磁性

(合田　義弘)

1. はじめに ………………………………………………………………………………… 11
2. 第一原理計算 …………………………………………………………………………… 12
3. Nd–Fe–B 磁性副相 ……………………………………………………………………… 13
4. Nd–Fe–B 磁石における主相 – 副相界面 ………………………………………………… 16
5. おわりに ………………………………………………………………………………… 18

第2節　交換結合ナノコンポジット磁石の特性発現メカニズム

(加藤　宏朗, 小池　邦博)

1. はじめに ………………………………………………………………………………… 21
2. 強磁性共鳴による Nd–Fe–B/Fe 系ナノコンポジット磁石における交換結合の評価 …… 22
3. Nd–Fe–B/Fe 系異方性ナノコンポジット磁石 …………………………………………… 24
4. $SmFe_{12}$/Fe 系異方性ナノコンポジット磁石 …………………………………………… 25
5. Nd–Fe–B/Fe 系ナノコンポジット磁石における界面結晶方位と交換結合 ……………… 26
6. さらなる高性能化のために ……………………………………………………………… 30

第3節　希土類系磁石材料の磁化過程メカニズム

(大久保　忠勝)

1. はじめに ………………………………………………………………………………… 33
2. 初磁化過程 ……………………………………………………………………………… 33
3. 減磁過程 ………………………………………………………………………………… 36
4. SmCo 系磁石のピニングメカニズム …………………………………………………… 40
5. おわりに ………………………………………………………………………………… 41

目　次

第4節　ネオジム磁石の粒界相形成メカニズムに対するフェーズフィールド解析

（小山　敏幸，塚田　祐貴）

1. はじめに ·· 43
2. 計算方法 ·· 44
3. 計算結果および考察 ·· 45
4. 組織形成シミュレーションに関する問題点と展望 ·· 48
5. おわりに ·· 48

第2章　評価と組織解析

第1節　マイクロ磁気イメージングによる磁石性能劣化評価　　　（竹澤　昌晃）

1. Kerr 効果を用いたネオジム磁石の磁区観察 ··· 51
2. 磁石材料観察のための Kerr 効果顕微鏡と磁化反転機構観察のための画像処理 ········· 53
3. $Nd_2Fe_{14}B$ 系焼結磁石の熱減磁過程の観察例 ·· 54
4. Sm_2Co_{17} 系焼結磁石の熱減磁過程の観察例 ··· 56

第2節　Nd–Fe–B 焼結磁石のマルチスケール組織解析　　　（佐々木　泰祐）

1. はじめに ·· 61
2. ネオジム磁石の組織解析手法 ·· 61
3. 一般的な商用ネオジム磁石の微細組織 ·· 65
4. おわりに ·· 67

第3節　熱間加工 Nd–Fe–B 磁石の原子レベル構造解析　　　（板倉　賢）

1. はじめに ·· 69
2. 熱間加工磁石の微細構造解析 ·· 69
3. Dy 拡散熱間加工磁石の微細構造解析 ·· 72
4. 原子分解能収差補正 STEM–EDS による解析 ·· 74
5. おわりに ·· 75

第4節　電子顕微鏡による高性能フェライト磁石のマルチスケール解析

（小林　義徳，川田　常宏）

1. はじめに ·· 77
2. 高性能フェライト磁石の局所構造解析 ·· 77
3. 高性能フェライト磁石の主相界面における微細組織解析 ······························ 82
4. おわりに ·· 85

第3章　微細構造解析

第1節　放射光X線回折による磁石構成相の高温挙動解析　（岡﨑　宏之，中村　哲也）

1. はじめに ……………………………………………………………………………… 87
2. Nd–Fe–B 焼結磁石の *in-situ* 高温X線回折プロファイル …………………………… 87
3. Nd–Fe–B 焼結磁石構成相の格子定数の温度依存性 ………………………………… 89
4. Nd–Fe–B 焼結磁石構成相の体積分率の温度依存性 ………………………………… 91

第2節　磁石材料における中性子回折　（斉藤　耕太郎）

1. 磁石材料研究からみた中性子回折の特徴 …………………………………………… 95
2. 磁石材料におけるサイト占有率解析の意義 ………………………………………… 96
3. サイト占有率解析の現状 ……………………………………………………………… 96
4. 磁石材料における磁気構造解析の意義 ……………………………………………… 98
5. 磁気構造解析の現状 …………………………………………………………………… 99
6. バルク試料測定 ………………………………………………………………………… 100

第3節　永久磁石材料の内部磁気構造解析　（小野　寛太）

1. はじめに ……………………………………………………………………………… 103
2. 中性子小角散乱を用いた内部磁気構造解析 ………………………………………… 104
3. ネオジム磁石の磁化反転過程と内部磁気構造変化 ………………………………… 106
4. おわりに ……………………………………………………………………………… 111

第4節　放射光ナノビーム解析による磁化反転解析

（中村　哲也，小谷　佳範，豊木　研太郎）

1. はじめに ……………………………………………………………………………… 113
2. 技術開発の背景 ………………………………………………………………………… 114
3. 走査型軟X線 MCD 顕微分光装置 …………………………………………………… 115
4. Nd–Fe–B 焼結磁石における磁区変化観察と局所磁気ヒステリシス解析 ………… 118
5. 今後の展望 ……………………………………………………………………………… 120

第2編　省・脱レアアース磁石と高効率モータ開発

第1章　ネオジム磁石の新展開

第1節　熱間加工法による重希土類フリー磁石の開発　（日置　敬子，服部　篤）

1. はじめに ……………………………………………………………………………… 123
2. ネオジム磁石の保磁力向上方法について …………………………………………… 123

3. 熱間加工磁石について ……………………………………………………………… 124

4. 成分組成および組織制御による高保磁力化 ……………………………………… 126

5. おわりに ………………………………………………………………………………… 130

第2節　Nd-Fe-B 熱間加工磁石材料の組織均質化技術　　　（清水　治彦，中澤　義行）

1. はじめに ………………………………………………………………………………… 133

2. 熱間加工磁石の課題 ………………………………………………………………… 133

3. 熱間加工磁石の原料粉と粗大化メカニズム ……………………………………… 135

4. 熱間加工磁石の組織均質化技術 …………………………………………………… 137

5. 組織均質化による磁気特性向上効果 ……………………………………………… 139

6. おわりに ………………………………………………………………………………… 140

第3節　熱間加工磁石の粒界浸透プロセスにおける膨張現象メカニズムの解明

（秋屋　貴博，日置　敬子）

1. はじめに ………………………………………………………………………………… 141

2. 実験方法 ………………………………………………………………………………… 143

3. 実験結果 ………………………………………………………………………………… 144

4. 熱間加工磁石への共晶合金の浸透メカニズム考察 ……………………………… 148

5. まとめと今後の展望 ………………………………………………………………… 150

第4節　粒界拡散合金法によるネオジム焼結磁石の開発　　　（廣田　晃一，中村　元）

1. ネオジム磁石における課題 ………………………………………………………… 151

2. 粒界拡散合金法による磁気特性向上 ……………………………………………… 152

3. 供給形態による種々の粒界拡散技術 ……………………………………………… 154

4. 保磁力分布磁石 ……………………………………………………………………… 156

第5節　Dy フリーNd-Fe-B 系異方性ボンド磁石の開発　　　（三嶋　千里，度會　亜起）

1. はじめに ………………………………………………………………………………… 161

2. Nd 系異方性ボンド磁石 …………………………………………………………… 161

3. 異方性ボンド磁石の応用 …………………………………………………………… 164

4. おわりに ………………………………………………………………………………… 166

第2章　サマリウム系磁石の新展開

第1節　耐熱モータ用高鉄濃度サマリウムコバルト磁石の開発　　　（桜田　新哉）

1. はじめに ………………………………………………………………………………… 167

2. サマリウムコバルト磁石の製造プロセスと磁気特性発現機構 ……………………… 167

3. 高鉄濃度化のための組織制御技術 ………………………………………………… 168

4. 高鉄濃度サマリウムコバルト磁石量産技術 ……………………………………… 170

5. 開発磁石の特長と効果 …………………………………………………………… 172

6. 耐熱モータへの適用事例と効果検証 …………………………………………… 173

7. おわりに …………………………………………………………………………… 175

第2節 異方性 $Sm_2Fe_{17}N_3$ 焼結磁石の開発 （髙木　健太）

1. はじめに …………………………………………………………………………… 177

2. $Sm_2Fe_{17}N_3$ 焼結磁石の問題 …………………………………………………… 178

3. 焼結による保磁力低下現象の理解 ……………………………………………… 179

4. 低酸素プロセスによる保磁力低下の抑制 ……………………………………… 181

5. その他の保磁力低下抑制手法と今後の展望 …………………………………… 183

第3節 $Sm_2Fe_{17}N_3$ 高保磁力磁石粉末の開発 （岡田　周祐）

1. はじめに …………………………………………………………………………… 185

2. サブミクロンサイズ Sm_2Fe_{17} 微粉末の開発 ………………………………… 186

3. 高保磁力な $Sm_2Fe_{17}N_3$ 微粉末の作製 ……………………………………… 188

4. 前駆体開発による粒子間焼結の抑制と磁性特性の向上 ……………………… 190

5. おわりに …………………………………………………………………………… 191

第4節 $Sm_2Fe_{17}N_3$ 系磁石の高特性化 （松浦　昌志）

1. Sm-Fe-N 系バルク磁石向け高特性粉末の開発 ……………………………… 193

2. 新規 Sm-Fe-N 系コアシェル粉末の開発 ……………………………………… 199

第3章　フェライト系磁石の新展開

第1節 Ca-La-Co 系 M 型フェライト磁石の開発と最近の研究動向 （小原　学）

1. はじめに …………………………………………………………………………… 203

2. Ca-La-Co 系 M 型フェライト磁石の開発まで ……………………………… 203

3. Ca-La-Co 系 M 型フェライト磁石に関する最近の研究 …………………… 205

4. おわりに …………………………………………………………………………… 210

第2節 W 型フェライト磁石の磁気特性 （中川　貴, 清野　智史, 山本　孝夫）

1. はじめに …………………………………………………………………………… 213

2. W 型フェライトの合成条件 …………………………………………………… 214

3. 置換元素のサイト解析と磁気特性 ……………………………………………… 215

4. SPS 焼結による保磁力の向上 ………………………………………………… 223

5. おわりに …………………………………………………………………………… 225

第4章　磁石材料の新展開（省レアアース/フリー磁石の開発）

第1節　$ThMn_{12}$ 構造磁性材料の磁気特性予測　　　　　　　　　　　　（三宅　隆）

　　1.　$ThMn_{12}$ 構造 ……………………………………………………………… 227
　　2.　$NdFe_{12}N$ の磁性 ……………………………………………………… 228
　　3.　Fe サイトの置換効果 ………………………………………………… 228
　　4.　R サイトの置換効果 …………………………………………………… 230
　　5.　侵入型元素の効果 …………………………………………………… 231
　　6.　おわりに ………………………………………………………………… 233

第2節　$ThMn_{12}$ 構造の高性能磁石としての可能性　　　　　　　　　（平山　悠介）

　　1.　はじめに ………………………………………………………………… 235
　　2.　$NdFe_{12}N_x$ 化合物薄膜の合成方法とその磁気特性について ……… 236
　　3.　$Sm(Fe_{1-x}Co_x)_{12}$ 化合物薄膜の合成方法とその磁気特性について … 237
　　4.　YFe_{12} 化合物について ……………………………………………… 238
　　5.　まとめと今後の展望 …………………………………………………… 239

第3節　$ThMn_{12}$ 構造を有する高鉄含有磁石の合成と磁気特性　　　（小林　久理眞）

　　1.　はじめに ………………………………………………………………… 241
　　2.　$ThMn_{12}$ 型構造磁石材料の結晶学的安定性 ……………………… 242
　　3.　$ThMn_{12}$ 型構造磁石材料の磁気特性発現原理 …………………… 245
　　4.　$ThMn_{12}$ 型構造磁石材料の保磁力に関する話題 ………………… 247
　　5.　まとめ …………………………………………………………………… 249

第4節　$L1_0$ 型 FeNi 超格子薄膜材料の作製と磁気特性

　　　　　　　　　　　　　　　　　　　　　　（水口　将輝，小嶋　隆幸，高梨　弘毅）

　　1.　はじめに ………………………………………………………………… 251
　　2.　単原子交互積層法による $L1_0$ 型 FeNi 規則合金薄膜の作製と特性評価 …… 252
　　3.　$L1_0$ 型 FeNi 規則合金薄膜における Fe-Ni 組成依存性 ………… 254
　　4.　$L1_0$ 型 FeNi 規則合金薄膜における Co 原子の添加効果 ……… 255
　　5.　Cu 単結晶基板上への FeNi 薄膜の作製 …………………………… 257
　　6.　課題と将来展望 ………………………………………………………… 258

第5節　完全レアアースフリーFeNi 磁石の開発　　　　　　　（柳原　英人，後藤　翔）

　　1.　はじめに ………………………………………………………………… 261
　　2.　新規磁石材料開発の背景 …………………………………………… 261
　　3.　FeNi 超格子の特長 …………………………………………………… 262

4. FeNi 超格子磁石の課題 ……………………………………………… 263

5. FeNi 超格子の合成法 ……………………………………………… 264

6. NITE 法 ……………………………………………………………… 264

7. NITE 法により合成した FeNi 超格子の特性 …………………… 265

8. おわりに …………………………………………………………… 267

第6節　積層型ナノコンポジット磁石の開発 （中野　正基, 柳井　武志, 福永　博俊）

1. はじめに …………………………………………………………… 269

2. 等方性積層型 SmCo$_5$/α-Fe ナノコンポジット磁石の計算機解析 …… 270

3. 等方性積層型 SmCo/α-Fe ナノコンポジット磁石膜の作製 ……… 272

4. おわりに …………………………………………………………… 277

第5章　高効率永久磁石モータの開発

第1節　IPM モータの開発 （山際　昭雄）

1. IPM モータの開発 ………………………………………………… 279

2. IPM モータの特徴 ………………………………………………… 281

3. 圧縮機用分布巻 IPM モータの開発事例 ………………………… 282

4. 圧縮機用集中巻 IPM モータの開発事例 ………………………… 284

5. おわりに …………………………………………………………… 285

第2節　自動車駆動用高効率 IPM モータの開発 （森本　茂雄）

1. はじめに …………………………………………………………… 287

2. 磁石の特性と配置が運転特性に及ぼす影響 …………………… 287

3. 小型化・高効率化の検討 ………………………………………… 291

4. おわりに …………………………………………………………… 295

第3節　重希土類フリーハイブリッド自動車用モータの開発 （相馬　慎吾, 藤代　智）

1. はじめに …………………………………………………………… 297

2. 重希土類フリーHV 用モータ …………………………………… 297

3. 達成手法 …………………………………………………………… 299

4. 実験結果 …………………………………………………………… 308

5. おわりに …………………………………………………………… 309

第4節　高効率可変界磁型モータの開発 （小坂　卓）

1. はじめに …………………………………………………………… 311

2. HEFSM の構造と可変界磁動作原理 …………………………… 312

目　次

  3. 磁石内周/外周配置型 HEFSM の得失比較 ·· 314
  4. 高効率磁石中央配置型 HEFSM ··· 319

索引 ··· 323

※本書に記載されている会社名，製品名，サービス名は各社の登録商標または商標です。なお，本書に
　記載されている製品名，サービス名などには，商標表示（Ⓡ，TM）は付記しておりません。

序 論

希少金属に依らない次世代永久磁石の開発と今後の展望

国立研究開発法人産業技術総合研究所　尾崎　公洋

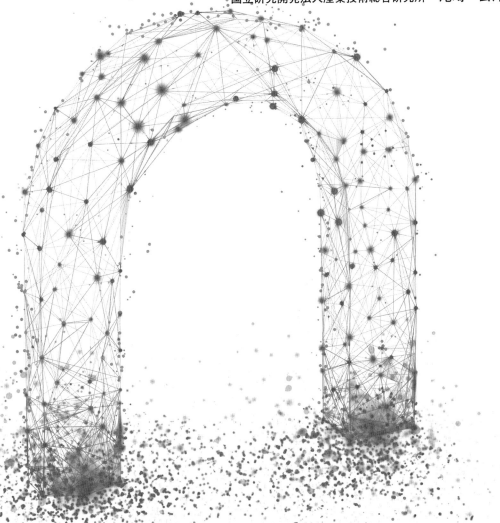

1. ネオジム磁石の発展

　現在，世界最高の性能を有する永久磁石である，$Nd_2Fe_{14}B$ を主相とするネオジム磁石は，佐川眞人博士によって発見されて以来，その高い性能からさまざまな用途に使われてきた。

　ネオジム磁石のアプリケーションとして，最初に大量に使用されたのはハードディスク（HDD）のボイスコイルモータ（VCM）用途である。薄くても高磁化を発生することができるため，VCM 部分の小型化が可能となった。GMR（巨大磁気抵抗効果）ヘッドと垂直磁気記録方式の採用とともに，HDD の小型化に貢献してきている。その後，モータのローターにネオジム磁石を搭載した，埋込磁石同期モータ（IPMSM；以下 IPM モータ）がダイキン工業㈱によって開発され，1996 年に世界で初めて IPM モータを搭載したエアコンが量産されるに至った。この IPM モータはさらに大型化され，1997 年にトヨタ自動車㈱から世界初の量産となるハイブリッド自動車の駆動用モータとして搭載されている。ハイブリッド自動車は，発売当初こそ生産量は多くなかったが，IPM モータのさらなる高効率化，大型化，生産性の向上などにより，搭載車種が増加され生産量も増加する。加えて，社会の地球環境に対する意識の変化が，石油依存からの脱却を促すなど，さまざまな要因が重なり，昨今では自動車の電動化シフトに大きく舵をとる試みがされてきており，モータの生産量は飛躍的に増大すると見込まれている。自動車の電動化の見込みはさまざまな予測がされており，今後の社会情勢によっても変化するため一概にどこまで増えるかを想定することは困難であり，また，自動車用の駆動用モータすべてに永久磁石が搭載される見込みではないが，それでも今後，永久磁石の使用量が増加することは間違いない。さらに，産業用機械（FA）に搭載されるモータにも永久磁石が使用されるようになっている。FA 機器用モータは種類が多く統計的に公表されているデータはないが，多くの工場において自動化が進む中にあって，こちらも増加することが予想される。

　HDD におけるネオジム磁石の量は数十 g/unit，エアコン用コンプレッサには 100 g/unit 程度，自動車駆動用モータには，数 kg/unit である。大型磁石のアプリケーションの増加で，ネオジム磁石の需要は拡大してきており，今後もその傾向は変わらないと思われる。公開されている統計データをもとに，ネオジム磁石の用途別使用量を推定した（**図 1**）[1]。2016 年のデータに基づくが，大きくは自動車用モータ，家電，HDD でほぼ 3 等分されている（FA 用を除く）。

　ネオジム磁石は優れた材料であるが，熱による特性の低下が比較的大きい材料でもある。そのため，ジスプロシウム（Dy）やテルビウム（Tb）などの重希土類元素を添加して，高温での保磁力を確保してきた。一方，地殻に含まれる元素の存在量を示すクラーク数が小さいこともさることながら，限られた地域に偏在する元素でもあり，価格をコントロールされやすい元素である。例として Dy の価格変動を**図 2**に示す。2012 年に高騰しており，これを機に永久磁石を取り巻く環境が変化した。図 1 に示したネオジム磁石の用途別使用量に対し，各用途におけるネオジム磁石に含まれる重希土類元素（Dy，Tb）使用量で整理し直すと，**図 3**のようになる[1]。自動車駆動用モータは，使用環境がもっとも過酷になり，特に高温特性が求められることから，重希土類元素を多く含むネオジム磁石を使用しているため，結果的に重希土類元素の約 6 割は自動車で使用されることになる。

希少金属に依らない次世代永久磁石の開発と今後の展望

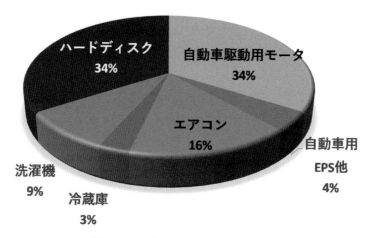

図1　ネオジム磁石の用途別使用割合

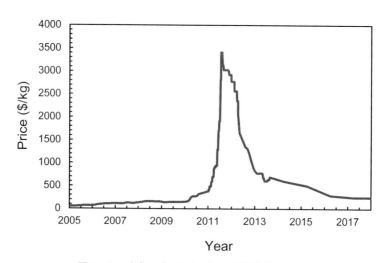

図2　Dy（ジスプロシウム）の原料価格の変遷

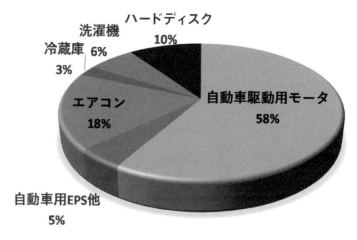

図3　ネオジム磁石中の重希土類元素（Dy, Tb）の用途別使用割合

2012 年の重希土類元素の高騰後，重希土類元素の添加量を少なく，あるいはまったくなくしても同等以上の特性が得られる，ネオジム磁石の開発が行われてきている。重希土類元素を粒界に優先的に拡散させる粒界拡散法や，重希土類元素をまったく使用しない熱間加工磁石などである。これらはすでに製品化されている。

2. 奇跡の材料

ネオジム磁石が開発され，さまざまな用途に応用される中で，新しい磁石の開発はあまり進まなかった。この理由の 1 つは，ネオジム磁石の焼結性の良さにある。ネオジム磁石は，一般的に，粉末を作製してこれを焼結することで得られる。この焼結の際に，低融点の希土類リッチ相が液相となって焼結が進行し（液相焼結）緻密な焼結体ができる，極めてまれな合金系を作り上げた。一般的に粉末の焼結において，粉末粒子間の固体拡散を主とする焼結である固相焼結と液相を介して焼結する液相焼結がある。固相焼結では緻密体を得るためには時間や加圧が必要になるが，一方で，液相焼結では粉末界面に出現する液相が粉末界面の物質輸送を高速に行うために，緻密体が比較的容易に形成される。ネオジム磁石の場合，希土類リッチ相による液相焼結とともに，その粒界相が保磁力を出すために重要な働きをする。すなわち，主相である $Nd_2Fe_{14}B$ 以外の相が焼結時にも特性にも非常に良い働きをする。

このように磁気特性もさることながら優れた焼結性を有するネオジム磁石は，まさに「奇跡の材料」と言うほかない。この奇跡の材料を超える特性を持つ新しい磁石を見つけることがいかに困難であるかは，ネオジム磁石が開発されてから今日まで，約 30 年間にわたって最強磁石の座を明け渡していないことが如実に物語っている。

3. 永久磁石開発のこれまで，現在，今後

このような奇跡の材料であるネオジム磁石が発見されるまでに，磁石の発見・開発には多くの日本人が貢献している。東北大学の本多光太郎博士が人類で初めて人工の磁石を開発したことから始まり，東京工業大学の加藤与五郎博士・武井武博士が開発されたフェライト磁石（およびソフトフェライト），Sm–Co 磁石の高性能化，Sm–Fe–N のような窒化物磁石（発見はネオジム磁石以降）に至る（**図 4**）。特に，フェライト磁石は安価ということもあり，磁石の生産量では圧倒的に多く，高性能なネオジム磁石と安価なフェライト磁石の二極化している。フェライト磁石は現在でも改良が続けられており，特性が向上し続けている。これまで多くの永久磁石が日本で発見されて開発し，製品化されてきたことで，新磁石の開発も日本から，という意識が高まっていた。

重希土類元素の高騰以前から，明らかに原材料価格が上がっていたため，国としてもさまざまな支援に取り組んでいたが，2012 年に文部科学省と経済産業省で永久磁石に関係する 2 つの大きなプロジェクトが開始された。文部科学省では「元素戦略プロジェクト（拠点形成型）の元素戦略磁性材料研究拠点（ESICMM）」，経済産業省では「未来開拓プロジェクト・次世代自動車向け高効率モーター用磁性材料技術開発」である。ESICMM においては主に基礎的・学術的に磁石材

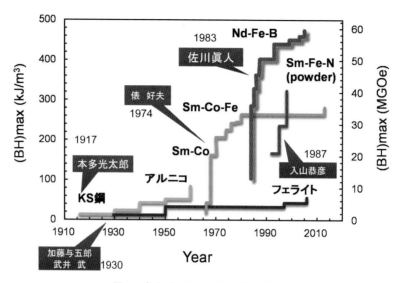

図4 永久磁石の発見・開発の変遷

料を理解し新しい材料を作り出すことを目的とし，次世代高効率モータ用磁性材料技術開発においては，民間企業を主体とした複数の機関によって構成される法人格を持つ「高効率モーター用磁性材料技術研究組合（MagHEM）」を組織し，主に従来のネオジム磁石を超えるネオジム磁石および新磁石の開発，ならびにその応用先であるモータの高効率化を目的としている。両者の取り組みにより，永久磁石の学術的・理論的な深堀と，材料開発技術の新しい展開が行われてきている。また，直接プロジェクトに関わらなくとも，磁石開発の流れができつつあり，最近では永久磁石の開発に関連する研究が増えてきている。特に，電子論に立脚した保磁力機構の解明や高物性を有する素材の発見など，計算によって磁石を理解しようとする研究の成果が目覚ましい。また，分析や解析技術もプロジェクトのおかげで加速し，新しい発見を生んでいる。本編において，これらの最新の成果を紹介している。

一方で，「奇跡の材料」であるネオジム磁石を超える新磁石の開発は非常に困難である。現在見出されている磁石材料および磁石になりうるポテンシャル（物性値）を持った素材の結晶磁気異方性磁界と飽和磁化の関係を図5に示す。いずれも高いほうが強い磁石になる可能性が高く，図の右上に位置する素材を探し出すことが必要になる。この中で $Nd_2Fe_{14}B$ の物性値を超える材料はわずかであり，この中の候補材料を磁石に作り込む必要がある。ただし，この「磁石化開発」がもっとも困難であり，開発に時間を費やす。例えば，強い磁石にするためには，異方性焼結磁石を作る必要がある。そのためには，保磁力を出すための界面制御，磁化を出すための配向制御，この両者を達成できる焼結方法を考え出す必要があるが，一般的には組成調整だけで液相が出てくる合金系ではないため，焼結が簡単に行える粉末を合成することが非常に困難である。それでも開発を進めることは重要であり，本編では素材の開発から磁石化へのさまざまなアプローチをしている研究を紹介している。

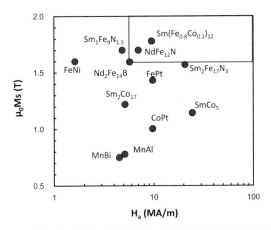

図5　永久磁石材料・候補材料の異方性磁界と飽和磁化

さらに，本書の特徴として磁石材料だけではなく，そのアプリケーションとして今後も重要であるモータ開発も紹介をしている。両者を専門的に取り上げていることは珍しく，関係者がお互いに今後の展開に向けた相乗効果を生み出すことを期待している。

文　献

1) 森本慎一郎，徐維那：J. MMIJ, **130**, 219-224 (2014), 日本貿易振興機構（Jetro）：「2016年主要国の自動車生産・販売台数」(2017), 一般社団法人次世代自動車振興センター：「EV等販売台数統計」http://www.cev-pc.or.jp/tokei/, 一般社団法人日本冷凍空調工業会：「統計・年次データ」http://www.jraia.or.jp/statistic/, 一般社団法人日本電機工業会：「2017年度電気機器の見通し資料」(2017), 堀内義明：IDEMA Japan News, 「2017年度のストレージとHDDの業界展望」http://www.idema.gr.jp/common/pdf/news/tenbo2017.pdf, の資料を基に生産量などから換算

第1編

磁性と構造解析

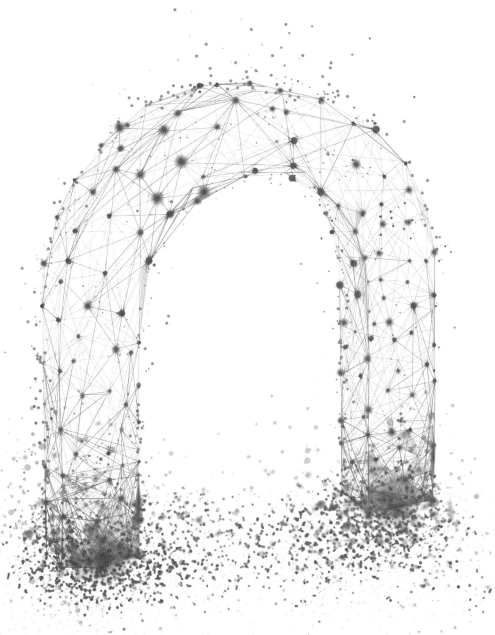

第1編　磁性と構造解析

第1章　磁性と磁化反転挙動

第1節　第一原理計算による永久磁石材料の局所磁性

東京工業大学　合田　義弘

1. はじめに

　風力発電タービンや電気自動車などへの応用における社会的重要性の高まりを受けて，ネオジム磁石[1] をはじめとする永久磁石材料の基礎科学的理解を深めることがますます求められている。磁石材料では，半導体デバイスなどとは対照的に，材料を構成するもっとも主要な相の単結晶の理解[2] だけでは不十分であり，磁性に対する材料組織の影響を理解することがカギとなってくる[3]-[5]。具体的には主相（ネオジム磁石では $Nd_2Fe_{14}B$）だけでなく，その周辺に存在する副相や，主相と副相の界面の磁気特性が重要となってくる。というのも，主相単結晶内部には磁壁の移動を妨げる要因に乏しく，逆磁区が主相の結晶粒の内部に侵入すると磁化反転が速やかに伝搬してしまうため，材料組織により磁壁の伝搬を抑制しているからである。磁性原子1つ1つにスピンを割り当てた格子スピン模型による磁化反転のシミュレーションでは[6]-[8]，主層表面の1原子層の局所結晶磁気異方性が変化するだけで，保磁力が極めて大きく変化するという結果が得られている[6]。この表面1原子層による効果は温度効果により弱まるものの[7]，界面の局所磁気特性はいずれにせよ重要であると予想される。また，副相そのものも重要である。副相はおおまかにいって2種類存在し，1つは主相と主相の粒間に存在する厚さ数nmの2粒子粒界相であり，主相粒同士の磁気結合を支配している。もう1つは主相結晶粒が空間を充填した空隙に存在する粒界3重点相あるいは粒界多重点相と呼ばれるものであり，静磁界の効果による逆磁区の発生源となるため，それを抑制する必要があるという意味で重要である。以上のように，永久磁石材料の局所磁性として副相および異相界面の磁気特性を理解することは磁石材料の磁化反転挙動を理解・制御するカギとなっている。

　第一原理計算をはじめとする電子論[9] による磁石材料の研究は，近年急激に活発になってきている。主相単結晶は組成と構造があらかじめわかっているため，その計算は比較的実行しやすいが，副相に関しては組成・原子配置に不明な点がまだ多く，その同定は容易ではない。さらに主相と副相の界面は計算で取り扱う周期構造に含まれる原子数が多く，必然的に大規模計算となる。また，磁気構造・磁気異方性は，1原子当たり meV オーダーの非常に微妙なエネルギー差によって決まっているため，構造材料などと比較して計算に要求される精度が高いという特徴もある。本稿では，磁石材料の第一原理電子状態計算に関する基本的な事項を述べたのち，永久磁石材料の磁化反転挙動を支配する局所磁性に関して電子状態理論の観点から議論する。具体的には Nd-Fe-B 磁石の副相および主相-副相界面の第一原理計算に関して紹介する。

2. 第一原理計算

　第一原理計算は，基底状態における電子状態を実験的パラメーターによらず非経験的に計算し，最安定あるいは準安定な原子配置を同定することができる。特に，磁性は物質の電子状態に由来するため，磁石材料における磁気モーメントや磁気異方性を第一原理電子状態計算により直接議論できるという特徴がある。

　標準的な第一原理電子状態計算手法は密度汎関数理論（DFT）に基づいて構築されている。DFT は，相互作用する量子多体系である電子系の基底状態の全エネルギーは電子密度の汎関数として厳密に決定できるという Hohenberg-Kohn の定理に基づいており，局所密度近似あるいはその拡張である一般化密度勾配近似（GGA）により1電子状態が計算される。第一原理計算では電子状態の基底状態を計算するため，精度良く計算できる物理量とそうでないものが比較的はっきりと分かれており，第一原理計算と相性の良い系・物理量に対しては，実験に依らない物性予測・物質設計まで行われている。

　一方，磁石材料における DFT-GGA による第一原理計算の困難な点としては，$4f$ 電子の記述の問題がある。GGA 汎関数の具体的な形は，空間的に広がった一様電子ガスの量子多体計算を再現するようなフィッティングによって決められており，$4f$ 電子のように空間的に局在した電子状態の記述には適さない。$4f$ 電子状態の記述への簡便な補正として，DFT+U 法[10]や SIC 法がよく用いられる。これらの補正により局在電子間のオンサイト Coulomb 反発力が取り入れられ，$4f$ 電子における占有状態と非占有状態のエネルギー間にギャップが生じることになる。図1は $Nd_2Fe_{14}B$ に対して，DFT+U 法を用いて OpenMX コード[11]により電子系の状態密度を計算したものである[12]。オンサイト有効 Coulomb 反発エネルギー U をパラメーターとして変化させるのに伴い $4f$ 電子状態の1電子エネルギーが変化している一方，それ以外の電子状態はほとんど影響を受けていないことがわかる。なお，十分に局在した $4f$ 電子状態に対して U を第一原理的に計算

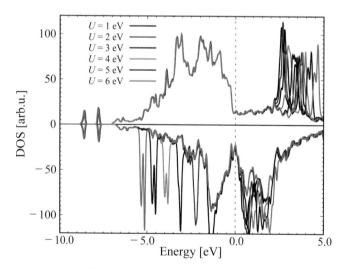

図1　DFT+U 法を用いて計算した $Nd_2Fe_{14}B$ 電子状態の状態密度（DOS）

すると，6 eV 程度となることが示されている[13]。これらのアプローチと対照的に，4f電子状態は固体結晶中でも孤立原子のものからほとんど変化しないと認めることにより，スピン分極を考慮しつつ内殻電子として扱うのがオープンコア擬ポテンシャルである。この方法では，孤立原子に対して求めた4f電子を固体中に対して再計算することなく考慮するため，計算コストの軽減につながり，頻繁に用いられている。オープンコア擬ポテンシャル法では，4f電子による結晶磁気異方性は結晶場解析によって求められる[9]。結晶場解析では，4f電子軌道の形そのものは孤立原子のものと変わらないと仮定し，その占有の仕方に応じて回転する4f電子密度分布の楕円体が向く方向のうち，もっとも静電エネルギーが低くなるものを同定する。ただし，結晶場解析の適用限界には注意を要し，実際 SIC により4f電子をあらわに取り入れた $Sm_2Fe_{17}N_x$ の第一原理計算では，Sm の4f電子状態と N の2p軌道との軌道混成により結晶磁気異方性が大きく変化することが示されている[14]。

　永久磁石材料において重要となってくるもう1つの特徴は，4f電子が感じる原子核の Coulomb 引力が大きいため，相対論効果であるスピン・軌道相互作用（SOC）が大きいということである。電子のスピン自由度と軌道自由度がカップルすることにより，スピン同士の相対的な方向だけでなく，スピンの結晶方位に対する向きに応じてエネルギーが変化する。このため，通常は上向きスピンと下向きスピンのみの議論で十分だったところが，4f状態をあらわに計算する場合にはスピン状態ごとに3次元的な方位を考える必要があり，計算コストが非常に高くなる。上記の結晶場解析では，SOC が大きい極限を考え，スピン角運動量と軌道角運動量の量子化軸は平行あるいは反平行であるとする。4f電子とは対照的に，鉄などの遷移金属元素では SOC はあまり大きくないので，その磁気異方性は摂動論を用いて扱うことができる[15][16]。

3. Nd–Fe–B 磁石副相

　Nd–Fe–B 磁石の粒界3重点相のうち，主なものは dhcp Nd, fcc NdO_x, hcp Nd_2O_3, $Nd_5Fe_{18}B_{18}$ である[17]。ここで NdO_x の fcc とは Nd の副格子が fcc 構造をとる，という意味であり，同様に hcp Nd_2O_3 も Nd 副格子が hcp であることを表す。なかでも fcc NdO_x は，主相と接し界面を構成しているため，界面の局所磁性への影響を考える上で重要である。放射光を用いた最近の測定では fcc NdO_x の格子定数は 5.10 Å である[17]が，報告されている第一原理計算の値は 5.3〜5.6 Å[18]と実験値よりもはるかに大きく，その理解はまだ十分とはいえない。

　そこで，fcc NdO_x に関する最近の第一原理計算により得られた知見をここで紹介する。まず，純金属 Nd の最安定構造は dhcp であるが，微量の酸素が導入されると，Nd は fcc 格子をとったほうが dhcp 構造よりも全エネルギーがより低くなり安定である。次に，Nd の fcc 格子中において酸素の取り得る位置は，四面体サイト（四配位サイト）と八面体サイト（六配位サイト）が考えられる。したがって，fcc NdO_x において酸素原子が四面体サイトと八面体サイトを占有した際に，どちらがエネルギー的に安定となるかをさまざまな酸素量に対して検討した。その結果は図2に示すとおり，$0.17 < x < 0.5$ 程度の範囲では酸素が四面体サイトを占有するほうが安定であり，逆に $x < 0.17$ および $0.5 < x \leq 1$ 程度の範囲では，八面体サイトを占有するほうが安定となった。放

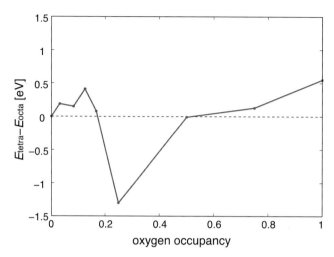

図2 fcc NdO$_x$ において，酸素原子が四面体サイトを占有した場合と八面体サイトを占有した場合との，酸素原子1個当たりの全エネルギー差

エネルギーが負の場合は四面体サイトが安定であり，正の場合は八面体サイトが安定である。

射光の実験では，通常のプロセスにより作成されている磁石試料を用いているが[17]，その場合ではfcc NdO$_x$相における酸素含有量が十分小さく，酸素が八面体サイトを占有していると考えられる。薄膜試料など，商用磁石と異なるプロセスで作成された試料においては，酸素含有量が$x=0.2$程度と高く[19]，酸素が四面体サイトを占有していると考えるのが妥当である。商用磁石においても，四面体サイトを酸素が占有したと考えられる相が昇温により現れている[17]。いずれのサイトを酸素が占有したとしても，Nd間の磁気的相互作用は弱く，磁気配置の計算結果は反強磁性的である。

ネオジム磁石試料を昇温した際には主相および副相の体積が変化するが，主相Nd$_2$Fe$_{14}$BのCurie温度を境として，副相dhcp Ndの格子定数の温度依存性は大きく変化する[17]。これは，主相の磁性の変化によってそれ自身は磁性をほとんど持たないdhcp Nd相の格子定数が大きな影響を受けていることを意味し，非常に興味深い。特にCurie温度より高温領域では昇温に従って金属dhcp Nd相の体積は大きく膨張する。そのメカニズムとして，検討されたのは酸素不純物の固溶効果である。**図3**は，酸素不純物が固溶したdhcp NdO$_\delta$における体積と格子定数の酸素サイト占有率δ依存性を計算した結果である。酸素は八面体サイトに配置し，酸素分布の不規則性は特別準ランダム構造（SQS）法[20]によって考慮した。その結果，$\delta \leq 1/8$の領域では酸素濃度の増加に従って体積が単調に増加しており，実験における体積膨張を酸素固溶によって説明することができる。c軸のほうがa軸よりも膨張率が大きいことも実験結果と一致しており，$\delta=1/16$でのc軸の膨張率0.23%は実験値の0.24%と非常に近い[17]。

2粒子粒界相は，Nd-Fe合金であることが知られている。長らくこの相は非磁性であると信じられてきたが，最近2粒子粒界相は強磁性になり得ることが実験的に示された[21)22)]。また，接する主相表面の面方位に依存して，組成と構造が大きく異なることもわかってきた[23]。具体的には，

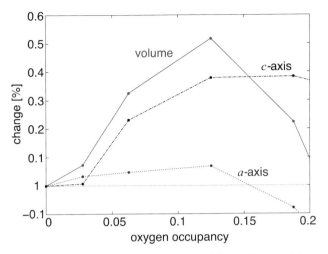

図3 金属 dhcp Nd 相において酸素不純物が八面体サイトに存在するとき（dhcp NdO$_\delta$）の格子定数および体積の酸素サイト占有率 δ 依存性

主相の(001)面に接している場合にはNdがFeよりも多く，結晶性の良い構造をとる。一方，そうでない面に対してはFeがNdよりも多く，アモルファス構造をとっている。強磁性となるのは後者と考えられている。保磁力向上のためには主相結晶粒間の磁気的結合を取り除くほうが良いため，強磁性2粒子粒界相の生成を抑制することが望ましい。アモルファス構造の第一原理計算を行うのは容易ではなく，完全なfccの結晶格子と置換型合金を仮定したNd$_x$Fe$_{1-x}$相に対する第一原理計算では，Ndが20%程度の組成まではNdの増加に伴い格子定数が増加するため，強磁性がむしろ安定化するという結果が得られている[24]。アモルファス相の直接計算も試みられており，第一原理分子動力学法に基づくメルトクエンチ法によりアモルファス構造が作成され，グラフ理論により第一近接原子の組が同定されている[25]。第一近接の原子を適切に割り当てることにより（図4），第一近接 Fe-Fe 対の平行スピン配置および第一近接 Fe-Nd 対の反平行スピン配置の組を作成することができる。合金の Curie 温度に対する見積りでは，$x \geq 0.5$ の範囲では合金の Nd 含有量が高くなるほど Curie 温度は低下した。一方で，SQS法を用いて作成したNd-Fe合金の結晶相に対する構造最適化では，2元合金の範囲において結晶相は安定化しなかった。したがって，Nd-Fe合金相が結晶化する際には第3の元素が構造安定化に寄与している可能性がある。

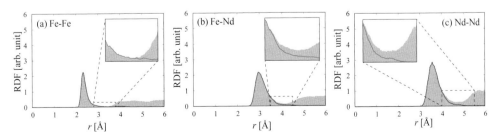

図4 Nd$_{0.31}$Fe$_{0.69}$ アモルファス合金に対して計算した動径分布関数（RDF）およびGabrielグラフを用いたグラフ理論により同定した最近接原子のみのRDFを(a) Fe-Fe 原子対，(b) Fe-Nd 原子対，(c) Nd-Nd 原子対に対してプロットしたもの

4. Nd-Fe-B 磁石における主相−副相界面

ネオジム磁石の材料組織の最適化において，異種原子の添加は有効となり得る。実際，Cu 添加[26]や Ga 添加[27]により保磁力の向上が得られている。金属 Nd は Cu との合金化によって融点が下がるため，材料組織の質が向上する。また，Ga 添加により 2 粒子粒界相が強磁性でなくなると報告されている[27]。まず，Cu 添加の保磁力への影響を考える上で，Cu 原子の安定位置とその界面局所磁性への影響を考察する[28)29)]。副相としては漏れ磁場への影響が大きいと予想される fcc NdO$_x$ を考え，$x = 0.25$ とした。酸素は Nd 副格子の四面体サイトにランダムに配置した。主相 Nd$_2$Fe$_{14}$B の(001)面と副相(001)面との界面を考え，格子ひずみ 1.2% となるような界面並行方向の周期性をとるスーパーセルを作成し，周期境界条件を課して計算した。界面並行方向の格子定数は主相のものに基いて固定し，格子ひずみは副相に発生する条件とした。界面垂直方向の格子定数とすべての原子の位置は，(001)方向の応力と原子にかかる Coulomb 力が数値解析的な意味でゼロとなるように最適化した。信頼性の高い界面計算を行うためにはこのような構造最適化は不可欠であり，それにより比較的薄い薄膜構造をとる周期模型でも金属電子の遮蔽効果が正確に記述され，主相・副相それぞれの内部において単結晶と同じ磁気特性を再現することができる。

Cu 原子の安定位置を検討するために，Cu 挿入あるいは Nd および Fe への置換に対する生成エネルギーを計算したところ，**図 5** に示すとおり，主相内部に Cu を導入するのがもっとも不安定であるという，実験結果と一致する結果が得られた。また，副相内部と界面を構成する界面原子層で比較したところ，界面原子層に Cu が存在するのがもっとも安定であるということが明らかとなった。また，Cu 導入に伴う Cu 近傍の Nd 原子の磁気異方性の変化を結晶場解析により計算したところ，界面原子層の一部の Cu は Nd の磁気異方性を垂直方向に改善することがわかっ

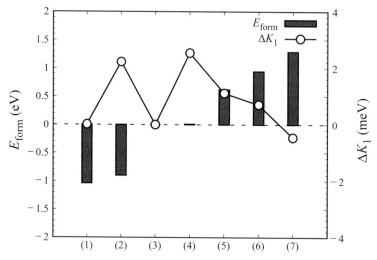

図 5　Cu 原子の挿入に対する生成エネルギーおよび Nd 磁気異方定数変化の計算結果
　　(1)(2)は界面原子層に Cu を入れた場合，(3)は Cu を入れない場合，(4)(5)は副相内部に，(6)(7)は主相内部に Cu を入れた場合である。

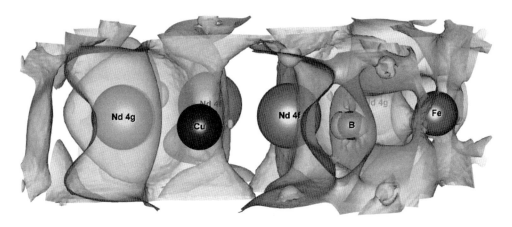

図6 Nd₂Fe₁₄B 相において，4c サイト（Nd-Fe-B 面内の鉄サイト）の Fe 原子1個を Cu で置換した場合と置換しないそれとに対し，4f 電子以外の電子密度分布の差をとり，Cu 置換により電子密度の増大した領域を，Nd-Fe-B(001)面近傍の領域に対して示したもの
［合田義弘，立津慶幸，常行真司：日本金属学会誌，81, 26 (2017). © 日本金属学会］

た[28]。Cu 導入前の界面 Nd 原子は面内異方性をもち，磁石の保磁力を弱める方向に働くが，Cu 原子はその効果を減ずるといえる。また，そのような Cu は界面原子層の Fe の置換によるものであり，界面での磁性原子の数の減少は界面での交換結合の減少にも寄与し，主相の磁化反転を抑制する方向に働くと考えられる。

Fe 原子を Cu が置換することにより Nd の面直異方性が強まる要因は，遷移金属の 3d 電子と Nd の 5d 電子との相互作用が弱くなることであると考えられる[29]。これにより，5d 電子の分布が相対的に Nd 原子を中心として面直方向に分布するため，それを避けるように大きな軌道角運動量をもった 4f 電子が(001)面内に分布し，面直異方性を増強する。図6 に 4c サイト（Nd-Fe-B 面内の Fe サイト）の Fe 原子1個を Cu で置換したバルク単結晶と，置換しないそれとの電子密度分布の差をとり，Cu 置換により電子密度の増大した領域を Nd-Fe-B 面近傍の領域に対して示す。Cu 原子の周辺では電子密度が減少しており，3d 電子と 5d 電子との相互作用が弱くなっていることがわかる。また，Nd サイトの周辺では電子密度が面直方向に伸びた分布に変化しており，上に述べたように Nd サイトの面直異方性が増強されていることがわかる[29]。

次に，Ga 添加に伴い生じる可能性のある Nd₆Fe₁₃Ga（6-13-1 化合物）相(001)面と主相(001)面との界面の第一原理計算に関して紹介する。界面構造の安定性を見積もるため界面エネルギーを計算したところ，6-13-1 化合物相の(001)面が Ga 終端か Fe 終端であるかによって，安定性に顕著な差はみられなかった。したがって，主相と 6-13-1 化合物相の界面では(001)面同士であっても終端面は一意に決まっていないと考えられる。また，得られた主相と 6-13-1 化合物相との界面構造に対し界面 Nd の磁気異方性を見積もったところ，Ga 終端面は面内異方性，Fe 終端面は面直異方性を示すことがわかった。磁気異方性の観点からは Fe 終端面が有利であり，この面を優先的に生じさせるプロセスがあれば，磁気特性の改善につながる可能性がある。

さらに，2粒子粒界相と主相の界面に対する考察を行う。この界面は主相の(001)面が界面となるときには2粒子粒界相が結晶相になり，そうでないときには2粒子粒界相がアモルファスとな

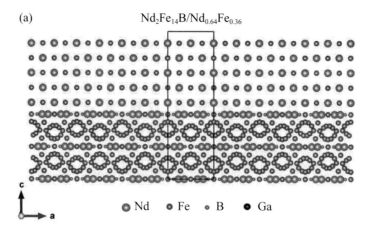
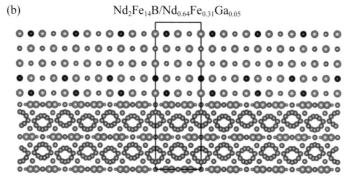

図7 (a)主相とNd-Fe合金結晶相の(001)界面構造モデルおよび(b)主相とNd-Fe-Ga合金結晶相の(001)界面構造モデル
黒枠は原子配置と電子密度に対して周期境界条件を課したスーパーセルである。Nd-Fe合金において，NdとFeの数が同じに見えるのは奥行き方向に少なくとも1つは原子が存在しているためであり，Feサイトのすべてが占有されているわけではないことに注意する必要がある。

ることが知られている[23]。主相の(001)面に対しては，Nd-Fe-B面が露出する場合が一番エネルギー的に安定であるが，それ以外の面に対しては，どのような面指数のどのような終端面が安定かは知られていない。そこで，まず主相の表面エネルギーを計算することにより表面の安定構造を比較し，界面を構成する候補となる表面構造の絞り込みを行った。その上で，アモルファス2粒子粒界相との界面を構成し，第一原理計算による構造最適化と局所磁気特性解析を行っている。また，(001)界面においては，Nd-Fe合金結晶相の候補となる初期構造（図7）に対する構造最適化を行うことにより，界面整合による2粒子粒界相の結晶構造安定化の可能性およびNd，Fe以外の第3の元素による安定化の可能性の両方を検討している。

5. おわりに

ネオジム磁石の磁化反転挙動を支配しているのは材料組織であることから，主相のみならず副

相と主相-副相界面の構造と局所磁気特性を理解する必要がある。本稿では，磁石材料における
そのような原子スケールでの構造と局所磁気特性に対する第一原理計算の現状を紹介した。ま
た，これらの第一原理計算により得られた局所磁気特性は，より粗視化した模型におけるパラ
メーターとして，現実的な材料組織に対する磁化反転挙動の理論解析を可能とする。こうしたア
プローチはまさに現在進行形で試みられており，永久磁石材料の電子論的理解が近い将来さらに
進むことが期待される。

謝　　辞

　本研究の一部は，文部科学省の委託事業である元素戦略磁性材料研究拠点およびポスト「京」重点課題⑦「次世
代の産業を支える新機能デバイス・高性能材料の創成」，科研費基盤 C 課題番号 17K04978 の支援を受けたもので
ある。大規模第一原理計算の一部は，HPCI スーパーコンピューター「京」（課題番号 hp170269，hp180206），東京
工業大学 TSUBAME，および東京大学物性研究所スパコンにおいて実行されたものである。本稿で紹介した成果
の一部は立津慶幸，寺澤麻子，相内優太，塩沢知春，常行真司，尾崎泰助，三宅隆，中村哲也，大久保忠勝，宝野
和博，広沢哲の各氏との共同研究によるものである。図の一部は立津慶幸，寺澤麻子，相内優太の各氏により作成
されたものであり，ここに感謝する。

文　　献

1）M. Sagawa, et al.: *J. Appl. Phys.*, **55**, 2083（1984）.

2）J. M. D. Coey: *Magnetism and magnetic materials* (Cambridge University Press, Cambridge), （2010）.

3）S. Hirosawa, *J. Magn.: Soc. Jpn.* **39**, 85（2015）.

4）S. Sugimoto: *J. Phys. D Appl. Phys.*, **44**, 064001（2011）.

5）K. Hono and H. Sepehri-Amin: *Scripta Mater.*, **67**, 530（2012）.

6）C. Mitsumata et al.: *Appl. Phys. Exp.:* **4**, 113002（2011）.

7）H. Tsuchiura, et al.: *Scripta Mater.*, **154**, 248（2018）.

8）M. Nishino et al.: *Phys. Rev. B*, **95**, 094429（2017）.

9）佐久間昭正：磁性の電子論，共立出版（2010）.

10）V. I. Anisimov and O. Gunnarsson: *Phys. Rev. B.*, **43**, 7570（1991）.

11）T. Ozaki: *Phys. Rev. B*, **67**, 155108（2003）.

12）Y. Tatetsu et al.: *Phys. Rev. Mater.*, **2**, 074410（2018）.

13）B. N. Harmon et al.: *J. Phys. Chem. Solids*, **56**, 1521（1995）.

14）M. Ogura et al.: *J. Phys. Soc. Jpn.*, **84**, 084702（2015）.

15）Z. Torbatian et al.: *Appl. Phys. Lett.*, **104**, 242403（2014）.

16）S. Nakamura and Y. Gohda: *Phys. Rev. B*, **96**, 245416（2017）.

17）N. Tsuji et al.: *Acta Mater.*, **154**, 25（2018）.

18）Y. Chen et al.: *JOM*, **66**, 1133（2014）.

19）T. Fukagawa and S. Hirosawa: *J. Appl. Phys.*, **104**, 013911（2008）.

20）A. Zunger et al.: *Phys. Rev. Lett.*, **65**, 353（1990）.

21）H. Sepehri-Amin et al.: *Acta Mater.*, **60**, 819（2012）.

22）T. Nakamura et al.: *Appl. Phys. Lett.*, **105**, 202404（2014）.

23）T. T. Sasaki et al.: *Acta Mater.*, **115**, 269（2016）.

24）A. Sakuma et al.: *Appl. Phys. Express*, **9**, 013002（2016）.

25）A. Terasawa and Y. Gohda: *J. Chem. Phys.*, **149**, 154502（2018）.

26）W. F. Li et al.: *J. Mater. Res.*, **24**, 413（2009）.

27）T. T. Sasaki et al.: *Scripta Mater.*, **113**, 218（2016）.

28）Y. Tatetsu et al.: *Phys. Rev. Appl.*, **6**, 064029（2016）.

29）Y. Gohda et al.: *Mater. Trans.*, **59**, 332（2018）.

第1編 磁性と構造解析

第1章 磁性と磁化反転挙動

第2節 交換結合ナノコンポジット磁石の 特性発現メカニズム

山形大学 **加藤 宏朗** 山形大学 **小池 邦博**

1. はじめに

交換結合ナノコンポジット磁石は，ネオジム系焼結磁石を上回る高いポテンシャルを持つ磁石として提案[1] された複合材料の一種で，磁化の大きなソフト相を保磁力の大きなハード相と組み合わせることにより，系全体の磁化を増加させ，磁石特性を向上させるという考え方に基づいている。一般に磁気特性の異なる2種類の強磁性体（ハード相およびソフト相）を単純に混合させた場合，飽和磁化はそれらの体積分率によって決まるが，磁化反転はそれぞれの相の保磁力の値で起こるために，減磁曲線は2段になり磁石特性の向上は見込めない。しかし，これらの強磁性体の結晶粒子をナノサイズまで微細化し，均一に混合させた構造が実現できた場合には，ソフト相とハード相の結晶粒間の交換相互作用（交換結合）によって，ソフト相の磁化反転がハード相によって抑制されるため，大きな磁化と大きな保磁力を持つ単一の強磁性体のように振る舞う。これが交換結合ナノコンポジット磁石の基本概念であり，逆磁場下でハード相が不可逆的に磁化反転する磁場よりも小さな磁場を加えてから磁場をゼロに戻すと，交換結合したソフト相の磁化も可逆的に元の状態に戻ることから，この振る舞いをバネに例えて「交換スプリング磁石」と命名[1] された。もしハード磁性相が配向した理想的な異方性ナノコンポジット磁石が実現できた場合，Nd–Fe–B 系の焼結磁石を越える高い磁石特性を持つ理論的可能性が報告[2] されている。

工業的にも，残留磁束密度の高い比較的低コストな実用磁石材料（主にボンド磁石用磁性粉）として期待され，さまざまな研究が行われている。ナノコンポジット磁石の磁気特性はその複合構造に強く依存するため，超高性能磁石としての可能性を検討するためには，複合構造に対する磁気特性の変化を明確にしておくことが重要である。ところが，この磁石の製造方法として主流である超急冷プロセスでは，結晶粒径や各相の体積比などの制御が容易ではなく，得られる組織も複雑であるため，複合構造と磁気特性の関係を明確にすることが難しい。一方，薄膜プロセスによる多層膜型ナノコンポジット磁石では各層の膜厚を独立に制御することが可能で，かつ得られる構造も幾何学的に単純であるので，超急冷プロセスの欠点を補うことができる。例えば，Zhang らは，$SmCo_5$/Fe–Co 系多層膜において，バルク $SmCo_5$ 系磁石の理論限界値を超える $256\,kJ/m^3$ の最大エネルギー積 $(BH)_{max}$ を報告[3] した。最近ではさらに Neu らが，$SmCo_5$ と Fe の多層膜において，$400\,kJ/m^3$ を越えるという高い $(BH)_{max}$ 値を報告[4] している。一方，Nd–Fe–B/α–Fe 系では，多くの研究[5] にも関わらず，いまだにハード相単体の $(BH)_{max}$ 値を超えたとの報告はないが，Cui らは高飽和磁化の Fe–Co 合金をソフト相とし，ハード相の $Nd_2Fe_{14}B$ との間に Ta

第 1 編　磁性と構造解析

スペーサ層を挿入して両層間の交換結合を弱めた Nd–Fe–B/Ta（1 nm）/FeCo 積層膜を作製することで，Nd–Fe–B 系焼結磁石の$(BH)_{max}$値を初めて超えたと報告[6]している。このように，ネオジム系の異方性ナノコンポジット磁石については，多くの研究にも関わらず，$Nd_2Fe_{14}B$相の飽和磁化から期待される理論限界値を超えていないのが現状である。筆者らはこれまで，ハード相として等方性および異方性の$Nd_2Fe_{14}B$や$SmFe_{12}$，ソフト相としてα-Fe からなる交換結合ナノコンポジット磁石を薄膜プロセスによって作製し，その磁気特性を詳細に検討・報告してきた[7)–13)]。本稿では，ナノコンポジット磁石の現状と課題について，主に筆者らの研究グループによるモデル薄膜の結果を用いて紹介する。

2. 強磁性共鳴による Nd–Fe–B/Fe 系ナノコンポジット磁石における 交換結合の評価

　筆者らは，ハード相として$Nd_2Fe_{14}B$，ソフト相としてα-Fe からなる交換結合ナノコンポジット薄膜を作製し，その磁気特性をマイクロマグネティクスによる計算値と比較することで，結晶粒間の交換結合の強さJを見積もった。その結果，Jは一定ではなく，α-Fe の体積分率V_{Fe}に依存して変化すること[11)]を見出した。そこで本項では，磁化過程解析とは独立した手段によってJの大きさを見積もるために行った強磁性共鳴（FMR）の結果について紹介する。ナノコンポジット磁石においても，巨大磁気抵抗効果を示す金属人工格子多層膜などにおける研究[14)]と同様に，層（相）間結合による有効磁場を反映した共鳴磁場のシフトが観測されるはずであり，そのシフト量から結合力を見積もることは可能である。しかし，$Nd_2Fe_{14}B$のようなハード磁性相では，その大きな結晶磁気異方性のために共鳴周波数と共鳴磁場の値が非常に大きくなることもあり，従来はほとんど研究がなされていなかった。ここでは，最大 30 T の強磁場と最高周波数 195 GHz の光源を組み合せて行った FMR 測定とその解析結果[11)]を紹介し，磁化曲線の解析結果と比較して考察する。

　試料は rf マグネトロンスパッタ法により，到達真空度1.0×10^{-6}Torr 以下，Ar ガス圧$p_{Ar} = 5 \sim 10$ mTorr の条件で製膜した。膜の構成は substrate/Ti[100 nm]/Nd–Fe–B[500 nm]/Ti[100 nm]とし，基板にはガラス基板を用いた。詳しい製膜条件は文献 11）に報告されている。強磁性共鳴の測定[15)]には，測定周波数fによって次の 2 種類のシステムを用いた。まず，$f = 50 \sim 110$ GHz までの周波数帯の測定では Cu 製円筒型空洞共振器内に試料を置き，ABmm 社製ベクトルネットワークアナライザーを用いて最大印加磁場 10 T の超伝導マグネットを組み合わせた。さらに高周波数の領域（$f = 95 \sim 195$ GHz）では，最大 30 T のパルス磁場下での透過率を測定することにより行った。外部磁場は薄膜の面直方向に印加した。

　異なるα-Fe の体積分率V_{Fe}を持つ各種薄膜試料について X 線回折を行ったところ，ランダム配向した$Nd_2Fe_{14}B$相とα-Fe 相の回折ピークを観測した。またそれらの回折ピークの半値幅から推定した両相の平均粒径は，$V_{Fe} \sim 20\%$のときでともに約 50 nm であったが，V_{Fe}の増加とともに減少し，$V_{Fe} \sim 70\%$の試料では約 30 nm であった。これらの試料について磁化測定を行ったところ，測定された磁化曲線はいずれも単相的になった。また，減磁曲線においてマイナーループの

22

測定を行ったところ，いずれの試料においても高いrecoil permeabilityを示すことがわかった。したがってこれらの試料においては，$Nd_2Fe_{14}B$相とα-Fe相の結晶粒が3次元的に分散し，それらが効果的に交換結合していることが示唆された。これらの試料について測定した強磁性共鳴スペクトルの例を図1に示す。線幅はかなり広がっているが2種類の共鳴吸収がみられている。また低磁場側の吸収ピーク位置はほぼ一定であるのに対し，高磁場側のピークはV_{Fe}の増加とともに高磁場側にシフトしているのがわかる。これらの実験データから交換結合定数に関する情報を得るために，共鳴磁場のモデル計算を行った。実際の試料は多数の結晶粒がランダムに分散した系であるが，これをそのまま取り扱うことは計算規模の点から現実的ではない。そこで，ここではハード相とソフト相の2体モデルにマッピングできると仮定した。計算の詳細は文献11）に記したが，実験を再現するように決定した交換結合定数JのV_{Fe}依存性を図2に示す。この図より，FMRから求めたJの値は，磁化曲線のマイクロマグネティクス解析による結果とよく一致するこ

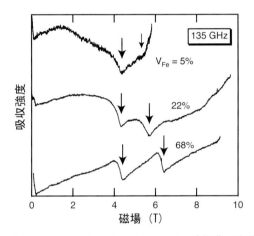

図1　異なるα-Feの体積分率V_{Fe}をもつNd-Fe-B/Fe系薄膜の強磁性共鳴スペクトル

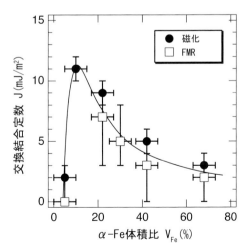

図2　強磁性共鳴によって評価した交換結合定数J（□）のV_{Fe}依存性
●は磁化曲線のマイクロ磁気解析から評価したJ値。

とがわかる。ただしこれらの J 値は，$Nd_2Fe_{14}B$ 結晶粒内部での交換相互作用の値に比べると最大でも半分程度の大きさである。

3. Nd-Fe-B/Fe 系異方性ナノコンポジット磁石

ナノコンポジット磁石においてハード相の配向は高特性化のための重要な点である。しかし，これまでに報告されているハード相が配向した異方性ナノコンポジット磁石は多層膜構造の数例のみであり，$(BH)_{max}$ 値の観点から高特性の期待される各相がランダムに分散し，かつハード相が配向した系の報告はなされていない。そこで本項ではハード相の配向が可能な作製方法として薄膜プロセスに着目し，ハード相 $Nd_2Fe_{14}B$ とソフト相 α-Fe の結晶粒が3次元的に分散し，かつハード相が配向した薄膜の作製[12]を試みた。

試料はrfマグネトロンスパッタ法により，到達真空度 1.0×10^{-6} Torr 以下，投入電力 $P=60\sim200$ W，Ar ガス圧 $p_{Ar}=5\sim100$ mTorr，および基板温度 $T_s=773\sim913$ K の条件で成膜した。膜の構成は substrate/Nd-Fe-B[500 nm]/Ti[10 nm] とし，基板にはガラス基板（corning7059）を用いた。膜の組成は，$Nd_{13}Fe_{70}B_{17}$ ターゲット上に三角形状の Fe チップを置き，その枚数を増減することで調節した。α-Fe の体積分率 V_{Fe}，およびハード相の配向度は，X 線回折パターンのRietveld 解析から評価した。

$V_{Fe}=4\sim52\%$ までの試料についての系統的な実験の結果，最適な成膜条件は，$T_s=823$ K，$P=200$ W，$p_{Ar}=7$ Pa であり，このとき，$Nd_2Fe_{14}B$ 相の c 軸は，基板面の法線を中心軸とする中心角 15°の円錐内に分布していることがわかった。これらの試料について，磁化曲線はすべての組成において膜面直方向が磁化容易方向になっていること，および面直方向の磁化曲線の形がほぼ単相的であることから，X 線回折の結果を併せて，これらの試料は $Nd_2Fe_{14}B$ 相と α-Fe 相が交換結合した異方性ナノコンポジット磁石になっていると考えられる。また V_{Fe} が上昇するにつれて角形性が低下し，膜面内の磁化成分が大きくなってきていることもわかった。これらの磁化曲線から得られた膜面直方向の保磁力 H_c，飽和磁化 $4\pi M_s$，残留磁化比 M_r/M_s および最大エネルギー積 $(BH)_{max}$ の V_{Fe} 依存性を**図3**に示す。V_{Fe} が増えるにつれて H_c の値は急激に減少するが，$4\pi M_s$ は α-Fe 相の増加を反映して増大している。その結果，$(BH)_{max}$ は $V_{Fe}\sim14\%$ で極大値を示している。一方，マイクロ磁気計算との比較によって評価した

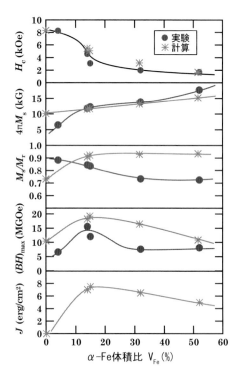

図3 Nd-Fe-B/Fe 系異方性ナノコンポジット薄膜の磁気特性と α-Fe の体積分率 V_{Fe} の関係

※はマイクロ磁気解析による計算値を示す。

交換結合定数 J は，図のようにやはり V_{Fe}〜14％で極大を示しており，等方性ナノコンポジット磁石の結果と同様であることがわかる。

4. SmFe$_{12}$/Fe 系異方性ナノコンポジット磁石

　Sm-Fe 系のハード磁性材料は，比較的大きな飽和磁化と磁気異方性を持つこと，また窒化によってキュリー温度が著しく増加することや磁化容易軸が変化することなど[16]が知られている。そのなかでも SmFe$_{12}$ 系化合物は Fe の含有量が高く，高い飽和磁化が期待できる材料と考えられる。しかし，その ThMn$_{12}$ 型構造を安定化するために，Ti，Mo，V，などの第三元素の添加が必要[17]であり，そのために飽和磁化の減少を招く。一方，薄膜プロセスでは，第三元素の添加なしで ThMn$_{12}$ 型構造を安定化できることや，基板加熱スパッタにより SmFe$_{12}$ 相が結晶配向することが報告[18)19)]されている。そこで本項では，基板加熱スパッタにより，ソフト相である α-Fe の量を系統的に変化させた 3 次元分散型 SmFe$_{12}$/α-Fe 薄膜を作製し，配向したハード相を持つ異方性ナノコンポジット薄膜としての磁気特性を検討した結果[13]について紹介する。

　試料は rf マグネトロンスパッタ法により，到達真空度 5.0×10^{-7} Torr 以下，Ar ガス圧 60 mTorr，基板温度 $T_s = 300$〜600℃の範囲で変化させて作製した。ターゲットは Fe ターゲット（76 mmφ）上に Sm チップ（5×5 mm^2）を配置し，その枚数を変化させることで組成を調整した。膜構成は glass/Sm-Fe(1 μm)/Ti(50 nm) とした。SmFe$_{12}$ 相と α-Fe 相の体積分率は，X 線回折パターンの Rietveld 解析結果，および高温領域での磁化の温度変化より総合的に評価した。

　X 線回折測定の結果，α-Fe の体積分率 V_{Fe} の増加とともに α-Fe の回折強度が増加しているにも関わらず，SmFe$_{12}$ の(002)面からの回折強度も保持されており，SmFe$_{12}$ 相の(001)配向がよく保たれていることがわかった。この結果より c 軸配向した SmFe$_{12}$ 相と α-Fe が二相共存した異方性ナノコンポジット磁石になっていることが示唆される。X 線回折パターンの Rietveld 解析から，SmFe$_{12}$ 相の c 軸は，基板面の法線を中心軸とする中心角 7°の円錐内に分布していることがわかった。

　図 4 に保磁力 H_c，飽和磁化 M_s，残留磁化 M_r，最大エネルギー積 $(BH)_{max}$ の V_{Fe} 依存性を示す。M_s は V_{Fe} の増加とともに直線的増加しているが，H_c は $V_{Fe} = 25$％付近で極大を示している。これらの結果を反映して $(BH)_{max}$ も $V_{Fe} = 25$％付近で極大値約 20 MGOe を示している。

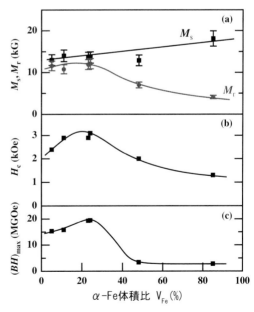

図 4　SmFe$_{12}$/Fe 系異方性ナノコンポジット薄膜の磁気特性と α-Fe の体積分率 V_{Fe} の関係

第 1 編　磁性と構造解析

5.　Nd–Fe–B/Fe 系ナノコンポジット磁石における界面結晶方位と交換結合

　交換結合ナノコンポジット磁石については，これまで多数の研究が行われているが，前述したように，高い特性が得られたという報告はほとんどない。その主因として，これまでは配向制御や粒径制御の課題が議論されてきたが，2011 年に Toga らは，第一原理計算をもとに新たな問題点を指摘した[20]。彼らは，$Nd_2Fe_{14}B(001)$ 面と α–Fe(100) 面が接した界面においては，相間の交換結合定数 J は正になるが，$Nd_2Fe_{14}B(100)$ 面と α–Fe(110) 面が接した場合，J は負になると報告[20]した。もしこの計算が正しければ，たとえ理想構造が達成されたとしても，反平行結合する界面が存在するために，磁石全体としての残留磁化やエネルギー積が減少するという深刻な事態になる。そこで本項ではさまざまな面方位の組み合わせを有する $Nd_2Fe_{14}B$ と α–Fe のモデル界面を作製し，交換結合定数 J の界面方位依存性を実験的に評価することを目的とした。

5.1　α–Fe(100)/Nd$_2$Fe$_{14}$B(001)界面

　本項ではまず第一段階として，薄膜プロセスを用いて α–Fe(100)/Nd$_2$Fe$_{14}$B(001) モデル界面を作製し，その交換結合状態について評価した結果[21]を報告する。

　試料は，到達真空度 5.0×10^{-8}Pa の UHV マグネトロンスパッタ装置を用いて作製した。Nd–Fe–B 層の成膜では，直径 50 mm，厚さ 2 mm の $Nd_{13}Fe_{70}B_{17}$ 合金ターゲットと Nd ターゲットをそれぞれ DC 60 W，RF 9 W で同時スパッタした。薄膜の構成は，単結晶 MgO(100)基板/α–Fe(100)(d_{Fe}nm)/Nd–Fe–B(40 nm)/Mo(10 nm) として，Fe 下地層の厚さ d_{Fe} を 5～15 nm の範囲で変化させた。作製手順の詳細は文献 21）に記した。層間の交換結合評価には，Q–band（34.2 GHz）の電子スピン共鳴装置を用いた。

　X 線回折および X 線極点図形の測定から，α–Fe(100)が MgO(100)基板上にエピタキシャル成長していること，その上に強く c 軸配向した $Nd_2Fe_{14}B(001)$ が成長していることがわかった。**図 5** に，Nd–Fe–B 相の成膜時に基板温度 $T_s^{NFB}=620℃$ の条件で作製した MgO(100)/α–Fe(100)/$Nd_2Fe_{14}B(001)$/Mo 薄膜の断面 TEM 像を示す。試料全体にわたって不連続な領域はなく，単結晶 MgO(100)基板上の α–Fe 層，$Nd_2Fe_{14}B$ 層，および Mo 層がそれぞれ比較的平坦な界面を有する連続膜を形成している。また，各層の膜厚が，ほぼ設計値どおりであることがわかった。各層の電子線回折図形から，Fe 層は(100)配向，$Nd_2Fe_{14}B$ 層は(100)配向であることがわかる。ただし，試料の別領域における断面 TEM 観察では，図5(e) に示すように，(110)配向した $Nd_2Fe_{14}B$ 粒子が成長し，方位関係 MgO(100)[100]‖α–Fe(100)[110]‖$Nd_2Fe_{14}B$(110)[112] を有する領域も見つかった。このように(110)配向した $Nd_2Fe_{14}B$ 粒子の体積分率は，$T_s^{NFB}=650℃$ で成膜した場合にもっとも少なくなることがわかったので，この試料について FMR 測定を行った。

　図 6 に，α–Fe(100)/Nd$_2$Fe$_{14}$B(001)界面を持つ 2 層膜の FMR スペクトルを，Fe 単層膜の結果と比較して示す。外部磁場はすべて膜面内の α–Fe[100]方向に印加した。Fe 単層膜は外部磁場 $H_r=5.24$ kOe のとき，鋭い共鳴吸収を示している。この H_r の値は，磁化 $M_s=2.15$ T，$g=2.05$ とした計算値（5.3 kOe）とほぼ一致することから，α–Fe 相の強磁性共鳴であることが確認できる。一方，2 層膜 = では $T_s^{NFB}=580℃$，および 650℃ の試料において，おのおの $H_r=5.10\pm$

第1章 磁性と磁化反転挙動

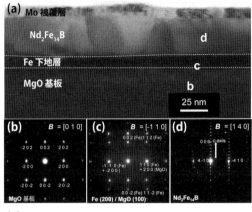

図5 α-Fe(100)/Nd₂Fe₁₄B(001) モデル界面試料の断面 TEM 像

MgO(100)基板, α-Fe(100)層, および Nd₂Fe₁₄B(001)層の電子線回折パターンが(b), (c), (d)におのおの示されている。

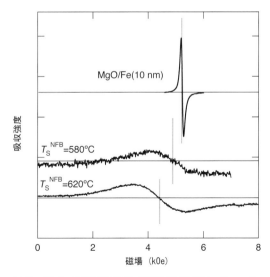

図6 異なる基板温度 T_s^{NFB} で成膜した α-Fe(100)/Nd₂Fe₁₄B(001) モデル界面試料の強磁性共鳴スペクトル

参照試料である Fe 単層膜の結果と比較して示す。

第1編　磁性と構造解析

0.05 kOe および $H_r = 4.41 \pm 0.05$ kOe の位置に比較的ブロードな共鳴吸収が現れている。ところが，大きな磁気異方性を有する $Nd_2Fe_{14}B$ では，困難軸方向に外部磁場を加えた場合の共鳴磁場は約 70 kOe になると見積もられる。したがって，図 6 のスペクトルは，$Nd_2Fe_{14}B$ との相互作用によって，α-Fe 層の強磁性共鳴磁場が低磁場側にシフトしたものであると考えられる。このシフトに対して，2 層膜界面における交換結合や磁気双極子相互作用がどのように影響しているかを調べるため，Fe 層と $Nd_2Fe_{14}B$ 層の間に非磁性の Mo 層を挿入した MgO/Fe（10 nm）/Mo（d nm）/$Nd_2Fe_{14}B$(40 nm)/Mo(10 nm) 膜を $T_s^{NFB} = 650$℃で成膜し，その強磁性共鳴磁場を測定した。その結果，$d = 1$ nm の Mo 中間層を挿入するだけで，共鳴磁場 H_r は Fe 単層膜の値と同じ 5.24 kOe に変化すること，および H_r は Mo 膜厚 d によらず，最大膜厚 $d = 15$ nm の試料までほぼ一定値を示すことがわかった。これらのことから，図 6 に示した共鳴磁場の低磁場シフトの原因は，α-Fe 相の磁気モーメントが $Nd_2Fe_{14}B$ 相との正の交換結合に起因する内部磁場を受けたためであると解釈できる。その交換結合の大きさは，共鳴磁場のシフト量から推測すると $T_s^{NFB} = 580$℃の試料よりも，$T_s^{NFB} = 650$℃のほうが大きいことが示唆される。この原因は文献 21）に示したように，後者ではより結晶性の良い $Nd_2Fe_{14}B$ が α-Fe 下地上に成長しているためであると考えられる。

5.2　$Nd_2Fe_{14}B$(100)/α-Fe 界面

次に，第一原理計算によって負の交換結合が予想されている，$Nd_2Fe_{14}B$(100)/α-Fe 界面を持つモデル試料での実験について述べる。薄膜プロセスによって，(100)配向した $Nd_2Fe_{14}B$ 膜を成長させることは困難であるので，筆者らは浮遊帯溶融法で育成された $Nd_2Fe_{14}B$ バルク単結晶をカットすることで (100) 基板とし，その上に α-Fe を成膜させるアプローチをとった。

$Nd_2Fe_{14}B$ バルク単結晶基板のサイズは，1 mm×2 mm×0.25 mm で，1 mm×2 mm の面が (100) 面に平行で，2mm の辺が [001] 方向になるようにカットされている。この $Nd_2Fe_{14}B$(100)基板面は機械研磨などによって平滑化された後，その上に到達真空度 5.0×10^{-8}Pa の UHV スパッタ装置を用いて，Fe 相を 10 nm 成膜した。Fe 層の成膜中には，基板温度は 300℃に加熱した。また，参照試料として非磁性 Mo 層をスペーサ層にもつ $Nd_2Fe_{14}B$(100)/Mo(10 nm)/α-Fe(10 nm) 試料も作製した。

強磁性共鳴実験では，$Nd_2Fe_{14}B$ の(100)面内の種々の方向に静磁場を印加し，その角度 ϕ_H に対して，共鳴磁場 H_r がどのように変化するかを系統的に調べた。その結果を**図 7**に示す。この図の挿入図に示すスペクトルからわかるように，c 軸に平行な $\phi_H = 0$ 方向での共鳴磁場は，$\phi_H = 90°$ 方向での値に比べて，明らかに大きいことがわかる。図 7 には Mo スペーサ層を持つ参照試料のデータも合わせてプロットされているが，その共鳴磁場は $Nd_2Fe_{14}B$ の困難軸方向に相当する $\phi_H = 90°$ および $\phi_H = 270°$ では親試料の値とほぼ等しいが，それ以外の ϕ_H の値では，親試料の値よりも明らかに小さくなっている。交換結合が decouple した参照試料においては，双極子相互作用による静磁結合のみが働くこと，どちらの結合についても，その強さはハード相とソフト相の磁化の相対角に依存して変化し，$\phi_H = 90°$ および $\phi_H = 270°$ 付近では磁化の相対角がほぼ 90° になるためにゼロになることなどを考慮すると，図 7 の結果はハード相とソフト相の交換結合が負であるこ

28

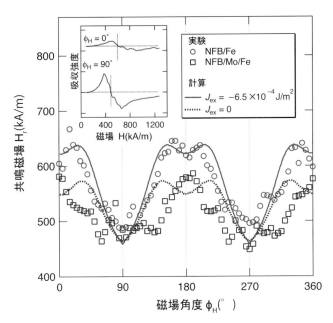

図7 Nd₂Fe₁₄B(100)/α-Fe モデル界面試料（○），および Nd₂Fe₁₄B(100)/Mo/α-Fe 参照試料（□）における強磁性共鳴磁場の磁場角度 φ_H 依存性

実線および破線は交換結合定数が負およびゼロの場合の計算値。挿入図はモデル界面試料における $\varphi_H=0°$ および $\varphi_H=90°$ の場合の共鳴スペクトル。

とを強く示唆している。図の実線は負の交換結合を仮定したモデル計算の結果であり，実験とよく一致している。

さらに筆者らは，より直接的に交換結合を評価するために，カー効果を用いた磁化測定を行った。もしソフト相 α-Fe の磁化がハード相に対して反平行に結合していれば，外部磁場の印加による α-Fe の磁気モーメント反転，すなわちスピンフリップ転移が観測されるはずである。ただし，今回のモデル試料においては，Fe 層の膜厚が Nd₂Fe₁₄B 層に比べて，10^{-5} 倍も小さいため，SQUID 磁束計などを用いてもその検出には困難が予想される。そこで，筆者らは，MOKE によるヒステリシス測定を検討した。この方法ではレーザー光の侵入深さが数 10 nm であるため，Fe 層の磁化によるシグナルは，Nd₂Fe₁₄B 層からのものと同程度になると期待される。MOKE ヒステリシスの測定結果を**図8**(a)に示す。赤色の親試料の場合では，磁化が 120 kA/m 付近から上昇しており，ソフト相 α-Fe の磁気モーメントが磁場方向に反転するスピンフリップ転移が起こっていることを示唆している。一方，参照試料ではより低磁場の 50 kA/m において同様な磁化上昇が観測されている。この結果を解釈するために，図8(b)には FMR の解析に用いたものと同じ負の交換結合定数を用いた計算磁化曲線を示した。$J=0$ を仮定した破線の計算曲線が参照試料の磁化曲線に，負の交換結合定数を仮定した実線の計算曲線が親試料の磁化曲線に，おのおのよく対応していることがわかる。

以上の結果から，Nd₂Fe₁₄B(100)/α-Fe 界面においては，磁気モーメントが反平行に結合していることが実験的に証明された。

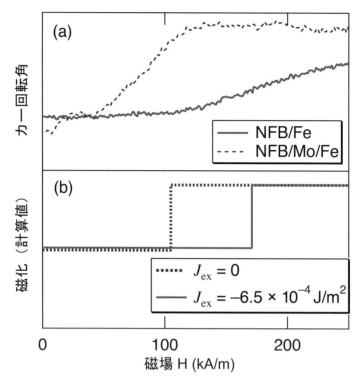

図8 縦カー効果によって測定したNd$_2$Fe$_{14}$B(100)/α-Feモデル界面試料(実線), およびNd$_2$Fe$_{14}$B(100)/Mo/α-Fe参照試料(破線)における局所磁化曲線の実測値(a), および計算値(b)

計算値の実線および破線は,交換結合定数が負,およびゼロの場合をおのおの示す。

6. さらなる高性能化のために

Umetsuらは,上記の実験結果を踏まえて,Nd$_2$Fe$_{14}$B/Fe系およびNd$_2$Fe$_{14}$B/Co系の種々の結晶面方位を持つ界面について系統的な第一原理計算を行って,それらの交換結合を評価[23]した。その結果,Nd$_2$Fe$_{14}$B(100)/α-Fe(110)界面のときのみにおいて,交換結合が負になり,それ以外の界面では正に交換結合することを報告した。その原因について彼らは,Nd$_2$Fe$_{14}$B(100)/Fe(110)界面では,Nd$_2$Fe$_{14}$B相最表面のFeとα-Fe相のFeとの間の平均距離が小さくなることや,その場合の界面における磁性電子の遍歴性と関連づけて議論している。

以上の結果を踏まえると,特にNd$_2$Fe$_{14}$B/Fe系においては,その界面方位を制御して,負の交換結合をとる界面を回避するようなナノ構造を構築することが高い磁気特性を実現するために肝要であることがわかる。そのような一例としては,配向制御されたNd$_2$Fe$_{14}$B(001)層とα-Fe層を交互に積層した多層膜型ナノコンポジット構造が挙げられる。ただし,Nd$_2$Fe$_{14}$Bの(001)配向度を高めるためには成膜中に高い基板温度を維持する必要があるが,そのような高温環境は積層構造を破壊して相互拡散を起こすなどのジレンマもあり,理想構造を構築することは容易ではない。筆者らの研究グループにおいてもpreliminaryな多層膜についての結果を報告[24]しているが,

理想的な界面制御型異方性ナノコンポジットモデル磁石としては，いまだ課題山積の状態である。一方，最近 Hirayama[25] らは，$ThMn_{12}$ 型構造を持つ高配向 $Sm(Fe_{0.8}Co_{0.2})_{12}$ 薄膜を作製し，その飽和磁化，異方性磁場，そしてキュリー温度のいずれもが $Nd_2Fe_{14}B$ の値を大きく上回ることを報告している。この系においてその大きな異方性磁場に対応する保磁力を発現することができれば，Fe–Co などのソフト相と組み合せることによって究極の磁気特性をもつナノコンポジット磁石が可能になると期待される。

文　献

1) E. F. Kneller and R. Hawig: *IEEE Trans. Magn.*, **27**, 3588（1991）.

2) R. Skomski and J. M. D. Coey: *Phys. Rev. B*, **48**, 812（1993）.

3) J. Zhang et al.: *Appl. Phys. Lett.*, **86**, 122509（2005）.

4) V. Neu et al.: *IEEE Trans. Magn.*, **48**, 3599（2012）.

5) S. Hirosawa: *J. Japan Inst. Metals*, **76**, 81（2012）.

6) W. B. Cui et al.: *Adv. Mater.*, **24**, 6530（2012）.

7) M. Shindo et al.: *J. Magn. Magn. Mater.*, **161**, L1（1996）.

8) M. Shindo et al.: *J. Appl. Phys.*, **81**, 4444（1997）.

9) M. Ishizone et al.: *J. Mag. Soc. Jpn.*, **23**, 282（1999）.

10) H. Kato et al.: *J. Appl. Phys.*, **87**, 6125（2000）.

11) H. Kato et al.: *IEEE Trans. Magn.*, **37**, 2567（2001）.

12) H. Kato et al.: *J. Magn. Magn. Mater.*, **290–291**, 1221（2005）.

13) H. Kato et al.: *J. Alloy. Compd.*, **408–412**, 1368（2006）.

14) B. Heinrich and J. F. Cochran: *Adv. Phys.*, **42**, 523（1993）.

15) K. Koyama et al.: *J. Phys. Soc. Jpn.*, **69**, 215（2000）.

16) T. Iriyama et al.: *IEEE Trans. Magn.*, **28**, 2326（1992）.

17) K. Ohashi et al.: *IEEE Trans. Magn.*, MAG–23, 3101（1987）.

18) F. J. Cadiue et al.: *Appl. Phys. Lett.*, **59**, 875（1991）.

19) H. Sun et al.: *J. Appl. Phys.*, **81**, 328（1997）.

20) Y. Toga et al.: *J. Phys. : Conf. Ser.*, **266**, 012046（2011）.

21) D. Ogawa et al.: *J. Magn. Soc. Jpn.*, **36**, 5（2012）.

22) D. Ogawa et al.: *Appl. Phys. Lett.*, **107**, 102406（2015）.

23) N. Umetsu et al.: *Phys. Rev. B*, **93**, 014408（2016）.

24) K. Kobayashi et al.: *J. Phys.; Conf. Ser.*, **903**, 012015（2017）.

25) Y. Hirayama et al.: *Scripta Mater.*, **138**, 62（2017）.

第1編　磁性と構造解析

第1章　磁性と磁化反転挙動

第3節　希土類系磁石材料の磁化過程メカニズム

国立研究開発法人物質・材料研究機構　大久保　忠勝

1. はじめに

　希土類系磁石材料には，$Nd_2Fe_{14}B$ 相を主相とするネオジム磁石や Sm_2Co_{17} 主相と $SmCo_5$ セル境界相，板状の Z 相からなる Sm_2Co_{17} 系磁石などがあり，これらが典型的な磁石だが，これら希土類系磁石材料の磁化過程は，その磁石を構成する磁性相の固有物性とその微細組織に大きく依存することが一般的に知られている。固有物性としては，例えば主相の飽和磁化，結晶磁気異方性，粒界相が強磁性相か非磁性相か，強磁性である場合にはその磁化がどの程度あるのかというようなことは非常に重要であり，さらにこのような磁石を構成する相がどのような微細組織，具体的には粒界相の形成具合，主相の結晶粒径，形状，拡散処理を行った際に形成されるコアシェル組織の有無などが磁化過程に大きな影響を与える。また，本稿では筆者がこれまで多く解析を行ってきたネオジム磁石を主に取り上げ，磁化過程に対する固有物性や微細組織の影響について述べる。

　磁化過程は，磁壁の伝搬によって律速される。磁壁の伝搬を考える際に，例えば粒界相が強磁性相である場合には，磁壁が粒界相にトラップされる状態を磁壁のピニングと記述し，その状態から主相内への磁壁の伝搬をデピニングというが，仮に粒界相が非磁性相である場合には，磁壁は粒界相に達した段階で消失するので，磁壁による磁壁のピニングという記述は正しくなく，隣接する主相内に新たに磁区が形成され伝搬する挙動は反転磁区核生成と伝搬というのが正しいと考える。また，厚い強磁性粒界相から磁化反転が開始する場合には核生成となる。このように，粒界相が強磁性相か非磁性相かで変わるこのような表現は，現象的には類似するものであるが，その表現には留意する必要がある。

2. 初磁化過程

2.1 消磁状態

　磁石の減磁状態は，その減磁方法によって磁区の分布が異なり，熱減磁では粒界などのピニングサイトの影響を受けることなく，結晶磁気異方性による異方性磁界や，静磁気相互作用よる反磁界などから決まる局所的な有効磁界によって磁区が形成される。**図1**はネオジム焼結磁石の典型的な微細組織で，$Nd_2Fe_{14}B$ 相とそれを取り囲む粒界相，3重点に位置する金属，酸化物の Nd リッチ相から構成されている。その消磁状態の磁区構造は，一軸の結晶磁気異方性を有するの

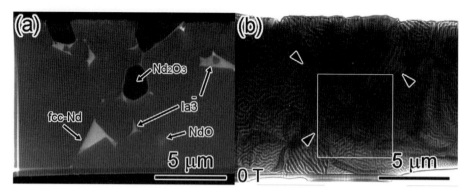

図1 典型的なネオジム焼結磁石の微細組織(a)と磁区構造(b) Reprinted with permission from Elsevier.[1]

で，磁化容易軸の方向から観察すると磁区がメイズパターン状に並び[1]（図1(b)はTEM用の薄膜試料であるので，バルク状態とは磁区サイズなどは異なると思われる），垂直方向から見るとストライプ状の磁区構造を有する。

2.2 初磁化過程に対する粒径の影響

ネオジム熱間加工磁石において，Hiokiらは，押出温度によって初磁化曲線の系統的な変化を確認し，これが主相粒の平均粒径変化に起因すること，平均粒径の減少により単一磁区を有する主相粒が増加することを示唆した[2]。このような磁気特性（図2）を示す試料のローレンツTEM観察結果（図3）

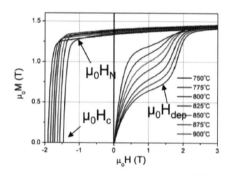

※口絵参照

図2 異なる押出温度で作製された熱間加工ネオジム磁石の磁化曲線 Reprinted with permission from Elsevier.[3]

の磁界印加前の像を比較すると，750℃処理の試料では，粒径が磁区幅に対して小さいために，単一磁区中にいくつもの主相粒が存在しているのに対して，粒径の大きな900℃処理試料では，粒内に磁壁が存在する多磁区粒子の確率が増加していることがわかる[3]。$Nd_2Fe_{14}B$相粒子内では，磁壁に対するピニング効果はないために，わずかな磁界を印加した状態でも多磁区化した粒子内の磁壁は，印加磁界方向と同一方向の磁気モーメントを有する磁区を増加する方向に移動し，ピニング効果のある粒界まで，あるいは粒内に存在した隣接する磁壁と結合して消滅するまで容易に移動する。これが図1の初磁化曲線の最初の急峻な磁化の増加に対応する。粒界にピニングされた磁壁は，容易に伝搬できなくなるために比較的なだらかな磁化の上昇が続き，最終的に印加磁界が粒界におけるピニング力を超えるとデピニングにより急速に飽和磁化に至る。

一方，ネオジム焼結磁石の初磁化曲線は，図4に示すように平均粒径が3μm程度の場合には，磁界を印加すると一気に飽和磁化に向かって磁化が増加するのに対して，粒径を1μm程度にまで微細化すると，熱間加工磁石と同様に2段階で飽和磁化に近づくことが報告されている[4]。マイクロマグネティクス計算においても，平均粒径が小さくなると実験で観察されるような初磁化

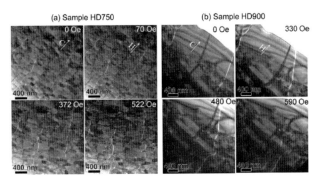

図3 押出温度750℃(a)と900℃(b)で作製された熱間加工ネオジム磁石のローレンツTEM像 Reprinted with permission from Elsevier.[3]

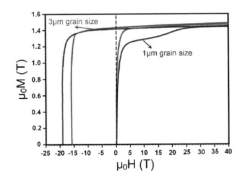

図4 平均粒径1μmおよび3μmの磁化曲線[4]

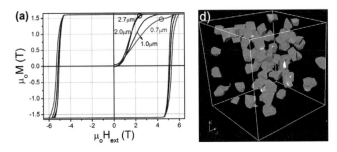

図5 マイクロマグネティクス計算で得られた磁化曲線と4.46 T磁界印加した平均粒径0.7μmモデルで，印加磁界と同一方向の磁化を有している磁区 Reprinted with permission from Elsevier.[5]

曲線の2段階の飽和挙動が確認され，消磁状態で単磁区であった粒子の磁化反転には，比較的大きな磁界印加を要することがその起源であることを確認した（図5）[5]。これは熱間加工ネオジム磁石の初磁化過程と同様のメカニズムであり，消磁状態の磁区サイズ，磁壁の分布と平均粒径の関係に初磁化挙動は依存し，粒界のピニング力が重要な役割を果たしていることがわかる。

以上は，熱消磁状態からの初磁化曲線についての挙動を説明したものであるが，例えばコイルを使用して，磁界の方向を反転させながら減少させ消磁した場合には，消磁状態ですでに粒界に磁壁がピニングされており，初磁化の挙動は熱消磁の場合とは異なる。

2.3 固有物性の影響

前記のように,初磁化過程は,消磁状態の磁区サイズ,粒界におけるピニング力に影響を受ける。磁石が有する磁気モーメントによって形成される磁極によって,磁石内部では磁化と逆向きの反磁界が作用し,磁気モーメントは不安定となるが,磁区に分かれることにより静磁気エネルギーが減少し安定となる。したがって,磁区サイズには磁化の大きさが強く影響し,磁化が大きくなると磁区サイズは小さくなる[6]。また,粒界のような欠陥層が主相間に存在する場合のピニング力は,

$$\frac{K_M d}{M_M \delta_0}\left(\frac{A_M}{A_{GB}}-\frac{K_{GB}}{K_M}\right) \qquad (1)$$

に比例する(ここで,A_M, A_{GB}:主相と粒界相の交換結合定数,K_M, K_{GB}:主相と粒界相の磁気異方性定数,d:粒界相の厚さ,δ_0:磁壁厚さ,M_M:主相の磁化)[7][8]。したがって,粒界相が非晶質の非磁性相に近づくと,A_{GB}, K_{GB} とも減少し,さらに粒界相が厚くなるとピニング力は大きくなる(ただし,強磁性粒界相が交換結合の及ばない厚さになると,粒界相から磁化反転が生じるので保磁力低下につながる)。一方,主相に添加元素が加わり磁化が減少した場合もピニング力は増加する。特にこのピニング力は,初磁化過程のみならず後述する減磁過程にも大きな影響を及ぼす。

3. 減磁過程

3.1 残留磁化状態

着磁後に外部磁界を除去すると,磁石内の磁気モーメントは,それぞれの主相粒子の結晶容易軸方向に向かって回転を始め,磁化が減少していく。したがって,その減少の度合いは,磁石の配向度に依存し,配向性が高い異方性磁石では,磁化の減少がわずかであるのに対して,等方性磁石では,およそ飽和磁化の半分の磁化まで減少する。これに加えて磁石表面は,機械研磨によって結晶磁気異方性が失われており,磁石の形状によっては,反磁界によって残留磁化状態において図6に示すようにすでに磁化反転が生じている場合もある[9]。

図6 ネオジム磁石残留磁化状態のカー効果顕微鏡像

3.2 磁化反転の伝搬過程

　異方性磁石の場合，残留磁化状態から着磁方向に対して逆方向の印可磁界を増加させていくと，逆磁区が成長し保磁力の磁界で磁石としての磁化を失った後，全体が逆向きに反転する。従来，ネオジム磁石は核生成型の磁化反転機構と理解されてきたが，通常の焼結磁石では粒界相が強磁性であること[10]と，残留磁化，あるいはわずかな逆向きの磁界印加で表面劣化層に逆磁区が核生成していることから，保磁力に至る急激な磁化の減少を律速しているのは，核生成ではなくて表面が劣化した主相粒子と，その内側の主相粒子間の粒界相による磁壁のピニングとデピニングであると考えられる。実際にマイクロマグネティクス計算で，モデルの表面に磁化反転した粒子を配置した場合としない場合とでは大きく保磁力が異なり，配置しない場合には現実離れした保磁力になる（図7）[11]。これは，逆磁区のない状態で容易軸方向から外部磁界を印加した場合に，反転磁区の核生成に必要な磁界が極めて大きいためである[12]。また，表面で磁化が反転した粒子が存在すると，その粒子から漏れ磁界として内部の粒子に対して，磁化を反転させる向きの磁界が増加する。マイクロマグネティクス計算によって，反転した粒子からの漏れ磁界と反磁界から決まる局所的な磁界を見積もったところ，図8に示すように粒径が小さくなるに従って，磁壁直下での局所磁界の減少が確認された。磁化反転した領域の体積が減少すると漏れ磁界，局所磁界が減少し，磁壁がデピニングする外部磁界の閾値が増加し，保磁力の粒径依存性の一因となっていると考えられる[5]。

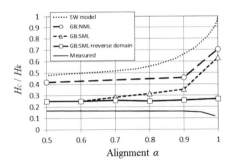

図7　配向度による保磁力変化　高配向磁石の場合，反転核がない場合，実験値から大きくずれる　Reprinted with permission from IEEE.[11]

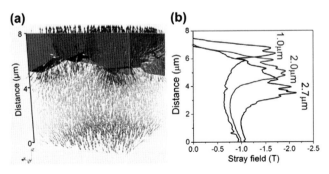

図8　表面粒子が磁化反転した場合の漏れ磁界，反磁界から決まる局所的な磁界の分布
Reprinted with permission from Elsevier.[5]

第1編　磁性と構造解析

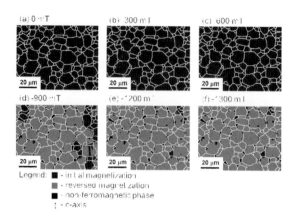

図9　商用ネオジム焼結磁石の反転磁区の変化　Reprinted with permission from Elsevier.[14]

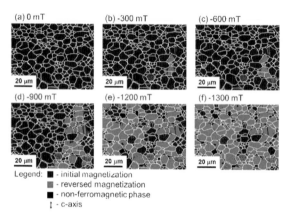

図10　NdリッチGa添加ネオジム焼結磁石の反転磁区の変化
Reprinted with permission from Elsevier.[14]

　一方で，NdリッチGa添加ネオジム焼結磁石のように，分厚い非磁性粒界相で主相粒が覆われている場合[13]には，磁化反転の挙動が異なる[14]。カー効果顕微鏡で商用ネオジム焼結磁石（図9）とNdリッチGa添加ネオジム焼結磁石（図10）の残留磁化状態から外部磁界を増やしたときの反転磁区の分布を見ると，NdリッチGa添加ネオジム焼結磁石では，低磁界から磁化反転が開始し，容易軸方向につながる粒子に徐々に反転が進行するのに対して，商用ネオジム焼結磁石では，最初の磁化反転までの印加磁界は大きいものの，一端磁化反転が起きると一気に磁石全体に伝搬する様子がわかる。これは，商用ネオジム焼結磁石では，強磁性粒界相で磁壁がピニングされているのに対して，NdリッチGa添加ネオジム焼結磁石では，交換結合が分断されており，内部粒子から表面粒子に対して交換結合による磁化を保持する効果が少ないことが一因であると考えられる。また，非磁性粒界相は磁壁の伝搬を抑止する効果が大きいので，周辺粒子の磁化反転が遅れ，これがNdリッチGa添加ネオジム焼結磁石の高保磁力と低角形比の要因になっていると考えられる。反磁区の成長が容易軸方向に連なる粒子で進行する原因は，交換結合が分断されていたとしても，反転した粒子からの漏れ磁界によって，それらの粒子の磁化反転が促進されるためである。

3.3 シェル組織の影響

ネオジム磁石への重希土類元素の拡散処理によって，主相粒の表層近傍で Nd が重希土類元素に置換され，例えば Dy の場合には，主相の磁化が減少する。さらに，実際には置換して排出された Nd が粒界相に偏析することで，粒界相の磁化が下がり，その厚さも増大する[15]ために，式(1)のピニング力が増加し，磁化反転が高磁界側にシフトし，保磁力も増加する。このシェル組織の役割を明確にするため，Dy 拡散処理後に 900℃ で 1 時間保持した後急冷した試料を作製したところ，保磁力の大幅な減少が確認された（図 11）。組織解析の結果，依然として Dy リッチのシェル組織は形成されているにも関わらず，粒界相がほとんど消失しており，保磁力発現，すなわち磁化反転過程での粒界相による磁壁のピニング効果の寄与が非常に大きいことが実験結果からも示された[16]。

また，Dy 拡散処理磁石を模擬したマイクロマグネティクス計算を行い，シェル層中の Dy 置換量，シェルの厚み，コアの Dy 量などについて評価したところ，保磁力は Dy 置換量で決まる異方性磁界に対して線形で増加するのに対して，コア部の Dy 置換量を増やしてもその寄与は非常にわずかであることがわかった。また，Dy リッチシェルの厚みが 15 nm 程度になると，主相全体を Dy 置換したのと差異がなくなった（図 12）[17]。すなわち，Dy リッチシェルは，主相粒子の

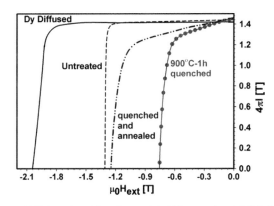

図 11　Dy 拡散処理ネオジム磁石の追加熱処理による減磁曲線の変化
Reprinted with permission from Elsevier.[16]

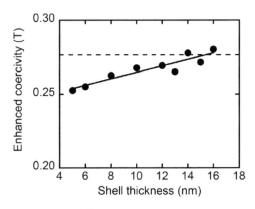

図 12　保磁力に対するシェル厚さの影響　Reprinted with permission from AIP Publishing.[17]

表面近傍のnmオーダーのところで，可能な限りDy量を増やすことが磁化の低下を抑制しつつ保磁力を向上するために必要である。実際のプロセスでは，シェルのDy組成を増やすために最初からDyを含有させる方法がとられているが，コア部のDyは不要であるので，省Dyに向けたプロセス開発が求められている。

4. SmCo系磁石のピニングメカニズム

SmCo系磁石も大きな保磁力を示すが，ネオジム磁石とは全く異なる微細組織を有している。Sm_2Co_{17}系磁石である$Sm(Co_{0.784}Fe_{0.100}Cu_{0.088}Zr_{0.028})_{7.19}$焼結磁石に対して溶体化熱処理後850℃で熱処理し，冷却過程のいくつかの温度から急冷すると，高温で急冷した場合には全く保磁力が発現しないのに対して，徐冷後の試料では保磁力の増大が観察された。この試料の微細組織をHAADF-STEM像（**図 13**）で見ても差異は確認できなかったが，アトムプローブ解析の結果，セル境界の$SmCo_5$相の近傍でCuの分布に変化があり，これに起因した結晶磁気異方性の変化が，ピニング力の強化につながることがわかった[18]。したがって，このSm_2Co_{17}系磁石の場合には，主相の固有物性から決まる単磁区サイズよりも短いスケールで，ピニングサイトのセル境界が高密度に存在することから，磁壁の伝搬に対してピニングの影響が極めて大きく働く。

また，Cuを添加した$SmCo_5$系の磁石では，一見均一な組織でありながらピニング型の磁化過程を示すことが知られている。この相は極めて大きな結晶磁気異方性を有する化合物であり，磁壁幅も薄くなるので，"Intrinsic pinning"というメカニズムによって，セル境界や粒界相がない状態でも，主相中でピニングされると考えられている[19]。このメカニズムについては，依然として明確でない部分もあり，今後の検討が必要である。

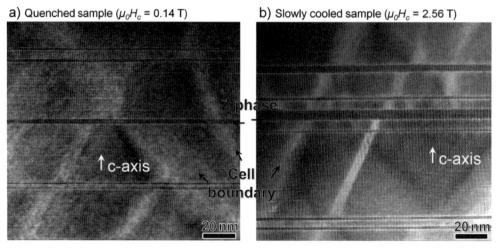

図13　急冷(a)および徐冷(b)されたSm($Co_{0.784}Fe_{0.100}Cu_{0.088}Zr_{0.028}$)$_{7.19}$磁石のHAADF-STEM像
Reprinted with permission from Elsevier.[18]

5. おわりに

　以上，主にネオジム磁石に関して，減磁状態から着磁に至る初磁化過程，その後の残留磁化状態を経て減磁過程までの磁化過程について，微細組織あるいは固有物性の面から重要な点を踏まえて記述した。筆者は，約10年前から磁石研究に対して，主に微細組織解析の面から関わってきており，最近はマイクロマグネティクス計算も活用した研究を進めている。これらの成果が磁石の磁化過程の理解の一助になり，高性能磁石の開発につながることを願う。

文　献

1）T. T. Sasaki et al.: *Acta Mater.*, **115**, 269–277（2016）.

2）K. Hioki et al.: *J. Magn. Soc. Jpn.*, **38**, 79–82（2014）.

3）J. Liu et al.: *Acta Mater.*, **82**, 336–343（2015）.

4）宝野和博ほか：日本金属学会誌, **76**, 2–11（2012）.

5）H. Sepehri-Amin et al.: *Scripta Mater.*, **89**, 29–32（2014）.

6）小林久理眞ほか：日本金属学会誌, **76**, 27–35（2012）.

7）R. Friedberg and D. I. Paul: *Phys. Rev. Lett.*, **34**, 1234–1237（1975）.

8）D. I. Paul: *J. Appl. Phys.*, **53**, 1649–1654（1982）.

9）K. Kobayashi et al.: *J. Magn. Soc. Jpn*, **31**, 393–397（2007）.

10）H. Sepehri-Amin et al.: *Acta Mater.*, **60**, 819–830（2012）.

11）J. Fujisaki et al.: *IEEE Trans. Magn.*, **50**, 7100704（2014）.

12）A. Sakuma et al.: *J. Magn. Magn. Mater.*, **84**, 52–58（1990）.

13）T. T. Sasaki: *Scripta Mater.*, **113**, 218–221（2016）.

14）M. Soderžnik et al.: *Acta Mater.*, **135**, 68–76（2017）.

15）H. Sepehri-Amin et al.: *J. Appl. Phys.*, **107**, 09A745（2010）.

16）H. Sepehri-Amin et al.: *Acta Mater.*, **61**, 1982–1990（2013）.

17）T. Oikawa et al.: *AIP Advances*, **6**, 056006（2016）.

18）H. Sepehri-Amin et al.: *Acta Mater.*, **126**, 1–10（2017）.

19）大橋健：日本金属学会誌, **76**, 96–106（2012）.

第1編　磁性と構造解析

第1章　磁性と磁化反転挙動

第4節　ネオジム磁石の粒界相形成メカニズムに対するフェーズフィールド解析

名古屋大学　**小山　敏幸**　　名古屋大学　**塚田　祐貴**

1. はじめに

　近年，ネオジム系希土類磁石の保磁力発現機構の解明が進められており[1]-[8]，その高保磁力の材料組織学的な主たる要因が，主相（$Nd_2Fe_{14}B$ 相）粒界に薄く均一に張った粒界相（非磁性相であることも必要）にあることが，現時点における共通認識である[5][6]。主相の結晶粒微細化は（粒界相が均一に粒界を覆っている前提で），逆磁区の成長抑制に寄与するので高保磁力化に有効であるが，過度の結晶粒微細化は，主相粒界を粒界相が均一に覆った組織の形成を妨げる[1]-[4]。結晶粒微細化に伴い粒界総面積が増えるので，粒界相の総体積分率が一定の場合，主相の結晶粒微細化に伴いすべての粒界を粒界相が覆うことは物理的に不可能となるからである。さらに均一に張った状態が過渡的に達成できたとしても，微細粒では粒界相の粗大化（オストワルド成長）によって，その状態は容易に崩壊する可能性が高い。

　すなわち，"高保磁力を達成する最適な組織形態は理解できたが，それを実現するプロセスの絞り込みが極めて困難となった"という点が，近年浮上した新しい課題である。これを実現するためには，各種の材料およびプロセス条件探索の効率化がカギを握るため，実験手法の高度化はもちろんであるが，計算による条件絞り込みも重要な課題となってきている。

　さて本稿では，特に粒界相として，液相（低温ではアモルファス相）に着目する。ネオジム焼結磁石では，高保磁力を実現するために，873 K 付近における最適化熱処理が必要とされている。この温度において液相が出現し，主相粒界全域が効率良く液相で薄く（厚さは数 nm 程度）覆われる現象が存在することが，ネオジム磁石の保持力発現の源泉である。さらに冷却時に，この液相がアモルファス相に推移する場合や，液相から各種の結晶相が形成される場合があるが，これらアモルファス相および結晶相が非磁性であることが，さらに重要である。つまり，ネオジム磁石の保磁力向上には，主相粒界全域をカバーする液相の存在と，冷却時にその液相部分が非磁性（アモルファス相や結晶相などの複数相の共存も可）となることの双方が必要である。

　以下では，主相結晶粒界に形成される粒界相（液相）の組織形態形成過程をフェーズフィールド法に基づきモデル化した成果について紹介する[9]。近年，これまでのマルチフェーズフィールド法（MPF 法）[10][11] を拡張した非平衡フェーズフィールド法[12][13] が Steinbach らによって提案された。筆者らは最近この手法の改良も含めた定式化を行い，この新手法に基づき粒界相の形態変化のシミュレーションモデルを作成した[9]。以下，計算手法の概略，計算結果，および粒界相の形態変化の要因について現時点の知見を述べる。

2. 計算方法

主相と粒界相をそれぞれ α 相および β 相と記す。α 相と β 相から構成される不均一組織の全自由エネルギーは，通常のマルチフェーズフィールドモデル[11] に従い，

$$F = \int_r \left[-\frac{1}{2}\kappa_{\alpha\beta}\nabla\phi_\alpha \cdot \nabla\phi_\beta + W_{\alpha\beta}\phi_\alpha\phi_\beta + \phi_\alpha f_\alpha(c_\alpha) + \phi_\beta f_\beta(c_\beta) \right] d\mathbf{r} \tag{1}$$

にて与えられる。X 相（$X = \alpha$ or β）のフェーズフィールド $\phi_X(\mathbf{r}, t)$ は，位置 $\mathbf{r} = (x, y, z)$ および時間 t に X 相が存在する確率を意味する秩序変数である。$\kappa_{\alpha\beta}$ は勾配エネルギー係数，$W_{\alpha\beta}$ は α 相と β 相の間の化学的なエネルギー障壁である。MPF 法では，組織内の位置 $\mathbf{r}$ および時間 t における濃度 $c(\mathbf{r}, t)$ は，

$$c(\mathbf{r}, t) = \phi_\alpha(\mathbf{r}, t)c_\alpha(\mathbf{r}, t) + \phi_\beta(\mathbf{r}, t)c_\beta(\mathbf{r}, t) \tag{2}$$

と表現される[14]。$c_X(\mathbf{r}, t)$ は X 相の"相濃度"であり，濃度 $c(\mathbf{r}, t)$ は相濃度 $c_X(\mathbf{r}, t)$ を $\phi_X(\mathbf{r}, t)$ にて重付き平均して定義される（なお α 単相領域では $\phi_\alpha(\mathbf{r}, t) = 1$ および $\phi_\beta(\mathbf{r}, t) = 0$ であるので，$c(\mathbf{r}, t) = c_\alpha(\mathbf{r}, t)$ となり，相濃度 $c_\alpha(\mathbf{r}, t)$ はそのまま濃度 $c(\mathbf{r}, t)$ に一致する）。(1)式の $f_X(c_X)$ は X 相のギブスエネルギーであるが，相濃度 $c_X(\mathbf{r}, t)$ の関数である点に注意されたい。

合金の全成分数を n とすると，非平衡フェーズフィールド法における相濃度場およびフェーズフィールドの発展方程式は，

$$\frac{\partial c_\alpha{}^{(i)}}{\partial t} = \sum_{j=1}^{n-1} \left[\nabla \cdot (D_\alpha{}^{(ij)}s_\alpha\nabla c_\alpha{}^{(j)}) + \nabla \cdot (D_\beta{}^{(ij)}s_\beta\nabla c_\beta{}^{(j)}) \right] - \frac{q}{1-q}s_\beta\left(\frac{\partial f_\alpha}{\partial c_\alpha{}^{(i)}} - \frac{\partial f_\beta}{\partial c_\beta{}^{(i)}}\right),$$

$$\frac{\partial c_\beta{}^{(i)}}{\partial t} = \sum_{j=1}^{n-1} \left[\nabla \cdot (D_\alpha{}^{(ij)}s_\alpha\nabla c_\alpha{}^{(j)}) + \nabla \cdot (D_\beta{}^{(ij)}s_\beta\nabla c_\beta{}^{(j)}) \right] + \frac{q}{1-q}s_\alpha\left(\frac{\partial f_\beta}{\partial c_\beta{}^{(i)}} - \frac{\partial f_\alpha}{\partial c_\alpha{}^{(i)}}\right), \tag{3}$$

$$\frac{\partial \phi_i}{\partial t} = -\sum_{j=1, j\neq i}^{N} \frac{2M_{ij}}{N}\left(\begin{array}{l} \sum_{k=1}^{N}\left[\frac{1}{2}(\kappa_{ik} - \kappa_{jk})\nabla^2\phi_k + (W_{ik} - W_{jk})\phi_k\right] + f^{(i)}(c_i) - f^{(j)}(c_j) \\ -\sum_{p=1}^{n-1}(c_i{}^{(p)} - c_j{}^{(p)})\left[\sum_{m=1}^{N}\phi_m\frac{\partial f^{(m)}}{\partial c_m{}^{(p)}} + \frac{1-q}{q}\frac{\partial c^{(p)}}{\partial t}\right] \end{array} \right)$$

にて与えられる。ここで，

$$s_\alpha = \sum_{j=1}^{N_\alpha}\phi_j, \quad s_\beta = \sum_{j=N_\alpha+1}^{N}\phi_j, \quad c^{(i)} = \sum_{j=1}^{N}\phi_j c_j{}^{(i)} \tag{4}$$

であり，α 相多結晶と β 相多結晶のフェーズフィールドを，それぞれ ϕ_i（$i = 1 \sim N_\alpha$）および ϕ_i（$i = N_\alpha + 1 \sim N$）とした。N は計算で考慮している全フェーズフィールド数，$c_X{}^{(i)}$ の添え字の (i) は，X 相内の i 番目の成分濃度，また q は局所的な非平衡の度合いを表すパラメータである。な

お計算理論および計算条件などの詳細に関しては，文献 9) を参照していただきたい。

3. 計算結果および考察

以下では，種々の条件下における粒界相（液相）の組織形成過程のシミュレーション結果を示し，粒界相の組織形態を支配する要因について説明する。

3.1 粒界相（液相）の組織形成過程（合金組成依存性）

図 1 (a)～(d) は，Fe-15Nd-5B 合金（数値は at.%）を 873 K 等温時効させたときの粒界相形成の時間発展である[9]。上段は主相のフェーズフィールド（PF）で，白い部分が主相，黒い部分が主相粒界もしくは粒界相に対応している。中段と下段は，それぞれ Nd および B 濃度場で，その値については，右上のグレースケールを参照されたい。初期状態(a)において濃度場を均一とした。またフェーズフィールド法は核形成過程を計算しないため，粒界の 3 重点位置すべてに粒界相（液相）の初期核を置いた。

濃度場については，まず粒界相の初期核に Nd が濃縮し，その後，結晶粒界に沿って Nd-rich な粒界相が成長する。しかし，結晶粒界全体を粒界相が均一に覆うことなく，時効の進行に伴い中央付近の粒界相が，オストワルド成長によって優先的に粗大化する。B の濃度場については，中段と下段の明暗が逆転しており，B は粒界相にほとんど分配されないことがわかる。また本計算には主相の多結晶粒成長も含まれているので，上段に示されるように時効に伴い，主相多結晶

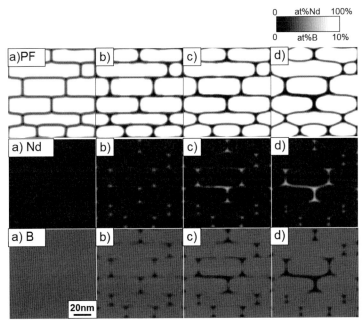

図 1　Fe-15Nd-5B　合金（数値は at.%）の 873 K 等温時効における粒界相形成シミュレーション
(a) $t' = 0$, (b) $t' = 1.0 \times 10^{-3}$, (c) $t' = 5.0 \times 10^{-3}$, (d) $t' = 2.0 \times 10^{-2}$

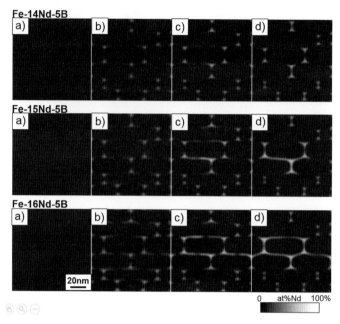

図2 粒界相の組織形態形成に対するNd合金組成依存性
(a) $t' = 0$, (b) $t' = 1.0 \times 10^{-3}$, (c) $t' = 5.0 \times 10^{-3}$, (d) $t' = 2.0 \times 10^{-2}$

粒の形態も徐々に変化することがわかる。

　図2は組織形態形成のNd合金組成依存性を計算した結果で，上段からFe-14Nd-5B，Fe-15Nd-5B，およびFe-16Nd-5B合金における組織形成の時間変化である[9]。なお図1の結果から，粒界相の位置はNd濃度場のみにて確認できることが示されたので，図2ではNd濃度場のみを示している（中段組織は図1と同じである）。まず合金のNd濃度が増加するにつれて，粒界相が主相粒界を均一に被覆する傾向が強まることがわかる。粒界相同士のオストワルド成長も徐々に進行することを考慮すると，粒界相による主相粒界被覆の程度（以後，被覆率と記す）は，熱処理の途中段階に最大値が存在すると考えられ，かつ合金のNd組成が増加するほどその値は高まると思われる。他方，Nd濃度増加は残留磁化減少を意味するので，磁石特性の観点からは好ましくはない。

　本計算の利点は，合金組成，熱処理温度，主相の結晶粒サイズ，および拡散時間などを総合的に考慮し，被覆率最適化を議論できる点にある。もちろん実用材料は複雑な多成分系で，また各相のギブスエネルギーにも不明なパラメータが存在するため，非経験的な定量的計算は非常に困難である。しかし熱処理温度，合金組成，結晶粒サイズ，および拡散時間など，いずれの因子が相対的に被覆率などの組織形態を支配しているのかについては，本計算からある程度類推できるのではないかと思われる。

3.2 界面エネルギーの影響

　主相粒界における粒界エネルギーと，主相と粒界相との間の界面エネルギーの値が，粒界相組織形態へ及ぼす影響について検討した結果を図3に示す[9]。上段と下段は，Fe-15Nd-5B合金を対

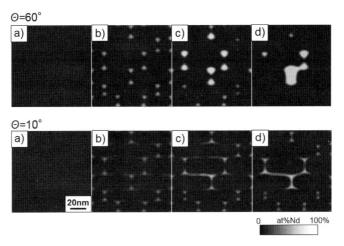

図3 粒界相の組織形態へ及ぼす界面エネルギーの影響
(a) $t'=0$, (b) $t'=1.0\times10^{-3}$, (c) $t'=5.0\times10^{-3}$, (d) $t'=2.0\times10^{-2}$

象に，粒界相の接触角をそれぞれ60°および10°と設定した場合の計算結果である。前者では，粒界相は塊状に粗大化し，主相を被覆することはない。後者では，明らかに被覆率が向上している。つまり，ネオジム磁石では，主相と粒界相との間の界面エネルギー値の低下が，粒界相の被覆率に非常に大きく寄与していることが示唆される。

3.3 Nd結晶相の融解過程の影響

図4は，主相と液相だけでなくNd結晶相（dhcp構造）まで考慮し，Fe-15.3Nd-5B合金に対して，主相とNd結晶相からなる二相組織を初期状態として，873Kにて等温時効したときの組織形成シミュレーションである。上段がフェーズフィールドで，下段がNd濃度場であり，上段の白および灰色部分が，それぞれ主相およびNd結晶相で，黒い部分が液相もしくは結晶粒界である。時効の進行に伴い，Nd結晶相が融解するとともに，粒界の3重点位置を中心に液相が形

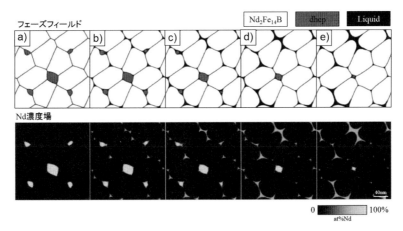

図4 Nd結晶相の融解による粒界相（液相）形成シミュレーション
(a) $t'=0.0$, (b) $t'=2.5$, (c) $t'=5.0$, (d) $t'=10.0$, (e) $t'=15.0$

第1編　磁性と構造解析

成・成長していくことがわかる。また顕著ではないが，主相の融解も同時に進行している。Nd 結晶相が液相の供給源となる挙動はすでに実験的にも議論されており，特に液相の融点を下げる Cu との関連性が重要視されている[3]。本シミュレーションに，さらに Cu などの添加元素を追加する試みは興味深く，このあたりは直近の主要課題の1つである。

4. 組織形成シミュレーションに関する問題点と展望

　現在，フェーズフィールド法に基づく組織形成シミュレーションは，材料工学の多くの分野において，日常的に活用されるようになった。ここで重要な点は，この手法が現在効果的に活用されている分野は，平衡状態図の熱力学パラメータ[15] や拡散係数などの速度論的パラメータが比較的整っている分野であることである。これらのパラメータは，フェーズフィールド法の入力パラメータであるので，入力パラメータの信頼度が高い分野で，フェーズフィールド法の計算結果の信頼度が高いことは，当然の帰結である。材料設計が精緻になるほど，材料条件やプロセス条件の絞込みは困難となる。既存材料の最適化では，平衡状態図や拡散などの基本的な材料パラメータを地道に整備することが，最終的には重要であろう。この意味において，希土類磁石材料に関連する基礎データの積み上げの価値は，今後ますます高まると思われる。

　他方，希土類元素を含む合金の基礎実験に着目した場合，酸化反応の制御をはじめ，もともとの基礎実験自体が極めて困難であったことが，実用材料としての重要度にも関わらず，当該分野の基盤的材料パラメータが不足している根本的原因と考えられる。このような課題を克服する方策として，最近，マテリアルズインフォマティクス分野を中心に，逆問題から各種の材料パラメータを推定する手法が展開され始めており，この方向性は希土類磁石材料の開発でも，大きな恩恵をもたらすと期待される。例えば本稿のフェーズフィールドシミュレーションに逆問題解析を適用すれば，組織形態の時間過程の実験データから，シミュレーションに含まれている材料パラメータを推定できる可能性は高い[16]。

5. おわりに

　まず本解析で使用した非平衡フェーズフィールド法は，従来のマルチフェーズフィールド法の短所を一部克服した手法であるので，より汎用性の高い計算理論である点を指摘しておきたい。本稿では，この手法をネオジム磁石の粒界相（液相）組織形成のシミュレーションに適用した結果，以下の知見が得られた。

　粒界相形成の初期に，いったんは粒界相が主相の結晶粒界を覆う傾向を示すが，時効の進行に伴い，粒界相のオストワルド成長によって，その被覆の程度は減少した。粒界相の被覆率は，合金の Nd 濃度の増加とともに増大する傾向が認められた。また粒界相と主相の間の界面エネルギーの値が，粒界相の被覆率に大きな影響を及ぼすことが示唆された。

　当該分野の計算手法は，現在，発展途上であり，特に熱力学パラメータ不足の課題が，今後これまで以上に重要視されると思われる。データサイエンスとの融合を視野に，当該分野の今後の

展開を期待したい。

謝　辞

　本研究の一部は，文部科学省の委託事業である元素戦略磁プロジェクト〈拠点形成型〉の支援の下に行われました。小林能直教授（東京工業大学）ならびに阿部太一主幹研究員（物質・材料研究機構）には，貴重なご助言をいただきました。また JST PRESTO（課題番号 JPMJPR15NB）ならびに MI²I（情報統合型物質・材料研究イニシアティブ）の研究内容も参考とさせていただきました。ここに謝意を表します。

文　献

1) S. Hirosawa: *J. Mag. Soc. of Japan*, **39**, 85-95 (2015).
2) 宝野和博，広沢哲：まぐね, **7**, 1-9 (2012).
3) 宝野和博ほか：日本金属学会誌, **76**, 2-11 (2012).
4) S. Hirosawa: *J. Japan Soc. of Powder and Powder Metall.*, **62**, 61-66 (2015).
5) T. Akiya et al.: *Scripta Mater.*, **81**, 48-51 (2014).
6) H. Sepehri-Amin et al.: *Mater. Trans.*, M2015457 (2016).
7) T. T. Sasaki et al.: *Acta Mater.*, **115**, 269-277 (2016).
8) T. T. Sasaki et al.: *Scripta Mater.*, **113**, 218-221 (2016).
9) 小山敏幸ほか：日本金属学会誌, **81**, 43-48 (2017).
10) 小山敏幸：材料設計計算工学（計算組織学編），内田老鶴圃 (2011).
11) 小山敏幸，高木知弘：フェーズフィールド法入門，丸善 (2013).
12) I. Steinbach et al.: *Acta Mater.*, **60**, 2689-2701 (2012).
13) L. Zhang and I. Steinbach: *Acta Mater.*, **60**, 2702-2710 (2012).
14) S. G. Kim et al.: *Phys. Rev. E* **60**, 7186-7197 (1999).
15) 阿部太一：材料設計計算工学（計算熱力学編），内田老鶴圃 (2011).
16) 小山敏幸，塚田祐貴：ふぇらむ, **23**, 掲載予定 (2018).

第1編 磁性と構造解析

第2章 評価と組織解析

第1節 マイクロ磁気イメージングによる磁石性能劣化評価

九州工業大学　竹澤　昌晃

1. Kerr効果を用いたネオジム磁石の磁区観察

　ネオジム磁石（$Nd_2Fe_{14}B$系焼結磁石）[1]は優れた永久磁石材料であり，近年ではCO_2に代表される排出ガス削減の観点から，ハイブリット自動車や電気自動車の駆動モータ用途やエアコン用コンプレッサ用途が急速に増加してきている[2]。これらの電子機器は大きなトルクを必要とし[3]，比較的高温環境で使われると同時に減磁界にもさらされることから大きな保磁力が必要とされる。しかし，$Nd_2Fe_{14}B$系焼結磁石は，高温では保磁力が著しく低下するという欠点がある。このため$Nd_2Fe_{14}B$系焼結磁石では保磁力を高める方法として，Ndの一部をDyで置換することにより主相結晶粒の異方性を高めるという方法が行われてきたが[4]，Dyの資源枯渇，価格高騰，中国に偏在といった問題があり，安定供給が懸念されている[5]。さらに，DyとFeの磁気モーメントが反平行に結合することによる残留磁化の減少によって，最大エネルギー積$(BH)_{max}$が低下するといった問題がある[6]。そのため，Dyフリーで大きな$(BH)_{max}$と高保磁力を併せ持つ$Nd_2Fe_{14}B$系磁石の開発が望まれている。

　このためにはネオジム磁石の耐熱性の物理的メカニズムを解明する必要があり，この有効な観察方法として磁区観察がある。磁性体の磁気特性は，磁性体内部の磁気的構造である「磁区」や「磁壁」の構造に大きく依存している。「磁区」とは強磁性体の内部で，原子の磁気モーメントの向きの揃った小区域のことで，簡単にいうと図1に示すような材料内部のミニ磁石のことである。永久磁石材料を例にとって説明する。磁石材料に磁界を加えると，図1(a)に示すように，こ

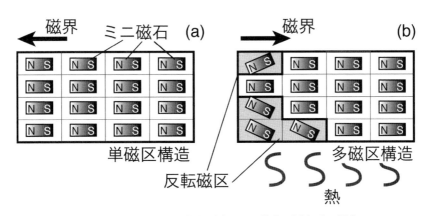

図1　磁性材料の磁区構造　(a)単磁区構造　(b)多磁区構造

第1編 磁性と構造解析

のミニ磁石（磁区）の大きさや向きが変化して磁性を持つようになり，最終的には一定の向きに揃って永久磁石になる。このように，すべてのミニ磁石が一方向に揃った状態では磁石の中に磁区は1つしか存在しないため，この状態を「単磁区構造」という。一方，この単磁区構造の磁石に，熱や逆向きの磁界を加えると，図1(b)に示すようにミニ磁石の向きが一部で反転することで磁力が弱まることになる。この逆向きのミニ磁石を反転磁区といい，磁石内に複数の領域（磁区）が発生したことで，この状態を「多磁区構造」という。このように，熱や磁界によって磁石内部のミクロな磁気的構造である「磁区構造」が変化した結果として磁石の性能が変化することになる。

　磁性材料の磁気特性は磁区や磁壁の構造に大きく依存しており，それら磁性材料の磁区構造を直接把握（磁気イメージング）したいという要求から，磁性材料の磁気イメージング技術に関する研究が盛んに行われている。磁石材料の物理的特性を可視化し磁区として把握することは，高耐熱化のための設計指針を開発研究にフィードバックするという観点から非常に重要である。

　磁気イメージング技術としては，1932年に磁性コロイドを使用するビッター法がBitterおよびHámosとThiessenにより発見されて以来さまざまな手法が提案されている[7]。空間分解能が高い観察手法としては，磁気力顕微鏡（Magnetic Force Microscope；MFM）[8)9)]や，電子顕微鏡を用いた方法（ローレンツ顕微鏡法[10]，電子線ホログラフィ[11]，スピン偏極走査電子顕微鏡[12]）などが知られておりナノメートル寸法の分解能が得られている。また，最近では大型放射光施設の高輝度X線の磁気円二色性（X-ray Magnetic Circular Dichroism；XMCD）を用いた磁区観察法や[13)14)]，中性子回折を用いた磁区観察法[15]などの技術が大きく進展しており，機械研磨表面では磁気特性が劣化されてしまう永久磁石材料において破断面においても磁区構造を観察できる点や，試料を透過させたX線や中性子線を通じて試料内部の磁区情報を検出できる点，また磁区情報のみならず原子種などの結晶組織を同じ観察点で同時に取得できる点において，非常に優れた磁区観察方法であるといえる。

　一方で，磁気光学効果である磁気Kerr効果を用いた磁区観察にも多くの報告がある[16)-24)]。磁気Kerr効果[25]とは，磁性体に入射させた直線偏光が磁性体表面で反射される際に，その偏光面の回転や強度の変化が発生する現象である。光源から出た光は偏光子で直線偏光に変換されて磁性体に入射する。偏光面の回転角度や方向は磁化の向きに依存するので，偏光の回転を観測することによって磁化の方向を検出することができる。偏光面の回転は，検光子によって磁区コントラストに変換されることで，磁区構造を明暗のコントラストとして得ることができる[26]。

　磁気Kerr効果を用いた磁区観察は，入射偏光が試料表面で反射した際の偏光状態の変化を通して試料の磁化情報を得るという検出原理から，電子顕微鏡や磁気力顕微鏡などの他の磁区観察法と比較して試料の磁区構造を乱さないという長所がある。一方で，観察装置として光学顕微鏡（偏光顕微鏡）を用いるため，磁区観察の空間分解能はMFMや放射光XMCDに劣り，短波長の紫外光を用いた場合でも100 nm程度であるが[21]，測定系が簡便であり，薄膜試料でもバルク試料でも磁界や熱を加えた状態での磁区構造変化を迅速に観察することができる（その場観察できる）利点がある[27)28)]。

　このため，磁石材料のミクロな減磁機構を調べる手法として，磁気Kerr効果を用いた高磁

界・高温下での磁区観察は有用だといえる。磁区観察によって，磁石材料のミクロな磁化過程を明らかにすることで，磁界や加熱に対して，どの箇所から減磁して，それがどのように伝搬したかを調べることができ，磁石材料の磁界や熱による性能劣化をミクロな観点で評価することができる。さらに，保磁力と結晶組織の関係や，減磁過程の磁区構造変化が保磁力におよぼす影響を調べることができるのである[29]-[33]。本稿では，磁気 Kerr 効果顕微鏡と，それを用いた $Nd_2Fe_{14}B$ 系焼結磁石および Sm_2Co_{17} 系焼結磁石の減磁過程における磁区観察の例について紹介する。

2. 磁石材料観察のための Kerr 効果顕微鏡と磁化反転機構観察のための画像処理

　他の磁区観察手法に対して空間分解能においては劣っている磁気 Kerr 効果を用いた観察方法についても，高分解能化の取り組みが行われている。Kerr 効果顕微鏡の磁区観察分解能は，観察に用いる光の波長とレンズの開口数に依存するため，空間分解能を向上させるためには，高開口数のレンズを用いるとともに，短波長の光を利用する必要がある。Yamasaki らは，高開口数（NA = 1.45）の対物レンズを有する Kerr 効果顕微鏡の光源として短波長の紫外光（365 nm 波長）を用いることで，磁区観察の空間分解能の向上を試みた[21]。レンズや偏光子を紫外光対応のものに置き換えたのに加えて，光源として紫外光強度の高い水銀キセノンランプを用いた。さらに，高感度カメラとして光電子増倍装置を有する Image-intensified CCD（ICCD）カメラを用いることで，紫外光による磁区画像の撮影に成功し，約 100 nm の分解能が実現できたことを報告している[21]。

　この Kerr 効果顕微鏡を電磁石内に設置することで，減磁過程の磁区構造変化が観察できる。最大 20 kOe までの磁界を印加可能な観察システムが報告されている[29]。そこでは，観察試料を電磁石で励磁しながら励磁方向に平行な磁化の面内成分の検出，すなわち縦 Kerr 効果での磁区観察を行えるように，ミラーやプリズムを用いて光の入射方向が励磁方向と平行になるように光学素子を配置している。

　磁気 Kerr 効果によって得られる磁区像は，通常コントラストが微弱であるのに加えて，磁区コントラスト以外の結晶方位の差異や試料表面の凹凸などによるコントラストも含まれるため，磁化反転がどの場所から発生し，その磁化反転がどのように伝搬するのかについて，結晶粒との位置関係を把握するのは容易ではない。そこで，画像処理を用いて磁区コントラストが変化した部分のみを抽出することが行われる。これは，減磁による磁区構造の変化前と変化後の磁区像を差分することで，磁化反転した部分のみを抽出する処理である[32][34]-[36]。

　図2はネオジム磁石の磁区観察例であり，図2(a)は −9 kOe 磁界印加時，図2(b)は −15 kOe 印加時の磁区写真である。写真中での黒白のコントラストは，それぞれ磁化の上下方向成分に対応しており，印加磁界を −9 kOe から −15 kOe に変化させることによって，図2(b)の線で囲んだ結晶粒で黒いコントラストで示される逆磁区が生成しており，単磁区構造から多磁区構造へと変化している。この磁区コントラストの変化は不鮮明であるが，画像処理を行うことによって磁化反転箇所の差分抽出を行うと，図2(c)のような画像が得られる。このようにして，画像処理により

第 1 編　磁性と構造解析

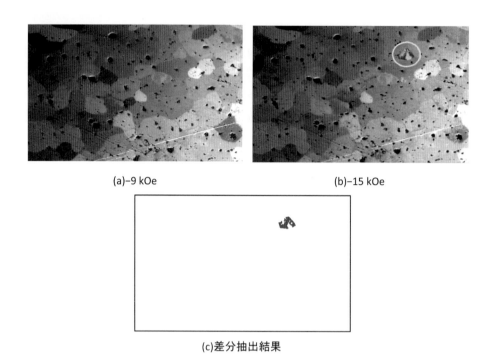

図 2　磁化反転領域抽出のための画像処理法　(a)−9 kOe 印加時のネオジム磁石の磁区像，(b)−15 kOe 印加時のネオジム磁石の磁区像，(c)画像処理で得られた磁化反転領域

減磁によって磁化反転した箇所の可視化を行うことができる。

3. $Nd_2Fe_{14}B$ 系焼結磁石の熱減磁過程の観察例

Kerr 効果顕微鏡で $Nd_2Fe_{14}B$ 系焼結磁石の熱減磁過程を観察した例について紹介する。磁区観察に用いた試料は保磁力の異なる 3 種類の $Nd_2Fe_{14}B$ 系焼結磁石であり，保磁力はそれぞれ 12.5，16.9，および 20.5 kOe である。7 mm 角の試料を耐熱性樹脂に埋め込んで観察面を研磨した後，加熱時の酸化防止膜として 6 nm 厚の Ta 膜を rf スパッタで成膜した。さらに，反射防止膜として観察波長の 4 分の 3 の厚みの SiO 膜を真空蒸着で成膜した。観察面は磁化容易軸平行方向として，観察位置は試料中央とした。

この試料の磁化容易軸方向に 50 kOe のパルス磁界を印加して着磁を行った。その後，Kerr 効果顕微鏡に設置された加熱ステージによって試料底部から加熱を行い，室温から 150℃ まで 10℃ 刻みで温度を上昇させながら磁区構造変化を観察した。得られた磁区像に画像処理を施して，各温度での磁化反転箇所を抽出し，熱減磁過程における磁区構造変化について検討した。

図 3〜図 5 に，各試料の磁区観察結果に画像処理を施した画像を示す。写真右側に示した試料温度に対応した，それぞれの濃淡で示される領域で磁化反転（熱減磁）が観察されたことを示している。図 3 に示す保磁力 12.5 kOe の試料と，図 4 に示す保磁力 16.9 kOe の試料では 50℃ で初めて磁化反転した結晶粒が確認されて，90℃ でもっとも多くの結晶粒が磁化反転を起こしたことがわかる。一方，図 5 に示す保磁力 20.5 kOe の試料では，60℃ で初めて磁化反転した結晶粒が確

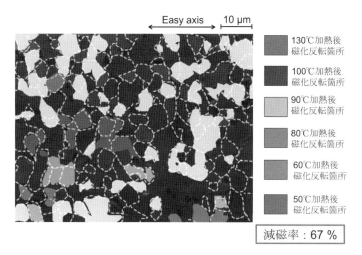

図3 保磁力 12.5 kOe の Nd$_2$Fe$_{14}$B 系焼結磁石の熱減磁過程の磁区構造変化

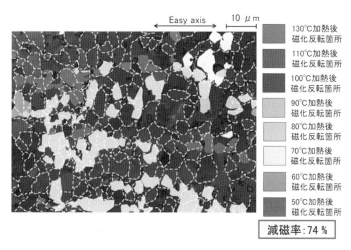

図4 保磁力 16.9 kOe の Nd$_2$Fe$_{14}$B 系焼結磁石の熱減磁過程の磁区構造変化

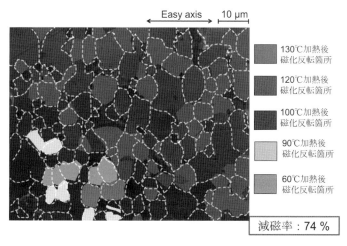

図5 保磁力 20.5 kOe の Nd$_2$Fe$_{14}$B 系焼結磁石の熱減磁過程の磁区構造変化

認されて，100℃でもっとも多くの結晶粒が磁化反転を起こした。また，150℃まで加熱したのちの減磁率を，磁化反転が起こった結晶粒の面積から見積もると，保磁力 12.5 kOe の試料では67%，保磁力 16.9 kOe の試料では74%，保磁力 20.5 kOe の試料では74%だった。

　この結果，保磁力 20.5 kOe で高保磁力の試料では，初めて磁化反転を起こした結晶粒が確認された温度，および磁化反転を起こした結晶粒の数がもっとも多かった温度が，他の磁石試料よりも高くなることがわかった。また，保磁力 12.5 kOe で低保磁力の試料では，初めて磁化反転を起こした結晶粒が確認された温度，および磁化反転を起こした結晶粒の数がもっとも多かった温度が低くなり，保磁力と温度上昇に対する熱減磁特性の間の相関関係が磁区構造の点からも確認できた。

　また，熱減磁はある加熱温度において隣接する数個から数 10 個の結晶粒集団で起こっていることがわかる。これは，加熱によって発生した逆磁区生成と成長（磁壁移動）が，結晶粒界を越えて隣接する結晶粒に伝搬していることを示している。この結果から，磁化反転は単独ではなく周囲の結晶粒との集団で発生しており，その磁化反転は磁化容易軸方向に伝播しやすい傾向があることもわかる。磁化反転が容易軸方向へ伝播するのは，ある粒で逆磁区の核生成が発生すると，隣接する容易軸方向の粒との間で静磁エネルギーが増大するためだと考えられる。このことから結晶粒間の磁気的相互作用の強さが，$Nd_2Fe_{14}B$ 系磁石の耐熱性・保磁力を制御する上で重要であるといえる。

　このように $Nd_2Fe_{14}B$ 系焼結磁石では，減磁過程において結晶粒集団での磁化反転が発生することが知られており，この結晶粒集団の大きさが温度上昇の際の磁石の性能劣化に影響を与えていると考えられる。以上より，磁石の耐熱性向上のためには，粒界相における磁気的結合を分断する機能の温度特性が重要であると考えられる。例えば，粒界相の物性を非磁性化することは，粒界相での高温における磁壁移動の抑制につながり，耐熱性向上の指針の 1 つとなり得る。

4. Sm_2Co_{17} 系焼結磁石の熱減磁過程の観察例

　Kerr効果顕微鏡で Sm_2Co_{17} 系焼結磁石の減磁過程を観察した例について紹介する。観察試料は残留磁束密度が約 1.1 T，保磁力が 24.2 kOe の Sm_2Co_{17} 系焼結磁石で，寸法は長さ 7 mm，幅5 mm，厚さ 3.5 mm である。この試料を耐熱性樹脂に埋め込んで観察面を研磨した後，観察波長の 4 分の 3 の厚みの SiO 膜を真空蒸着で成膜した。観察面は磁化容易軸平行方向として，観察位置は試料中央とした。

　始めに試料の磁化容易軸方向に 50 kOe のパルス磁界を印加して試料を着磁させた。この着磁方向を印加磁界の正方向とする。この試料を高磁界印加可能な Kerr 効果顕微鏡に設置して，室温（21℃）と高温（60℃）で磁区観察を行った。正の方向に ＋14.2 kOe の磁界を励磁した状態から磁区観察を開始して，徐々に磁界を減少させ残留磁化状態を経て，負方向に －14.2 kOe まで磁界を増加させた磁化過程における磁区構造変化を観察した。

　図 6 は室温（21℃）のときの磁区観察結果である。残留磁化状態時は，図 6 (a) に示すように，写真の大部分で着磁方向である黒色の磁区が観察され，観察視野内のほとんどの結晶粒において

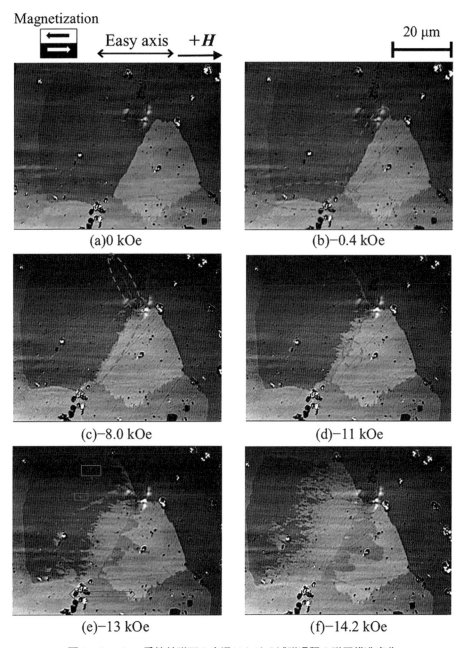

図6　Sm$_2$Co$_{17}$系焼結磁石の室温における減磁過程の磁区構造変化

正方向に磁化飽和している様子が確認できる。図6(b)に示す外部磁界−0.4 kOeでの観察画像において，破線で示した結晶粒界付近で初めて磁化反転が観察された。さらにその後，負の方向に磁界を増加させていくと，図6(c)の破線で示した結晶粒界で，磁化容易軸方向に平行に磁化反転が伝搬するとともに，先ほどとは別の箇所の結晶粒界で磁化反転が起きた。その後，磁化反転領域が増大し，−11 kOeで図6(d)の破線で示した隣接する結晶粒でも初めて磁化反転が起こり，磁化反転領域が増大した。−13 kOe磁界印加時においては，図6(e)の四角で示したように結晶粒内部

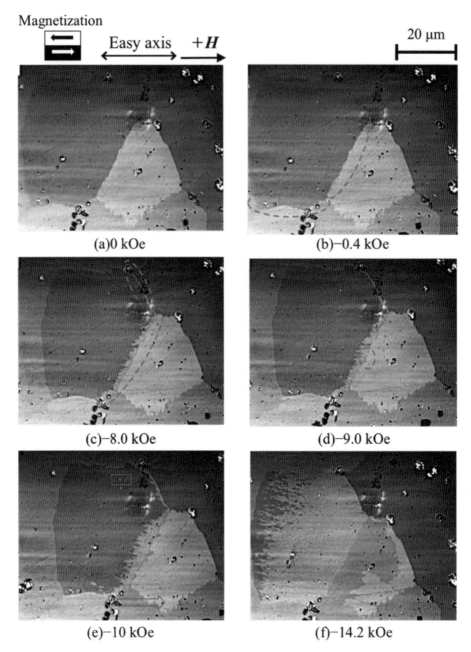

図7 Sm$_2$Co$_{17}$系焼結磁石の60℃における減磁過程の磁区構造変化

で磁化反転が起き，さらに負の方向に印加磁界を増大させることで，その箇所からも磁化反転が伝搬した．本試料の保磁力と比較して低い磁界強度で，多くの磁化反転が観察されており，このことはSm$_2$Co$_{17}$系焼結磁石の減磁曲線の角形性に影響を与えている．

図7は60℃のときの磁区観察結果である．残留磁化状態時は，図7(a)に示すように，写真の大部分で着磁方向である黒色の磁区が観察され，観察視野内のほとんどの結晶粒において正方向に磁化飽和している様子が確認できる．図7(b)に示す外部磁界-0.4 kOeでの観察画像において，破

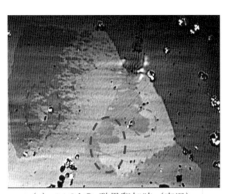 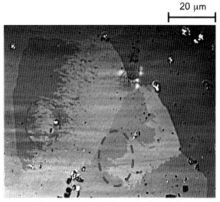

(a) −14.2 kOe磁界印加時（室温）　　　(b) −13 kOe磁界印加時（60 ℃）

図8　Sm$_2$Co$_{17}$系焼結磁石の室温と60℃の磁区構造

線で示した結晶粒界付近で初めて磁化反転が起こった．その後，負の方向に磁界を増加させていくと，図7(c)の破線で示した箇所で，磁化容易軸方向への磁化反転の伝搬と，別の結晶粒界での磁化反転が起きた．その後，磁化反転領域が増大し−9.0 kOeで図7(d)の破線で示すように，隣接する結晶粒でも初めて磁化反転して磁化反転領域が増大した．−10 kOe磁界印加時において，図7(e)の四角で示したように結晶粒内部で磁化反転が起きており，図7(f)に示す−14.2 kOe磁界印加時には，室温時よりも磁化反転領域の面積が増大していることがわかった．つまり，高温になるほど磁化反転が起きやすく，保磁力が低下していることが磁区観察の面でも確認できた．

図8に室温の−14.2 kOe磁界印加時と，試料温度60℃の−13 kOe磁界印加時の磁区写真を示す．この2つでは減磁過程における磁区構造が比較的似ているときの磁区像を選んだものであるが，60℃のときのほうが，より低い磁界で減磁が進行しており，温度上昇によって保磁力が低下していることがわかる．しかし，一番右側の破線で囲まれた領域のように，ほぼ同じ形状の磁化反転領域があることから，保磁力（磁壁ピンニング力）は異なるものの，高温中でも磁化反転の伝播（磁壁移動）の仕方は変わらない領域があることがわかる．一方で，左側2箇所の破線で囲まれた領域では，60℃の場合のほうが磁化反転領域が大きいことが確認できる．このように，温度上昇によって単に磁化反転が低磁界で進行するというだけでなく，磁壁移動の進行の仕方自体が異なる場合があることがわかった．この結果は，Sm$_2$Co$_{17}$系磁石の微細セル組織の不均一性によって，磁壁ピンニング力の温度特性が場所によって異なっていることを示唆している．

このように，Kerr効果顕微鏡による磁区観察によって，磁石性能の劣化原因を明らかにすることができる．Kerr効果顕微鏡はミリからサブミクロン寸法の磁区構造を簡便・迅速に観察でき，高温・高磁界下での観察も比較的容易であることなど，その利点は多い．弱点であった空間分解能の不足も，光源の短波長化によって，実用材料の磁区観察において十分な能力を実現し得ることを示した．Kerr効果顕微鏡は，今後とも永久磁石材料の発展に貢献するものと考えられる．

第 1 編　磁性と構造解析

文　献

1) M. Sagawa et al.: *J. Appl. Phys.*, **55**, 2083–2087 (1984).

2) 北井伸幸ほか：日立金属技報, **30**, 20–27 (2014).

3) 森本雅之：電気自動車, 94, 森北出版 (2009).

4) M. Sagawa et al.: *IEEE Trans. Magn.*, **20**, 1584–1589 (1984).

5) 小林久理眞ほか：マグネティックス研究会資料, MAG–05–118 (2005).

6) 太田恵造：磁気工学の基礎 I, 107, 共立出版 (1989).

7) 日本磁気学会編：磁気イメージングハンドブック, 4–5, 共立出版 (2010).

8) J. Li et al: *IEEE Trans. Magn.*, **51**, 1, 2001005–1–5 (2015).

9) X. Li et al.: *IEEE Trans. Magn.*, **50**, 8, 6500404–1–4 (2014).

10) W. F. Li et al.: *J. Appl. Phys.*, **105**, 7, 07A706–1–3 (2009).

11) T. Tanigaki et al.: *J. Phys. D; Appl. Phys.*, **49**, 2, 244001–1–13 (2016).

12) T. Kohashi et al.: *Appl. Phys. Lett.*, **104**, 2, 232408–1–5 (2014).

13) T. Nakamura et al.: *Appl. Phys. Lett.*, **105**, 20, 202404–1–4 (2014).

14) K. Ono et al.: *IEEE Trans. Magn.*, **47**, 10, 2672–2675 (2011).

15) T. Ueno et al.: *IEEE Trans. Magn.*, **50**, 11, 2103104–1–4 (2014).

16) M. Takezawa et al.: *J. Appl. Phys.*, **97**, 10, 10F701–1–3 (2005).

17) M. Takezawa et al.: *J. Appl. Phys.*, **99**, 8, 08B701–1–3 (2006).

18) M. Takezawa et al.: *IEEE Trans. Magn.*, **42**, 10, 2790–2792 (2006).

19) M. Takezawa et al.: *J. Appl. Phys.*, **101**, 9, 09K106–1–3 (2007).

20) M. Takezawa et al.: *J. Appl. Phys.*, **103**, 7, 07E723–1–3 (2008).

21) M. Takezawa et al.: *J. Appl. Phys.*, **107**, 9, 09A724–1–3 (2010).

22) H. Miyata et al.: *IEEE Trans. Magn.*, **50**, 11, 4005804–1–3 (2014).

23) M. Takezawa et al.: *Front. Mater. Sci.*, **9**, 2, 206–210 (2015).

24) M. Takezawa et al.: *AIP Advances*, **6**, 5, 056021–1–8 (2016).

25) J. Kerr: *Philosophical Magazine Series* 5, 3, 321–343 (1877).

26) J. McCord: *J. Phys. D; Appl. Phys.*, **48**, 33, 1–43 (2015).

27) M. Takezawa et al.: *IEEE Trans. Magn.*, **49**, 7, 3262–3264 (2013).

28) M. Takezawa et al.: *IEEE Trans. Magn.*, **47**, 10, 3256–3258 (2011).

29) M. Takezawa et al.: *J. Appl. Phys.*, **109**, 7, 07A709–1–3 (2011).

30) M. Takezawa et al.: *J. Appl. Phys.*, **111**, 7, 07A714–1–3 (2012).

31) M. Takezawa et al.: *J. Appl. Phys.*, **115**, 1, 17A733–1–3 (2014).

32) M. Takezawa et al.: *J. Jpn. Soc. Powder Powder Metallurgy*, **62**, 2, 67–71 (2015).

33) D. Li and K. J. Strnat: *J. Appl. Phys.*, **57**, 8, 4143–4145 (1985).

34) K. Shirae and K. Sugiyama: *J. Appl. Phys.*, **53**, 1, 8380–8382 (1982).

35) J. Yamasaki and T. Chuman: *IEEE Trans. Magn.*, **33**, 5, 3775–3777 (1997).

36) D. A. Herman and B. E. Argyle: *IEEE Trans. Magn.*, **22**, 5, 772–774 (1986).

第1編 磁性と構造解析

第2章 評価と組織解析

・・・・・・・・・・・・・・・・・・・・・・・・・・・・・・・

第2節 Nd-Fe-B 焼結磁石の
マルチスケール組織解析

国立研究開発法人物質・材料研究機構 佐々木 泰祐

1. はじめに

　ネオジム焼結磁石は，主相である $Nd_2Fe_{14}B$ 相に加え，ネオジム（Nd）が濃化した Nd リッチ
相が粒界3重点，および結晶粒界に存在する。ネオジム磁石の保磁力には，主相である $Nd_2Fe_{14}B$
相の異方性磁界やサイズ，配向度といった因子が影響するのみならず，Nd リッチ相の分布にも
大きく影響されることから，微細組織に対する深い理解が非常に重要である。こうした経緯か
ら，ネオジム磁石の開発当初から微細組織に関する研究が行われてきたが，どのような Nd リッ
チ相が存在するかという点については異説あり，さらにそれらの形態的な知見なども不足してい
たため，微細組織と保磁力の関係について必ずしも正しく理解されてきたわけではなかった。本
稿では，結晶粒界に形成する Nd リッチ粒界相や粒界3重点に形成する Nd リッチ相などの最新
の観察手法について述べ，その後そこから明らかになったネオジム磁石の微細組織について述べ
る。

2. ネオジム磁石の組織解析手法

2.1 SEM と TEM の同一視野解析による Nd リッチ相の解析

　市販の焼結磁石は，主相である $Nd_2Fe_{14}B$ 相のサイズが5～6 μm であることから，粒界3重点
に形成する Nd リッチ相の分布を広範囲で解析する際には，一般的に反射電子SEM（BSE-SEM）
像による観察を行う。これまでに，Nd リッチ相として電子プローブマイクロアナライザ
（EPMA），透過型電子顕微鏡（TEM）を用いた解析から，金属相，酸化物相，ホウ化物相など
の存在が報告されている[2)-15)]。しかし，**図1**(a)に見られるように，BSE-SEM 像では Nd リッチ相
はすべて同じようなコントラストで観察されるため，相の差異まで判別することが困難である。

　インレンズ検出器を用いた2次電子（SE）SEM 像観察は，この問題点を解決する1つの有効
な手段となる[1)]。インレンズ2次電子（IL-SE）SEM 像では，試料表面～10 nm 程度から放出さ
れる放出効率が試料の物性に依存する2次電子を用いて結像するので，図1(b)に示すように，
ETD 検出器を用いて観察した通常の SE 像（図1(b)）や BSE 像（図1(c)）とは異なる像コント
ラストが得られる。例えば，図1(a)の A，B，C は，いずれも同じコントラストで観察されるの
に対して，図1(c)の IL-SE 像では，A～C は3種の異なる相を反映した像コントラストで観察さ
れる。しかし，IL-SE 像のコントラストからのみでは相は同定できないので，相が未知の試料に

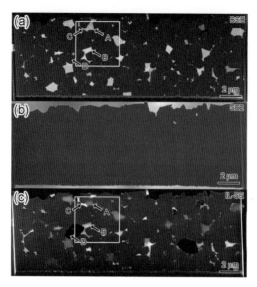

図1 プレスレス焼結法により作製した微細粒焼結磁石の(a)反射電子（BSE）SEM像，(b)2次電子（SE）SEM像，(c)インレンズ2次電子（IL-SE）SEM像[1]

については，SEM観察した視野と同一の視野をあらかじめTEMで観察すれば，相とSEM像のコントラストと相を関連づけておけば，BSE像とIL-SE像の観察だけですべてのNdリッチ相の形態や分布が特定できるようになる。

図2に，図1(c)中の実線で囲んだ領域から得た明視野TEM像とNd，O，Co，Fe，Bのエネルギーフィルターマップ，および電子線回折像を示す。これらの図から，Ndリッチ相A〜Dは異なった化学組成を有することがわかる。さらに，各々のNdリッチ相から電子線回折を用いて相を同定すると，例えば酸素が濃化したNdリッチ相Aは，fcc-NdOx相と決定することができる。同様に，Ndリッチ相B，およびCu，Coが濃化したNdリッチ相Cは，それぞれdhcp構造を有するα-Nd，およびIa$\bar{3}$構造を有する金属Ndリッチ相と同定することができる。一方，IL-SE像中で母相である$Nd_2Fe_{14}B$相よりも暗いコントラストを有するDで示される相は，Bが濃化した$NdFe_4B_4$相と決定できる。このように，SEM観察した視野と同一の視野をTEM観察してSEM像の像コントラストと相を関連づければ，同一組成を持つ磁石については，その後はSEM観察を行うだけで焼結磁石中のNdリッチ相の同定とその形態観察が迅速・簡便に行うことができるようになる。

2.2 収差補正電子顕微鏡を用いたNdリッチ結晶粒界相の原子レベル解析

ネオジム磁石の結晶粒界には，焼結後の熱処理によってNdが濃化したわずか数nm程度の厚さの非常に薄いNdリッチ結晶粒界相が形成される。Ndリッチ結晶粒界相は，ネオジム磁石の保磁力に決定的な影響を及ぼすため，粒界相の組成や構造に関する詳細な知見は保磁力との関連を議論する上で必要不可欠である。Ndリッチ結晶粒界相の形成の様子はBSE-SEM像によって観察することができるが，厚さや構造，組成などの詳細な情報を得るためには，やはりTEMを用

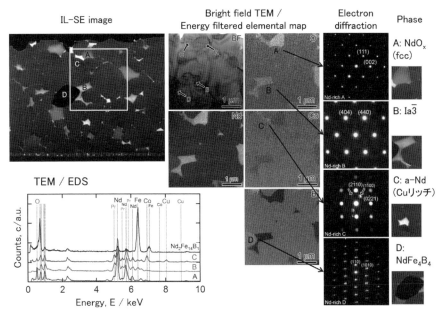

図2 SEMとTEMによる同一視野観察の例
IL-SE SEM像中の実線で囲まれた領域はTEMで観察した領域を示す。TEMにより観察した領域からエネルギーフィルターマップによって元素分布について調べ、さらにはNdリッチ相A~Dより制限視野回折像とEDSスペクトルを得て、Ndリッチ相A~Dの相と化学組成の解析を行った[1]。

いた原子レベル解析が非常に有効なツールとなる。図3に示すように、結晶粒界相を高分解能TEMによって観察すると、ネオジム焼結磁石中に形成するNdリッチ結晶粒界相の幅はおよそ2~3 nm程度で、非晶質構造を有することが明らかになる。

最近、収差補正走査透過型電子顕微鏡による精緻な原子レベル解析が金属材料の組織解析に広く用いられるようになってきた。図4(a)に示すように、像コントラストが原子番号の2乗に比例する高角度環状暗視野走査透過型電子顕微鏡(High-angle annular dark field scanning TEM; HAADF-STEM)法によりNdリッチ結晶粒界相を観察すると、$Nd_2Fe_{14}B$相中に規則的に配列したNdの位置が鮮明に観察できるだけでなく、Ndリッチ結晶粒界相の原子配列までさらに明瞭に観察できるようになる。さらに、EDSを用いた元素分析を併用すると、Ndリッチ粒界相の組成を定量的に評価することができる。

図3 ネオジム磁石の結晶粒界より得た高分解能電子顕微鏡像[8]

図4(b)は、図4(a)中に示したEDSマップを矢印の方向に沿って分析した結果得られた濃度プロファイルである。濃度プロファイルは、Ndリッチ粒界相中にNdがどの程度濃化しているかを定量的に見積もる上で非常に有効な手法ではあるものの、酸素の扱いには注意が必要である。図4(b)に示すように、濃度プロファイルは相当量の酸素が結晶粒界相に含まれていることを示して

第1編 磁性と構造解析

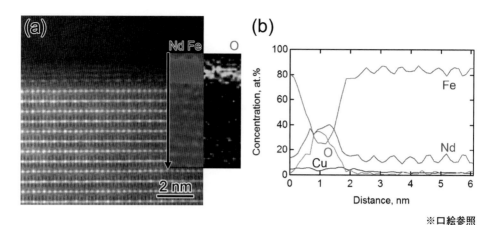

図4 ネオジム磁石の結晶粒界より得た(a) HAADF-STEM 像と EDS 元素マップ，(b) (a)中の矢印の方向に沿って分析した濃度プロファイル

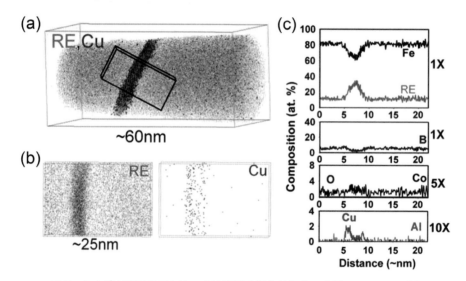

図5 ネオジム磁石の Nd リッチ結晶粒界相より得た3次元アトムマップ[16]

いるが，もともと Nd は酸化しやすい元素なので，酸素が本当に結晶粒界相に含まれているのか，試料ハンドリング中に吸着したアーティファクトなのか，EDSのデータのみから判断することは難しい。

そこで，3次元アトムプローブを用いて結晶粒界相を含む領域の元素分布を分析すると，図5に示すように粒界相内に酸素は検出されないことから，EDS分析の結果にみられた酸素はアーティファクトと判断できる。したがって，ケースバイケースで判断する必要はあるが，結晶粒界相の組成を EDS 分析により見積もる際は，酸素を除いて定量分析を行うことでより実際に近い値が得られるということになる。

3. 一般的な商用ネオジム磁石の微細組織

　上記の解析手法を用いて，保磁力（μ_0H_C）1.2 T，最大エネルギー積（$(BH)_{max}$）が 400 kJ/m³ クラスのDyフリー焼結磁石の中でも最高クラスの$(BH)_{max}$を有する市販ネオジム焼結磁石の微細組織を解析した結果を示す[17]。図6(a)，(b)のBSE像とIL-SE像に示すように，この磁石には矢印で示すとおり5種類のNdリッチ相が存在する。SEMとTEMによる同一視野観察から，Ndリッチ相1～5の相を同定したところ，Ndリッチ相1，2は fcc-NdO$_x$ と Nd$_2$O$_3$ の2種類の酸化物相と同定でき，Ndリッチ相3，4については，fcc構造を有する金属相，Ia$\bar{3}$構造を有する金属相と決定することができる。Ndリッチ相5は，Bが濃化したNdFe$_4$B$_4$相である。fcc構造，Ia$\bar{3}$構造を有するこれらの金属相は，各相から取得したEDS分析の結果によると，Ia$\bar{3}$相に比べてfcc相は高濃度のCoとCuを含む点が異なる。

　図6(c)に示したIL-SE像の拡大像を見ると，粒界相の両端には必ず明るいコントラストで観察される金属Ndリッチ相が存在している。これは，焼結後の最適化熱処理中に粒界3重点に存在するNd/NdCu共晶が融解し，Nd-Cu液相が結晶粒界に浸透することにより厚さ数nm程度のNdリッチ結晶粒界相が形成されることを提案したSepehri-Aminらによるモデルの妥当性を示すものである[16]。

　Ndリッチ粒界相がVialらにより発見されたころは，非晶質構造を有する非磁性相であると信じられていた[18]。しかし，Sepehri-Aminらは，3次元アトムプローブを用いた定量的な解析と薄膜のモデル実験から，約65 at%ものFeを含むこの粒界相が強磁性である可能性を示した[16]。その後，Murakami, Kohashi, Nakamuraらが，電子線ホログラフィー，Spin-SEM, X線MCDを用いた解析によって市販磁石中に形成されるNdリッチ粒界相が強磁性相であることを明らかにした[19)-21)]。HAADF-STEMとEDSを用いたさらに詳細な観察結果によると，Ndリッチ結晶粒界相の構造と組成は，Nd$_2$Fe$_{14}$B相との方位により変化することも明らかになってきた[17]。図7は，Nd$_2$Fe$_{14}$B粒の(001)面およびさまざまな角度をなすNdリッチ粒界相から得たHAADF-STEM像とEDS元素マップである[17]。各図中の濃度プロファイルは，各EDSマップ中の矢印の方向に沿って計算したものである。図7(a)，(b)に見られるように，Nd$_2$Fe$_{14}$B粒の(001)面に形成されるNdリッチ粒界相は結晶質の相で，EDSによる元素分析の結果から約60 at%のNdを含むことがわかった。一方，図7(c)，(d)に示されるとおり，(001)面と大きな角度をなすような粒界相は，これまでに報告されているような非晶質構造でNd濃度は～40 at%程度に留まっている（～60 at% Fe）。Sakumaらは非晶質構造をもつNd-Fe合金では，Feの濃度が10 at%以下にならなければ

図6　市販商用ネオジム磁石の(a) BSE，(b) IL-SE SEM像と，(c) IL-SE像の拡大像[17]

第1編 磁性と構造解析

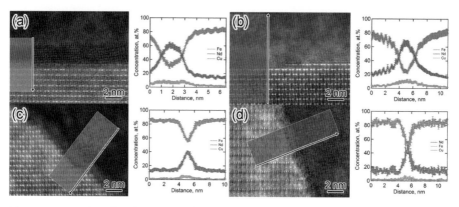

図7 Nd$_2$Fe$_{14}$B相の(001)面とさまざまな角度をなすNdリッチ粒界相から得たHAADF-STEM像とEDS元素マップ[17]

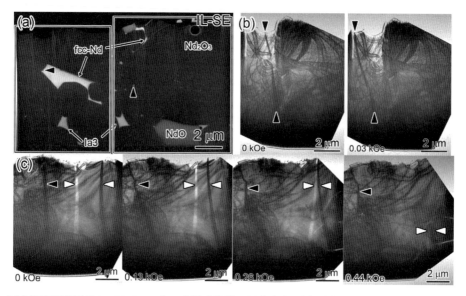

図8 (a)市販商用磁石のIL-SE SEM像, 容易磁化軸は面内方向。(b), (c)は, それぞれ(a)の中の実線で囲まれた左側の領域と右側の領域から得られたローレンツ顕微鏡像。(b), (c)中の各図中に示す値は印加磁場の大きさ[17]

磁化が消失しないことを第一原理計算と薄膜実験で示した[22]。したがって, 構造, 組成に異方性を有する粒界相が存在するものの, 市販の焼結磁石はこのようなソフト粒界相を介して粒間交換結合していると考えるのが妥当である。

　以上のように, ネオジム焼結磁石の微細組織を以前よりも深く理解できるようになると, 焼結磁石における保磁力発現メカニズムや高保磁力化の指針について議論することができる。図8に, 磁場印加に伴う磁壁移動の様子をローレンツ顕微鏡法によって観察した結果を示す。図8(a)のIL-SE像に示すように, 金属Ndリッチ相, 酸化物相, Ndリッチ粒界相が存在しており, 図8(b)は, 実線で囲った左側の領域, すなわち金属Ndリッチ相と, 容易磁化軸に垂直な粒界相を含む領域における磁壁移動の様子を示す。減磁状態では, 矢印で示すように非磁性相である金属

Ndリッチ相によって磁壁は分断されているが，磁場印加に伴ってNd$_2$Fe$_{14}$B粒の間に強磁性のNdリッチ粒界相が存在する領域まで磁壁が移動することにより，分断されていた磁壁は連続的になる。一方，磁化容易軸に平行なNdリッチ粒界相を含む領域（図8(a)中右半分の領域）における磁壁移動の様子を見ると，図8(c)に示すように，磁場の印加に伴い磁壁は容易磁化軸に平行な粒界相によってピニングされる。これは，Ndリッチ粒界相の中でも，容易磁化軸に平行なソフト粒界相がピニングサイトとしての役割を果たしていることを示す。粒界相のNd濃度が高いほどピニング力が強くなることはLiuらによって報告されているので[23]，保磁力を向上させるためには，この容易磁化軸に平行な粒界相のNd濃度を上げ，非磁性化することが有効であるという示唆が得られる。実際，市販磁石に比べてNd濃度が高く，Gaを微量添加したNdリッチGa添加磁石では，焼結後の熱処理によって非磁性の粒界相が形成させることで，ここで示した市販の焼結磁石の保磁力の1.2Tよりもはるかに高い1.8Tの保磁力を発現するようになる[24]。

4. おわりに

ここでは，ネオジム磁石の先進的な微細組織解析手法と，そこから明らかになったネオジム磁石の微細組織について述べた。一連の先進的な解析手法を適用することによって，ネオジム磁石の微細組織は**図9**に示すように，多くの点を明らかにすることができた。その結果得られた高保磁力化の方針が粒界相の非磁性化であることが示唆され，実際に結晶粒界に形成するNdリッチ粒界相を非磁性化することで高い保磁力を得ることがNdリッチGa添加磁石によって実証することができた。

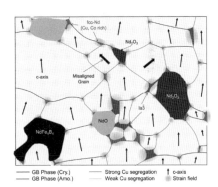

図9 本稿において示した手法を用いて解析した結果明らかになったネオジム磁石の微細組織の模式図[17]

文　献

1) T. T. Sasaki et al.: *Ultramicroscopy*, **132**, 222–226 (2013).
2) W. F. Li et al.: *Acta Mater.*, **59**, 3061–3069 (2011).
3) Y. Shinba et al.: *J. Appl. Phys.*, **97**, 053504 (2005).
4) J. Bernardi and J. Fidler: *IEEE Trans. Magn.*, **29**, 2773–2775 (1993).
5) S. H. Pi et al.: *Mater. Sci. Eng. B.*, **32**, 89–91 (1995).
6) K. Makita and O. Yamashita: *Appl. Phys. Lett.*, **74**, 2056–2058 (1999).
7) W. Mo et al.: *Scr. Mater.*, **59**, 179–182 (2008).
8) W. F. Li et al.: *Acta Mater.*, **57**, 1337–1346 (2009).
9) Q. Liu et al.: *Scr. Mater.*, **68**, 687–690 (2013).
10) J. Fidler: *IEEE Trans. Magn.*, **21**, 1955–1957 (1985).
11) R. Ramesh et al.: *J. Magn. Magn. Mater.*, **54–57**, 563–566 (1986).
12) R. Ramesh et al.: *J. Appl. Phys.*, **61**, 2993 (1987).
13) K. G. Knoch et al.: *IEEE Trans. Magn.*, **25**, 3426–3428 (1989).
14) J. Fidler and K. G. Knoch: *J. Magn. Magn. Mater.*, **80**, 48–56 (1989).
15) J. Fidler et al.: *IEEE Trans. Magn.*, **26**, 1948–1950 (1990).
16) H. Sepehri-Amin et al.: *Acta Mater.*, **60**, 819–830 (2012).
17) T. T. Sasaki et al.: *Acta Mater.*, **115**, 269–277 (2016).

第 1 編　磁性と構造解析

18）F. Vial et al.: *J. Magn. Magn. Mater.*, **242–245**, 1329–1334（2002）.

19）T. Nakamura et al.: *Appl. Phys. Lett.*, **105**, 1–5（2014）.

20）Y. Murakami et al.: *Acta Mater.*, **71**, 370–379（2014）.

21）T. Kohashi et al.: *Appl. Phys. Lett.*, **104**, 232408（2014）.

22）A. Sakuma et al.: *Appl. Phys. Express.*, **9**, 013002（2016）.

23）J. Liu et al.: *Acta Mater.*, **82**, 336–343（2015）.

24）T. T. Sasaki et al.: *Scr. Mater.*, **113**, 218–221（2016）.

第1編 磁性と構造解析

第2章 評価と解析

第3節 熱間加工 Nd-Fe-B 磁石の 原子レベル構造解析

九州大学 **板倉 賢**

1. はじめに

Nd-Fe-B 系磁石はモータや発電機への応用が急増しており，使用温度200℃までの高温減磁に耐える必要があることから，高保磁力化が大きな課題となっている[1]。熱間加工 Nd-Fe-B 磁石は，粒径50 nm ほどのナノ多結晶組織からなる超急冷合金薄帯を150 µm ほどの粉末に粉砕し，室温で予備成形した後に800℃前後で熱間プレスして等方性磁石（MQ2）としたものを，さらに800℃ほどで熱間押出し成形して得られる異方性磁石（MQ3）である[2][3]。磁化容易軸（c 軸）を放射状に配向させたラジアル異方性を付与できるのが大きな特徴であるが，焼結磁石よりも1桁小さな単磁区粒子サイズに近い微細な $Nd_2Fe_{14}B$ 主相粒で構成されるため，2.5 MA/m 級の高い保磁力を発現する可能性を秘めている[4]。しかし，熱間加工磁石の保磁力は1.4 MA/m ほどに留まっており，残留磁化も1.4 T ほどで焼結磁石に比べて高くない。そのため，Nd との共晶反応により粒界相の流動性を高める元素を添加して保磁力の向上が図られてきた[5][6] が，このような粒界相制御は残留磁化を悪化させてしまうものが多く，まだ十分な組織制御ができているとは言い難い。

また，熱間加工磁石においても重希土類元素を粒界拡散させる製法が開発され，微量の Dy により保磁力を大きく向上でき，すでに実用化されている[7]。しかし，磁気特性と微細構造の関連を調べた研究は焼結磁石に比べると格段に少なく，粒界近傍における元素挙動や重希土類の役割など未解明の点が多く残されていた。本稿では，最新の電子顕微鏡技術，すなわち高感度エネルギー分散型 X 線分光スペクトル（EDS）を装備した高性能な走査電子顕微鏡（SEM）と透過電子顕微鏡（TEM），および収差補正-走査透過電子顕微鏡（Cs-STEM）による元素識別原子分解能像観察などを駆使して，熱間加工 Nd-Fe-B 磁石，および Dy 粒界拡散により高保磁力化させた Dy 拡散磁石の微細構造を解析した結果[8]-[10] を紹介する。

2. 熱間加工磁石の微細構造解析[8]

熱間加工磁石の典型的組織の SEM 観察結果を**図 1** に示す。試料は $Nd_{13.8}Fe_{bal.}Co_{6.6}Ga_{0.45}B_{5.9}$（at.%）組成の超急冷合金薄帯の粉末を800℃で熱間押出しして得た円筒形リング磁石であり，1.20 MA/m の保磁力と1.26 T の残留磁化を有している。図1(a)の低倍像は，試料表面の凹凸に敏感な二次電子（SE）像である。白い微細な粒子で縁取られた粗大粒が観察されるが，この粗大粒

第1編 磁性と構造解析

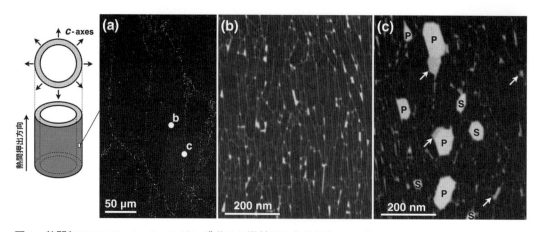

図1 熱間加工 Nd-Fe-Co-Ga-B リング磁石の縦断面の高分解能 SEM 像
(a)低倍率の SE 凹凸像，(b)粉末内部および(c)粉末境界における高倍率の EsB 組成像。いずれの SEM 像も 2 kV の低加速電圧にて取得している（文献8）から引用）。

が原料粉末の一粒に対応している。粉末粒内 b および粉末境界 c の高倍 SEM 像を図1(b)，(c)に示す。これらの高倍像はエネルギー選択後方散乱電子（EsB）検出器を用いて低加速電圧 2 kV で取得しているので，電子線の侵入深さが抑えられて実効的な空間分解能が向上し，平均原子量（組成）にほぼ比例した像コントラストが得られている[11]。図1(b)では $Nd_2(Fe, Co)_{14}B$ 主相が暗コントラスト，その周囲を明コントラスト，すなわち重元素に富んだ薄い粒界相が均一に覆っている様子が理解できる。また，粒界3重点の一部に粒界相溜りが形成されていることもわかる。これに対して，図1(c)に示す粉末境界では，粒径 100 nm ほどの2種類の化合物相（SとP）が連なって生成しており，これが低倍像(a)の粗大粒を縁取る白い微粒子に対応している。SEM-EDS 分析の結果，いずれも Nd の酸化物であり，S相は Nd と O がほぼ 1 : 1 組成であるのに対し，P相は 10 at.% ほどの Fe を含み，O 濃度に 55～70 at.% ほどの揺らぎがあることが判明した。

生成する化合物相を同定するには，組成だけでなく結晶構造情報を得ることが重要になる。TEM による解析を行った結果を**図2**に示す。粉末粒内は幅 50 nm で長さ 300 nm ほどの押出し方向に伸びた $Nd_2(Fe, Co)_{14}B$ 主相粒から構成され，制限視野電子回折（SAD）より各粒の c 軸は長軸にほぼ垂直（短軸とほぼ平行）であり，粒内全体として ±20°以内に配向した組織になっていた。一方，粉末境界では丸みを帯びた主相粒が増え，±30°以上方位がずれた主相粒も認められ，c 軸配向度が大きく低下していた。このような配向度の低い主相粒界には微小なひずみコントラスト（矢印）が認められ，矢印の箇所は SEM-EsB 像で観察された粒界相溜りと一致していた。ナノビーム電子回折（NBD）の結果，ひずみコントラストを呈する箇所には DO_{11} 型構造の Nd_3Co 相[12]の微細粒が生成していることが判明した。以上の結果は，粒界の一部に生成した Nd_3Co 微細粒が粒界相の流動性を悪化させ，主相粒の粒界滑りを伴った押出し成形を阻害して c 軸配向度を低下させることを示唆している。

S相とP相についても SAD 実験を行った結果，いずれも fcc 基本格子反射のみが観察された。NaCl 型 NdO 相（$a = 0.4994$ nm[12]）と CaF_2 型 NdO_2 相（$a = 0.5542$ nm[12]）は同じ空間群（$Fm\bar{3}m$）なので電子回折では区別できない。しかし，SAD 図形から測定した格子定数と上述した SEM-

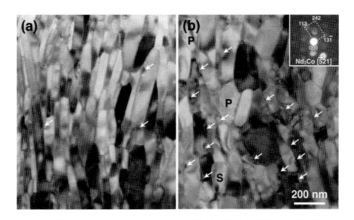

図2 熱間加工 Nd-Fe-Co-Ga-B 磁石の(a)粉末内部および(b)粉末境界における典型的組織の TEM 明視野像
(b)中の挿入図は Nd₃Co 微結晶粒から得た NBD 図形(文献8)から引用)。

EDS 分析結果を併せると,S 相は $a≃0.51$ nm と求まり NdO 相であると考えられる。一方,P 相は $a≃0.56$ nm と求まり NdO_2 相に近い構造であると考えられるが,Fe を含むうえに O 濃度に大きな揺らぎが実測されるので,ここでは fcc-$(Nd, Fe)O_x$ と表記する。これら2相は,焼結磁石の二粒子粒界で観察される Nd 酸化物相と類似しており,熱間加工磁石では全体の約1割を占める薄帯粉境界が,焼結磁石の主相粒界に相当する組織になっている。

図3(a)の高分解能像(HRTEM 像)を見てわかるように,内部の二粒子粒界には,幅2〜3 nm ほどの薄いアモルファス粒界相が存在している。主相粒界から取得した EDS 元素マッピング像

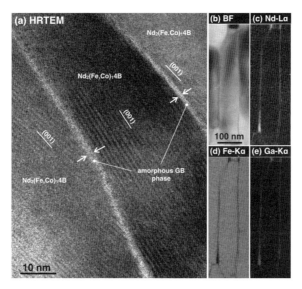

図3 熱間加工 Nd-Fe-Co-Ga-B 磁石の粉末内部における $Nd_2(Fe, Co)_{14}B$ 主相粒近傍から得た(a) HRTEM 像,および(b)〜(e) STEM-EDS 元素マッピング像
(文献8)から引用)。

を図3(c)〜(e)に示す。薄い粒界相はNdとGaに富んでおり，Nd-Nd$_3$Ga共晶（651℃[12]）を主体として二粒子粒界を濡れ広がったことが推察される。定量解析の結果，おおよそNd$_{44}$Fe$_{39}$Co$_{10}$Ga$_7$の組成を有しており，焼結磁石での25〜30 at.%Nd[13)14]やHDDR磁石での15〜25 at.%Nd[15]と比較してNd濃度の高い二粒子粒界相が形成されていることがわかる。一方，粉末境界での二粒子粒界相の組成はNd$_{36}$Fe$_{50}$Co$_9$Ga$_5$と求まり，粒界相のNd濃度は内部に比べてやや低下していた。これは粉末境界に生成されるNdO相とfcc-(Fe, Co)O$_x$相によりNdが消費されたためと考えられる。また，粒界相中のNd濃度が下がるとCo濃度は相対的に増加するので，Nd$_3$Co微結晶粒が形成されやすくなる。これが粒界相の濡れ広がりを妨げてc軸配向度，すなわち残留磁化を下げる要因の1つと考えられる。

3. Dy拡散熱間加工磁石の微細構造解析[9]

超急冷薄帯合金の粉末に少量のDy-Cu合金粉（2 wt.%）を混合し，800℃で熱間押出し成形した後，750℃で熱処理を施してDy拡散磁石を得た。Dy拡散により，残留磁化（B_r = 12.6 → 11.3 T）は大きく低下することなく，保磁力（H_{cj} = 1.06 → 1.63 MA/m）は約35%の増大を示した。Dy拡散磁石の粉末内部と境界における典型的な組織のTEM観察結果を図4に示す。図4(a)の粉末内部では，主相粒は幅80 nmで長さ400 nmほどに粒成長を起こし，平板状からやや丸みを帯びた形状へと変化してc軸配向度が明らかに悪化している。また，Nd$_3$Co微細粒（白矢印）が5倍以上に増加することがわかる。図4(b)の粉末境界では，NdO相とfcc-(Nd, Fe)O$_x$相が生成しており，これらの分布は図2に示したDy拡散なしの場合と大きな違いは認められなかった。しかし，境界付近には粒径1 μmほどの大きなNd$_2$(Fe, Co)$_{14}$B結晶が帯状に連なって観察され，粒内には(011)双晶境界（黒矢印）の形成が認められた。Dy拡散磁石では熱間加工後に750℃の熱処理を施しており，これはNd$_2$Fe$_{14}$B相の再結合温度より高い。そのため，Nd酸化物粒が生成し，粒界相の流動性が悪くてひずみが溜まりやすい境界近傍においてNd$_2$(Fe, Co)$_{14}$B粒の再結

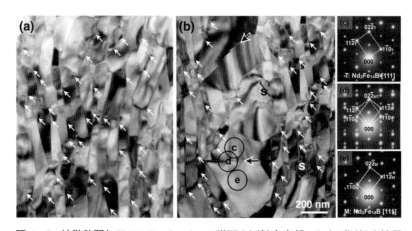

図4　Dy拡散熱間加工Nd-Fe-Co-Ga-B磁石の(a)粉末内部，および(b)粉末境界における典型的組織のTEM明視野像　(c)〜(e)像は(b)中の黒丸c, d, eから得たSAD図形

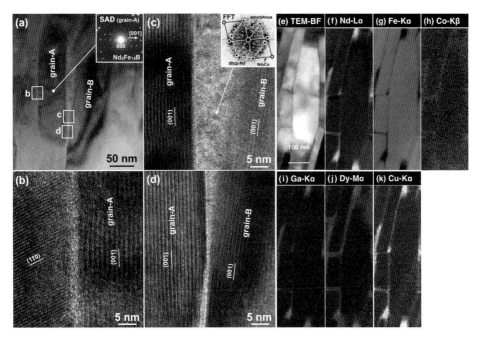

図5 Dy拡散熱間加工Nd-Fe-Co-Ga-B磁石の粉末内部におけるNd$_2$(Fe, Co)$_{14}$B主相粒近傍の(a)(e) TEM明視野像，(b)〜(d) HRTEM像，および(f)〜(k) STEM-EDS元素マッピング像　図e〜図kは文献9）から引用。

晶が起きたものと考えられ，減磁曲線の角形性を悪化させる要因の1つになるものと推察される。

HRTEM像観察の結果，二粒子粒界（**図5**(b)）には幅2〜3 nmほどの薄いアモルファス粒界相が生成しているのに対し，粒界相溜り（図5(c)）には所々に格子縞が観察される。HRTEM像の高速フーリエ変換（FFT）解析により，粒界相溜りにはNd$_3$Coとdhcp-Ndに対応する2種類の結晶相がアモルファス相と混在して生成していることが判明した（図5(c)挿入図）。また，粒界相溜りから薄い粒界相へと幅が狭くなると，アモルファス相のみへと変化することがわかる（図5(d)）。

Dy拡散磁石の主相粒界におけるSTEM-EDS分析結果を図5(e)〜(k)に示す。通常のSiドリフト検出器（SSD）を用いたEDS分析ではエネルギー分解能は130 eVほどであり，Co-Lα（0.776 keV）とFe-Lα（0.715 keV），Cu-Lα（0.930 keV）とNd-M（0.978 keV）はいずれもスペクトル分離が困難なので，ここではあえて強度の低いCo-Kβ（7.648 keV）とCu-Kα（8.040 keV）を用いている。EDS元素マッピング像を見てわかるように，粒界部にはDyとCuが濃化しており，Coも主相より多くなる傾向が認められる。なお，SSD検出器を用いたEDS分析では分離困難な元素も，超伝導遷移端温度計（TES）型カロリメータ検出器を用いると容易に分離でき，粒界部にはCoが濃化することを確かめている[16]。図5(j)のDyマッピング像に注目すると，明らかにNd，Cu，Gaが濃化した粒界相よりも幅広く分布している。定量解析の結果，主相の粒界近傍の組成はNd$_{15}$Dy$_1$Fe$_{77}$Co$_7$となり，主相表面にDyが拡散していることがわかった。また，薄い粒界相はNd$_{19}$Dy$_{1.3}$Fe$_{72}$Co$_{7.5}$Ga$_{0.2}$Cu$_{0.1}$と求まり，Dy拡散処理を施すとNd含有量が減少してFeが増えることが明らかとなった。

4. 原子分解能収差補正 STEM-EDS による解析[10)17)]

保磁力に与える影響を議論するには，Dy 拡散の深さや濃度をさらに高い精度で評価することが重要になる。最近，高効率 EDS を搭載した収差補正 STEM により，元素種まで識別した原子分解能像が取得できるようになってきた。図 6 に主相表面部の Dy 置換サイトを直接可視化した解析例を示す。アモルファス粒界相との界面を $Nd_2(Fe, Co)_{14}B$ 結晶の(110)方向から投影しており，各原子コラムの平均原子番号，いわゆる Z コントラストをよく反映した原子像が得られている。$Nd_2Fe_{14}B$ 結晶には Wigner-Seitz cell volume の異なる 2 種類の Nd サイト（4g-Nd と 4f-Nd）があるが，図 6(a)の HAADF 像ではこれら 2 つの Nd サイトを容易に区別できている。同一領域から取得した Nd と Dy の原子分解能 EDS 元素マッピング像を図 6(b)，(c)に示す。いずれも原子コラムがほぼ独立の輝点として観察できており，これら 2 つのマッピング像を重ねて表示したのが図 6(d)である。アモルファス粒界相から 6 層分だけ Dy 濃度が高くなり，これに対応して Nd 濃度がわずかに低下し，主相表面に約 4 nm だけ Dy が置換した $(Nd, Dy)_2(Fe, Co)_{14}B$ 層のコア・シェル構造が形成されていることが理解できる。また，Dy は 4f サイトのみでカウント数が高くなり，2 種類の Nd サイトのうち 4f サイトを優先的に占有することが明らかとなった。イオン半径を比べると Dy^{3+} は Nd^{3+} より小さいので，Wigner-Seitz cell volume の小さな 4f-Nd サイトに Dy が置換するのは妥当と思われる。Haskel らは，X 線磁気円二色性（XMCD）測定により 4f-Nd サイトでは磁気モーメントが底面内を向きやすいので，このサイトを置換することで保磁力を向上できると提案している[18)]。また，4 nm という Dy 拡散シェル層の厚みは，$Nd_2Fe_{14}B$ 結晶の磁壁幅が 200℃ までは 4 nm より狭く[19)]，マイクロ磁気モデル計算により見積もられる保磁力向上に効果的な $Dy_2Fe_{14}B$ 層の厚み[20)] にほぼ匹敵している。したがって，熱間加工磁石における Dy-Cu 合金粉を用いた Dy 拡散処理は，微量の Dy を有効に主相表面のみに導入して $(Nd, Dy)_2(Fe, Co)_{14}B$ シェル層を形成させ，効率良く保磁力を向上できる優れた処理法といえる。

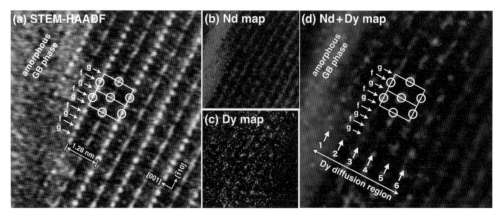

図 6　Dy-Cu 拡散熱間加工 Nd-Fe-Co-Ga-B 磁石における主相粒界近傍から得た(a)原子分解能 STEM-HAADF 像および原子分解能 STEM-EDS 元素マッピング像，(b) Nd マッピング像，(c) Dy マッピング像，(d) Nd+Dy overlay 像
　　像中に描いた四角枠が $Nd_2Fe_{14}B$ 単位胞の(110)投影に対応する（文献 10）から引用）。

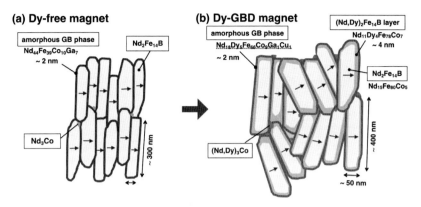

図7 Dy拡散処理に伴う熱間加工 Nd-Fe-Co-Ga-B 磁石の典型的組織の模式図

5. おわりに

　以上の結果をまとめた熱間加工磁石の典型的組織の模式図を図7に示す。熱間加工磁石の約9割を占める原料粉末内部の主相粒界には，Nd酸化物相が形成されないのが大きな特徴である。そのため，焼結磁石よりも Nd 濃度が高く流動性に富んだ粒界相が形成され，少量の Nd_3Co 微結晶が生成するものの±20°以内に c 軸配向した微細粒組織が形成される。しかし，粒界相が〜2 nm と薄いので，主相粒同士を磁気的に分断する能力はあまり高くない。このことは最近，磁気力顕微鏡（MFM）やローレンツ TEM を用いた磁区構造観察[21)22)]でも確かめられつつあり，粒界相の磁気分断能を高める改良，すなわち原料合金の Nd 濃度を上げる方法[22)]，$Nd_{70}Cu_{30}$ 共晶合金を拡散させる方法[23)]，さらには拡散処理による膨張を機械的に拘束する膨張拘束共晶合金拡散法[24)] により残留磁化の低下を抑えた高保磁力化が進められている。

　一方，Dy 拡散処理を施すと，粒界相の Nd 濃度が大幅に減少して Fe 濃度が増えるので，粒界相は磁性を持ち[25)]，磁気分断能は低下するものと考えられる。また，Dy は Nd よりも融点が高く，Dy と含有元素（Fe，Co，Ga，Cu）との共晶点も Nd の場合より高い[12)] ので，Dy 拡散は粒界相の流動性を悪化させて c 軸配向度が低下する。これは残留磁化の低下を招くが，粒界相溜りが増えて磁気分断能は高まるので，保磁力的には有利に働く可能性がある。しかし，保磁力を大きく向上させているのは，主に主相表面への Dy 導入，すなわち $(Nd, Dy)_2(Fe, Co)_{14}B$ シェル層の形成である。肝心の保磁力の温度依存性は，主相粒径が小さな熱間加工磁石が有利であり[26)]，さらに主相表層のみへ微量の Dy を導入できる本手法は温度依存性への影響は小さい[27)] ものと推察される。今後さらなる微細組織の解析と制御により，焼結磁石を凌駕する熱間加工磁石の開発が大いに期待される。

謝　辞

　本研究は，主に九州大学大学院総合理工学府の渡邊奈月氏の博士論文研究として実施したものである。大同特殊鋼㈱の鈴木俊治，入山恭彦博士には解析試料の提供とご助言を頂いた。九州大学大学院総合理工学研究院の西田稔

第 1 編　磁性と構造解析

教授，九州大学超顕微解析センターの松村晶教授，大尾岳史博士には HAADF-STEM 観察でご協力頂いた。この場を借りて謝意を表します。

文　　献

1）杉本諭：まてりあ，**56**，181（2017）.

2）灰塚弘，服部篤：電気製鋼，**82**，85（2011）.

3）塩井亮介ほか：電気製鋼，**82**，31（2011）.

4）宝野和博ほか：日本金属学会誌，**76**，2（2012）.

5）A. Kirchner et al.: *J. Alloy. Compd.*, **365**, 286（2004）.

6）H. W. Kwon and J. H. Yu: *IEEE Trans. Magn.*, **45**, 4435（2009）.

7）大同特殊鋼：https://www.daido.co.jp/about/release/2010/0713_shr.html

8）N. Watanabe et al.: *Mater. Trans.*, **12**, 2239（2011）.

9）N. Watanabe et al.: *J. Alloy. Compd.*, **365**, 1（2013）.

10）M. Itakura et al.: *Jpn J. Appl. Phys.*, **52**, 050201（2013）.

11）M. Itakura et al.: *J. Electron Microsc.*, **59**, S165（2010）.

12）MatNavi（NIMS 物質・材料データベース）: mits.nims.go.jp

13）W. F. Li et al.: *J. Magn. Magn. Mater.*, **321**, 1100（2009）.

14）H. Sepehri-Amin et al.: *Scripta Mater.*, **65**, 396（2011）.

15）H. Sepehri-Amin et al.: *Acta Mater.*, **58**, 1309（2010）.

16）渡邊奈月ほか：九州大学超高圧電顕室報告，**35**，116（2011）.

17）宝野和博，広沢哲：新材料・新素材シリーズ　省/脱 Dy ネオジム磁石と新規永久磁石の開発，37-44，シーエムシー出版（2015）.

18）D. Haskel et al.: *Phys. Rev. Lett.*, **95**, 217207（2005）.

19）J. M. D. Coey: Rare-Earth Iron Permanent Magnets, p. 250, Oxford Science Publications（2006）.

20）C. Mistumata et al.: *Appl. Phys. Exp.*, **4**, 113002（2011）.

21）森田敏之：電気製鋼，**85**，92（2014）.

22）J. Liu et al.: *Acta Mater.*, **61**, 5387（2013）, and **82**, 336（2015）.

23）H. Sepehri-Amin et al.: *Acta Mater.*, **61**, 6622（2013）4.

24）T. Akiya et al.: *J. Appl. Phys.*, **115**, 17A766（2014）.

25）Y. Murakami et al.: *Acta Mater.*, **71**, 370（2014）.

26）宝野和博：まてりあ，**54**，351（2015）.

27）中村元：まてりあ，**50**，375（2011）.

第1編 磁性と構造解析

第2章 評価と組織解析

第4節 電子顕微鏡による高性能フェライト磁石のマルチスケール解析

日立金属株式会社 **小林 義徳** 日立金属株式会社 **川田 常宏**

1. はじめに

　エアコン・冷蔵庫用あるいは自動車の車載用モータには永久磁石式のモータが広く流通しているが，その永久磁石には NdFeB 磁石（ネオジム磁石）に代表される希土類磁石とフェライト磁石が主に用いられている。実用的なフェライト磁石の代表的な材料組成は AO・$6Fe_2O_3$（A の元素はストロンチウム（Sr）やバリウム（Ba）など）で表現され，その結晶構造は六方晶系のマグネトプランバイト型構造（M 型構造）に分類される。フェライト磁石の最大磁気エネルギー積（$(BH)_{max}$）は，ネオジム磁石の 10% 程度と小さいが，酸化鉄を主成分とするため低コストで化学的安定性に優れるといった特長を有している。また，金額ベースでは希土類磁石がトップシェアを占めるが，重量ベースではフェライト磁石がトップシェアを占める。特に，2011 年ころの希土類磁石の価格高騰や重希土類元素の資源リスクから，モータサイズの制約や要求性能がさほど厳しくない洗濯機用や空調機のコンプレッサーモータ用などの家電製品用途として，フェライト磁石への回帰が急速に進んだ。そして，地球環境保護といった観点からモータの省エネルギー化や小型・軽量化が必要とされ，より高い性能がフェライト磁石に求められるようになっている。

　筆者らは，フェライト磁石の高性能化のための材料設計指針獲得を目的として，高磁気物性発現要因ならびにフェライト焼結磁石の微細組織を解析してきた[1)-3)]。本稿では，球面収差補正機能を装備した透過電子顕微鏡（spherical aberration corrected Transmission Electron Microscope；Cs–TEM）によるそれら解析事例について紹介する。本稿の前半では，放射光と中性子による局所構造解析結果について概説するとともに，その解析結果の妥当性について，エネルギー分散型 X 線分析（Energy Dispersive X–ray spectrometry；EDX）あるいは電子エネルギー損失分光法（Electron Energy Loss Spectroscopy；EELS）を用いてアトミックスケールのオーダーで検証した。そして，本稿の後半では，液相焼結の助剤として用いられる $CaCO_3$ や SiO_2 の粒界相形成への影響ならびにフェライト粒子界面近傍の微細組織をナノからサブマイクロメートルのオーダーで解析した結果について説明する。

2. 高性能フェライト磁石の局所構造解析

2.1 六方晶系マグネトプランバイト型フェライトの組成と磁気構造

　マグネトプランバイト型構造（分子式；$SrFe_{12}O_{19}$，空間群；$P6_3/mmc$）の 1/2 単位胞を模式的

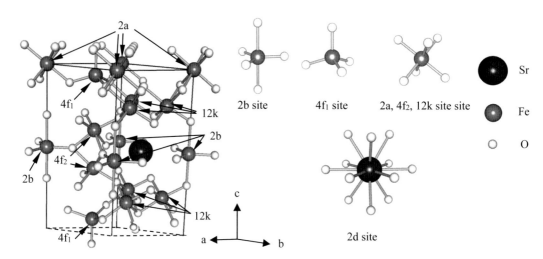

図1 マグネトプランバイト型構造（SrFe$_{12}$O$_{19}$, space group：P6$_3$/mmc）の1/2単位胞とFeならびにSr周囲の局所構造

に図1に示す。c軸方向にRブロック（SrFe$_6$O$_{11}$）およびSブロック（Fe$_6$O$_8$）が積層した構造で，Wyckoff記号で表記したとき，Sr^{2+}はdサイトを占有しそのサイトを単位胞当たり2原子が占有する（以降このサイトを2dサイトと表記する）。また，Fe^{3+}はa（酸素六配位），b（酸素五配位），f$_1$（酸素四配位），f$_2$（酸素六配位），k（酸素六配位）の5サイトを占有し，単位胞当たり占有する原子の数はそれぞれ2，2，4，4，12となる（以降これら5つのサイトを2a，2b，4f$_1$，4f$_2$，12kと表記する）。2a，2b，12kサイトに位置するFe^{3+}はアップスピン，4f$_1$，4f$_2$サイトに位置するFe^{3+}はダウンスピンの磁気モーメントを有する。したがって，1化学式（SrO・6Fe$_2$O$_3$）当たり12個のFe^{3+}が存在するが，そのうちアップスピンの磁気モーメントを有するFe^{3+}が8個（Sブロックに7個，Rブロックに1個），ダウンスピンの磁気モーメントを有するFe^{3+}が4個（SブロックとRブロックに2個ずつ），トータルとしてアップスピンの磁気モーメントを有するFe^{3+}が4個となり，20 μB（Fe^{3+}が5 μBとしたとき）の自発磁化を発現する。

2.2 フェライト磁石の組成と磁石特性

Sr系，Sr-La-Zn系，Sr-La-Co系，Ca-La-Co系M型フェライト磁石の典型的な組成（いずれも配合組成，a≒19）と磁石特性について表1に示す。スピネルフェライト型構造中でZn（非

表1 Sr, Sr-La-Co, Sr-La-Zn, Ca-La-Co M型フェライト[4)-7)]の代表組成と磁石特性

	B_r（T）	H_{cJ}（kA/m）
SrFe$_{11.6}$O$_a$	0.430	278
Sr$_{0.7}$La$_{0.3}$Zn$_{0.3}$Fe$_{11.7}$O$_a$	0.460	207
Sr$_{0.8}$La$_{0.2}$Co$_{0.2}$Fe$_{11.4}$O$_a$	0.440	358
Ca$_{0.5}$La$_{0.5}$Co$_{0.3}$Fe$_{10.1}$O$_a$	0.453	435

磁性元素）は酸素四配位の四面体サイト（A サイト）を占有することで知られる。田口らは，この性質を M 型フェライトにも応用，すなわち M 型構造中では $4f_1$ サイトに該当する酸素四配位の四面体サイトを Zn が占有し，高い飽和磁化を有する材料が得られるのではないかと考えた[4]。また田口らは，Zn^{2+} によって Fe^{3+} を置換するためには価数をバランスさせる必要があると考え，いくつかの手法を検討した[4]。その結果，Sr^{2+} の一部を La^{3+} で置換した表 1 の組成で，Sr 系 M 型フェライトでは達成が極めて困難であった B_r：0.46 T を達成した[4]。Sr-La-Zn 系 M 型フェライトは，SrM 型フェライトに比べて飽和磁化は 4% 程度向上するが，異方性磁界は SrM 型フェライトよりも 10% 程度小さくなると報告されている[4]。そのため，Sr 系 M 型フェライトと比較して高い B_r が得られる反面，H_{cJ} は著しく低下する。

　緒方らは $CoFe_2O_4$ の組成式で表現されるスピネルフェライト中において，Co イオンの軌道磁気モーメントが結晶場によって消失せず，結晶磁気異方性定数が他のスピネルフェライトよりも大きくなることに着目し，Fe の一部を Co で置換することで M 型フェライトでも同様の効果が期待できると考えた[5]。その場合，先ほどの Sr-La-Zn 系 M 型フェライトと同様，Fe^{3+} の一部を Co^{2+} で置換するため，価数をバランスさせる必要があり，Sr の一部を 3 価の希土類金属で置換することを検討した。その結果，La から Nd までの希土類金属のほうが，Sm 以降の希土類金属と比べて高い磁石特性を示し，その中でも，R 元素が La のときに保磁力，磁化ともに高くなることを確認した[5]。Sr 系 M 型フェライトに比べて，H_{cJ} が大幅に向上しているが，異方性磁界が 20% 向上することによるものと考えられている[6]。

　そして筆者らは，Sr-La-Co 系 M 型フェライト磁石の Sr を Ca ですべて置換し，La と Co の置換量を増量した Ca-La-Co 系 M 型フェライトで，Sr 系 M 型フェライトに比べて B_r，H_{cJ} ともに大幅に向上できることを見出した[7]。Ca-La-Co 系 M 型フェライトでは，飽和磁化が Sr 系 M 型フェライトに比べて約 2%，異方性磁界に関しては約 40% 向上することを筆者らは確認している[2]。

2.3　Cs-TEM による局所構造解析結果の妥当性検証

　田中らは，放射光と中性子回折を用いて Sr-La-Zn 系 M 型フェライトの飽和磁化向上要因について解析し，当初予測されたように Zn^{2+} が $4f_1$ サイトを占有すると報告している[8]。筆者らはこの解析結果について，STEM-EDS 分析により検証した。Sr-La-Zn 系 M 型フェライトの焼結体中に含まれるフェライト粒子を Cs-STEM により観察した結果と Sr^{2+} ならびに Fe^{3+} の Sr M 型フェライト中における原子配置の模式図をそれぞれ**図 2**(a)，図 2(b)に示す。図 2(a)は高角度環状暗視野（High Angle Annular Dark Field；HAADF）像であり，原子量に依存した組成コントラストを反映した像となる。そのため，La^{3+} が占有する 2d サイトでは明白色のコントラストとなり，Fe^{3+} が占有するサイトでは 2d サイトよりも若干暗いコントラストとなる。ただし，図 2 中にいくつか矢印で例示した 12k サイトでは，Fe^{3+} が観察面の垂直方向に対してユニットセル中に 2 原子積層しているため，他の Fe^{3+} が占有するサイトに比べて明るいコントラストとなる。次に，STEM-HAADF 像とともに STEM-EDS による Zn のライン分析結果を**図 3**に示す。

　図 3 中の矢印で示すように，c 軸方向に Zn のライン分析を検討したところ，$4f_1$（図 3 中○で

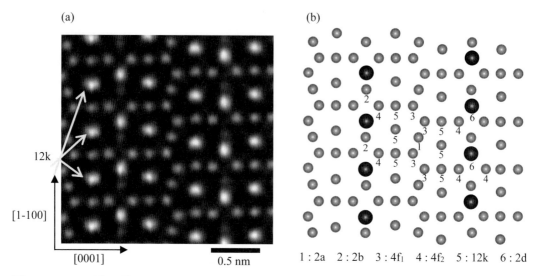

図2 Sr–La–Zn系M型フェライトのSTEM–HAADF像とSr^{2+}ならびにFe^{3+}のSr M型フェライト中における原子配置（模式図）

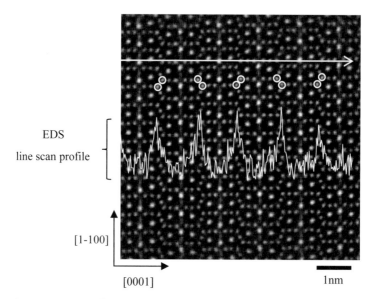

図3 Sr–La–Zn系M型フェライトのSTEM–HAADF像とEDS（Zn）ラインプロファイル

囲った原子）に該当するFeサイトで，ZnのEDSラインプロファイルにピークが観察された。このことは，Sr–La–Zn系M型フェライト中のZn^{2+}が4f$_1$サイトを占有するという田中らの報告[8]と一致する結果となった。

次に，Ca–La–Co系M型フェライト中のCo^{2+}占有サイトについて，過去の解析結果[2]をCs–TEMにより検証した。その検証結果について説明する前に，以下に過去の解析結果について簡単に述べておく。これまでに筆者らは，La–Co置換フェライト（Sr–La–Co系，Ca–La–Co系M

型フェライト）の M 型格子中の陽イオン分布について，中性子回折と X 線吸収微細構造解析（X-ray Absorption Fine Structure；XAFS）により解析してきた[1)2)]。その解析結果からは，Co^{2+} の置換サイトはいずれの系ともに $4f_1$ サイトを優先占有することが示唆された。Sr–La–Co 系 M 型フェライトでは，おおむね 40％の分配率で Co^{2+} が $4f_1$ サイトを占有するのに対して[1)]，Ca–La–Co 系 M 型フェライトでは，$4f_1$ サイトへの Co^{2+} の分配率が 60％以上となることが示唆された[2)]。以上から，Sr–La–Co 系 M 型フェライトと Ca–La–Co 系 M 型フェライトを比較すると，後者において Co^{2+} が $4f_1$ サイトを優先的に占有することを確認した。そしてこのことが，Ca–La–Co 系 M 型フェライトの B_r 向上要因であると推定している。

この Co^{2+} の $4f_1$ サイトへの占有について，先述の Sr–La–Zn 系 M 型フェライトのように，STEM–EDS で解析することは以下の理由から極めて難しい。半導体検出器を用いた EDS 分析では，検出器のエネルギー分解能が 130 eV から 140 eV 程度と低い。そのため，Fe–K_β 線（7058 eV）と Co–K_α（6930 eV）線の EDS スペクトルが重なり分離できない。特に，Ca–La–Co 系 M 型フェライトの Co 濃度は一般的には 3 at％程度と薄く，**図 4** で示すように Fe–K_β 線スペクトルの低エネルギー側にショルダーとなる程度でしか Co–K_α 線の EDS スペクトルは観測できない。そこで，エネルギー分解能が 1 eV 以下とされる電子エネルギー損失分光法（EELS）を用いて，Co^{2+} の占有サイトを解析した。Ca–La–Co 系 M 型フェライトの EELS スペクトルを**図 5** に示す。なお，EELS スペクトルの取得時間を 0.1 秒以下としているため S/N が悪い。したがって，視野中の複数の $4f_1$ サイトで EELS スペクトルを取得し積算した。その結果，Co–L_{III} 吸収端エネルギーに相当する 780 eV 付近に微弱なピーク（図 5 中の矢印）が確認された。以上のことから，Ca–La–Co 系 M 型フェライト中で Co^{2+} は $4f_1$ サイトを占有することが電子顕微鏡を用いた構造解析からも確認された。

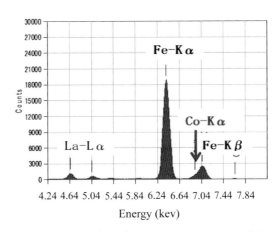

図 4　Ca–La–Co 系 M 型フェライトの EDS スペクトル

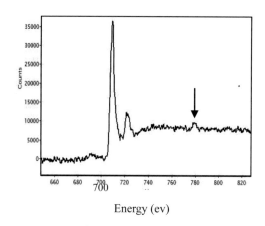

図5　Ca-La-Co系M型フェライトのEELSスペクトル

3. 高性能フェライト磁石の主相界面における微細組織解析

　フェライト磁石の焼結過程は，液相焼結に分類され液相への固相の溶解と析出が主として生じる溶解-析出過程（1,100℃から焼結温度の1,200℃までの温度域，中期焼結過程）で，Ca-Si-Fe-O系の液相が生成する。その化合物相を生成させるため，一般的にCaCO$_3$やSiO$_2$といった添加物を微粉砕時に添加する。そして，1,200℃程度の焼結温度で液相となるその相は，室温で凝固しアモルファス相となって粒界相を形成する。粒界相の構成成分から非磁性相であることが類推され，その相の存在により保磁力発現に寄与するものの，過剰に生成すると磁化が低下する。筆者らは，この粒界相と磁石特性（特に保磁力）との関係性について，電子顕微鏡を用いて解析してきた[3]。実用的なフェライト磁石の中では，もっとも性能の高いCa-La-Co系M型フェライト磁石の主相界面における微細組織解析に関して，筆者らの最近の研究結果から保磁力を改善した事例とともに紹介する。

　配合組成をCa$_{0.5}$La$_{0.5}$Co$_{0.30}$Fe$_{10.1}$O$_a$とし，焼結時添加物をCaCO$_3$：1.25 mass%，SiO$_2$：0.68 mass%（以降，条件(a)とする），ならびにCaCO$_3$：2.68 mass%，SiO$_2$：1.36 mass%（以降，条件(b)とする）として作製した焼結体（微粉砕粒度はともに0.6 μm）の磁気ヒステリシス曲線[9]を図6に示す。添加物量を増量するとB_rの低下や角型性の低下（条件(a)が94%，条件(b)が82%）を伴うものの，H_{cJ}が大幅に増加し，489 kA/m（H_aの24%）となった[9]。

　得られた焼結体のFE-SEMによる組織写真[9]を図7に示す。図7は反射電子像であり，多粒子粒界相（フェライト結晶子が3つ以上会合する黒色部の領域に存在する相の部分）で暗いコントラストとなっていることが確認できる。多粒子粒界相のみを二値化処理により分離して，その面積率を求めたところ，条件(a)が3.1%であったのに対して，条件(b)が6.3%となりおおむね2倍程度の多粒子粒界相の領域が増加していることが確認された。

　また，電子線後方散乱回折（Electron Backscatter Diffraction；EBSD）の解析結果から，条件(a)の焼結体の平均結晶子径は2.53 μmであり，条件(b)の焼結体の平均結晶子径は2.18 μmとなり，添加物を増量することでフェライト粒子の粒成長を抑制できることがわかった[9]。

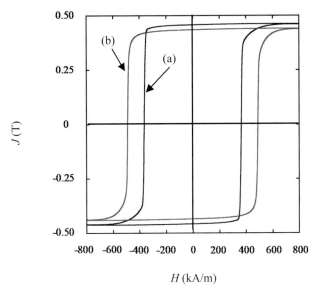

図6 Ca-La-Co系M型フェライト磁石の磁気ヒステリシス曲線[9]

添加物量：(a) CaCO$_3$：1.25 mass%, SiO$_2$：0.68 mass%, (b) CaCO$_3$：2.68 mass%, SiO$_2$：1.36 mass%

図7 Ca-La-Co系M型フェライト磁石のSEM像[9]

添加物量：(a)CaCO$_3$：1.25 mass%, SiO$_2$：0.68 mass%, (b)CaCO$_3$：2.68 mass%, SiO$_2$：1.36 mass%

　条件(a)で得られた焼結体の二粒子粒界近傍のSTEM-HAADF像[9]を**図8**に示す。STEM-HAADF像では，先に示したSEM-BSE像と同様，原子量に依存した組成コントラストを反映した像となるため，図8においてCaやSiを主成分とする二粒子粒界相の部分では暗いコントラストとなっており，その相の厚みは均一でなく，主相のc面をファセット面とすることがわかった。また，M相のフェライト粒子界面はステップテラス構造となり，ステップの高さは，M相のc軸長の1/2程度の1.15 nmであることが確認された。条件(a)で得られた焼結磁石の主相界面近傍のFE-TEM像を**図9**（代表図）に，それら焼結磁石の任意に選んだ多粒子粒界相5部位をTEM-EDSにより元素分析した結果[9]を**表2**に示す。なお，表2の分析値は酸素を除く金属元素のみ

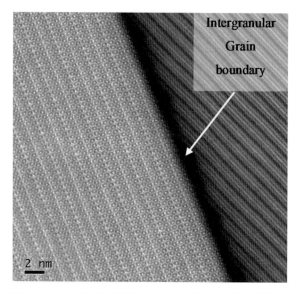

図8　Ca-La-Co系M型フェライト磁石の二粒子粒界近傍のSTEM-HAADF像[9]

添加物量：CaCO₃：2.68 mass%，SiO₂：1.36 mass%

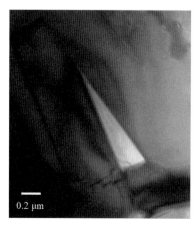

図9　Ca-La-Co系M型フェライト磁石の主相界面近傍のFE-TEM像[9]

添加物量：CaCO₃：2.68 mass%，SiO₂：1.36 mass%[9]

表2　Ca-La-Co系M型フェライト磁石の多粒子粒界相5部位の分析組成[9]

添加物量：CaCO₃：2.68 mass%，SiO₂：1.36 mass%

	Si (at%)	Ca (at%)	La (at%)	Fe (at%)
1	32.7	62.1	1.0	4.0
2	31.3	62.6	1.2	4.4
3	32.1	63.4	0.7	3.7
4	30.5	64.6	1.0	3.7
5	33.7	61.9	1.1	3.2
Ave.	32.1	62.9	1.0	3.8

で，トータルの原子組成百分率が100%となるように表記してある。多粒子粒界相には，添加物のSi，Caと主相成分であるLa，Feの存在が認められた。それらの組成比Si：Ca：La：Feは，平均でおおむねSi：32 at.%，Ca：63 at.%，La：1 at.%，Fe：4 at.%となることが確認された。なお，条件(a)の試料においても，同様のEDS分析を検討し，多粒子粒界相において組成比Si：Ca：La：Feは，平均でおおむねSi：31 at.%，Ca：62 at.%，La：2 at.%，Fe：5 at.%となっていることを確認している[3]。以上のことは，添加物成分ならびに主相成分であるSi，Ca，La，Feの多粒子粒界相における存在比が，CaCO₃，SiO₂の添加量に関わらず常に一定（おおむね30：63：

第2章　評価と組織解析

2：5）であることを意味している。

　以上のことから，条件(b)（CaCO$_3$，SiO$_2$の添加量が多い）のほうが条件(a)（CaCO$_3$，SiO$_2$の添加量が少ない）に比べて結晶子径が小さく比表面積は大きくなるが，Ca–Si–La–Fe–O系の化合物相の形成量も2倍程度多いために，その相がより広い領域で均一に主相界面に介在しているものと考えられる。またそのような場合，その相は非磁性相であり，その量の増加に伴ってB_rが低下する半面，フェライト粒子を磁気的に孤立させて，H_{cJ}を高める役割を果たしたものと考えられる。その一方で，条件(b)のほうが条件(a)に比べて結晶粒間の磁気的な孤立がより顕在化したため，磁気ヒステリシス曲線の角型性の低下につながったものと考えられる。

4.　おわりに

　[2.]では，磁気物性向上要因のうちSr–La–Zn系ならびにCa–La–Co系M型フェライトの飽和磁化向上要因にフォーカスして，これまでの解析結果について電子顕微鏡を用いて検証した。その結果，磁化を持たないZn^{2+}やFe^{3+}よりも磁化の小さいCo^{2+}が，Fe^{3+}のダウンスピンサイトである$4f_1$を占有することが確認されるとともに，放射光や中性子回折を用いた結果とのよい一致もみられた。また，このことがSr–La–Zn系ならびにCa–La–Co系M型フェライトの飽和磁化向上要因となっていることが推測された。La–Co置換フェライトの結晶磁気異方性向上要因に関しては，Co^{2+}の軌道磁気モーメントの寄与によるものと説明されてきた。しかしながら，Co^{2+}の置換量が同程度であるにも関わらず，Ca–La–Co系M型フェライトがSr–La–Co系M型フェライトに比べて，異方性磁界が約20％高いという実験事実から，Co^{2+}の軌道磁気モーメントの寄与によるものだけでは説明できない。このことに関しては最近の研究で，Co^{2+}とFe^{3+}とのイオン半径の差や，Ca–La–Co系M型フェライトの不定比性などによる格子の局所ひずみが，結晶場に影響（結晶場が弱まり，軌道角運動量が残る）を及ぼすためと解釈されている[10]。今後はCo^{2+}占有サイトにおける局所ひずみ，あるいは磁性イオンの配位環境などについて，軌道磁気モーメントとの関連性を実験的・理論的に検証していくことが必要だと思われる。

　[3.]では，磁石特性と粒界相の組成や微細組織との関係性にフォーカスして，Ca–La–Co系M型フェライトの主相界面近傍における電子顕微鏡を用いた微細組織の解析事例を紹介した。そのなかで，CaOとSiO$_2$を主成分とする相が主相界面に介在することで，フェライト粒子を磁気的に孤立させ，保磁力向上に寄与している可能性があることを指摘した。これまでに，主相界面の微細組織を制御し重希土類元素を低減する技術開発[11]がネオジム磁石で検討されてきたが，フェライト磁石でも同様の検討が今後必要であろう。これら粒界に存在する相の形成や主相界面の微細組織は，主相の組成や添加物の量だけでなく，微粉砕や焼結などのプロセス条件とも密接に関係しており，今後はそういったプロセスの適正化によりLa–Co置換フェライト磁石のさらなる高性能化が達成できるものと考えている。またそれとともに，粒界相の磁性や主相界面近傍での結晶磁気異方性について検証していく必要があるだろう。

文　献

1) Y. Kobayashi et al.: *J. Ceram. Soc. Japan*, **119**, 285–290 (2011).

2) Y. Kobayashi et al.: *J. Jpn. Soc. Powder Powder Metallurgy*, **63**, 3, 101–108 (2016).

3) Y. Kobayashi and T. Kawata: *J. Jpn. Soc. Powder Powder Metallurgy*, **63**, 876–881 (2016).

4) H. Taguchi et al.: *J. Magn. Soc. Japan*, **21**, 2, 1093–1096 (1997).

5) Y. Ogata et al.: *J. Jpn. soc. Powder Powder Metallurgy*, **50**, 8, 636–641 (2003).

6) K. Iida et al.: *J. Magn. Soc. Japan*, **23**, 2, 1093–1096

(1999).

7) Y. Kobayashi et al.: *J. Jpn. soc. Powder Powder Metallurgy*, **55**, 7, 541–546 (2008).

8) 田中哲ほか：粉体粉末冶金会講演概要集, p 107 (2009).

9) 小林義徳：大阪大学大学院工学研究科博士学位論文, 75–76 (2016).

10) H. Nakamura: *Magnetics Jpn.*, **13**, 59–67 (2018).

11) 例えば, 日立金属技報「Nd–Fe–B 焼結磁石 Low Dy Series」, **31**, 48 (2015).

第1編	磁性と構造解析

第3章	微細構造解析

第1節　放射光 X 線回折による磁石構成相の高温挙動解析[1]

公益財団法人高輝度光科学研究センター　**岡﨑　宏之**　　公益財団法人高輝度光科学研究センター　**中村　哲也**

1. はじめに

　焼結磁石材料では，隣接する主相結晶粒間の粒界相を，非強磁性（常磁性または反強磁性）にすることで磁気的に分断する，もしくは磁化の小さい強磁性のピニングサイトとすることで，粒間で反転磁区の拡大を抑制させ，高保磁力化している[2,3]。粒界相・副相の種類や分布は添加元素や焼結後の熱処理によって制御可能であり，Nd-Fe-B 焼結磁石のさらなる高保磁力化には粒界相形成の制御が不可欠である。特に，SEM や TEM を用いた観察で，この粒界相や粒界三重点を満たす副相は数種以上で構成され，保磁力と強く相関していることが多く報告されている[4-12]。

　しかし，熱処理過程中にどのように粒界相・副相が形成され，どのように変化しているのかは明らかになっていなかった。ここでは"熱処理過程中に何が起きているか"を明らかにした放射光 X 線回折測定を用いた昇温過程での焼結磁石内の相解析に関して紹介する。X 線回折測定では，過熱・徐冷過程でのその場相解析を実施することができ，さらに放射光を用いることでわずか数パーセントに過ぎない粒界相を観測することが可能である。

2. Nd-Fe-B 焼結磁石の *in-situ* 高温 X 線回折プロファイル

　図1に，異方性 Cu 添加 Nd-Fe-B 焼結まま磁石の昇温過程で測定された X 線回折プロファイルを示す。X 線回折測定は SPring-8 BL02B2 に設置されている粉末 X 線回折装置で行った。試料の焼結まま磁石は針状棒に切り出し石英キャピラリーに真空封管して測定した。測定結果は，結晶構造データベースに基づく全パターンフィッティングを用いて解析した。その結果から，dhcp-Nd 相，NdO_x 相，Nd_2O_3（I：hcp）相，fcc-Nd 相，Nd_2O_3（II：$P6_3/mmc$）相，Nd_2O_3（III：$Ia\bar{3}$）相，$Nd_{11}Fe_4B_4$（B リッチ）相を粒界相として同定した。全パターンフィッティングによって同定された構成相を**表1**にまとめておく。

　X 線回折測定では，SEM・TEM 測定では観測されていない dhcp-Nd 相を観測している。また，SEM・TEM 測定において室温で観測されている fcc-Nd 相および $Ia\bar{3}$ 相は，X 線回折測定ではそれぞれ約 200℃ から 800℃ まで，735℃ 以上の室温より高い温度領域でのみ観測された。以上が SEM・TEM 観察との主な違いである。これらの違いは SEM・TEM 観察においては，各相が表面に露出してしまうのに対して，X 線回折においては，焼結磁石体内の相を観察していることに対応しており，$Nd_2Fe_{14}B$ 相を含めた各相間に生じる応力が存在するという違いから生じたも

第1編 磁性と構造解析

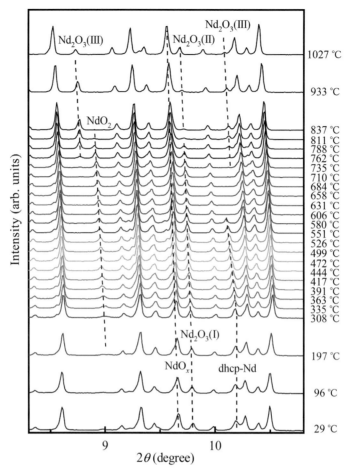

図1 昇温過程でのCu添加Nd-Fe-B焼結まま磁石のX線回折プロファイル

表1 観測された構成相の空間群，構造タイプ，存在温度領域

相	空間群	構造タイプ	温度領域（℃）
$Nd_2Fe_{14}B$	$P4_2/mnm$	$Nd_2Fe_{14}B$	29–1,027
dhcp-Nd	$P6_3/mmc$	La	29–580
NdO_x	$Fm\bar{3}m$	NaCl	29–1,027
Nd_2O_3(I)	$P\bar{3}m1$	La_2O_3	29–811
Nd_2O_3(II)	$P6_3/mmc$	—	837–1,027
Nd_2O_3(III)	$Ia\bar{3}$	Mn_2O_3	735–1,027
fcc-Nd	$Fm\bar{3}m$	CaF_2	197–811
$Nd_{1.1}Fe_4B_4$	$Pccn$	—	29–不明

のと考えられる。これを考えると，表面付近でdhcp-Nd相が格子緩和することで，fcc-Nd相および$Ia\bar{3}$相に転移した可能性が示唆される。約600℃でそのX線回折ピークが消失していることから固相から液相に転移したと考えられる。この融点は単体のdhcp-Nd相の融点1,020℃に比べ極めて低く[13]，Cuとの共晶反応が起きている可能性が高い。これは，共晶反応によってNdリッチ相が粒界拡散することで主相粒を包む形となり，逆磁区の伝播を防いでいるというシナリオと

整合する。

　Nd酸化物相に注目すると，NdO_x 相は測定温度領域の室温から1,027℃まで安定的に存在している。Nd_2O_3 に関しては，hcp相が室温から約800℃まで存在し，700℃以上で $Ia\bar{3}$ 構造，800℃以上で $P6_3/mmc$ 構造の Nd_2O_3 相が現れる。純物質では，hcp相から $P6_3/mmc$ 構造への変化は2,100℃で生じることと異なる[14]。以上のことから，焼結磁石体内では格子緩和や粒界に存在している酸化物からの酸素拡散や表面酸化などが複雑に相関して相転移が生じていることが予想される。

3. Nd-Fe-B焼結磁石構成相の格子定数の温度依存性

　各相間の格子緩和に関して詳細に見ていくため，各構成相の格子定数を全パターンフィッティングによって見積もった。**図2**に室温から600℃までの各構成相の単位胞体積の温度依存性を示す。dhcp-Nd相は $Nd_2Fe_{14}B$ 相のキュリー温度（T_C）で異常を示している。これは $Nd_2Fe_{14}B$ 主相の磁歪の影響を，dhcp-Nd相が受けていることを意味している。T_C 近傍で異常を示す $Nd_2Fe_{14}B$ 相とdhcp-Nd相の格子定数を**図3**に示す。$Nd_2Fe_{14}B$ 相では，a 軸と c 軸で大きく振る舞いが異なり，T_C 以下で c 軸はあまり伸長しないが，a 軸は縮小傾向にある。dhcp-Nd相では a 軸，c 軸ともに T_C 以下であまり伸長せず，$Nd_2Fe_{14}B$ 相の影響受けていると考えられる。

　さらに，単体Ndの昇温過程でのX線回折測定結果から得られた格子定数を比較すると，特に

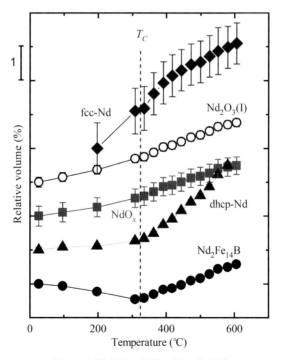

図2　各構成相の体積の温度依存性
$Nd_2Fe_{14}B$ 相，dhcp-Nd相，NdO_x 相，Nd_2O_3 相は室温での値で，fcc-Nd相は197℃での値で規格化されている。

第1編 磁性と構造解析

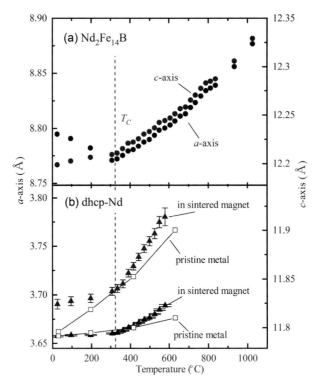

図3 Nd₂Fe₁₄B 相と dhcp-Nd 相の格子定数の温度依存性
dhcp-Nd 相は焼結磁石内と単体 Nd の2種類を示す。

c 軸に大きな違いが見られる。焼結磁石内では，室温で dhcp-Nd 相の a 軸の伸長が 0.01％程度なのに対して，c 軸では 0.24％も伸長している。T_C 以上でも単体と異なる原因として，dhcp 相への酸素の固溶も考えられる。先行研究では，Nd リッチ相に存在する酸素濃度の増加に伴って，Nd リッチ相の結晶構造が dhcp 構造，$Ia\bar{3}$ 構造，fcc 構造，hcp 構造に変化するのに対して，酸素濃度 9 at.％以下であれば，dhcp 構造となることが報告されている[5]。Nd^{3+} と O^{2-} のイオン半径を考慮すると，dhcp 構造の 4f サイトには O イオンを挿入するために十分な空隙がある。ここで，第一原理計算[16]を用いて，酸素濃度に依存した dhcp-NdO$_\delta$ の格子定数を見積もった結果を図4に示す。$\delta<0.125$ では，a 軸は 0.1％以下の

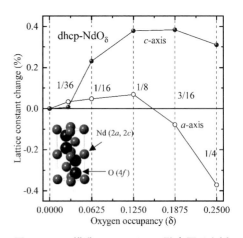

図4 dhcp 構造の 4f サイトに酸素原子を挿入した場合の c 軸の伸長率の理論計算結果

挿入図には dhcp 構造の 4f サイトに入った酸素と 2a，2c サイトの Nd 原子を示している。

伸びしか示さないが，c 軸は大きな伸長を示している。一方で，$\delta>0.125$ では，a 軸は収縮し，c 軸は伸長しなくなる傾向にある。$\delta=0.0625$ で c 軸伸長率 0.23％を示し，実験結果とほぼ一致した。したがって，焼結磁石内の dhcp-Nd 相は数％程度であるが酸素を固溶していると言える。

T_C 以下で $Nd_2Fe_{14}B$ 相と同調して格子定数が変化する dhcp-Nd 相に対して，NdO_x 相，Nd_2O_3 相，fcc-Nd 相は温度上昇に比例した体積増大を示している。すなわち，NdO_x 相，Nd_2O_3 相，fcc-Nd 相は，熱処理過程で磁歪効果のある主相粒との間に局所的なひずみを生じさせている。実際，これらの酸化物相の間で ab 面に平行方向にひび割れを起こしやすく，保磁力を減少させている可能性が指摘されている[15]。

4. Nd-Fe-B 焼結磁石構成相の体積分率の温度依存性

各相の生成過程に関してみていく。X 線回折プロファイルからは，相の有無だけでなく，その体積分率を見積もることが可能である。これは X 線回折ピークをフィッティングした際のスケール因子 S_m から，単位胞体積 V_m と合わせて，以下の式[17] から見積もる。

$$f_m = \frac{S_m V_m^2}{\sum_m S_m V_m^2} \tag{1}$$

ここで，f_m は体積分率で，m は相を表している。例えば，上式の解析に基づき計算すると，室温では焼結まま磁石内の粒界相は，dhcp-Nd 相が 36.5%，NdO_x 相が 43.2%，Nd_2O_3 相が 20.3% でそれぞれ存在していた。

上式を用いて，焼結まま磁石内の粒界相が昇温中に，どのように変化しているのかを明らかにする。各粒界相の体積分率を評価した結果を図5 に示す。まず，比較のために示した DSC 測定結果を見てみると，Cu 添加 Nd-Fe-B 焼結まま磁石では，325℃，505℃，670℃ でそれぞれピークを示している。325℃ は $Nd_2Fe_{14}B$ 相のキュリー温度である。505℃ と 670℃ が共晶反応によるピークで，それぞれ Nd-Cu の 2 元共晶反応[14] と主相+dhcp-Nd 相+B リッチ相の 3 元共晶反応[18] の 2 つの可能性が考えられる。両方の共晶反応に関係していて，かつ粒界に拡散していると考えられる dhcp-Nd 相に注目すると，500℃ 以上で急激に体積分率が減少し始め 600℃ 付近で消失している。つまり，500℃ で融解が始まっている。したがって，この温度域で dhcp-Nd 相と Cu との共晶反応が起きている可能性が高い。しかし，添加した Cu と反応しうる dhcp-Nd 相の体積分率を算出すると非常に小さく，誤差と同じ程度のオーダーとなるため（図5 内の $\Delta f_{dhcp-Nd}$ 参照），その変化を厳密に検出することは難しい。高温側の DSC ピークに着目すると，Cu 無添加 Nd-Fe-B 焼結まま磁石に対しての DSC および X 線回折測定においても，710℃ で DSC ピークを，650℃ で dhcp-Nd 相の X 線回折ピーク消失を確認している（図6 参照）。DSC ピーク温度と消失温度の差が，両試料でほぼ同じであることと，Cu 無添加試料では Nd-Cu 共晶反応は起きえないことを考慮すると，この dhcp-Nd 相の消失は 3 元共晶反応によるものであるといえるだろう。さらに，保磁力最高となる最適熱処理温度が Cu 添加で 550℃，Cu 無添加で 600℃ であることを考えると，X 線回折測定で観測した dhcp-Nd 相の消失温度が 50℃ 程度高温であることは興味深い。

fcc-Nd 相に関しては，dhcp-Nd 相の表面付近での格子緩和によって生じる相であると議論したが，図5，図6 ともにその体積分率を見ると，dhcp-Nd 相と fcc-Nd 相の総和は dhcp-Nd 相の消失温度までおおよそ一定である。これは，表面付近の dhcp-Nd 相が酸化することで fcc-NdO_2

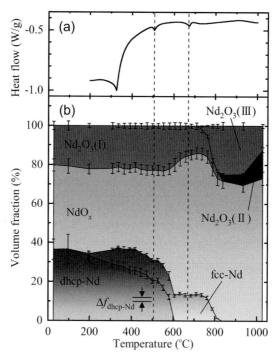

図5　Cu 添加 Nd-Fe-B 焼結磁石の各粒界相の DSC 測定結果と体積分率の温度依存性

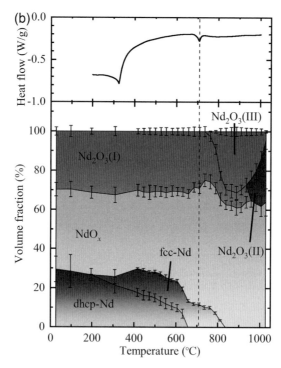

図6　Cu 無添加 Nd-Fe-B 焼結磁石の各粒界相の DSC 測定結果と体積分率の温度依存性

相が生成された可能性を疑われるかもしれない。しかし，その仮説に基づくと，体積分率でdhcp–Nd 相の 30%以上が表面付近で酸化しなければならず，この可能性は棄却される。

　Nd 酸化物に注目すると，NdO_x 相は dhcp–Nd 相の消失温度まではほぼ一定であるが，それ以上の温度では増大している。これは液相になった dhcp–Nd 相が酸化したと考えられる。これまでの SEM・EDS を用いた研究[6] では，fcc 相（NdO_x 相）に約 11〜43 at. %，$Ia\overline{3}$ 相に約 25 at. %，hcp 相（Nd_2O_3（I）相）に 55〜70 at. %の酸素が存在していると報告されている。したがって，NdO_x 相は液相や Nd_2O_3 相から非化学量論的に生成されうる。石英キャピラリー内にはほぼ酸素がなく，外部から酸素が供給されるとは考えにくいことを考慮すると，酸素は焼結磁石内粒界に元々存在していた NdO_x 相や Nd_2O_3 相からの酸素拡散によって Nd 液相が酸化したという解釈が妥当であると考えられる。

　Nd_2O_3 相は，構造相転移が生じている 800℃付近で他の Nd_2O_3 相も含めた総量が増加傾向を示している。ここで，各粒界相の Nd 原子数に注目して，$N_m = n_m V_m$（ここで，n_m は各相の 1 単位胞内の Nd 原子数）から各粒界相の Nd 原子数を見積もると，700℃程度まで Nd_2O_3 相と fcc–Nd 相の総和はほぼ一定である。800℃で Nd_2O_3 相の構造相転移が観測されているが，Nd_2O_3（I）相の一部が Nd_2O_3（II）相に相転移し，残りの Nd_2O_3（I）相と fcc–Nd 相が $Ia\overline{3}$ 相に相転移したと考えられる。TEM・SEM 観察で得られた各相の酸素濃度も併せて考えると，やはり酸素拡散が焼結磁石粒界で生じていると結論づけられる。

　以上の焼結磁石の昇温過程での放射光 X 線回折測定による相解析から，最適熱処理温度域で dhcp–Nd 相の融解が起こり，dhcp–Nd 相の粒界拡散によって保磁力が向上しているという描像が確認された。また，dhcp–Nd 相においても，$Nd_2Fe_{14}B$ 相の磁歪効果に対応した格子定数の変化が見られており，これは焼結体内の割れを低減することで保磁力の向上に寄与するだろう。これに加え，dhcp–Nd 相では粒界に存在する酸素がいくらか取り込まれている可能性も示された。また，体積分率の変化から，粒界では Nd だけでなく，酸素も拡散しているといえる。特に，過度の熱処理は，dhcp–Nd 相や低温で dhcp–Nd 相であった液相 Nd 相の酸化も促進するため，保磁力の低下を助長してしまう可能性も示された。

文　献

1）N. Tsuji et al.: *Acta Mater.*, **154**, 25–32（2018）.

2）J. Fidler and K. G. Knoch: *J. Magn. Magn. Mater.*, **80**, 48–56（1989）.

3）R. K. Mishra et al.: *J. Appl. Phys.*, **59**, 2244–2246（1986）.

4）Y. Murakami et al: *Acta Mater.*, **101**, 101–106（2015）.

5）T. Fukagawa and S. Hirosawa: *J. Appl. Phys.*, **104**, 013911–1–6（2008）.

6）W. Mo et al.: *Scr. Mater.*, **59**, 179–182（2008）.

7）Y. Shinba et al.: *J. Appl. Phys.*, **97**, 053504–1–8（2005）.

8）M. Itakura et al.: *J. J. Appl. Phys.*, **52**, 050201–1–4（2013）.

9）H. Sepehri-Amin et al.: *J. Appl. Phys.*, **107**, 09A745–1–3（2010）.

10）T. T. Sasaki et al.: *Acta Mater.*, **115**, 269–277（2016）.

11）Y. Enokido et al.: *Mater. Trans.*, **57**, 1960–1965（2016）.

12）W. F. Li et al.: *Acta Mater.*, **57**, 1337–1346（2009）.

13）P. R. Subramanian and D. E. Laughlin: Binary alloy phase diagrams, II, in；T. B. Massalski, H. Okamoto, P. R. Subramanian, and L. Kacprzak

第 1 編　磁性と構造解析

（Eds.）, ASM International, 2, 1442–1443 （1990）.

14) M. Zinkevich: *Prog. Mater. Sci.*, **52**, 597–647 （2007）.

15) T. Ozaki: *Phys. Rev. B*, **67**, 155108 （2003）.

16) T. Akiya et al.: *J. Magn. Magn Mater.*, **342**, 4–10 （2013）.

17) R. J. Hill and C. J. Howard: *J. Appl. Crystallogr.*, **20**, 467–474 （1987）.

18) B. Hallemans et al.: *J. Phase Equil.*, **16**, 137–149 （1995）.

第1編　磁性と構造解析

第3章　微細構造解析

第2節　磁石材料における中性子回折

ポール・シェラー研究所　**斉藤　耕太郎**

1. 磁石材料研究からみた中性子回折の特徴

　磁石材料には結晶構造と微細構造という2つの異なるスケールの重要な構造がある。磁石の研究に注がれるリソースの大部分は試料合成と微細構造観察に費やされており、原子レベルの構造に関する研究の数は相対的に少ない。これは合成条件を少し変えただけで材料特性を支配する微細構造が顕著に変化することを考えれば当然ではある。しかし、添加元素は原子レベルの構造にも影響を及ぼす可能性があり、それらは微細構造では制御できない主相成分の本質的な物性として材料にも影響を与える。顕微観察手法によって添加元素の実際の分布を調べることはできるが、微少領域の観察結果をもってして試料全体の結晶構造を論ずるのは心許ない。試料全体の平均的な結晶構造を明らかにするために最適な実験は回折であり、中でも中性子回折は以下に述べるように磁石材料に適した特徴を持っている。

　中性子回折の原理は材料研究者にはお馴染みのX線回折と変わらず、両者の違いは使っている入射ビームと試料との間の相互作用に由来する散乱過程だけである。電磁波であるX線は原子核周辺の電子が作る電荷分布によって散乱されるため、電子数が多い原子番号の大きい元素・イオンほどX線をよく散乱する。つまりX線回折では軽元素は見づらく、周期表で隣接する元素は区別しにくい。後者の特徴は、例えばFeとCoやCeとNdなど原子番号の近い複数の元素が結晶学的に等価な原子サイトにいることの多い磁石材料においては、それらを区別したい測定が難しいことを意味する。一方、中性子はその名のとおり電気的に中性なので電子とは相互作用せず、原子核によって散乱される。各原子核は固有の中性子散乱断面積または散乱長（中性子を散乱する近距離相互作用の強さ）を持ち、それらにはX線散乱のように周期表に従った規則性はなく同位体間でも大きく異なる。例えば電子数の差が1個しかなくX線では散乱のしやすさから区別しにくいFeとCoの場合、中性子散乱長はそれぞれ9.45 fmと2.49 fmであるため、中性子の散乱しやすさに4倍近い差がある。したがって、周期表上で隣接する複数の元素が結晶学的に等価なサイトにある場合でも、中性子回折を使うとそれぞれの元素のサイト占有率を明らかにできる可能性がある。

　また、物質中におけるX線と中性子の散乱過程が異なることのもう1つの影響として、中性子の場合はcmオーダーの試料を使った熱処理などのその場測定が可能である。大きな試料を使えるということは、試料に特殊な加工を施す必要がなく表面の影響も気にせずに簡単に測定が可能であることを意味する。

第 1 編　磁性と構造解析

　磁石材料の研究に関連する中性子回折のもう１つの有用な特徴は磁気散乱の強さである。X 線は電磁波であるため，磁気的な散乱過程もあるが，例えば Fe の場合は磁気散乱の強度は電気的な散乱よりも 6 桁も弱い[1]。反強磁性体などの場合は放射光を使えば純粋な磁気反射ピークを観測できるが，強磁性体の磁気散乱ピークははるかにシグナルの強い結晶構造由来の Bragg ピークと重なってしまう。強磁性体の磁気構造研究に X 線磁気散乱を使うのは全く現実的ではないといえる。一方で，中性子回折における磁気散乱の強度は核散乱と比べて 1〜2 桁弱い程度なので，強磁性体であっても解析可能なシグナルが得られる。

　本稿では，中性子回折を用いたサイト占有率と磁気構造に関する研究を主に紹介する。磁石材料に使われる強磁性体の結晶構造は物質発見時にすでに明らかにされており，どの磁石に使われている強磁性体も少なくとも発見から 30 年以上経っている現代において，回折実験から得られる結晶構造を研究する必要があるのかと思う方もいるだろう。実際，サイト占有率と磁気構造ともにほとんどの研究が物質発見後 10 年以内の基礎研究ステージのもので，最近の研究は少ない。しかし，断続的に報告される添加元素による性能向上や，計算機の進化により可能になった実際の材料の細かな特徴を反映したシミュレーション研究の増加を考えると，元素添加によるサイト占有率や磁気モーメントの変化を明らかにする回折実験の出番がなくなることはないだろう。

2.　磁石材料におけるサイト占有率解析の意義

　磁石材料の主成分は添加元素のないきれいな相として報告された例が多いが[2)-4)]，実際の製品では磁石としての性能を向上させるために複数の元素を添加する。添加元素には微細構造の最適化を目的としたものと主相の本質的物性を調整するためのものがある。前者の場合，添加元素は主成分の強磁性体ではなく副相や粒界相と呼ばれる部分に偏在することが多い。一方，後者の場合，添加元素は添加量に応じた確率で主成分の結晶構造中の原子半径の近い元素が占有する原子サイトをランダムに置換する。置換対象となる元素の占有する原子サイトが複数ある場合は，Wigner-Seitz cell の大きさや幾何学的な条件の違いによりサイト選択（site preference）と呼ばれる占有率の差が生じ得る。定性的には特におもしろい話ではないが，磁石のような応用材料の場合，こういった性質を定量的に明らかにすることは材料性能向上の機序解明に不可欠となってきた数値計算研究に現実的なパラメータを提供できるという点で意義がある。微細構造における元素の偏在具合や結晶構造における局所的なサイト占有の有無は分光や顕微的手法でもわかるが，試料全体の平均としてのサイト占有率の定量的な解析は中性子回折が適している。

3.　サイト占有率解析の現状

　これは応用材料研究一般に通じる話だろうが，磁石材料の主成分に関する基礎物性の研究は物質発見から十年以内に一通りやり尽くされているといっても過言ではないだろう。すぐに思いつく添加元素に関するサイト占有率に関する研究もそのほとんどが物質発見当初の基礎研究の盛り上がりの中で実施されたものが多い。最近の結果に限定するとあまり数がないので，ここでは少

し古い例も含めて紹介する。

　一般に Fe の組成比が大きい強磁性体のキュリー温度は Fe を Co で置換することで上昇する。ネオジム磁石の主成分である $Nd_2Fe_{14}B$ のキュリー温度も Fe を Co で置換することで大幅に上昇する[5]。Herbst と Yelon[6] はこの原因を探るために，中性子回折により $Nd_2(Fe_{1-x}Co_x)_{14}B$ の遷移金属サイトの占有率を求め，Fe の多いサイト，Co の多いサイトがあることを明らかにした。特定のサイトに Fe が多いことは ^{57}Fe 核を使ったメスバウアー分光でも示唆されていたが[7]，中性子回折の結果はそれに伴う Co のサイト選択も同時に直接確認できている点でより信頼性が高いといえる。

　磁石材料における遷移金属サイトのサイト占有率解析例は 2-14-1 系以外にもある。1990 年前後に $ThMn_{12}$ 構造を持つ $REFe_{12-x}M_x$（RE＝希土類元素，M=Ti，Mo，V など）が $Nd_2Fe_{14}B$ に匹敵する永久磁石の候補物質として注目された。それまで二元合金 $REFe_{12}$ の合成報告がなかったことから，Ti，Mo，V などは熱力学的に安定な相を得るために必須な添加元素であるとみなせる。Fe を主な構成元素とする強磁性体の例に漏れず，この物質系でもキュリー温度改善のために Fe を Co で置換した系がすぐに研究対象となり，3 つある非等価な Fe サイトのうち構造安定化元素や Co がどこを選択的に占有するかが問題となった。構造安定化に寄与する複数の添加元素のうち，もっとも添加量が少なくて済む Ti を用いた系の研究が集中的に実施され，Moze ら[8]，Yang ら[9]，Liang ら[10] は中性子回折を用いて Ti と Co にサイト選択性があることを示した。それぞれ Fe の組成比の 1 割程度は含まれるとはいえ，大量の Fe の中に含まれる Ti と Co が 3 つの遷移金属サイトにどう分布しているかを明らかにできた理由は，偶然にも Fe，Co，Ti の中性子散乱長が大きく異なっていたからである。特に，Ti が散乱中性子の位相を逆転させる負の中性子散乱長を持っていることが非常に都合良く効いていると容易に予想できる。

　遷移金属だけでなく希土類元素のサイト占有率解析の例も当然ある。希土類磁石では磁気異方性を支配する希土類サイトの置換が保磁力の向上に直結するため，希土類サイトの置換は $Nd_2Fe_{14}B$ の発見当初から研究されてきた。現在の製品では，高出力モータなど高温環境にあるネオジム磁石に Dy や Tb を添加した高保磁力磁石がよく使われている。$Nd_2Fe_{14}B$ には 2 つの希土類サイトがあり，磁気異方性改善のための添加希土類元素が 2 つのサイトにどう分布するかは興味深い問題である。希土類元素にはランタノイド収縮があること，および 2 つの希土類サイトの Wigner–Seitz cell の大きさが異なることを考えると，原子半径の大きい軽希土類元素は体積の大きいサイトを，原子半径の小さい重希土類元素は体積の小さいサイトを選択的に占有するだろうと予想できる。Moze ら[11] および Yelon ら[12] はイオン半径の大きい希土類元素が体積の大きいサイトを選択的に占有することを中性子回折によって実験的に示し，サイト占有率を定量的に明らかにした。

　ネオジム磁石への重希土類元素の添加は，磁気異方性向上と資源リスクの抑制の 2 つの観点から現在も試料合成および数値計算を中心として研究が継続されているが，希土類サイト占有率の定量的な解析は少なくともここ 20 年進展はなかった。Saito ら[13] は商用ネオジム磁石にも採用されている $(Nd_{1-x}Dy_x)_2Fe_{14}B$ において中性子回折によって求めた Dy のサイト占有率が，第一原理計算と熱力学計算の組み合わせによって定量的に計算可能であることを示した。磁石製造プロセ

スによっては主相粒内の添加元素の分布に濃淡が生じることがあるため，詳細な数値計算には任意の添加濃度におけるサイト選択性を反映した現実に即したサイト占有率が必要となり，このような計算手法が役立つ。第一原理計算により求めた絶対零度におけるサイト間のエネルギー差に，製造過程の最終的な温度履歴を反映させて実際の試料におけるサイト占有率を求めるこの方法は，磁石材料以外にも適用可能である。

　ネオジム磁石への重希土類添加は保磁力向上による「強い磁石」を目指したものだが，ネオジム磁石以下フェライト磁石以上のミドルクラス磁石を目指したランタン・セリウム磁石の研究が最近注目されている[14)15)]。La と Ce は，Nd や Dy など需要の多い希土類元素を精錬する際に必ず大量に産出される副産物だが，使い道が少ないため過剰生産状態が続いており[16)]，ランタン・セリウム磁石はリスクの高い希土類鉱山ビジネスの事業継続性を高める活用先として期待されている。$Ce_2Fe_{14}B$ において Ce は $4f^0$ と $4f^1$ の混合価数状態をとり，希土類元素に期待される $4f$ 電子に起因する磁気異方性を持たない[17)]。価数状態は局所環境に強く依存するため，2 つの希土類サイトに対する Ce のサイト占有率を定量的に見積もることは，セリウム磁石の可能性を探る上で重要である。Colin ら[18)] は中性子回折によって $(R_{1-x}Ce_x)_2Fe_{14}B$（R=La, Ce）のサイト占有率を定量的に解析し，固溶体中の Ce が La と Nd よりも小さい原子半径を持ち，2 つの希土類サイトのうち体積の小さいほうを選択的に占有することを実験的に示した。$(Nd_{0.2}Ce_{0.8})_2Fe_{14}B$ を $(Nd_{0.7}Ce_{0.3})_2Fe_{14}B$ で包んだコアシェル構造を持つネオジム添加セリウム磁石とでもいえる磁石も報告されており[15)]，2-14-1 系における希土類元素のサイト占有率解析は再び重要性を増している。

　希土類磁石の話が続いたが，希土類磁石よりもはるかに大量に生産されているフェライト磁石でもサイト占有率は重要な情報である。フェライト磁石も希土類磁石と同様に添加元素によって性能が向上するが，その主成分と添加元素の組み合わせと組成比の多様性には目を見張るものがある[19)]。筆者はフェライト磁石の研究情勢に明るくないため詳細を語ることはできないが，中性子回折誕生から 8 年後に Hasting ら[20)] により亜鉛フェライトとニッケルフェライトにおけるサイト占有率（フェライト研究業界では陽イオン分布と呼ばれる）が中性子回折により明らかにされ，その後現在に至るまで断続的にさまざまな組成のフェライトについてサイト占有率解析が実施されている[21)22)]。最近では M 型バリウムフェライトや La と Co 添加により，磁石性能が向上することがわかったストロンチウムフェライトについて中性子回折によるサイト占有率解析が報告されている[23)24)]。

4. 磁石材料における磁気構造解析の意義

　希土類磁石とフェライト磁石の主成分は，それぞれキュリー温度が室温以上の強磁性体とフェリ磁性体である。どちらも室温では磁性原子の持つ磁気モーメントは，すべて磁化容易軸と平行である。したがって，磁気構造解析といっても，強磁性体では各磁性原子の磁気モーメントの大きさを，フェリ磁性体では磁気モーメントの大きさに加えて逆向きになっているサイトを決定するだけである。磁石材料には複雑な相互作用が生み出す魅力的な磁気秩序はなく，磁気構造解析がもっとも重宝されている物性物理の問題としての学問的旨味は明らかに少ない。しかし，実用

材料としてみると強磁性体の磁気構造解析にもまだ価値がある。例えば，磁化測定でわかるのは全磁性原子の磁気モーメントの合計でしかないが，磁石に使われる強磁性体やフェリ磁性体は単位格子が大きく非等価な磁性原子サイトが多い。磁性元素の局所環境（周囲にいる元素の種類と数，距離）がサイトごとに異なることから，各サイトの磁気モーメントの大きさも異なるはずである。さらに，特性向上のために添加した元素がサイト選択により特定のサイトを占有する傾向にある場合，各磁性原子サイトの磁気モーメントに対する添加元素の影響は不均一であると予想される。元素添加による磁気構造の変化は，特性向上の仕組みを知る上で基本情報となる。計算資源や手法の進歩によって数値計算研究の重要度が増しており，実験的に求められた数値が入力値として重宝されるようになってきた。計算のための実験は基礎研究では価値の低いものとされがちだが，サイト占有率の項でも述べたとおり，応用材料においては「汚い」現実の材料をより忠実に再現した計算をするための実験にも価値がある。また，これまでは磁石特性そのものの温度依存性を測る以外の方法がほとんどなかった磁石の耐熱性評価も数値計算で行えるようになったことを考えると[25]，各磁性原子サイトごとの磁気モーメントの温度依存性を実験的に明らかにするような高温での磁気構造解析研究の意義もかつてなく高まっているといえる。

5. 磁気構造解析の現状

　磁気構造は，磁気秩序を示す物質のもっとも基本的な情報の１つであるため，磁石に使われる強磁性体やフェリ磁性体の磁気構造もサイト占有率と同様に物質発見当初の基礎研究の盛り上がりの中で報告された。一般に磁気構造解析といえば中性子回折だが，ほとんどの磁石材料の主要構成元素は Fe なので，^{57}Fe 原子核を使ったメスバウアー分光によって磁気モーメントをサイト別に評価することもでき，実際に磁石材料の磁気構造は中性子回折とメスバウアー分光が相互に結果を確認する形で明らかにされていった。これは強磁性体においては磁気散乱は常に核散乱ピークに上乗せされる形でしか観測できないため，単純な構造の割にはパラメータ精密化の際に磁気モーメントが局所解に落ち込みやすいことを考えると必要なことだろう。

　磁気構造とサイト占有率は同時に解析されていることが多い[6)8)-13)21)-24)]。それぞれの磁気モーメントの大きさを羅列したところで何もおもしろくはないので，ここでは珍しいサマリウム化合物の例を紹介する。

　天然の Sm には非常によく中性子を吸収する同位体^{149}Sm が含まれているため，そもそも中性子実験全般でサマリウム化合物の実験例は少ない。吸収を避けるには，高価だが吸収の弱い^{154}Sm を使い試料を合成する，^{149}Sm の中性子吸収断面積が１桁小さくなるエネルギーの高い熱中性子を使う，試料体積を減らすという方法があり[26)-33)]，そのうち磁石材料という文脈では非弾性散乱の論文が３件[27)28)30)]，サイト占有率解析が１件[29)]，磁気構造解析が２件ある[26)33)]。

　1967 年に発見された $SmCo_5$ は，高コストだが耐熱性に優れたサマリウムコバルト磁石の主成分としての地位を 50 年以上保っているが，驚くべきことにその磁気構造はあまり詳しく研究されてこなかった[26)]。一般に，サマリウム化合物は Sm の特異な $4f$ 電子状態のおかげで複雑な磁性を示すことが多く，$SmCo_5$ は室温では強磁性体だが室温より少し上ではフェリ磁性を示すと指摘

されていた[26]。Kohlmann ら[32] は中性子吸収の少ない $^{154}SmCo_5$ について，冷凍機と高温炉を併用することで 5–1100 K という非常に幅広い温度領域で中性子回折実験を行い Sm と Co の磁気モーメントの温度依存性を明らかにした。これまでほとんど磁気モーメントを持たないと考えられてきた Sm が低温で $1\mu_B$ の磁気モーメントを持つことや高温で Sm の磁気モーメントが上昇しているなど気になる点はあるが，製造パラメータの最適化に偏りがちな磁石材料研究の中で基礎を振り返った貴重な研究である。

吸収を抑える努力をせずに長時間測定を行うのもサマリウム化合物の中性子実験を行う１つの強引な解決策である。Saito ら[34] は比較的 Sm 濃度の低い強磁性体 $Sm_2Fe_{17}N_3$ について，^{154}Sm や高エネルギー中性子を使わずに大強度中性子ビームで長い時間をかけて中性子回折実験を行い，メスバウアー分光[35] により推定されていた磁気構造をより直接的に確認した。サマリウム化合物であっても Sm の組成比によっては，このような強引なやり方で解析可能な品質の中性子回折データがとれることを示した例といえる。

6. バルク試料測定

磁石材料における中性子回折の利点は，サイト占有率と磁気構造の解析のほかに cm オーダーのバルク試料の測定が可能という点がある。この利点を活用した研究の例はほとんどなく，ここでは筆者が「REPM2016」で発表した内容を紹介する。Saito ら[36] は熱処理前の Cu 添加および無添加ネオジム焼結磁石のバルク試料（$7\times7\times30\ mm^3$）について高温その場中性子回折を行い，主相と副相の格子定数や体積変化を調べた。図1に室温における回折プロファイルを，図2にリートベルト解析によって求めた主相と副相の格子定数の温度依存性を示す。主相の a 軸方向の

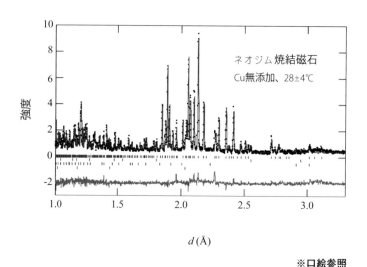

※口絵参照

図1 ネオジム焼結磁石バルク試料の回折プロファイル（黒点）およびそのリートベルト解析から得られた強度（赤線）
回折プロファイルの下にある赤いティックは主相および副相のピーク位置を示す。緑線は残差。

格子定数がキュリー温度以下で単結晶[37]とは少し異なる温度依存性を示していることがわかる。これは，今まで磁石研究コミュニティで受け入れられてきた「磁石中の主相は単相の場合と同じはずである」という仮定に疑問を投げかける結果である。副相ではCuの有無によってfcc-NdOの格子定数が少し異なることがわかり，CuがNdOに侵入している可能性が示唆された。また，fcc-NdOとhcp-Nd$_2$O$_3$のa軸方向の格子定数が主相のキュリー温度で主相と同様の異常を示しており，主相と副相の間に格子が連動するような結合があり，副相によってはその結合の強弱が結晶方位に依存していることがわかった。主相と副相の格子定数の結合は，同じ試料を針状（0.2×0.2×10 mm^3）に加工して高温その場放射光X線回折を行った研究[38]でも報告されている。このような実際の製品に近いバルク試料を用いた中性子回折は，製造過程において製品中に起こる結晶構造レベルの変化を調べる手段として非常に有効なはずだが，現状はなぜかあまり活用されていない。

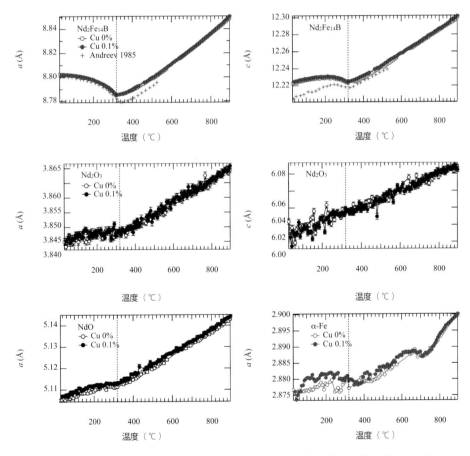

図2　Cu添加/無添加焼結磁石における主相および副相の格子定数の温度依存性
主相のグラフには単結晶を使った先行研究の結果も示した。

文　献

1) M. Blume: *J. Appl. Phys.*, **57**, 3615（1985）.
2) K. Strnat et al: *J. Appl. Phys.*, **38**, 1001（1967）.
3) M. Sagawa et al.: *J. Appl. Phys.*, **55**, 2083（1984）.
4) J. J. Croat et al.: *J. Appl. Phys.*, **55**, 2078（1984）.
5) C. Abache and H. Oesterreicher: *J. Appl. Phys.*, **57**, 4112（1985）.
6) J. F. Herbst and W. B. Yelon: *J. Appl. Phys.*, **60**, 4224（1986）.
7) H. M. van Noort and K. H. J. Buschow: *J. Less-Common Met.*, **113**, L9（1985）.
8) O.Moze et al.: *Solid State Communications*, **66**, 465（1988）.
9) Y. C. Yang et al.: *J. Appl. Phys.*, **67**, 4632（1990）.
10) J. K. Liang et al.: *J. Appl. Phys.*, **86**, 2155（1999）.
11) O. Moze et al.: *Physica B*, **156**, 747（1989）.
12) W. B. Yelon et al.: *J. Appl. Phys.*, **60**, 2982（1986）.
13) K. Saito et al.: *J. Alloys Compds.*, **721**, 476（2017）.
14) J. F. Herbst et al.: *J. Appl. Phys.*, **111**, 07A718（2012）.
15) X. Tang et al.: *Acta Mater.*, **144**, 884（2018）.
16) I. B. De Lima and W. L. Filho: Rare Earths Industry 1st Edition, 41–43, Elsevier（2015）.
17) T. W. Capehart et al.: *Phys.Rev.B*, **55**, 11496（1997）.
18) C. V. Colin et al.: *Appl.Phys.Lett.*, **108**, 242415（2016）.
19) R. C. Pullar: *Progress in Materials Science*, **57**, 1191（2012）.
20) J. M. Hastings and L. M. Corliss: *Rev. Mod. Phys.*, **25**, 114（1953）.
21) A. Collomb et al.: *J. Magn. Magn. Mater.*, **62**, 57（1986）.
22) X. Batlle et al.: *J. Appl. Phys.*, **70**, 1614（1991）.
23) Y. Kobayashi et al.: *J. Ceram. Soc. Jpn.*, **119**, 285（2011）.
24) M. Okube et al.: *J. Appl. Cryst.*, **49**, 1433（2016）.
25) Y. Toga et al.: *Phys. Rev. B*, **94**, 174433（2016）.
26) D. Givord et al.: *J. Appl. Phys.*, **50**, 2008（1979）.
27) O. Moze et al.: *Phys. Rev. B*, **42**, 1940（1990）.
28) P. Tils et al.: *J. Alloys Compds.*, **289**, 28（1999）.
29) Z. Chu et al.: *J. Appl. Phys.*, **87**, 6704（2000）.
30) A. Solodovnikov et al.: *J. Alloys Compds.*, **346**, 38（2002）.
31) C. H. Lee et al.: *J. Phys. Soc. Jpn.*, **81**, 063702（2012）.
32) J. Pospíšil et al.: *Phys. Rev. B*, **87**, 214405（2013）.
33) H. Kohlmann et al.: *Inorg. Chem.*, **57**, 1702（2018）.
34) K. Saito et al.: *Acta Cryst.*, **70**, C1460（2014）.
35) G. Zouganelis et al.: *Solid State Communications*, **77**, 11（1991）.
36) K. Saito et al.: REPM2016 proceedings, 128（2016）.
37) A. V. Andreev et al.: *Sov. Phys. Solid State.* **27**, 987（1985）.
38) N. Tsuji et al.:*Acta Mater.*, **154**, 25（2018）.

第1編　磁性と構造解析

第3章　微細構造解析

第3節　永久磁石材料の内部磁気構造解析

高エネルギー加速器研究機構　**小野　寛太**

1. はじめに

　磁性材料の磁区構造など微細な磁気構造を観察することは重要であり，走査型電子顕微鏡，透過電子顕微鏡，カー効果顕微鏡，X線顕微鏡などの磁気イメージング手法が開発されている。これらの手法は表面や薄膜・薄片に限定された，いわば2次元空間における微細磁気構造解析手法である。一方，永久磁石材料や軟磁性材料では，バルク材料内部の微細磁気構造を3次元で観察することが求められている。

　近年の3次元磁気イメージング手法の進展により，バルク材料内部の微細磁気構造を磁化ベクトルの3次元空間分布として観察することが可能になってきている[1]-[5]。しかしながら，これらの手法の問題点として，放射光X線を用いた手法の場合は，試料サイズの制限が大きく微小な試料しか観察できないことや，解析が極めて困難であることが挙げられる。また，中性子を用いた場合には大きな試料の内部の観察は可能であるが，十分な空間分解能が得られないことが挙げられる。そこで，磁石材料開発に用いる手法としては，より簡便な手法が求められている。

　ここでは，バルク材料内部の磁気構造解析について，逆空間での観察手法である中性子小角散乱（Small-angle neutron scattering；SANS）を用いた観察方法とその研究例について紹介する。小角散乱（Small-angle scattering）は，材料科学から物理学，化学，生物学にわたる広範な分野で幅広く利用されている材料解析手法である[6]-[8]。X線や中性子をプローブとして用いた小角散乱手法は，ナノメートルからマイクロメートルのスケールで微細構造の平均情報を得るためのもっとも重要な実験手法の1つである。中性子をプローブとして用いたSANSでは，バルク試料について，構造に関する微細構造（物質中の密度の違いに起因するもの，および組成の違いに起因するもの）と磁気に関する微細構造（バルク材料内部の磁区構造・磁気微細構造）を，数ナノメートルから数マイクロメートルスケールの長さのスケールで調べることが可能である。このようにSANSは，上述したカー効果顕微鏡，X線顕微鏡などの実空間での直接的なイメージング手法と相補的である。

　小角散乱に関する実験と理論の進展は，1930年代に始まり[9][10]，実験室でのX線小角散乱（Small-angle x-ray scattering；SAXS）実験装置が開発されたことにより小角散乱を用いた研究は一気に進展した。中性子小角散乱による磁性材料研究は，1970年代にユーリッヒ[11]やグルノーブル[12]で実験用原子炉からの中性子を利用したSANS実験が始まったことをきっかけに始まっている。

第１編　磁性と構造解析

本稿ではSANSを利用した永久磁石材料研究について解説する。まず，中性子の性質について説明する。中性子と物質との散乱は２つあり，１つは核散乱と呼ばれる中性子と物質中の原子核との散乱によるものであり，もう１つは磁気散乱と呼ばれ，中性子の持つ磁気モーメントと物質中の電子の磁気モーメントとの磁気的散乱によるものから成り立っている。さまざまな分野で幅広く使われているSANSは主に核散乱を用いたものである。核散乱を利用したSANSはSAXSと合わせて解析手法が進んでおり，ソフトマターや生体物質の構造解析に一般的に用いられるツールとなっている。一方，バルク材料内部の磁気的な微細構造を調べるツールである方法論としての磁気SANSに関しては，世界的にみても研究者人口はあまり多くなく，広く研究されているとはいえない。ここでは永久磁石材料を対象としたSANS研究について，基礎から解説するとともに，実際の永久磁石材料についての研究例を紹介する。

2. 中性子小角散乱を用いた内部磁気構造解析

ここでは磁性材料を対象としたSANSの基礎について述べる[13]。SANSを用いた磁性材料研究はこの10年で進展しており，国内ではあまり用いられていないものの，世界的には幅広い磁性材料について磁気的な微細構造研究が行われている[14)-33)]。研究対象となっている磁性材料も幅広く，アモルファス磁性体，硬磁性体，軟磁性体，ナノコンポジット材料，希土類ナノ結晶磁性体，3d遷移金属ナノ結晶磁性体，鉄鋼材料における偏析，$Nd_2Fe_{14}B$単結晶，磁性流体，磁気記録媒体，FeGa合金における磁歪，マルチフェロイック材料$HoMnO_3$，交換バイアス材料での磁化反転過程など多岐にわたっている。通常の物質に対して中性子の透過力は大きいため，通常のSANSはバルクの内部構造の観察に適した手法である。薄膜材料ついて通常のSANSによる研究例はほとんどなく，薄膜では中性子を斜入射させたGI-SANS（Grazing Incidence Small-Angle Neutron Scattering）や中性子反射率が主に用いられている。

SANSの基礎理論について簡単に紹介する。簡単のため，試料のモデルとして均一なマトリクスの中にナノ粒子が均一に分散しているものを考える。このような粒子とマトリクスの二相から構成される理想的な系に対してSANSやSAXSなどの小角散乱実験を行ったときの散乱断面積を考える。ここで，SANSの核散乱断面積（簡単のためにSANSの核散乱の強度と考えてもよい）は下記のように表すことができる。

$$\frac{d\Sigma_{\mathrm{nuc}}}{d\Omega}(\mathbf{q}) = \frac{(\Delta\rho)^2_{\mathrm{nuc}}}{V} \left| \sum_{j=1}^{N} V_{p,j} F_j(\mathbf{q}) \exp(-i\mathbf{q}\mathbf{r}_j) \right|^2 \tag{1}$$

ここでqは散乱ベクトルであり，Nは散乱体積V中に含まれる粒子の数である。$(\Delta\rho)^2_{\mathrm{nuc}}$は，ナノ粒子とマトリクスとの間の散乱長密度コントラストである。V_p, j, F_j, r_jはそれぞれ粒子jの体積，形状因子，位置を表している。

上記の(1)式はSANSの核散乱について用いられる式であるが，しばしば磁気SANSについても用いられる。ほとんどの場合，磁気SANSについての理論式は，上記の核散乱の理論の式(1)について，式(1)の$(\Delta\rho)^2_{\mathrm{nuc}}$を$(\Delta\rho)^2_{\mathrm{mag}}\sin^2\alpha$に置き換えるだけでよい。$\sin^2\alpha$は中性子の磁気的相互作

104

用によるものである。

　磁性材料の試料としてもっとも簡単なモデルを考える。上記で考えたモデルと同様に，均一なマトリクスの中に磁性ナノ粒子が希薄に単分散しているものを考えると，中性子が非偏極の場合の磁気SANS，すなわち磁気散乱断面積は下記のように表される。

$$\frac{d\Sigma_{\mathrm{mag}}}{d\Omega}(\mathbf{q}) = \frac{N}{V}(\Delta\rho)^2_{\mathrm{mag}}V_p{}^2|F(\mathbf{q})|^2\sin^2\alpha \qquad (2)$$

　ここで考えた理想的なモデルに近い磁性材料としては，磁性流体，磁気的に飽和した（あるいは非磁性）のマトリックス中に分散している磁気飽和した（あるいは一様に磁化された）磁性ナノ粒子，磁気飽和した強磁性体マトリックス中に含まれる磁気的欠陥などが挙げられる。これらの磁性材料では磁気SANSについて式(2)を用いて解析することができる。

　永久磁石材料などのバルク強磁性材料では，上記の理想的なモデルとはかけ離れているため，式(2)を用いた解析がうまくいかないことが多い。バルク強磁性材料では完全に磁気的に飽和した場合，すなわちフル着磁状態のみ式(2)を用いて解析することができる。

　式(2)を眺めてみると，強磁性材料についての重要な物理量である交換スティフネス定数，磁気異方性，静磁エネルギーなどと直接関係がある項が出てこない。このため，式(2)だけから得られる情報としては，均一に磁化された磁区（あるいは単磁区粒子）の磁化の大きさの変化の分布（$(\Delta\rho)^2_{\mathrm{mag}}$から求められる）と磁化ベクトルの配向度（$\sin^2\alpha$から求められる）である。

　式(2)では$\sin^2\alpha$の項があるため，実験で得られる2次元の散乱パターンは等方的ではなく，異方的になる。ここで磁気散乱断面積を動径方向に（αについて$0\sim2\pi$の範囲を）平均化する。角度αは散乱ベクトル$\mathbf{q}$と，（一様に磁化された）磁性ナノ粒子の局所的な磁化ベクトルの方向$\mathbf{M}$とのなす角とする。実験配置として，中性子ビームが磁性体試料へ入射する方向と試料への印加磁場の方向が垂直である（transverse配置）場合を考える。この場合には，$\sin^2\alpha$の期待値はフル着磁状態（磁気的飽和したとき）の値である$1/2$から消磁状態（全体で磁化ゼロの磁区構造の状態あるいは単磁区粒子がランダム配向している状態）の値である$2/3$の間の値をとる。一方，中性子ビームの入射方向と印加磁場の方向が平行である場合（longitudinal配置）には，$\sin^2\alpha$の期待値は着磁状態の値1と消磁状態での値$2/3$の間となる。

　中性子ビームの入射方向と印加磁場の方向が垂直の場合には，フル着磁（飽和磁化）状態が消磁状態になると散乱強度が$4/3$倍に増加するのに対し，水平の場合には散乱強度が$2/3$倍に減少することが予想されるが，実験ではそのようにはならない。

　式(2)をもとに磁気SANSに起因する磁気散乱断面積を散乱ベクトル$\mathbf{q}$の関数として考えてみる。異なる印加磁場での散乱断面積は互いに同じ傾きを持つことが期待されるが，これも実験と異なることが多い。これらの理論式と実験とが合わない理由は，式(2)では印加磁場の関数として表される特徴的な磁気相関長が考慮されていないためである。

　式(2)では，磁区の内部および磁壁や磁性粒子間での連続的な磁化の変化を表現できていない。このことは磁気SANSを用いた磁性材料の解析を行う上で注意しなければならない。この弱点を克服する解析方法として，連続体モデルに基づくマイクロ磁気学の観点から導き出されたバルク

第 1 編　磁性と構造解析

強磁性体に関する磁気 SANS の理論が Michels らにより展開されている。マイクロ磁気学は，連続体モデルに基づいた現象論的理論であり，任意の形状の強磁性体における磁化分布（磁化ベクトル場）$\mathbf{M(r)}$ を求めることができる。マイクロ磁気シミュレーションでは，数ナノメートルから数マイクロメートルの長さスケールで磁化分布を計算することが可能であり，SANS で観測される長さスケールとほぼ同じ領域をカバーしている。これらの SANS とマイクロ磁気学との組み合わせに関する先駆的な研究は，Kronmüller らによってなされており，転位による歪場に起因したスピンの乱れによる磁気 SANS に関してマイクロ磁気学に基づく解析がなされている。

　ここで，マイクロ磁気学に基づく磁気 SANS 理論を簡単に紹介する。中性子の入射方向と外部磁場の方向が垂直な transverse 配置の場合，散乱断面積は

$$\frac{d\Sigma}{d\Omega}(\mathbf{q}) = \frac{8\pi^3}{V} b_H^2 \left[\frac{|\tilde{N}|^2}{b_H^2} + |\tilde{M}_x|^2 + |\tilde{M}_y|^2 \cos^2\theta + |\tilde{M}_z|^2 \sin^2\theta - (\tilde{M}_y\tilde{M}_z{}^* + \tilde{M}_y{}^*\tilde{M}_z)\sin\theta\cos\theta \right]$$

(3)

　ここで，V は散乱体積，$b_H^2 = 2.9 \times 10^8\ \mathrm{A^{-1}m^{-1}}$ であり，$\tilde{N}(\mathbf{q})$，$\tilde{M}_x(\mathbf{q})$，$\tilde{M}_y(\mathbf{q})$，$\tilde{M}_z(\mathbf{q})$ はそれぞれ核散乱振幅，x，y，z 方向の磁気散乱振幅のフーリエ変換である。また，x，z 軸はそれぞれ中性子の入射方向，外部磁場方向であり，y 軸は x，z 軸と直交する方向である。θ は $\mathbf{q}$ と外部磁場とのなす角である。

　中性子の入射方向と外部磁場の方向が平行な longitudinal 配置の場合，

$$\frac{d\Sigma}{d\Omega}(\mathbf{q}) = \frac{8\pi^3}{V} b_H^2 \left[\frac{|\tilde{N}|^2}{b_H^2} + |\tilde{M}_x|^2 \sin^2\theta + |\tilde{M}_y|^2 \cos^2\theta + |\tilde{M}_z|^2 - (\tilde{M}_x\tilde{M}_y{}^* + \tilde{M}_x{}^*\tilde{M}_y)\sin\theta\cos\theta \right]$$

(4)

と表すことができる。

　中性子の磁気散乱は，散乱面と垂直方向の磁気モーメント分布をフーリエ変換したものを表している。式(3)，式(4)から磁気 SANS はバルク内部の磁気的な微細構造をフーリエ変換したものとなっていることがわかる。このため，磁気 SANS を用いてバルク内部の磁気微細構造を直接観察できることがわかる。このことを用いて，外部印加磁場を変化させながら磁気 SANS を観察することにより，磁化過程におけるバルク内部の磁気微細構造の変化を測定できることがわかる。マイクロ磁気学に基づく磁気 SANS の理論の詳細は参考文献 6）を参照されたい。

3. ネオジム磁石の磁化反転過程と内部磁気構造変化

　SANS を利用したネオジム磁石の磁化反転過程の研究例について述べる[13][33]。Nd-Fe-B 熱間加工磁石の結晶粒界へ Nd-Cu 共晶合金を浸透させることにより，$Nd_2Fe_{14}B$ 結晶粒間が磁気的に分断され高い保磁力が達成されていると考えられている。高保磁力化のメカニズムを明らかにするためには，磁化反転過程におけるバルク内部の磁気微細構造変化を詳細に観察する必要がある。

　熱間加工磁石の磁化反転過程においてバルク内部の磁気微細構造変化を観察するには SANS が

最適である。最適な理由は下記のとおりである。第一に，SANSで検出できる長さスケールは数nm〜数 μm であり，熱間加工磁石の微細組織や磁区のサイズと同じスケールであること。次に，核散乱と磁気散乱を使い分けることにより，組織の微細構造と磁気的微細構造の両方が観察可能であること。さらに，中性子は透過力が高いためバルク材を実験試料として用いた実験が可能であり，バルク磁石試料について高磁場（10 T まで）や低温，高温などのさまざまな試料環境での測定が可能であることが挙げられる。これらの利点から，磁石材料の磁化反転プロセスをその場観察するための非常に強力な実験手法となっている。

一方で問題点として，得られる情報は平均情報であることや，その情報は逆空間での散乱パターンであり，顕微鏡のように直感的にわかりやすいイメージが得られるわけではないことなどが挙げられる。しかしながら，このことは試料サイズ（例えば 5 mm × 5 mm × 0.1 mm）全体にわたっての平均構造を定量情報として取得できることを意味している。このため，電子顕微鏡，X線顕微鏡あるいはカー効果顕微鏡などと組み合わせることにより，情報の質が深まる。

ネオジム磁石に関するSANS実験はいくつか報告されている。ここではSANSを用いたネオジム磁石の内部磁気微細構造観察の研究例として，Pr–Cu 共晶合金を浸透させた Nd–Fe–B 熱間加工磁石の SANS について解説する。

ここで紹介する研究は，結晶粒間の磁気的分断の効果を明らかにすることを目的としている。この目的のため Nd–Fe–B 熱間加工磁石について Pr–Cu 共晶合金の浸透前後での磁化反転挙動をSANS により観察した。ここで用いた磁石試料では，Pr–Cu 共晶合金を用いたが，Pr–Cu 共晶合金の融点（745 K）は Nd–Cu 共晶合金の融点（793 K）よりも低いため，結晶粒界に浸透しやすいことが期待される。

この研究の目的は，Nd–Fe–B 熱間加工磁石への Pr–Cu 共晶合金の浸透により，c 軸方向について $Nd_2Fe_{14}B$ ナノ結晶粒を磁気的に分断できていることを，SANS パターンの磁場依存性を測定することにより明らかにすることである。

Nd–Fe–B 熱間加工磁石は，液体急冷リボンから作製した。液体急冷リボンを粉砕し数百マイクロメートルの粉末にした後，100 MPa の圧力下，873 K で焼結した。熱間加工により焼結体の長さを c 軸方向に 80％圧縮し，$Nd_2Fe_{14}B$ 相を c 軸方向に配向させたナノ結晶組織から構成される磁石を作製した。

溶融した Pr–Cu の共晶合金に Nd–Fe–B 熱間加工磁石を浸漬することにより，Pr–Cu 共晶合金の浸透を行った。試料の微細構造の概略を**図1**に示す。$Nd_2Fe_{14}B$ ナノ結晶粒の粒子サイズは，c面内で 160 から 300 nm であり，c 軸方向に沿って積層している。また，ナノ結晶粒は扁平な形状をしており，c 軸方向の粒子サイズは 50〜110 nm である。バルク磁石試料を 10 T の外部磁場を印加し完全に磁化した後，振動式磁力計（VSM）を用いて測定した減磁曲線は，図 1（a）のようになっている。図からわかるように，1.46 T であったナノ結晶磁石の保磁力は，Pr–Cu 共晶合金を浸透することによって 2.64 T に大幅に増加していることがわかる。

SANS 実験はドイツ・ベルリンのヘルムホルツ研究所の研究用原子炉 BER–II に設置されている SANS ビームライン V4 で行った。SANS 実験装置の模式図を図 1（b）に示す。磁石試料は0.5 mm の厚さのものを用いた。また，中性子ビームの照射エリアは直径 8 mm である。試料は

第 1 編　磁性と構造解析

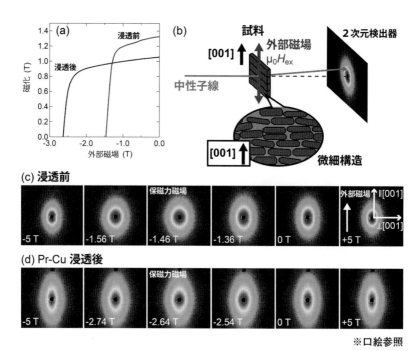

図 1　(a) Pr-Cu 浸透前後の熱間加工ネオジム磁石の磁化曲線，(b) 中性子小角散乱実験の模式図，(c) Pr-Cu 浸透前の熱間加工ネオジム磁石の中性子小角散乱パターンの外部磁場変化，(d) Pr-Cu 浸透後の熱間加工ネオジム磁石の中性子小角散乱パターンの外部磁場変化

VSM 測定と同じく，事前に 10 T でフル着磁したものを用いた。波長 1.147 nm の非偏極中性子を用いて室温で実験を行った。実験は transverse 配置で行った。すなわち，入射中性子ビームの方向は磁場方向（試料の c 軸方向）と垂直である。2 次元の中性子検出器は試料から 15.76 m の位置に設置し，0.013 から 0.165 nm^{-1} の散乱ベクトル q 領域について測定した。磁化反転過程の測定のため +5〜5 T の外部磁場を超電導磁石により印加した。

Pr-Cu 合金の浸透の有無による Nd-Fe-B 熱間加工磁石の磁化反転挙動の違いを明らかにするためには，SANS パターンの磁場依存性を測定し解析する必要がある。図 1(c), (d) はそれぞれ浸透前および Pr-Cu 浸透した Nd-Fe-B 熱間加工磁石試料の SANS パターンである。実験では，試料の初期磁化方向に沿って +5 T を印加し，飽和磁化状態に近い状態の測定を行った後，磁場を 0 T に減少して残留磁化状態の測定を行った。

図からわかるように，SANS パターンは [001] 方向に延びた細長い楕円上の形状をしている。上述したように，散乱パターンと実空間の構造とはフーリエ変換の関係にあり，この細長い楕円上の異方的なパターンは [001] 方向に沿って配向した Nd$_2$Fe$_{14}$B ナノ結晶粒の扁平形状（c 軸方向が短い）に起因していると考えられる。永久磁石材料などのバルク強磁性材料では磁気 SANS の解析は複雑であるが，今回は簡単のため以下のように考える。核散乱成分は磁場依存性がないとする。すると，SANS パターンの磁場変化は，外部磁場変化に伴うバルク内部での磁気微細構造変化が磁気散乱成分の変化として観察されたものと考えることができる。図 1(c) と (d) でわかるように，浸透前後のどちらの試料でも +5 T と −5 T の SANS パターンは非常に似ている。このこと

から，着磁したときの磁気微細構造および組織の微細構造は，+5Tと-5Tでほぼ同じであるといえる。

外部磁場を変化させたときのSANSパターンの変化を観察すると，図2(a)に示すように浸透前の熱間加工磁石試料では，SANSの散乱強度が保磁力に対応する-1.46Tで最大となることがわかる。このことは，保磁力状態では磁気散乱体の数が最大であることを示しており，これは保磁力状態では試料内部で磁壁の面積が最大になることや，ナノ結晶粒の磁化の配向がもっとも乱雑になることを示している。保磁力状態と同様にマクロな磁化がゼロとなる熱消磁状態とを比べると，熱消磁状態のほうがSANSの散乱強度は大きい。このことは，熱消磁状態のほうが保磁力状態よりも内部で磁気的な微細構造の数が多くなっており，静磁エネルギーを下げることにより磁気ギブスエネルギーを安定化させている状態となっていることを示している。保磁力状態は磁気エネルギー的には最安定状態ではないものの，飽和磁化状態から反転磁場を印加する過程で到達できるもっとも安定なエネルギーの準安定状態となっていることが示唆される。これらのことから，熱間加工磁石においてはナノ結晶粒間に働く双極子相互作用による静磁エネルギーの利得により，磁気エネルギーを安定化するメカニズムが働いていることがわかる。

図3(a)にPr-Cu合金を浸透した熱間加工磁石試料のSANSパターンを示す。浸透前後での

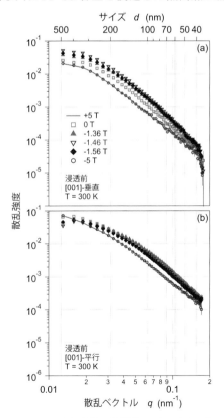

図2 Pr-Cu浸透前の熱間加工ネオジム磁石の中性子小角散乱

上段は[001]に垂直な成分，下段は水平な成分をそれぞれ示している。

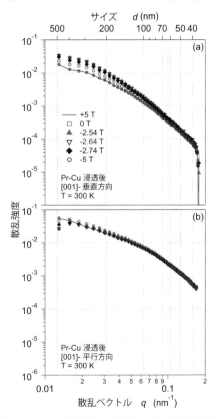

図3 Pr-Cu浸透後の熱間加工ネオジム磁石の中性子小角散乱

上段は[001]に垂直な成分，下段は水平な成分をそれぞれ示している。

SANSパターンの変化に注目すると，Pr-Cu合金を浸透した熱間加工磁石試料では外部磁場による変化が小さい。これは，浸透前と比べて磁気散乱体の数が減少し，磁気微細構造の数が少ないことを示している。このことは，浸透材により主相のナノ結晶粒間が磁気的に分断されることで，高い反転磁場まで静磁エネルギーを大幅に下げずに耐えることを示している。すなわち，浸透後の熱間加工磁石はより高い保磁力を持つことが説明される。

図2(b)および図3(b)では，Pr-Cu合金浸透前後での熱間加工磁石試料のSANSパターンについて，外部磁場に対して水平方向の磁気モーメント成分の変化を示している。外部磁場に対して水平方向の磁気モーメント成分は，c軸が傾いた結晶粒や結晶粒内での結晶磁気異方性エネルギーと他の磁気エネルギーとの競合により，磁化がc軸から傾いていることが考えられる。これらは，どちらも保磁力低下の要因となっていると考えられる。Pr-Cu合金浸透前後での外部磁場変化を観察すると，浸透後の磁石では傾き成分が極めて小さいことがわかる。残留磁化と飽和磁化の比から見積もられる磁気的な配向度は浸透前後で大きな変化がないことから，熱間加工磁石ではPr-Cu合金を浸透することにより，結晶粒間に働く磁気的相互作用を大幅に低減できていることがわかる。このことにより，Pr-Cu合金の浸透による結晶粒の磁気的な分断について直接の証拠を提示できたといえる。

図4(a)は，粒径以上と粒径未満のそれぞれのサイズについて磁気SANSの変化を示したものである。浸透前の熱間加工磁石について，それぞれのサイズで挙動はほぼ同じである。このことは，結晶粒径以上と結晶粒径未満のサイズの磁気微細構造がほぼ同じ程度存在することを示している。結晶粒径未満の磁気微細構造が存在する原因としては，結晶粒の多磁区化によるものが考えられ，単磁区的な磁化反転挙動を示す結晶粒と多磁区した結晶粒の存在頻度を示すことができる。Pr-Cu浸透した熱間加工磁石では，結晶粒径未満のサイズでの磁気散乱強度が大幅に小さくなっている。このことは，Pr-Cu浸透により多磁区化が起こりにくく，ほぼ単磁区粒として存在することを示している。ここで示したように，SANSパターンの外部磁場変化，外部磁場との方向，微細構造のサイズ（例えば結晶粒のサイズ）にそれぞれ対応した変化を観察することが可能であり，永久磁石材料の磁化過程についての非常に多くの情報を得ることができる。

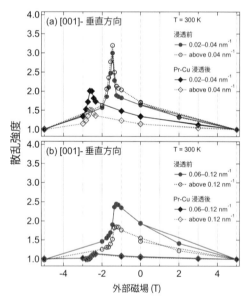

図4　Pr-Cu浸透前後の熱間加工ネオジム磁石の磁気散乱の外部磁場変化

上段は[001]に垂直な成分，下段は水平な成分をそれぞれ示している。

4. おわりに

　永久磁石材料の内部磁気構造の解析に関して，中性子小角散乱（SANS）を利用する研究の原理から，ネオジム磁石への応用例について簡単に紹介した。

　中性子小角散乱を用いた磁性材料の内部磁気構造解析は進展中の分野であり，永久磁石材料のみならず軟磁性材料やスピントロニクス材料などへの展開が期待されている。しかしながら定量的かつ簡便な計測や解析を進めるためには数多くの課題が残されている。これらの課題を解決し次世代永久磁石の開発に貢献できれば幸いである。

文　　献

1) C. Donnelly et al.: *Nature*, **547**, 328（2017）.
2) P. Fischer: *Nature*, **547**, 290（2017）.
3) N. Kardjilov et al.: *Nature Phys.*, **4**, 399（2008）.
4) I. Manke et al.: *Nature Comm.*, **1**, 125（2010）.
5) A. Hilger et al.: *Nature Comm.*, **9**, 4023（2018）.
6) A. Michels: *J. Phys., Condens. Matter.*, **26**, 383201（2014）.
7) L. A. Feigin and D. I. Svergun: *Structure Analysis by Small-Angle X-Ray and Neutron Scattering*（New York: Plenum）（1987）.
8) P. Lindner and T. Zemb: *Neutron, X-Ray and Light Scattering: Introduction to an Investigative Tool for Colloidal and Polymeric Systems*（North Holland: Amsterdam）（1991）.
9) A. Guinier and G. Fournet: *Small-Angle Scattering of X-Rays*（New York: Wiley）（1995）.
10) O. Glatter and O. Kratky: *Small Angle X-Ray Scattering*（London: Academic）（1982）.
11) W. Schmatz et al.: *J. Appl. Crystallogr.*, **7**, 96（1974）.
12) K. Ibel: *J. Appl. Crystallogr.*, **9**, 296（1976）.
13) 矢野，小野：中性子小角散乱（SANS）によるネオジム磁石の内部観察，省/脱 Dy ネオジム磁石と新規永久磁石の開発，シーエムシー出版（2015）.
14) A. Michels et al.: *J. Magn. Magn. Mater.*, **350**, 55（2014）.
15) D. Honecker et al.: *Eur. Phys. J.* B, **76**, 209-13（2010）.
16) S. Erokhin et al.: *Phys. Rev.* B, **85**, 024410（2012）.
17) S. Erokhin et al.: *Phys. Rev.* B, **85**, 134418（2012）.
18) A. Michels et al.: *Phys. Rev.* B, **85**, 184417（2012）.
19) M. Yano et al.: *IEEE Trans. Magn.*, **48**, 2804（2012）.
20) D. Honecker and A. Michels: *Phys. Rev. B*, **87**, 224426（2013）.
21) D. Honecker et al.: *Phys. Rev.* B, **88**, 094428（2013）.
22) J. P. Bick et al: *Appl. Phys. Lett.*, **102**, 022415（2013）.
23) J-P. Bick et al.: *Appl. Phys. Lett.*, **103**, 122402（2013）.
24) M. Yano et al: *J. Appl. Phys.*, **115**, 17A730（2014）.
25) J. Weissmüller et al.: *Phys. Rev.* B, **69**, 054402（2004）.
26) F. Döbrich et al.: *Phys. Rev.* B, **85**, 094411（2012）.
27) J. Weissmüller et al: *Phys. Rev.* B, **63**, 214414（2001）.
28) A. Michels et al.: *Phys. Rev. Lett.*, **91**, 267204（2003）.
29) A. Michels et al.: *Europhys. Lett.*, **85**, 47003（2009）.
30) A. Michels: *Phys. Rev.* B, **82**, 024433（2010）.
31) D. Honecker et al.: *J. Phys.; Condens. Matter*, **23**, 016003（2011）.
32) A. Michels and J. P. Bick: *J. Appl. Crystallogr.*, **46**, 788-90（2013）.
33) T. Ueno et al.: *IEEE Trans. Mag.*, **50**, 2103104（2014）.

| 第1編 | 磁性と構造解析 |

| 第3章 | 微細構造解析 |

第4節　放射光ナノビーム解析による磁化反転解析

公益財団法人高輝度光科学研究センター　**中村　哲也**　公益財団法人高輝度光科学研究センター　**小谷　佳範**
公益財団法人高輝度光科学研究センター　**豊木　研太郎**

1.　はじめに

　着磁した磁石試料に磁化を減少させる方向の磁場（逆磁場）を印加し，その強度を増加させていくと，試料の一部に逆磁区が発生して磁化反転が始まる。さらに逆磁場の強さを増加させていくと，同様の逆磁区が随所に発生するとともに，生成された逆磁区領域が拡大する。もっとも単純なモデルでは，正磁区と逆磁区の体積を一致させるために必要な逆磁場が保磁力に相当する。したがって，永久磁石の保磁力発現機構を理解する上で，逆磁場によって生じる磁化反転過程を観察することは，もっとも直接的な手法と位置づけられる。つまり磁化反転に伴う磁区変化を観察できれば，磁化測定による減磁曲線から磁区変化を推測した従来の研究と比較して，一段階進んだ議論が可能になることを意味している。

　しかしながら，ここで述べた磁石内部の3次元的な磁区を観察することは容易ではない。3次元的な磁区構造を可視化する最新の計測技術[1)2)]を用いても，現段階においては測定対象試料が限られている状況にあり，これらを磁石材料評価のツールとして積極的に利用することは少し先の目標と考えられる。一方，試料表面に表れる2次元的な磁区を観察する手法については，古くは1932年に発表されたBitter法[3)]のほか，第1編第2章第1節で紹介されているKerr効果顕微鏡，磁気力顕微鏡，Lorentz顕微鏡[4)]など，さまざまな方法が知られ[5)]，磁区観察に利用されている。

　このように多種多様な磁区観察手法が継続的に利用されてきた背景には，対象試料や観察面の条件，空間分解能，さらに観察中の磁場印加条件など，それぞれの手法に特徴がある一方で，磁性研究で要求されるすべての条件に適合する万能の磁区観察法がないという事情がある。1982年の発明から現在まで最高性能の永久磁石であるネオジム焼結磁石[6)]の磁区観察においても，従来の磁区観察手法が適用できないケースが生じたため，本稿で紹介する磁区観察技術である強磁場走査型軟X線MCD（Magnetic Circular Dichroism）顕微分光測定[7)]を開発するに至った。この観察技術は，放射光軟X線ビームを約100 nmまで集光した，いわゆる標題の「放射光ナノビーム」を用い，磁気光学効果の1つである軟X線MCDを磁気検出原理として磁気像を取得するものである。X線MCDは，試料による右回り円偏光X線の吸収量（μ_+）が，左回り円偏光X線の吸収量（μ_-）と異なる現象であり，X線MCD強度（μ_m）は$\mu_m = \mu_+ - \mu_-$で定義される。X線MCDは，共鳴内殻電子励起に伴う現象であり，例えばFe L_3吸収端などの元素固有の吸収端で観測されるため，X線MCD実験により元素選択的な磁気情報が得られる特徴を有する。

2. 技術開発の背景

ネオジム焼結磁石における磁化反転の全過程を観察するためには，磁化反転に必要な最大で数テスラの逆磁場を試料に印加した状態で磁区観察を行う技術を要する。その候補として特に有力な磁区観察法は Kerr 効果顕微鏡であるが，試料表面で反射させた可視光の偏光状態が磁気で微小に変調する現象を観測する原理であるため，試料条件として光沢面，すなわち研磨面を必要とする。しかし，ネオジム焼結磁石の研磨面では保磁力が顕著に低下することが報告されており[8)9)]，研磨面で観測された磁区から内部の磁区構造を推し測ることは難しい。このように，研磨面における磁区変化を観察しても磁化反転過程の解明に直結しないことが明らかとなった一方で，筆者らは軟 X 線 MCD 測定の結果から，表面が粒界相に覆われた破断面であれば保磁力がよく保たれていることを見出した[10)]。図 1 に Nd-Fe-B 焼結磁石における(a)研磨面と(b)破断面の概念図とともに，$Nd_{14.0}Fe_{79.7}Cu_{0.1}B_{6.2}$ 焼結磁石試料の研磨面と破断面に対して測定した軟 X 線 MCD 強度の磁場依存性を，それぞれ(c)，(d)に示す。また，(d)の実線はブロック形状の試料で振動試料型磁力計（VSM）を用いて測定した磁化曲線である。試料の破断は，試料表面の酸化を防ぐために約 5×10^{-7} Pa の超高真空下で行い，破断後は速やかに軟 X 線 MCD 測定を行った。一方，研磨試料については，大気中で鏡面研磨した後に超高真空チャンバー内に導入し，表面酸化層を Ar ガスイオンエッチングによって除去した後に軟 X 線 MCD 測定を行った。ここで，軟 X 線 MCD 測定における検出深さ（検出感度が $1/e$ になる深さ）は，Fe の L_3 吸収端（約 708 eV）に

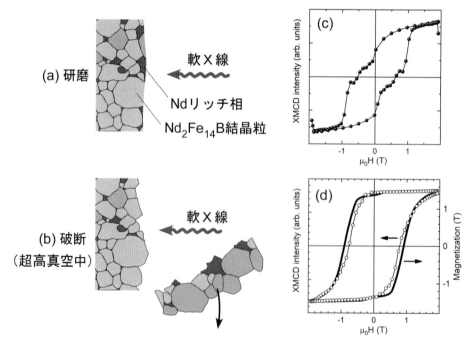

図 1　Nd-Fe-B 焼結磁石試料の(a)研磨面と(b)破断面の概念

(c)の黒丸と(d)の白丸は，$Nd_{14.0}Fe_{79.7}Cu_{0.1}B_{6.2}$ 焼結磁石試料の，それぞれ研磨面と破断面に対して円偏光軟 X 線を照射して測定した Fe L_3 吸収端における XMCD 強度の印加磁場依存性。(d)の実線は，振動試料型磁力計（VSM）を用いて測定した同試料の磁気ヒステリシス曲線。なお，(d)は参考文献 10) から引用した。

おいて約 1.2 nm[11] と非常に表面敏感であり，試料表面の磁化過程を選択的に表している。この結果より，研磨面の磁化曲線は角形性が損なわれ，顕著に保磁力が劣化しているのに対し，破断面の劣化は限定的であり VSM で測定した磁化に近い振る舞いを示すことがわかる。破断面で保磁力の低下が少ない理由に関して確定的な結論はでていないが，この研究で用いた Nd-Fe-B 焼結磁石試料の破断面が主に粒界破断によって形成され，破断面の $Nd_2Fe_{14}B$ 結晶表面の大部分が粒界相で保護されていることが主な要因と考えている。

以上より，磁化反転に伴う破断面の磁区変化を観察すれば，試料内部のどのような場所で磁化反転が生じ，どのように逆磁区が拡大していくのかといった様子を近似的に考察できると期待される。しかし，ここで問題となったのがその磁区観察法であり，従来技術では数テスラ以上の逆磁場を印加しながら凹凸のある破断面の磁区を観察することができなかった。そこで筆者らは各方面の支援を得て，大型放射光施設 SPring-8 の軟 X 線ビームライン（BL25SU）を，軟 X 線ナノビームが利用できる最新の設備へのアップグレードを実施し[12]，破断面の磁区を強磁場中で観察可能な走査型軟 X 線 MCD 顕微分光装置の開発[7] を行った。

3. 走査型軟 X 線 MCD 顕微分光装置

走査型軟 X 線 MCD 顕微分光では，まず，放射光軟 X 線集光ビームを生成する必要がある。そこで本研究では，軟 X 線集光で実績のあるフレネルゾーンプレート（FZP）を用いて，ビーム径約 φ100 nm の軟 X 線ナノビームを形成した。図 2 に FZP の構造模式図を示す。FZP は Si 基板上に SiC 薄膜（または Si_3N_x 薄膜）を成膜した後に，基板の背面からエッチング処理により Si 基板の一部分を除去した，いわゆるメンブレンを用いて作製される。図 2(c)に示したように，SiC 層が厚さ 200 nm の場合には Fe L_3 吸収端（708 eV）の軟 X 線に対する透過率は約 75％ である。

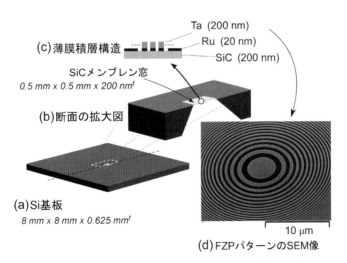

図 2　フレネルゾーンプレート（FZP）の構造模式図
(a)FZP の作製に用いた Si 基板の形状，(b)メンブレン構造作製後の基板中央部の模式図，(c) FZP パターン加工後のメンブレン窓部分の積層構造，(d) FZP パターンの SEM 像。

透過率は軟X線のエネルギーに大きく依存し，500 eVの場合で約50％，1,000 eVの場合で約89％である。FZP構造は，軟X線の遮蔽効果が高いTa層を蒸着後に微細加工によって形成される。厚さ20 nmのRu下地層と厚さ200 nmのTa層を合わせた軟X線透過率はFe L$_3$吸収端の場合で約11％である。図2(d)に示した走査型電子顕微鏡（SEM）像のように，微細加工によって精度の高い多重の溝構造を形成する必要があり，本研究で用いたFZPの場合，もっとも外側のゾーンにおける溝幅（最外輪帯幅：Δr）は40 nmである。また，FZPの多重溝構造の最大径（r），軟X線エネルギー（E），エネルギー分解能（ΔE），光源におけるビームサイズ（σ），光源からの距離（p），さらに焦点距離（q）を用いて，軟X線の集光サイズ（δ）は，以下の式によって得られる。

$$\delta = [(1.22\Delta r)^2 + (\sigma q/p)^2 + (2r\Delta E/E)^2]^{1/2} \tag{1}$$

ここで，本研究で使用するFZPのパラメータとして，$r=310\ \mu m$と$q=10\ mm$のほか，用いた軟X線ビームに関する$E/\Delta E=9000$と$\sigma=50\ \mu m$，および実験配置で決まる$p=12\ m$を用いると，集光ビームサイズとして$\delta=73\ nm$が得られる。

次に，図3に走査型軟X線MCD顕微分光装置の全体構成を示す。装置はSPring-8の軟X線ビームライン（BL25SU）に接続されており，シンクロトロン加速器の一部に設置された挿入光源で発生させた軟X線を回折格子型の分光器で単色化し，超高真空パイプ内を通過して装置内の測定チャンバーに導いている。本装置は装置全体の位置調整に用いるアライメント架台上に配置された超高真空測定チャンバーと試料調整チャンバー，さらに試料への磁場印加に用いる超伝導マグネット（最大8T）から構成されている。測定チャンバー内には，図4で説明するスキャナユニットが収められており，スキャナ位置調整用マニピュレーターの先端に保持されている。こ

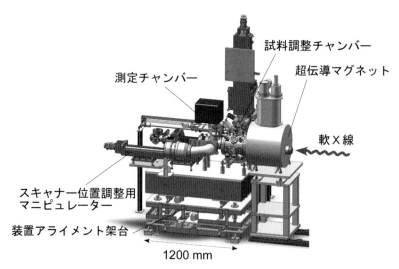

図3 SPring-8の軟X線ビームライン（BL25SU）で開発・設置した走査型軟X線MCD顕微分光装置に外観図

測定チャンバー，および試料準備チャンバー内は，超高真空に保たれている。また，装置アライメント架台上部の定盤には，重量による除振効果を得るために御影石（グラナイト）が用いられている。

第3章 微細構造解析

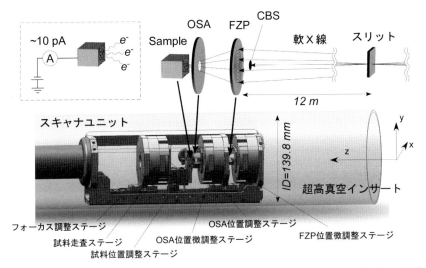

図4 スキャナユニットの構成（下），軟X線集光光学素子のレイアウト（右上），全電子収量法（TEY）による軟X線吸収測定の原理図（左上）
その他の詳細は本文に記載。

のマニピュレーターにより，試料セットの際に測定チャンバー内に位置するスキャナユニットを，磁場印加条件下の測定の際には，超伝導マグネットのボア中心まで移動させる。このように，試料に8Tもの強磁場を印加可能な走査型軟X線顕微装置は，現在まで世界的にも他に例がなく，種々の技術的課題を解決しながら開発されたものである。

図4に，走査型軟X線顕微分光装置の心臓部であるスキャナユニットの概略図を示す。スキャナユニットは，純ピエゾステージ（計7軸）と慣性駆動ピエゾステージ（計4軸）から構成され，すべての軸にエンコーダーを備えている。純ピエゾステージは可動範囲が20〜60 μmと狭いが，高速での駆動が可能であることから，試料走査ステージに用いている。また，試料走査の代わりに，次数制限アパチャー（OSA）とFZPの走査による測定にも対応するため，OSA位置微調整ステージとFZP位置微調整ステージにも純ピエゾステージを採用した。一方，試料走査ステージの可動範囲に相当する60×60 mm^{2}の領域をミリサイズの試料面から選択するため，試料位置調整ステージとして，±6 mm以上の可動範囲を有する一対の慣性駆動ピエゾステージを用い，x軸とy軸に沿った位置調整を行っている。さらに，使用する軟X線のエネルギーを変えると，FZPによるフォーカス位置も移動するため，その合焦を行うためのフォーカス調整ステージを備えている。このスキャナユニットは，強磁場下で使用するため非磁性材料で構成されており，また，超高真空下で使用するために適した材料を用いている。スキャナユニットは，図3で示したスキャナ位置調整用マニピュレーターの先端（図3の左端）に取り付けられたフランジに固定したチタン製パイプ（長さ約1.5 m）で保持されている。また，超伝導マグネットのボア内に位置する超高真空インサートは，測定チャンバーとビームライン上流側のパイプを連結しており，超伝導マグネットの本体とは接触していない。これは，超伝導マグネットに備わるパルスチューブ型冷凍機からの振動が，パイプや装置本体に直接伝わらないようにするためである。さらに，スキャナユニットと超高真空インサートも非接触である。

図4の右上部に，試料，OSA，FZP，さらにセンタービームストッパー（CBS）などのレイアウトを示した。CBS は，FZP を透過した軟 X 線が OSA のピンホールも通過して試料表面に達するのを防ぐ役割を担い，CBS の直径は OSA の開口径より十分大きく設計されている。光源サイズ σ は，FZP から 12 m 上流側に位置するスリットの開口サイズに一致する。一方，右回り，左回りの各円偏光に対する吸収量，それぞれ μ_+ と μ_- の測定には，全電子収量（TEY）法を採用している。TEY 法は，軟 X 線を試料に照射した際に試料表面から放出される光電子量が軟 X 線吸収量に比例するという経験則に基づき，図4の左上部に示したように，試料からのドレイン電流を測定する吸収測定法である。軟 X 線 MCD 実験における吸収測定法としてもっとも一般的に用いられているが，原則として試料が導電性を有することが条件となる。また，ドレイン電流は非常に微弱であり，$\delta = 100\sim150$ nm に集光した場合で 10 pA オーダーであるため，電流の検出にはノイズ対策を徹底して精度良く測定する技術が必要である。

4. Nd-Fe-B 焼結磁石における磁区変化観察と局所磁気ヒステリシス解析

図5は，Nd-Fe-B 焼結磁石試料（$Nd_{14.0}Fe_{79.7}Cu_{0.1}B_{6.2}$）の破断面に対する走査型軟 X 線 MCD 顕微分光装置による観察結果例である。測定は Fe L_3 吸収端にて行ったため，観察結果は Fe の濃度や磁区を元素選択的に表している。まず，図5(a)は，右回り円偏光軟 X 線と左回り円偏光軟 X 線で測定した吸収強度分布の和（$\mu_+ + \mu_-$）であり，軟 X 線 MCD 効果をキャンセルした画像に相当することから，磁気に関係のない Fe の吸収強度分布に対応する。この吸収強度分布は元素濃度に比例するほか，軟 X 線の照射面積にも依存して増減するため，光軸に対して傾斜した試

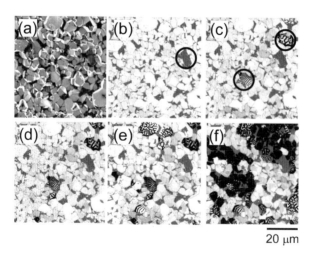

図5 走査型軟 X 線 MCD 顕微分光装置による Nd-Fe-B 焼結磁石試料（$Nd_{14.0}Fe_{79.7}Cu_{0.1}B_{6.2}$）の破断面に対する Fe L_3 吸収端における観察結果例
(a)右回り円偏光と左回り円偏光に対する吸収強度分布の和（$\mu_+ + \mu_-$），(b)〜(f)は，それぞれ +3.0 T，0.0 T，-0.2 T，-0.4 T，-0.7 T の磁場下における磁区像（$\mu_+ - \mu_-$）。(b), (c)の磁区像において丸で囲んだ部分に関する説明は本文に記載。

料面ではTEY強度が増加し，画像上で相対的に明るくなる傾向にある。なお，SEMによる観察像とは見え方が異なるが，SEM像と吸収強度分布像の各画像の観察エリアや各磁石粒子の対応をとることは容易である。一方，図5(b)～(f)は軟X線MCD強度の分布であり，磁区像に対応する。図5(b)は+3.0 Tの磁場下で測定した磁区像であり，すべての磁石粒子が磁場方向に磁化した状態に対応し「明」となっている。一方，丸で囲んだ部分をはじめとするグレーの部分は，Nd金属やNd酸化物などのFe濃度が非常に低い領域か，もしくはFeを含んでいても磁化が非常に小さい領域に対応する。本結果のみからの判定は難しいが，図5(b)において丸で囲んだ粒子は，図5(a)の吸収像で中間的な明度となっており一定のFeを含有することから，$Nd_{1.1}Fe_4B_4$結晶であることが推定される。一方，図5(b)においてグレーの領域の多くは図5(a)で暗部に対応するため，Nd金属やNd酸化物であると考えられる。図5(c)は，磁場を0.0 Tまで減少させた場合，すなわち，残留磁化状態の磁区像である。丸で囲んだ複数の磁石粒子に暗部（逆磁区）が発生し，磁化反転が始まったことを示す。さらに，図5(d)，(e)，(f)は，それぞれ-0.2 T，-0.4 T，-0.7 Tに対する磁区像であり，逆磁区の発生箇所の増加と結晶粒界を越えた拡大がみられた。図5(f)では，

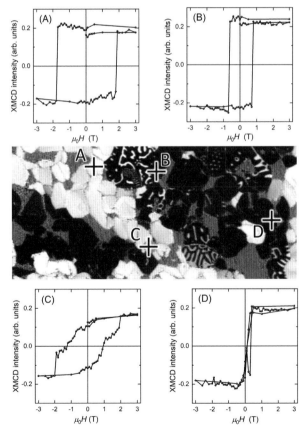

図6　Nd-Fe-B焼結磁石の破断面における磁区像と，磁区像中に示したA～Dの場所における局所磁気ヒステリシス曲線(A)～(D)

磁区像の長辺（横）は，60 μmに相当する。

第1編　磁性と構造解析

複数粒子を横断する逆磁区領域を形成する特徴も確認された。

　図5で示したとおり，走査型軟X線MCD顕微分光は，高性能永久磁石の磁化反転過程に対する磁区変化を，磁石の微細組織と関連づけて鮮明に観察する計測技術であるが，磁区像の磁場依存性を細かく観察すれば，画像上の任意の測定点の軟X線MCD強度の磁場依存性を抽出することができる。すなわち，画像上の任意の点について，局所磁気ヒステリシス曲線を得ることが可能となる。**図6**に局所磁気ヒステリシス解析の例を示す。中央の磁区像は，図5(f)の一部であり，その画像から無作為に選択したA〜Dの点について局所磁気ヒステリシス曲線(A)〜(D)を得た。各粒子の保磁力や，周囲の粒子からの磁場，さらには，粒子の配向不良などが局所磁気ヒステリシス曲線の形状に影響していると考えられる。例えば，角型性の悪い(C)の局所磁気ヒステリシス曲線を示すCの粒子は，磁化容易軸の方向が周囲とは異なる配向不良が疑われる。なお，このような解析は最近可能になったばかりであり，詳細は今後の解析によって次第に理解されていくものと期待される。

5. 今後の展望

　本稿で紹介した走査型軟X線MCD顕微分光による磁区観察技術は，2012年度にスタートした文部科学省・元素戦略プロジェクト＜研究拠点形成型＞・磁性材料研究拠点の支援を得て，2014年から数年をかけて開発した新しい放射光計測技術である。しかし，開発当初は1枚の磁区像を得るために約20時間を要していたが，その後の改良により約20分に短縮されるなど，その開発スピードはめざましい。今後は永久磁石の実用上重要な高温での磁区観察を可能にするための技術開発や，さらなる空間分解能の向上なども必要と考えている。軟X線光源としてSPring-8よりも高輝度な放射光施設が利用できれば，測定時間の短縮や空間分解能が向上し，より先端的な技術として広く普及すると期待される。

文　献

1）C. Donnelly et al.: *Nature*, **547**, 328（2017）.
2）M. Suzuki et al.: *Appl. Phys. Express*, **11**, 036601（2018）.
3）F. Bitter: *Phys. Rev.* **41**, 507（1932）.
4）H. Essman and U. Trauble: *Phys. Letters*, **24A**, 526（1967）.
5）二本正昭：磁気便覧（日本磁気学会編），545，丸善出版（2016）.
6）M. Sagawa et al.: *J. Appl. Phys.*, **55**, 2083（1984）.
7）Y. Kotani et al.: *J. Synchrotron Rad.*, **25**, 1444（2018）.
8）D. Givord et al.: *J. Appl. Phys.*, **60**, 3263（1986）.
9）K. Kobayashi et al.: *J. Appl. Phys.*, **117**, 173909（2015）.
10）T. Nakamura et al.: *Appl. Phys. Lett.*, **105**, 202404（2014）.
11）B. H. Frazer et al.: *Surf. Sci.*, **537**, 161（2003）.
12）中村哲也ほか：SPring-8利用者情報誌，**19**, 2, 102（2014）.

第 2 編

省・脱レアアース磁石と高効率モータ開発

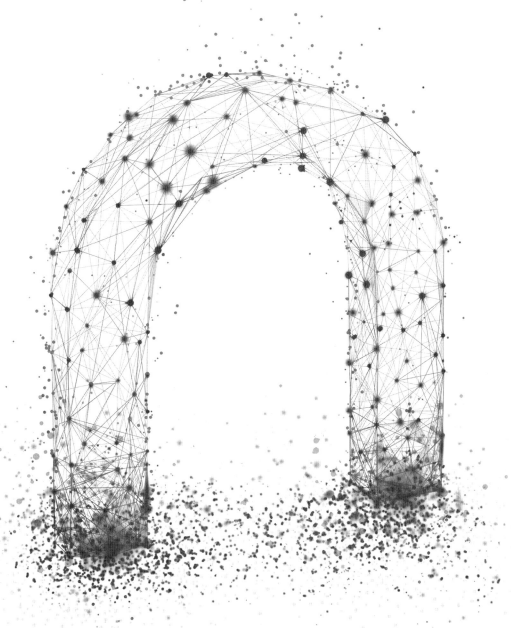

第2編 省・脱レアアース磁石と高効率モータ開発

第1章 ネオジム磁石の新展開

第1節 熱間加工法による 重希土類フリー磁石の開発

大同特殊鋼株式会社 **日置 敬子** 株式会社ダイドー電子 **服部 篤**

1. はじめに

ハイブリッド自動車，電気自動車などの駆動モータには，永久磁石材料として主にネオジム磁石[1]が使用されている。過酷な環境下で使用される駆動モータ用磁石材料には，高い磁力（残留磁束密度 B_r）だけでなく，高い耐熱性と耐逆磁界性（保磁力 H_{cj}）が要求される。そのため，駆動モータ用のネオジム磁石では，約 30 wt.％含有する希土類元素成分において，Nd（ネオジム），Pr（プラセオジム）などの軽希土類元素を，5～10 wt.％程度の重希土類元素，Dy（ジスプロシウム），Tb（テルビウム）で置換することで，その耐熱性を確保してきた。その一方で，序論で述べられているように，ネオジム磁石の需要拡大に合わせて従来のように重希土類元素を使用し続けると，近い将来，需要と供給の均衡が破綻することは明白である。

本稿では，この問題を回避するための有効手段である，重希土類元素を使用しない高耐熱熱間加工ネオジム磁石の開発について紹介する。

2. ネオジム磁石の保磁力向上方法について

ネオジム磁石の磁気特性は，成分組成と組織構造によって決まる[2)3)]。そのため，重希土類元素を使用せずに保磁力を高めるためには，指針となる理想組織を明確にし，そのような組織を有する磁石を製造する組織制御技術が重要となる。

重希土類元素を使用しない保磁力改善手段としては，結晶粒径を微細にすることや，総希土類量を高めることが挙げられる[4)5)]。これらの手法は経験則であったが，近年の磁石組織の各種解析や数値計算により，経験則の理論的裏づけが進みつつある[6)-8)]。後述する実験の組織解析などから得られた理想組織の模式図を**図1**に示す。今回紹介する高保磁力磁石の開発では，図1に示されるような組織を指針として，従来の重希土類元素フリー磁石対比，高耐熱化，高磁力化の取り組みを行った。

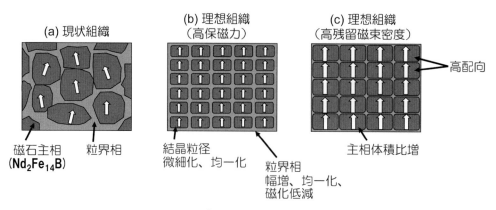

図1 ネオジム磁石の理想組織の模式図

3. 熱間加工磁石について

熱間加工磁石は，一般的なネオジム焼結磁石とは原料および製造方法が異なることにより，最終製品の磁石組織も異なる。それに起因し，特徴ある磁気特性および材料特性を持つ。

3.1 製造方法と配向メカニズム

熱間加工磁石の製造方法[9)10)]と，主相（$Nd_2Fe_{14}B$相）の磁化容易軸配向の推定メカニズム[11)]を図2に示す。熱間加工磁石の工法では，超急冷法により得られた急冷薄帯を数100 μm程度に粉砕し，それを原料粉として使用する(a)。この時点では，結晶粒径20～50 nmレベルの微細な主相がランダムな方向を向いて存在している。この原料粉を室温で冷間プレス(b)，800℃前後で熱間プレスすることにより，ほぼ真密度の等方性磁石を得る(c)。続いて，熱間加工を加えることで，

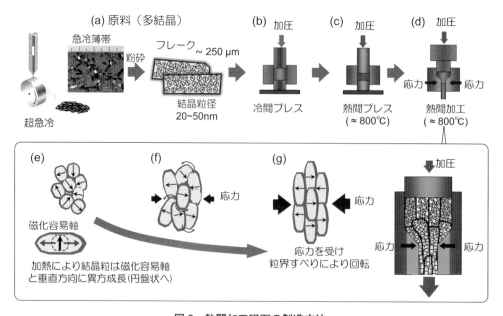

図2 熱間加工磁石の製造方法

最終製品形状にニアネットシェイプ加工をしながら，所望の方向に結晶粒を配向させる(d)。熱間加工工程は，主相の融点より低く，ほぼ粒界相のみが液化する800℃前後で行う。$Nd_2Fe_{14}B$結晶粒は磁化容易軸であるc軸方向と垂直な方向へ異方成長しやすい特徴を有している(e)。その特徴を利用して熱と応力を加えることで，結晶粒の異方成長を促進し，液化した粒界相を潤滑剤として，結晶粒を粒界すべりによって回転させることで応力の方向と同方向に$Nd_2Fe_{14}B$結晶粒の磁化容易軸（c軸）を配向させる（f→g）。

3.2 組織の特徴

図3に，熱間加工磁石の組織の模式図(a)および，c軸に対して垂直面(b)と平行面(c)のSEM像を示す。本磁石は，100～500 nm程度の微細なナノ結晶から構成されている。図3(a)に示したように扁平な結晶粒の厚み方向に磁化容易軸が向いており，これらが積層した構造になっている。この微細組織が製造工程に起因する，熱間加工磁石の最大の特長である。

図3 典型的な熱間加工磁石の組織

微細組織であることは，後で示す図6のように，初磁化曲線の形状にも反映されている。熱間加工磁石は，低い磁場である程度磁化するが，完全に磁化させるにはさらなる磁場の印加が必要となる。これは，初磁化の低磁場側の曲線は，外部磁場によって容易に磁壁の移動が起こり，磁壁が結晶粒から完全に追い出されることにより磁化が完了する多磁区結晶粒の磁化過程で，高磁場側の曲線は，磁化が急増する磁場（図6のNo.1では20 kOe近傍）と保磁力がほぼ同程度であるため，単磁区結晶粒の磁化過程を示しているといえる。図3の組織写真からも，一般的な熱間加工磁石の結晶粒径は$Nd_2Fe_{14}B$磁石の単磁区粒子臨界径（0.28 μm）[12)13)]に近いサイズであることがわかる。

典型的な熱間加工磁石の磁区を観察した結果を図4に示す[14)]。図4(a)と図4(b)は，それぞれ同一場所のc面組織（SEM像）と磁区（MFM像）である。一般的な焼結磁石と同様，迷路パターンを示している。図4(c)には，さらに狭い範囲（図4(b)の白枠内）を観察した磁区像に，組織観察結果から得られた結晶粒の輪郭線を重ねた。焼結磁石の磁区構造と異なり，迷路パターンの磁区の輪郭がなめらかでないのは，組織中に多磁区粒と単磁区粒の両方が存在しており，磁区端部が単磁区粒子の場合には，結晶粒形状が反映されているためである。このように，単磁区粒子と多磁区粒子の混合組織である磁区構造が，熱間加工磁石の初磁化曲線が2段になる主要因であると考えられる。

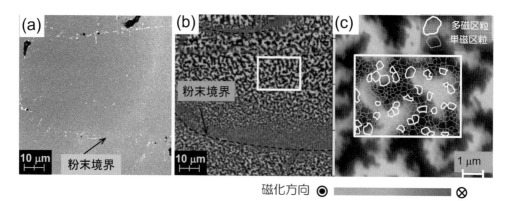

図4　一般的な熱間加工磁石の組織および磁区構造

4. 成分組成および組織制御による高保磁力化

原料組成や製造工程の改善により，熱間加工磁石のさらなる結晶粒の微細化と組織の均一化，粒界相の量・分布・組成の制御を試みた結果を以下に述べる。

4.1 組織と磁気特性の関係

組成と組織が保磁力へ及ぼす影響について，代表的な結果を紹介する。紹介する全データの作製条件を表1にまとめた。

図5のNo.1–No.5（組成Aとする）とNo.6–No.8（組成Bとする）は，一般的な組成の原料に対し，成形温度を変化させて作製した磁石の磁気特性（結晶粒径に対する(a)保磁力，(b)保磁力の温度係数 β，(c)残留磁束密度，(d)残留磁束密度の温度係数 α）を示す。図5(b)(d)の保磁力と残留

表1　組成と成形温度の相対関係

		原料（総希土類量 A＞B）	
		組成A	組成B
成形温度	低	No.1	
	↓	No.2	No.6
		No.3	No.7
	高	No.4	
		No.5	No.8

磁束密度の温度係数は，それぞれ式(1)(2)より求めた。成形温度はそれぞれNo.1→No.5，No.6→No.8の順に高い。また，No.6–No.8（組成B）は，No.1–No.5（組成A）より相対的に総希土類量（Nd, Pr。重希土類元素は含まない）を低減した試料である。

組成Aについて，代表的試料の初磁化および磁化曲線を図6に，それらの組織を図7(a)〜(c)に示す。また，結晶粒径が同程度の組成AのNo.4と組成BのNo.7の組織を図7(d)(e)に示す。結晶粒径の違いに着目したNo.1, 3, 5は腐食した試料の二次電子像を，粒界相差に着目したNo.4とNo.7は腐食をさせていない試料の反射電子像を示している。

$$\beta = [H_{cj}(23℃) - H_{cj}(180℃)]/(23℃ - 180℃) \times 100/H_{cj}(23℃) \tag{1}$$
$$\alpha = [B_r(23℃) - B_r(180℃)]/(23℃ - 180℃) \times 100/B_r(23℃) \tag{2}$$

図5(a)より，結晶粒が微細化するほど（No.5→No.1, No.8→No.6），組成に関わらず保磁力は向上することがわかる。図5(b)に示すように，室温と所定の温度間での保磁力低下量の優位さ

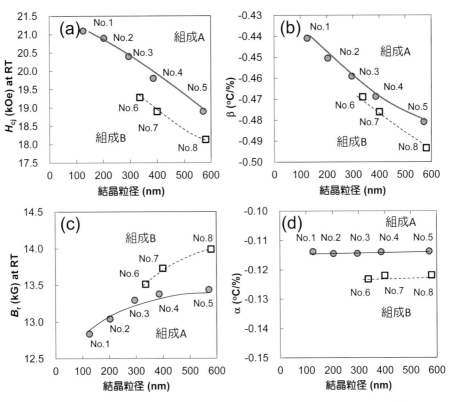

図5 結晶粒径に対する(a)保磁力, (b)保磁力の温度係数 β, (c)残留磁束密度, (d)残留磁束密度の温度係数 α の関係

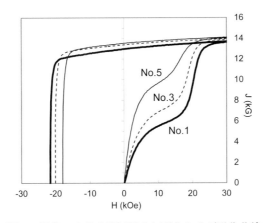

図6 組成 A の代表的試料の初磁化および磁化曲線

を示す保磁力の温度係数 β も,組成に関わらず結晶粒が微細化するほど改善している。

図6の組成 A の初磁化曲線では,成形温度の低下に伴い(No.5→No.3→No.1),飽和磁化に対する初磁化曲線の二段目部分の比率が増加する。一段目と二段目の曲線は,それぞれ多磁区粒子部と単磁区粒子部の磁化過程と考えられることから,成形温度が低下するほど結晶粒が微細化し,単磁区粒子部の比率が増加するといえる。保磁力の温度係数 β が結晶粒微細化に伴い改善す

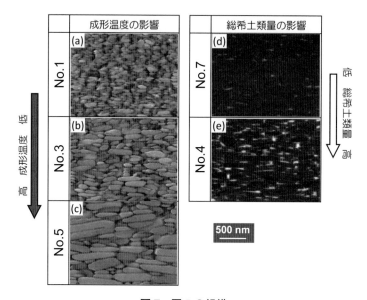

図7 図5の組織
No.1, No.3, No.5は腐食を施した試料の二次電子像。No.4とNo.7は腐食していない。反射電子像のため，白い部分が粒界相を示している。

ることについては，このような単磁区粒子部の増加に起因すると推測されるが，その機構の全容は明確になっていない。

次に，保磁力に対する磁石組成の影響に着目する。結晶粒径が同程度の場合，保磁力は組成Bより組成Aのほうが高い。図7(d)(e)のように，結晶粒径が同程度のNo.4（組成A）とNo.7（組成B）の組織を比較すると，磁石の総希土類量を高めることにより（No.4＞No.7），粒界相量（図中の白い部分）が多くなることがわかる。このような場合，粒界相の幅が広いだけでなく，粒界相中の希土類比が高いことが組織解析により明らかになっている[7]。以上より，No.4よりNo.7の保磁力が高いのは，粒界相の幅が広く，希土類比が高い（磁化が低い）ため，結晶粒間の交換結合が弱まることによると推測される。

残留磁束密度については，図5(c)に示すように，組成に関わらず成形温度の低下に伴い，低下する。これは結晶配向度の低下が主要因である。[3.1]で紹介したように，熱間加工磁石の結晶粒の配向には，所定以上の温度で起こる結晶粒の異方成長と粒界相の液相化が不可欠である。そのため，高温下での熱間加工ほど結晶粒の配向が促進され，残留磁束密度が向上する。しかし，過剰な高温成形は結晶粒の粗大化を招き，保磁力を低下させる。一方，図5(d)に示すように，残留磁束密度の温度係数は保磁力の温度係数とは異なり，結晶粒サイズに依存しない。また，組成Aは組成Bより残留磁束密度が低いが，これは図7(d)(e)で明らかなように，粒界相増加により主相量が低減し，残留磁束密度が低下することが要因の1つである。

これらのような試料に対し，詳細な組織解析を行うことにより，図1に示した理想組織の指針を得た。今回，図1(b)のような高保磁力磁石を開発するためには，組成の調整による粒界相増加（＝主相量低減）や，十分結晶配向度が得られないような低温成形での組織微細化を適用することになるため，保磁力向上の代わりに残留磁束密度の低下が避けられない。その点について

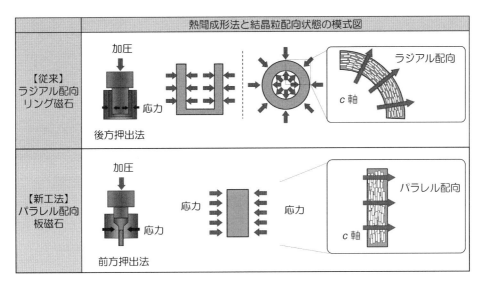

図8 熱間加工磁石の製法と製品の配向方向

は，主に成形技術の改善により結晶配向度を高めるなどの対策を講じ，残留磁束密度の低下を抑制した。

4.2 磁石形状

従来，熱間加工磁石は，磁化容易軸をラジアル方向に配向させたリング形状のみ量産されてきた（㈱ダイドー電子により1992年から量産開始）。しかし，電動車の主機モータでは，板形状の磁石を用いたモータ設計がすでに定着している。そのようなモータ設計に対応するため，板厚方向にパラレルに配向させた板磁石のニアネット成形工法を開発した。図8に，リング磁石と新工法で製造した板磁石の模式図を示す（㈱ダイドー電子は2016年から量産開始）。

4.3 特性改善後の磁気特性

結晶粒径と磁気特性の関係について，従来磁石（熱間加工リング磁石）と今回の開発磁石（熱間加工板磁石）を比較したものが図9である。4.1項で述べた磁石組成および磁石組織制御による保磁力増加と，主に成形技術の改善による残留磁束密度の向上により，図中の矢印が示すように飛躍的に特性が向上した。

今回開発した磁石の位置づけを図10の磁気特性マップ上に示す。今回筆者らは，重希土類元素完全フリーで，重希土類4〜5 wt.％添加された一般的な焼結磁石に相当する磁石を開発した（図中矢印A）。それに加えて，本磁石の使用を前提とした自動車メーカーによるモータの新設計[15]により，従来よりも磁石に対する負荷を低減することが可能となった（図中矢印B）。これらの両面からのアプローチにより，従来の高保磁力磁石（重希土類元素10 wt.％程度含む）を使用したモータと同体格で同等性能を有する世界初の重希土類元素完全フリーHEV用駆動モータの量産を実現した。

第2編　省・脱レアアース磁石と高効率モータ開発

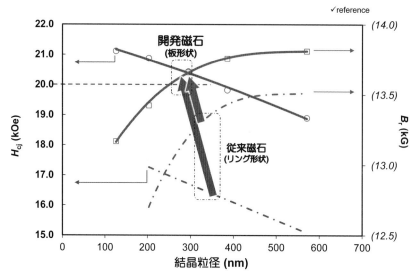

図9　従来リング磁石と新開発板磁石の磁気特性比較
実線は開発磁石，破線は従来磁石の磁気特性を示す。

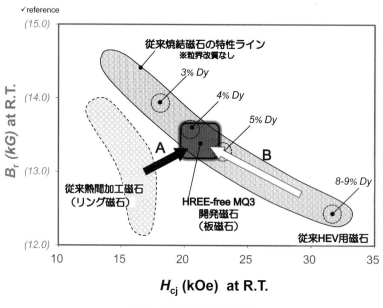

図10　磁気特性の達成値

5. おわりに

　地球環境を維持するため，動力の電動化は今後加速する。その中で，ネオジム磁石に限らず，永久磁石材料の役割はますます大きくなることは容易に予測される。筆者らは，磁気特性の高特性化だけを目指すのではなく，磁石材料の使用状況を総合的に考え，電動化技術の進歩に貢献できるような磁石材料・磁石部品を開発したいと考えている。しかしながら，保磁力発現や，磁石

製造技術において，経験則でものづくりをしている部分が未だ多くある。故に，大学，研究機関などとも連携をとりながら，基礎研究と実用化開発を結びつけることにより，さらなる高特性・高機能化を図っていきたい。

文　献

1）M. Sagawa et al.: *J. Appl. Phys.*, **55**, 2083（1984）.
2）J. F. Herbst et al.: *Phys. Rev.*, **29**, 4176（1984）.
3）佐川眞人ほか：固体物理，**21**(1)，37（1986）.
4）K. Hioki et al.: *J. Magn. Soc. Jpn.*, **38**, 79（2014）.
5）宇根康裕，佐川眞人：日本金属学会誌，**76**，12（2012）.
6）J. Liu et al.: *Acta Mater.*, **61**, 5387（2013）.
7）J. Liu et al.: *Acta Mater.*, **82**, 336（2015）.
8）T. T. Sasaki et al.: *Scripta Mater.*, **113**, 218（2016）.
9）J. J. Croat et al.: *Appl. Phys. Lett.*, **44**, 148（1984）.
10）R. W. Lee: *Appl. Phys. Lett.*, **46**(8), 790（1985）.
11）R. K. Mishra: *J. Appl. Phys.*, **62**(3), 967（1987）.
12）J. D. Livingston: *J. Appl. Phys.*, **57**, 4137（1985）.
13）W. Szmaja: *J. Magn. Magn. Mater.*, **301**, 546（2006）.
14）日置敬子ほか：電気製鋼，**86**，83（2016）.
15）S. Soma et al.: *SAE Int. J. Alt. Power.*, **6**(2), 290（2017）.

第2編　省・脱レアアース磁石と高効率モータ開発

第1章　ネオジム磁石の新展開

第2節　Nd-Fe-B 熱間加工磁石材料の組織均質化技術

株式会社本田技術研究所　清水　治彦　　株式会社本田技術研究所　中澤　義行

1. はじめに

　電動車両の急速な普及拡大に伴い駆動モータへの性能要求は年々厳しくなっており，モータ作動領域を拡大するための高トルク/高出力・高効率化・高回転化対応が急務となっている。そのため駆動モータ用磁石においても，より一段と高い保磁力が求められるようになっている。それにより高温域や高反磁界の環境がさらに厳しくなり，さらなる高特性化が必要となっている。ホンダでは環境リスクと保磁力に対する潜在能力から，熱間加工磁石に着目して量産車に初採用した[1)2)]。しかし，駆動モータの進化に対応するため，熱間加工磁石も進化させる必要に迫られている。そこで本稿では熱間加工磁石の組織に着目し，より均質化することで磁気特性の向上を達成した事例を紹介する。

2. 熱間加工磁石の課題

　焼結磁石および熱間加工磁石の製造方法を**図1**に示す。熱間加工磁石は，メルトスパン法によ

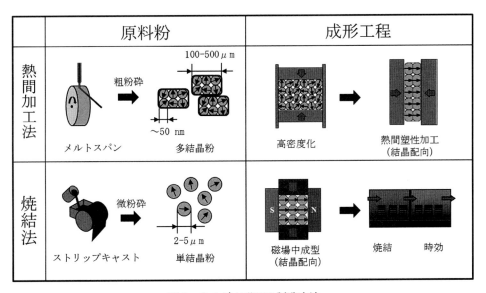

図1　ネオジム磁石の製造方法

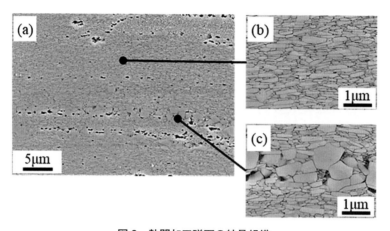

図2 熱間加工磁石の結晶組織
(a)全体像, (b)粉末内部の拡大, (c)粉末界面部の拡大

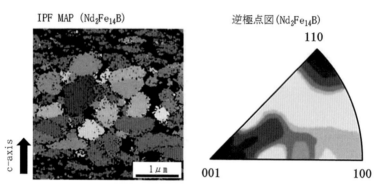

図3 粉末界面部における EBSD 測定結果

り得られた nm オーダーの結晶からなる急冷薄帯を 100～500 μm 程度に粉砕し,それを原料粉として使用する[3)4)]。これを 700℃ 程度の低温で熱間加工することにより磁石とするため,焼結法より 10 分の 1 以下の数 100 nm という微細組織が実現可能である。よって,原理的には焼結法に比べ高い H_{cj} を得ることが可能である。しかし,熱間加工磁石の高特性化にあたっては,その製造方法と配向メカニズムに起因する微細組織の制御の難しさから,焼結磁石に比較して組織の均質性に課題がある[5)]。

図2に熱間加工磁石の断面 SEM 像の一例を示す。粉末内部は 100～500 nm の微細なナノ結晶から構成されているが,粉末界面の一部において 1 μm 程度の粗大結晶粒が存在する不均質な組織状態にある。この粉末界面部の EBSD 測定結果を図3に示すが,粗大結晶粒は等方的な配向状態であることがわかる。異方性磁石は一方向に結晶配向を揃えることで高い磁束密度を得ており,等方的な配向状態の粗大結晶粒は磁気特性に悪影響を及ぼすと考えられる。また XMCD を用いた局所的な磁気特性測定結果を図4に示す。局所磁気特性測定は,SPring-8 の BL39XU ビームラインを用いた硬 X 線マイクロ MCD により測定した。この結果からも,粗大領域は微細領域と比べて低磁気特性であることが確認できる。

第 1 章　ネオジム磁石の新展開

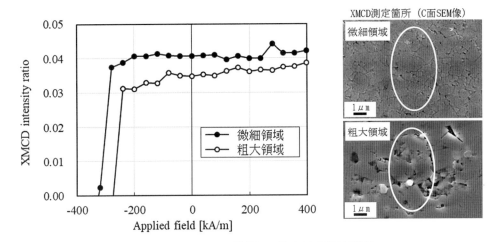

図 4　XMCD による熱間加工磁石の局所磁気特性

X 線のエネルギーは Nd L2 吸収端に相当する 6.73 keV とし，印加磁界に対する XMCD スペクトルからスポット径 2 μm の範囲での局所磁気特性を取得した。

3. 熱間加工磁石の原料粉と粗大化メカニズム

熱間加工磁石の結晶粗大化は粉末界面部で発生することから，粗大化の主な原因は原料粉のもととなる急冷薄帯にあると考えられる。本項では，熱間加工磁石の原料粉を分析した結果と，粗大化メカニズムについて説明する。

3.1　熱間加工磁石の原料粉について

熱間加工磁石の原料粉は，メルトスパン法により得られた急冷薄帯を使用する。メルトスパンの急冷条件は磁気特性に大きく影響し，急冷速度を高めたほうが微細組織となり，高保磁力が得やすいことが知られている[3)4)]。ここでは一例として，メルトスパンのホイール速度による原料粉組織および熱間加工磁石組織への影響を示す。図 5 にホイール速度 15 m/s，20 m/s，25 m/s の条件で作製した原料粉の破面 SEM 像を示す。ホイール速度 15 m/s では，原料粉組織はほぼ完全に結晶化した結晶粒が確認できる。また，自由面側とホイール接触面側の結晶粒径が異なり，ホイール接触面側のほうが微細な結晶粒である。ホイール速度に応じて急冷速度が高まり，ホイール速度 20 m/s では結晶と非晶質が混在した組織状態となり，25 m/s では結晶粒がほとんど確認できない非晶質状態となる。次に，これらの急冷薄帯を用いて作製した熱間加工磁石の断面 SEM 像を図 6 に示す。ホイール速度 15 m/s では，図 6(a-1)に示すように粉末内部にある結晶粒の異方成長が進まず等方的な形状である。一方，ホイール速度が高くなるにつれ，図 6(b-2)，(c-2)に示すように異方成長が進み整列した組織状態となる。また，20 m/s および 25 m/s は，粉末界面部に図 6(b-1)，(c-1)に示す粗大結晶粒が存在する。ホイール速度 20 m/s および 25 m/s で作製した原料粉は非晶質状態であったことから，熱間加工磁石の粗大粒生成には急冷薄帯の非晶質相が関連していることが示唆される。

135

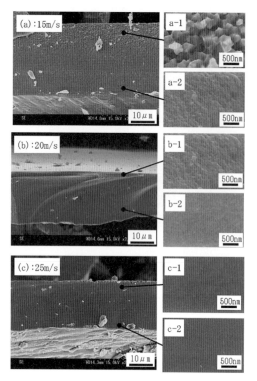 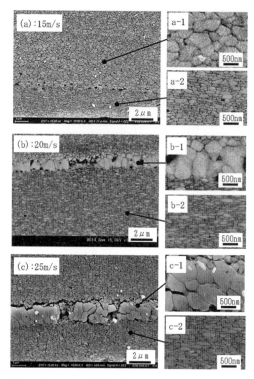

図5 ホイール速度15 m/s，20 m/s，25 m/sの原料粉組織（破面SEM像）

図6 ホイール速度の異なる原料粉を用いた熱間加工磁石の断面SEM像

3.2 粗大化メカニズム

原料粉の非晶質相と熱間加工後の粗大化の関係を調査するため，非晶質原料粉の結晶成長挙動を観察した。原料粉末をアルゴン雰囲気中600℃および700℃で10 min熱処理することで，粉末中の結晶成長の挙動を観察し，結晶粗大化が生じる箇所を調査した。図7に熱処理前後の粉末厚さ方向組織写真を示す。図8は図7の選択された領域の電子線回折パターンを示している。熱処理前の原料粉組織が非晶質状態であることに対し，600℃熱処理後の原料粉組織は，中央部において$Nd_2Fe_{14}B$が結晶化している（図7(b)，図8(b-1)）。しかし，ホイール接触面側では図7(d)，図8(d-1)，(d-2)に見られるα-FeとNd_2O_3が結晶化しており，それらの間には非晶質相（図7(b)，図8(b-2)）も残る不均質な結晶組織状態となっている。また，700℃熱処理後の原料粉組織は，図7(c)に見られるようにホイール接触面側で結晶粗大化しており，熱間加工後と同様の結晶粗大化が起こったものと考えられる。

図9は，原料粉末表面から深さ方向への鉄（Fe）とボロン（B）の成分分布を示している。この深さ方向の成分分析は，XPSを用いて自由面側とホイール接触面側の粉末表面双方向から行った。ホイール接触面側は自由面側に比較して，$Nd_2Fe_{14}B$化学量論値から外れて，Feが表面近くに濃化していることがわかる。そのため，原料粉を600℃熱処理した際に，ホイール接触面側の高Fe領域でα-Feが初晶として発生したと考えられる。

要約すると，原料粉末のホイール接触面側でのFe濃化に起因して，加熱時に図7(d)，図8(d-

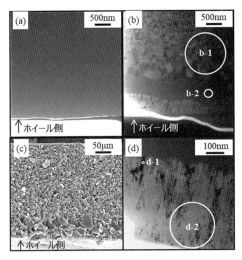

図7 原料粉の組織写真

(a) as-spun（TEM像），(b) 600℃10分熱処理後
（TEM像），(c) 700℃10分熱処理後（SEM像），
(d) 図7b下面ホイール側の拡大（TEM像）

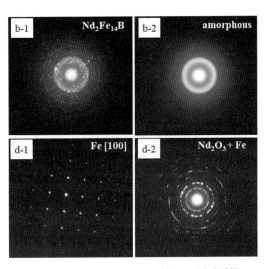

図8 電子線回折パターン（図7選択領域）

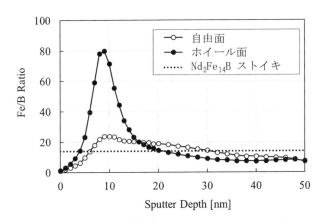

図9 XPSによる粉末表面からの深さ方向成分分布

1），(d-2)に見られるような α-Fe と Nd_2O_3 が初晶として結晶化する。そして，$Nd_2Fe_{14}B$ の粗大結晶化はこれらの不均質な結晶化に起因する。

4. 熱間加工磁石の組織均質化技術

前述の粗大化メカニズムに基づくと，均質微細な結晶組織を得るためには，原料粉の結晶成長過程を制御する必要がある。Nd-Fe-B系非晶質合金においては，低Nd領域では α-Fe が500℃以下の温度でも結晶化することに対して，$Nd_2Fe_{14}B$ は600℃前後で結晶化が開始することが報告されている[6]。そこで，α-Fe の結晶化を抑え，$Nd_2Fe_{14}B$ の結晶化頻度を増やすため，短時間で $Nd_2Fe_{14}B$ 結晶化温度以上に加熱する目論見で加熱昇温速度に着目した。本項では，加熱昇温速度

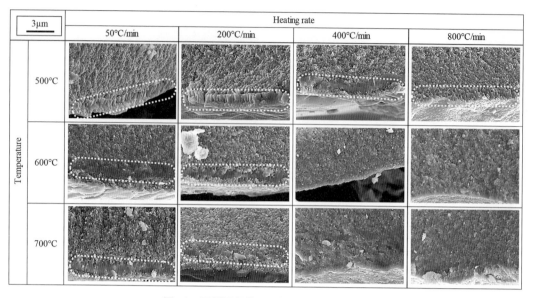

図10　原料粉組織への加熱昇温速度影響

を利用した熱間加工磁石の組織均質化技術について紹介する。

4.1　昇温速度の影響

原料粉組織に対する加熱昇温速度の影響を図10に示す。これらの試験では，アルゴン雰囲気中にて50℃/min，200℃/min，400℃/minおよび800℃/minの昇温速度で，500℃，600℃および700℃の温度に加熱し，すぐに室温まで炉冷した。その後，結晶成長を顕著化させるため，700℃ 10 minの熱処理を行った。図10に示すとおり，昇温速度や加熱温度が低いと，粉末のホイール面側で粗大化が発生している。それに対して，昇温速度400℃/min以上かつ加熱温度600℃以上の条件では，粗大化が生じていないことがわかる。これらの結果から，短時間で$Nd_2Fe_{14}B$結晶化温度以上に加熱することは，粗大化抑制に有効であることが確認できる。

4.2　急速加熱処理法

次に，量産適用可能な急速加熱処理法について紹介する。加熱昇温速度を高める急速加熱処理の手法としては，一般的には誘導加熱法やランプ加熱法が用いられる。しかしながら，これらの方法はいずれも均熱性が悪く，大量処理が困難なため，粉末の熱処理には適していない。そこで，筆者らは落下式熱処理法を選定した。図11

図11　落下式熱処理炉の外観

は落下式熱処理炉の概観写真である。この手法では、加熱された長さ約6mのSUS管上部から原料粉末を自由落下させ、その自由落下の数秒間に粉末が急速に加熱される。その結果、加熱昇温速度は$10^3 \sim 10^4$℃/minに相当する[7]。落下式熱処理では、少量の粉末が連続的に加熱されるため、均熱性を確保しながら急速加熱処理が可能である。また連続的に処理するため大量生産に向いている。

5. 組織均質化による磁気特性向上効果

原料粉の急速加熱処理による組織均質化効果について、代表的な結果を紹介する。

原料粉の組成は$Nd_{10.5}Pr_{3.5}Fe_{77.1}Co_{2.5}B_{5.7}Ga_{0.7}$（at%）である。図12に、従来の急速加熱処理無しと、急速加熱処理有の原料粉を用いた熱間加工磁石のSEM像を示す。原料粉の急速加熱処理は、落下式熱処理炉を用いてアルゴンガス雰囲気中700℃で行った。原料粉への急速加熱処理により、粉末界面における結晶粗大化が抑制されており均質微細な組織状態が得られている。これらの磁石の磁化曲線を図13に示す。従来磁石における磁気特性値は、M_r = 1.33 T、H_{cj} = 1,584 kA/m、H_k = 1,470 kA/mであった。一方で急速加熱処理の追加は、結晶粗大化抑制に伴って、磁気特性値をそれぞれM_r = 1.40 T、H_{cj} = 1,614 kA/m、H_k = 1,536 kA/mに高めた。特に残留磁化の大幅な改善は、急速加熱処理による粗大粒抑制によるものであり、等方性の粗大粒が配向し

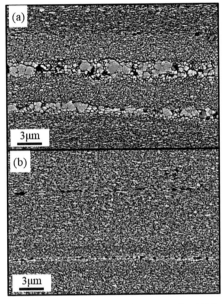

図12　熱間加工磁石の断面SEM像（腐食面）　(a)原料粉の急速加熱処理無し、(b)原料粉の急速加熱処理有

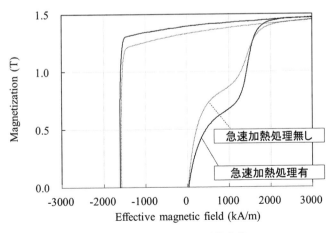

図13　熱間加工磁石の磁化曲線

第2編　省・脱レアアース磁石と高効率モータ開発

た微細粒へ置き換わったためと考えられる。さらに，初磁化曲線がピンニング型に近づいており，この結果もまた粗大粒の減少を裏づけている。これらの結果から，原料粉の急速加熱処理が熱間加工磁石の組織均質化および磁気特性向上に有効である。

6. おわりに

　本稿では熱間加工磁石の結晶組織内に見られる粗大結晶と粗大化メカニズムについて解説し，その抑制手法と磁気特性の向上効果について紹介した。ネオジム磁石に関しては各製法において技術的な熟成がかなり進んでいるが，理論的な向上余地はまだ多く残されているため，今後も引き続き研究開発を行う価値があると考える。

謝　辞

　XMCD測定は日本放射光研究所（JASRI）の認可を得て，SPring-8のBL39XUで実施しました（課題番号2010B1982）。また，落下式熱処理炉を用いた急速加熱処理試験は，東海高熱工業㈱の設備にて実施しました。ご協力に感謝します。

文　献

1) 清水治彦ほか：駆動モータ用重希土類フリー熱間加工磁石，Honda Technical Review, **28**(2), 85–89 (2016).
2) 相馬慎吾ほか：重希土類フリーハイブリッド自動車用モータの磁気形状研究，自動車技術会論文集，**48**(5), 1079–1083 (2017).
3) J. J. Croat et al.: *J. Appl. Phys.*, **55**, 2078–2082 (1984).
4) R. W. Lee: *Appl. Phys. Lett.*, **46**, 790–791 (1985).
5) R. Kato et al.: Proceedings of the 22nd International Workshop on Rare-Earth Permanent Magnets and Their Applications, 85–88 (2012).
6) 佐藤博：山梨大学教育人間科学部紀要，**10**, 77–84, (2008).
7) 植田博：工業加熱，**44**(5), 31–35 (2007).

第**2**編 省・脱レアアース磁石と高効率モータ開発

第**1**章 ネオジム磁石の新展開

第3節 熱間加工磁石の粒界浸透プロセスにおける膨張現象メカニズムの解明

株式会社ダイドー電子 **秋屋 貴博** 大同特殊鋼株式会社 **日置 敬子**

1. はじめに

　ネオジム磁石は，現在最高特性を有する永久磁石として量産され，広く応用されている。近年，自動車の主機・補機モータや風力発電機など，従来の小型家電向け用途に比べて大型かつ高負荷への要求が拡大しつつある。この高負荷での用途拡大に伴い，永久磁石に要求される耐熱性が高まることが問題となる。ここでいう耐熱性とは，使用中の磁石の温度上昇による不可逆減磁のことである。磁石の温度が上昇すると保磁力が低下し，減磁が進行する。この減磁は磁石を冷却しても自発的に元には戻らないため，不可逆減磁と呼ばれる。

　以前より論じられているように，ネオジム磁石の Curie 温度は約 300℃ 程度と低く，使用環境温度における不可逆減磁に抗するために十分な保磁力が必要である。この保磁力の理論値は異方性磁場とされており，ネオジム磁石では室温で約 7 T という値である。しかし現状は 1.5 T 程度であり，理論値の 4 分の 1 未満である。そのメカニズムについてさまざまな議論がなされており，応用上だけではなく理論的・学術的にも興味が持たれている。

　ネオジム磁石を含む永久磁石全体の研究動向については，文献 1）～3）にまとめられている。磁石の特性向上を目的としたアプローチは，大きく分けて①新材料の発見・発明と②微細組織制御に大別される。①に関しては，従来は特定の合金・化合物組成系に着目して材料を探索する手法がとられていたが，最近では理論計算により高磁気特性が予測された組成・結晶系について，薄膜法などの原子レベルでの構造制御による実証実験が行われている。特に原子磁気モーメントの値に関する理論予測精度は高いが，Curie 温度や結晶磁気異方性（特に有限温度）に関しては，やや精度が低いと感じる。それでも，膨大な実験・計算結果を総合的にとらえ，整理した上で理解し，新規知見を見出してゆくことは興味深いと感じるし，人間業ではなし得なかった材料・技術革新への礎を築き上げることであり，今後の進展が大いに期待される。

　一方，②は微細組織により決定される磁気特性に関するプロセス研究の面が強い。よく知られているように，ほとんどの永久磁石材料は多結晶性の焼結体，またはボンド磁石として用いられている。残留磁化に関しては，永久磁石をなしている主相の配向度と密度に比例し，実測値は理論値とよく合う。ナノコンポジット磁石のようなレマネンスエンハンスメント効果がみられる場合は実測値のほうが高くなるが，理論的な説明を与えることのできる残留磁化増加である。

　しかし，保磁力に関しては理論予測がほぼ不可能であり，「保磁力は経験的に異方性磁場の20％」などと表現されることが多い。なぜ異方性磁場の 20％しか発現しえないのだろうか？　こ

第2編　省・脱レアアース磁石と高効率モータ開発

の保磁力を定量的に考える問いに対し，理論的な説明は与えられていない。その理由として，保磁力は永久磁石の微細組織によって決定されると考えられるが，その微細組織をモデル化した上で数値化し，何らかの関数に変数として扱うことで保磁力を算出できるほど単純ではないことが挙げられる。換言すれば，実際の磁石の保磁力を算出するために，磁石全体の微細組織を織り込んだ計算式を作り上げることは，微細組織を数学的に記述することがほぼ不可能であるために無理である。そのため，保磁力の解析については理論的なアプローチが困難であり，実験事実を集積することにより傾向を把握する手法がとられる。

ネオジム磁石の保磁力を高めるためには，

①　$Nd_2Fe_{14}B$ 主相の異方性磁場を高める重希土類元素 Dy，Tb を用いる

②　主相粒子のサイズを小さくする

③　最適な温度での熱処理を行う

などが有効である。

①は，Kronmüller の式によって説明を与えることが可能である[4]。

②は経験的に知られた傾向である。ただし，主相サイズの微細化に伴い，主相粒子の比表面積が増加するため，それに応じた対策が必要である。

③も経験的に知られたことであり，焼結磁石内部の粒界構造の変化と関係すると考えられている。おおよそ 500℃ での熱処理により保磁力は最大となるとされているが，それよりも低い温度の約 430℃ では保磁力の極小が観測される。これらの原因について，粒界構造の変化が一因であることを筆者らは示した[5]。

以上の経験的事実については焼結磁石で観測されてきたことであり，よく知られていることである。一方，焼結磁石とバルクの磁石としては類似しているが，熱間加工法で製造されたネオジム磁石は，全く異なった微細構造と傾向を示す。

まず，熱間加工磁石の主相粒子は直径 200～500 nm，厚さ 50 nm 程度の扁平形状であり，厚さ方向に磁石の磁化容易軸（$Nd_2Fe_{14}B$ 結晶の c 軸）が向いている。この扁平形状の磁石粒子が重なった構造となっているため，全体として配向した磁石を形成する。したがって，主相粒子の粒径が一般的な焼結磁石の粒径（3～5 μm）よりも小さいため，焼結磁石を上回る保磁力を有するバルクの永久磁石となる。しかし，粒径から予測される値よりは低い値に留まっている。

その原因については，粒界を介した主相粒子間の磁気的結合が強く働いていることにあると考えられる。主相粒子間の磁気的結合とは，磁石粒子の間で磁化反転が連続的に進行してしまうような状況を引き起こす結合であるという意味で用いられる言葉である。磁石内での磁化反転は，磁石粒子が1つの単位として進行していくと考えられ，主相粒径微細化に伴う保磁力上昇は，磁化反転の発生と進行が起こりにくくなるためと解釈されている。

熱間加工磁石では主相粒子の粒径がサブミクロンオーダーであるにも関わらず，磁石粒子間の磁気的結合が強く働くため，保磁力が予想される値よりも低いということができる。それでは，その磁気的結合は何によってもたらされたのであろうか？　1つは，粒界が狭く磁石粒子同士が物理的に接触していることが考えられる。また，磁石粒子間には粒界が存在しているが，Fe やCo に富んだ組成であるために強磁性であり，交換結合を介した磁気的結合が起こっていること

も推測される。ほかには，静磁場を介した磁気的結合も考えられる。これは各磁石粒子の磁極が，例えばN極とN極が向かい合わせになるような状況は非常に大きな静磁エネルギーを生ずるため，磁石粒子間でN極とS極が結合したような構造を好むであろうということである。

それらの磁気的結合を弱めることで保磁力を高められるのではないか？　その考えに基づき，H. Sepheri-Amin らは，Nd–Cu，Nd–Al などの共晶合金を熱間加工磁石に粒界浸透させることで，保磁力が大幅に上昇することを見出した[6)7)]。このプロセスを，本稿では低温共晶合金浸透法と称することにする。まず，Nd–Cu および Nd–Al の共晶温度（融点と考えてよい）はそれぞれ約 500℃，650℃であるため，サブミクロンサイズの結晶粒からなるネオジム系磁石には好適である。また，Nd–Cu や Nd–Al は非磁性であり，特に Cu は主相内部への拡散はほぼ起こらず，粒界にのみ存在する。そのため，熱間加工磁石の保磁力上昇に有効であると考えられ，実証された。

この手法をバルク磁石に応用する過程で，熱間加工磁石では c 軸方向への磁石の膨張が観測された。一方で，焼結磁石に対しては同様のプロセスを行っても磁石の膨張が起こらないことも合わせて確認された。したがって，低温共晶合金浸透法により熱間加工磁石の内部に共晶合金が浸透し，粒界の幅を広げるために，バルク全体の体積が膨張する。それとともに，磁石の保磁力も上昇する。本稿では，それらの現象の観測事実をまとめ，今後の展望について述べる。

2. 実験方法

2.1 供資材

実験には，$7.0 \times 7.0 \times 5.6 \ mm^3$ に加工した熱間加工磁石を用いた。磁石の容易軸は 5.6 mm 方位に平行である。また，熱間加工磁石の作製には，$Nd_{12.9}Fe_{77.7}Co_{3.9}B_{5.54}Ga_{0.5}$（at. %）の組成の原料合金粉末を用いた。

2.2 試験方法

粒界浸透に用いた共晶合金は，超急冷箔帯作製装置を用いて調整した。共晶合金の組成は，Nd–Cu 二元系ではもっとも低い共晶温度（およそ 500℃）を有する $Nd_{70}Cu_{30}$（at. %）を狙いとした。

作成した急冷箔帯は，50～200 μm に粗粉砕し，磁石表面に接触させた状態で浸透処理を行った。浸透処理の温度および時間は 650℃-3 h とし，10^{-3} Pa 程度の真空中で行った。

2.3 組織観察

組織観察は，収束イオンビームを備えた SEM を用いて行った。組織観察には，SEM の BSE モードを用いた。また，組成分析は SEM チャンバー内に設置されている EDS 検出器を用いて行った。

試料の観察表面は，はじめに大気中で機械研磨を行い，SEM チャンバー内に導入した後 FIB を用いて観察表面を精研磨することで，磁石内部の機械研磨や酸化の影響などを受けていない領域を削り出し，組織観察を行った。

2.4 磁気測定

室温における磁石試料全体の磁気測定は，7 T のパルス磁場着磁を行った後，閉磁路型 BH トレーサーを用いて行った。磁石試料から取り出した小磁石片の磁気測定および保磁力の温度変化の評価は，SQUID-VSM で行った。

3. 実験結果

3.1 大量の共晶合金を浸透させた場合

図1は，熱間加工磁石への $Nd_{70}Cu_{30}$ 共晶合金の浸透処理前後の外観写真である。写真の上下方向が磁石の磁化容易軸方向である。明らかに上下方向に磁石が膨張していることがわかる。一方で，横方向への膨張はほぼ起こっていない。

寸法，重量および密度の値は表1のとおりである。写真で示したとおり，磁石の磁化容易軸方向の高さは元々5.60 mm あったが，Nd-Cu 合金を浸透させた後では 6.83 mm まで膨張している。ここで磁石の密度に着目すると，プロセスの前後で7.588 g/cc から 7.465 g/cc に低下している。一方，プロセス後の磁石内部の微細組織観察によれば，マクロなクラックは観測されていない。すなわち，密度の低い Nd-Cu 合金の浸透によって磁石全体の密度が低下したと考えられる。

図2は，プロセス前後の減磁曲線の比較である。この実験では，大量の Nd-Cu 共晶合金を熱間加工磁石に浸透させているため，0.3 T もの残留磁化の低下が観測されたが，保磁力は 0.8 T 程度高められることがわかった。また，減磁曲線の角形はプロセス前後でほぼ同等の良好な形状を保っており，保磁力分布はそれほど大きくないことが示唆される。このことは，厚さ5.6 mm の磁石でも磁石全体の保磁力が同等まで高まるような変化が起こっていることを意味する。

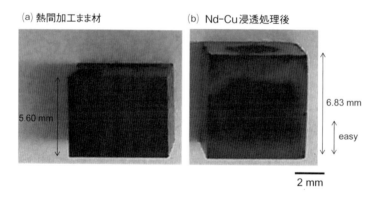

図1　低温共晶合金浸透処理前後の熱間加工磁石の写真

表1　Nd-Cu 共晶合金浸透処理後の寸法，重量および密度

	熱間加工ままま材	Nd-Cu 共晶合金浸透処理後
寸法（mm³）	5.60×7.01×7.01	6.83×7.023×7.023
質量（g）	2.0899	2.5159
密度（g/cc）	7.588	7.465

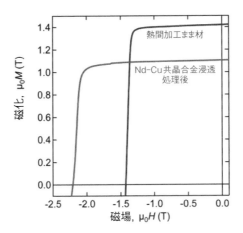

図2 低温共晶合金浸透プロセス前後の熱間加工磁石の減磁曲線

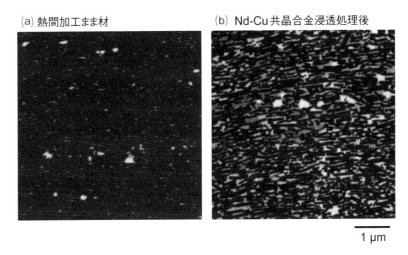

図3 低温共晶合金浸透プロセス前後の磁石中央部での微細組織（SEM-BSE像）

　大量のNd-Cu合金拡散前後の微細構造を**図3**に示す。磁石の磁化容易軸方向は図の上下方向である。いずれも試料中心部近傍から取得した典型的な微細組織のSEM写真であり，写真の大半を占めるグレーの領域が$Nd_2Fe_{14}B$主相粒子，明るいコントラストで見える領域はNd-Cu共晶合金およびNd-rich相である。浸透処理前では，白く見えるNd-rich相が不連続であり，各主相粒子の輪郭は不明瞭である。一方，浸透処理後では横方向に長い粒界相が多数形成されていることがわかる。すなわち，主相のc面間にNd-rich相が浸透していることがわかった。一方で，磁石のab軸方向（図 横方向）では粒界相の浸透が不十分で，主相粒子が直接接触している構造となっていることがわかる。したがって，Nd-Cuの熱間加工磁石への浸透は異方的であり，主相粒子のc面間の粒界相の厚みが増すため，c軸方向へのマクロな磁石の膨張が起こるものと理解できる。

3.2 c面側からNd-Cuを浸透させた場合

熱間加工磁石の片面のc面のみにNd-Cu合金を接触させ，浸透処理を行った場合について調査した結果について述べる。実験時の写真は図4のとおりである。

試料に接触させたNd-Cu合金の量は57.0 mgであり，プロセス後の試料重量の増加量は50.5 mgであった。すなわち，試料に接触したNd-Cu合金のほとんどが浸透している。

図5(a)は，この試料の全体の磁化曲線である。保磁力の上昇は認められるが，減磁曲線の角形

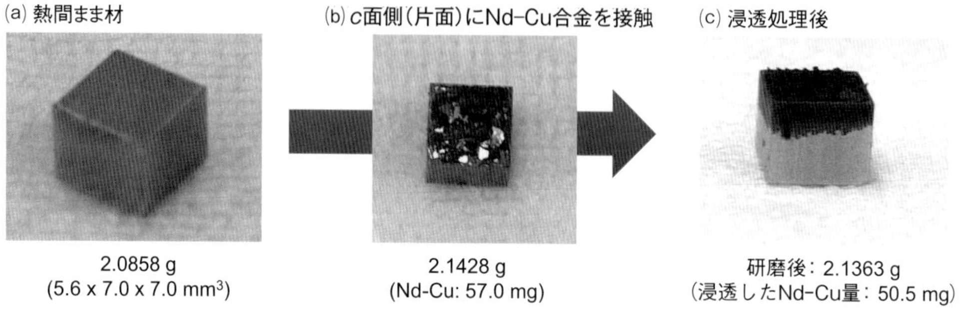

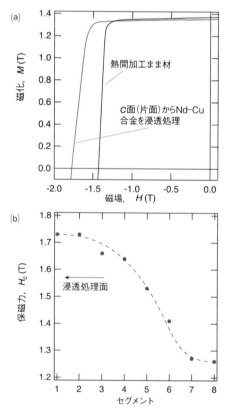

図4 熱間加工磁石の写真

図5 (a) c面（片面）からNd-Cu共晶合金を浸透処理した前後の減磁曲線，(b)表面から採取した小片で評価した保磁力の深さ分布

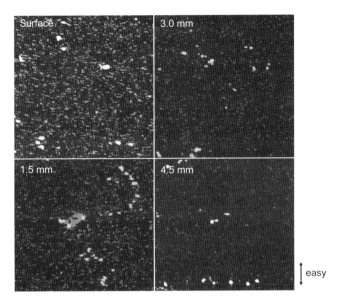

図6 c面（片面）からNd–Cu共晶合金を浸透させた場合の微細組織の深さ変化

性は劣化しており，浸透表面からの保磁力分布があることが考えられる。そこで，浸透表面から深さ方向で試料小片を切り出し，保磁力の分布を評価した（図5(b)）。浸透処理表面では1.72 T程度の保磁力を有しているが，深さ方向で徐々に保磁力が低下し，Nd–Cu合金が到達していない領域では，1.27 T程度の保磁力であった。

図1で示した例では，約0.4 gものNd–Cu合金を浸透させているが，図5では試料サイズが同じでNd–Cu合金の浸透量は0.05 gであり，おおよそ10分の1である。そのため，Nd–Cu合金の浸透量は不十分であり，まだ浸透する余地がある状態である。この場合，Nd–Cu合金を接触させた表面近傍で磁石の膨張の現象が強く起こり，内部への浸透が起こる前にNd–Cu合金が消費されてしまうことを示唆する。以上のことから，共晶合金の粒界浸透プロセスの技術的課題の1つとして，いかに磁石の膨張を起こさせずに磁石内部へ共晶合金を浸透させるか，が挙げられる。

図6は，図5で示した試料の表面から深さ方向での磁石内部のSEM像である。浸透処理表面から3.0 mmの深さでも粒界相の増加が認められ，Nd–Cu合金が浸透しているが，それ以上の深さでは浸透処理前の状態とほぼ同様の微細組織であり，Nd–Cuの浸透は650℃-3 hの処理で，表面から3 mm程度であることがわかった。

3.3　ab面側から浸透させた場合

図7は，試料のab面側からNd–Cu合金を浸透させた後の試料の外観写真である。試料の容易軸（c軸）は図の上下方向である。浸透処理を行った試料では，特に端部が膨張し，c面側が湾曲していることがわかる。これは，ab面側からNd–Cuを浸透させたとき，まず浸透処理表面近傍でNd–Cuが磁石粒子のc面側に浸透し，粒界の幅が広がる。その結果，磁石端部での磁石の膨張が起こる。一方，この膨張については徐々に内部に伝播していくが，浸透処理表面近傍で膨張は

図7 熱間加工磁石のab面側から
Nd-Cu共晶合金を浸透させ
たときの磁石の写真
元々の形状を点線で示した。

継続して進行する。その結果，直方体試料のc面側において端部のみが膨張し，湾曲した異形形状になってしまうと思われる。

このマクロな磁石の異形形状は，残留磁束密度の大きな低下を引き起こすが，膨張を拘束する冶具を用いて磁石試料を挟んだ状態で浸透処理を行うことで抑制することができ，残留磁化を高く保つことができる[8]-[10]。

4. 熱間加工磁石への共晶合金の浸透メカニズム考察

これまで述べたとおり，熱間加工磁石に対してNd-Cu共晶合金の浸透プロセスを行うと，比較的短時間でマクロな膨張を伴う現象が起こる。このメカニズムに関しては，サブミクロンサイズの板状結晶粒子が一方向に重なった微細組織を有しているためである，という説が有力である。すなわち，毛管圧力が駆動力となって高速で浸透すると思われる。そのため，強い毛管圧力が生ずるc面間には共晶合金は浸透するが，円盤状の主相が点で接触しているab軸方向へは浸透が起こらず，その方向への磁石の膨張はほとんど起こらない。

図8は，$Nd_{70}Cu_{30}$および$Pr_{70}Cu_{30}$共晶合金をab面側から浸透させた場合の試料断面のEDSによる組成分析結果である。試料の容易軸方向は，図の上下方向である。Cuの分布について着目すると，どちらの場合にもc面に平行（図の横方向）にCu-richのバンドが形成されていることがわかる。そのバンド部分ではFeが少なく，Nd-Cuを浸透させた場合ではNdに富んでおり，Pr-Cuの場合ではPr-richである。したがって，このCu-richバンドは共晶合金の浸透処理によって形成されたことがわかる。

また，Nd-Cuを浸透させた場合には試料のc面端部にCu-richバンドが集中しているが，Pr-Cuを浸透させた場合には磁石内部全体に形成されていることがわかる。この希土類種によるCu-richバンド形成の違いについては，$Pr_{70}Cu_{30}$は$Nd_{70}Cu_{30}$に比べて50℃程度共晶温度が低いため，磁石内部に浸透しやすい傾向があるためと推測される。

この$Pr_{70}Cu_{30}$を浸透させた場合に形成された共晶合金のバンドの一部を拡大し，EDSによる組成分析を行った結果が図9である。まず共晶合金のバンドの幅はおよそ1 μmであった。熱間加工直後の磁石には，このバンドに対応するような割れ目は存在せず，低温共晶合金の浸透によって形成されたものである。バンド部分の組成は，おおよそ$Nd_{20}Pr_{25}Cu_{40}Fe_{10}Ga_5$(at. %)と見積もら

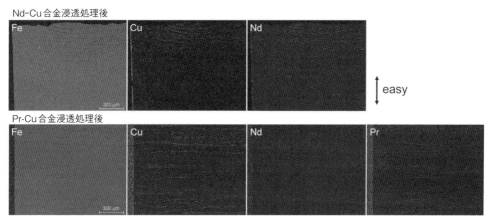

図8 Nd–Cu合金（上段）とPr–Cu合金（下段）を拡散させた熱間加工磁石の断面のEDSマッピング結果

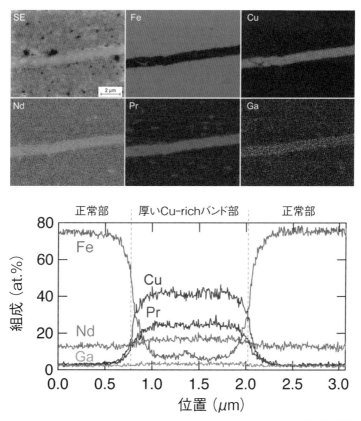

図9 Pr–Cu浸透処理後の磁石内のCu-richバンドにおける元素マッピングとラインプロファイル

第2編　省・脱レアアース磁石と高効率モータ開発

れた。興味深い点として，浸透プロセスに用いた共晶合金の組成は $Pr_{70}Cu_{30}$ であったにも関わらず，バンド部分の総希土類量の約半分が Nd となっていることが挙げられる。Pr を熱間加工磁石に浸透させた場合，保磁力の温度依存性に影響が現れることがわかっており，主相表面への Pr-rich シェルの形成が示唆される。このとき Pr が $Nd_2Fe_{14}B$ 結晶内の Nd と置換し，Nd が粒界に掃き出されたとすれば，バンド中の Nd 濃度が相対的に高まることが説明できる。

5. まとめと今後の展望

　本稿では，熱間加工磁石への低温共晶合金浸透プロセスについて述べた。このプロセスでは，ネオジム磁石の内部組織の大きな変化と保磁力の向上が起こる。そのため，永久磁石の保磁力に関する一般的な内容を「はじめに」で述べ，微細組織と保磁力に関する新規知見獲得に目を向けたが，未解明な部分が多く，今後の研究に期待が持たれる。

　特に保磁力メカニズム解明を目指した理論計算やモデル実験の研究に対して，都合のよい微細組織を有するバルク磁石を作るための一手法として本法に目が向けられることがあれば筆者にとって望外の喜びである。

　本稿で用いた実験データは電気製鋼の技術論文[10]で用いられたものである。

文　献

1) 宝野和博：まてりあ，**54**(7)，351（2015）.
2) S. Hirosawa：*J. Magn. Soc. Japan,* **39**, 85（2015）.
3) 杉本諭：まてりあ，**56**(3)，181（2017）.
4) H. Kronmüller et al.: *J. Magn. Magn. Mater.,* **74**, 291（1988）.
5) T. Akiya et al.: *J. Magn. Magn. Mater.,* **342**, 4（2013）.
6) H. Sepheri-Amin et al.: *Acta Mater.,* **61**, 6622（2013）.
7) H. Sepheri-Amin et al.: *Scr. Mater.,* **63**, 1124（2013）.
8) T. Akiya et al.: *J. Appl. Phys.,* **115**, 17A766（2014）.
9) T. Akiya et al.: *Scr. Mater.,* **81**, 48（2014）.
10) 秋屋貴博ら：電気製鋼，**86**(2)，93（2016）.

第2編 省・脱レアアース磁石と高効率モータ開発

第1章 ネオジム磁石の新展開

第4節 粒界拡散合金法による ネオジム焼結磁石の開発

信越化学工業株式会社 **廣田 晃一** 信越化学工業株式会社 **中村 元**

1. ネオジム磁石における課題

　ネオジム系焼結磁石（以下，Nd磁石）は現在実用化されている永久磁石材料の中でもっとも高い残留磁束密度（B_r）を有することから，エアコンのコンプレッサモータ，xEVの駆動モータや発電機，風力発電機などの製品で使用され，その小型化，高効率化，省エネ化に貢献している。さらに今後，CO_2排出量削減などの地球環境問題に対応した製品の普及拡大，ならびに大型化する洋上風力発電や用途拡大が著しいロボットなど応用製品の需要が拡大し，それに伴いNd磁石の需要も増大することが予想される。

　一方でNd磁石の保磁力（H_{cJ}）は温度上昇に伴いその値が著しく低下するため，基本組成ではその使用温度が室温付近に限定される。実用上，使用限界温度を高める，すなわち耐熱性を高めるためには室温の保磁力をあらかじめ高めておく必要がある。つまりNd磁石では保磁力の大きさが耐熱性の指標となる。Nd磁石の保磁力の発現機構は主成分で磁性を担う$Nd_2Fe_{14}B$結晶粒の界面に逆磁区と呼ばれる逆向きに磁化された小さな領域が生成し，それが成長することで磁化反転するニュークリエーション型と考えられている。理論的には，Nd磁石の最大保磁力は$Nd_2Fe_{14}B$の異方性磁場（H_A）に等しく6.4 MA/m程度と見積もられるが，結晶粒界近傍の結晶構造の乱れに起因した異方性磁場の低下や組織形態などに起因した漏洩磁場の影響により，実際に得られる保磁力は開発当初では異方性磁場の15％程度（1 MA/m）であった[1]。

　Nd磁石の保磁力を上げるには，$Nd_2Fe_{14}B$結晶粒の微細化[2,3]ならびにNd磁石の粒界相の非強磁性化による主相間の磁気的結合の分断化などの手法[4-8]があるが，Ndの一部をDyやTbで置換し主相の異方性磁場を上げることがもっとも効果的である。種々$R_2Fe_{14}B$金属間化合物の磁気特性を**表1**に示す。$Dy_2Fe_{14}B$および$Tb_2Fe_{14}B$は，$Nd_2Fe_{14}B$に比べて異方性磁場が高いことがわかる。つまりNd磁石の保磁力は，この異方性磁場に引きずられる形で向上する。一方で飽和磁

表1 $R_2Fe_{14}B$化合物の磁気的性質（室温）

化合物	飽和磁気分極 （T）	異方性磁場 （MA/m）
$Nd_2Fe_{14}B$	1.60	6.4
$Tb_2Fe_{14}B$	0.70	16.8
$Dy_2Fe_{14}B$	0.71	12.8

化の値は減少する。これはDyならびにTbがFeの磁気モーメントと反平行に配列したフェリ磁性構造を有するためである。したがって，これら元素を添加して保磁力向上を図る場合，残留磁束密度の低下は避けられない。それだけにNd磁石の高特性化を検討する上で，残留磁束密度の低下の抑制が1つの課題であった。さらにDyやTbにはNdに比べ資源調達ならびに価格変動リスクが大きいという実用上の問題がある。それは重希土類元素が資源的に希少であること，生産国が一部の地域に偏っていること，産業上の利用価値の低い元素が副次的に大量に発生することに起因する。以上の観点から，より効率的にDyやTbで保磁力を向上させることで，これら元素の使用量を低減し，かつ高い耐熱性と高い残留磁束密度を両立した高性能Nd磁石の開発が求められてきた。

2. 粒界拡散合金法による磁気特性向上

Nd磁石の保磁力機構がニュークリエーション型であることを考慮すると，逆磁区が生成する主相の粒界近傍の外辺部のNdの一部をDyまたはTbで置換することで，保磁力は増大し，かつ残留磁束密度の低下を軽減できる。このコンセプトで開発された製法が二合金法[9]や粒界拡散法（Grain Boundary Diffusion Process；GBDP）[10]である。前者は$Nd_2Fe_{14}B$化合物の化学量論組成に近い母合金と，DyまたはTbを添加した焼結助剤合金の2種類の合金を別々に作製し，混合，粉砕，成形，焼結する製造方法である。この製法を適用することで，図1の左図に示すように主相の粒界近傍でDy濃度が高く，主相中心付近でDy濃度の低い濃度勾配を設けることができる。その結果，Dyを磁石原料合金に直接添加する製法より効率良く高い保磁力を得ることができる。

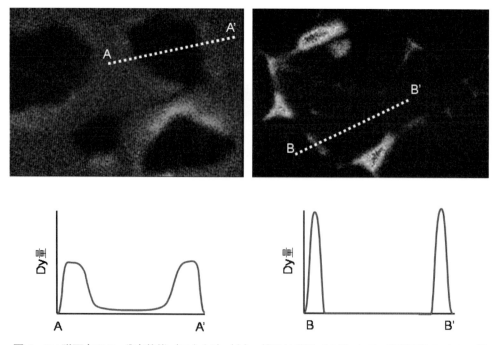

図1 Nd磁石内のDy分布状態（二合金法（左），粒界拡散法（右））とDy濃度変化のイメージ

しかしながら2種類の合金を混合後に1,000℃以上の高温で焼結するため，Dyが主相結晶粒の界面から中心部に向かって1～4μm程度深くまで拡散し，かつ主相結晶粒の外辺部と中心部とのDyあるいはTbの濃度差は大きくない。

　粒界拡散法は焼結後のNd磁石表面にDyあるいはTbを配置し，焼結温度より低い800～1,000℃で加熱することで表面からDyあるいはTbを導入し，粒界相に沿って拡散させるプロセスである。このプロセスの特徴は二合金法よりもDyあるいはTbをより主相の外辺部に偏在させることができる点にある。一般に粒界はバルクより拡散が速いため，磁石内に導入されたDyあるいはTbは粒界相に沿って磁石中心に向かって高速で拡散（粒界拡散）する。同時に主相結晶粒と粒界相との界面では，DyあるいはTb濃度の高い粒界から主相粒内部に向かって低速で拡散（格子拡散）する。その結果，図1の右図に示すように主相結晶粒の外辺部にDyあるいはTb濃度の高い外殻層，いわゆるDy/Tbリッチシェルを形成することができる。Dy/Tbリッチシェルの厚みは，粒界相中のDyあるいはTb濃度に依存するため，磁石表面からの拡散距離に反比例する。つまり拡散表面直下ではDy/Tbリッチシェルの厚みは数μm程度まで達するが，表面から1mm以上内部では数十から数百ナノオーダーと極めて薄い[11]。また二合金法と比べて主相結晶粒内の外辺部と中心部のDyあるいはTbの濃度差は大きい。

　図2は拡散源としてTb酸化物を用いた粒界拡散処理後の磁気特性の一例である。粒界拡散処理によって残留磁束密度はほとんど変化なく，保磁力が大幅に増大していることがわかる。従来製法ではDy添加による保磁力増大効果は添加量1wt.%当たり約170kA/mであるのに対して，Dyによる粒界拡散では約7倍，Tbによる粒界拡散では約9倍までその効果を高めることができる。また磁石内に拡散するDyあるいはTb量は，磁石体積に依存するが，およそ1wt%以下である。従来製法の同じ保磁力を有する磁石のDyあるいはTb含有量と比較すると，粒界拡散法ではその含有量を約4ポイント削減できる（図3）。さらに残留磁束密度は約100mT高く，実質的にNd磁石の性能が向上する（図4）。現在，粒界拡散法はDyおよびTb使用量の削減（省資源化）だけでなく高性能化の手法として実用化されている。

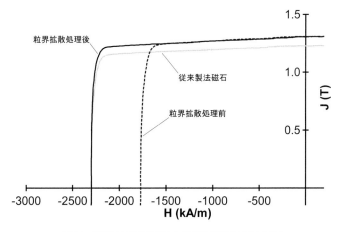

図2　粒界拡散処理による磁気特性の向上例

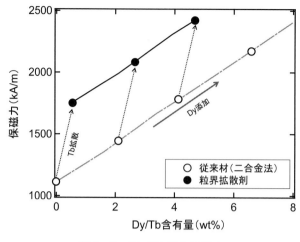

図3　Dy/Tb含有量と保磁力

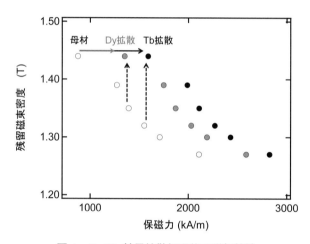

図4　Dy/Tb粒界拡散処理後の磁気特性

3. 供給形態による種々の粒界拡散技術

　粒界拡散法はDyあるいはTbの供給形態によって種々の技術が提案されており，次のように大別できる。
　Ⅰ．塗布拡散法
　　Ⅰ-1．非金属系化合物（フッ化物/酸化物/酸フッ化物など）粉末の塗布[10)12)-14]
　　Ⅰ-2．金属系化合物（単体，水素化物，合金など）粉末の塗布[15)-20]
　　Ⅰ-3．非金属系化合物と還元剤の複合塗布[21)-23]
　Ⅱ．スパッタ拡散法[24)-26]
　Ⅲ．蒸気拡散法[27)-30]
　塗布拡散法は，粉末状のDyあるいはTb化合物を水もしくは有機溶媒などに混合したスラリーを用いて磁石の表面に塗布する。本手法の特徴は，①粉末状の塗布化合物を扱え多様な化合物が

選択可能，②拡散源の複合化ならびに還元剤の混合などが容易，③被塗布物の形状自由度が大きいことが挙げられる。

また，塗布工程はスプレー噴霧，ディップコート，スピンコート，スクリーンプリント，電着など一般的な手法が適用できるため，工程が比較的簡便であることから実用化に適した手法といえる。以下に種々拡散源における特徴を述べる。

非金属系化合物は，その融点が 1,000℃ 以上という特徴から，熱処理中に液化した粒界相成分（R リッチ相）の表面拡散現象を利用する。例えばフッ化物の場合，液化した R リッチ相に溶け込むことで粒界相中に Dy あるいは Tb を供給する。同時に溶解したフッ素は，粒界 3 重点で熱力学的に安定な軽希土類との酸フッ化物（ROF 相）を形成する。軽希土類と優先的に酸フッ化物を形成することで，間接的に R リッチ相中の Dy あるいは Tb 濃度を高めることができる。一方，フッ化物より融点の高い酸化物の場合，上記の表面拡散現象に加え，粒界相成分と酸化物との希土類の相互置換反応によって R リッチ相中に Dy あるいは Tb が導入される。置換割合は配置エントロピーの効果で決まり，Dy あるいは Tb は表面の酸化物と R リッチ相に分配される。つまり磁石中に拡散する Dy あるいは Tb 量は，磁石表面に塗布した酸化物の単位面積当たり重量（塗布密度）と，磁石内部から表面に拡散した R リッチ相の量で制限される。その結果，酸化物の塗布密度を増大させても保磁力増大量はある値で飽和する。また R リッチ相中の Dy あるいは Tb 濃度が過剰に高くならないため，主相結晶粒への格子拡散が抑制され残留磁束密度の低下はほとんどない。ただし，拡散処理後の表面には酸化物が残留するため，加工によって除去する必要がある。

金属系粉末による塗布拡散法では，Dy あるいは Tb を含んだ粉末状の水素化物もしくは合金を水あるいは有機溶剤に分散させたスラリーを用いて塗布する。塗布された金属系粉末はその融点を下げることで，拡散処理温度で溶融し含まれるすべての元素を吸収，拡散させることができる。R リッチ相の表面拡散量に依存しないので，広い組成範囲の磁石素材への粒界拡散処理に適用可能である。一方で，拡散後に磁気特性を低下させない合金元素を選定する必要がある。加えて Dy あるいは Tb が全量磁石中に拡散することで，磁石表面直下の Dy あるいは Tb 濃度が急激に高くなり，主相結晶粒の中心部への Dy あるいは Tb の格子拡散が促進される。これにより主相結晶粒の飽和磁化は減少し，**図 5** に示すように残留磁束密度が著しく低下する。残留磁束密度を回復させるには表面磁石層の研削除去が必要である。また，塗布液を管理する上では，比重の大きい金属系粉末の安定分散や，酸化または水酸化などによる変質などに対する配慮が必要である。

また Dy あるいは Tb を含有した非金属系化合物に還元剤として水素化カルシウムもしくは Pr-Cu など軽希土類を含む低融点合金などの金属系粉末を混合する，あるいは非金属系化合物と還元剤を積層した複合膜を形成する手法も考案されている。本手法では，加熱中，磁石表面で Dy あるいは Tb の一部を金属あるいは合金にまで還元し磁石内に供給する。還元剤を共存させることで磁石への Dy あるいは Tb の吸収率を上げることができるが，主相結晶粒内への Dy あるいは Tb の過激な格子拡散による残留磁束密度の低下を伴う可能性が高い。また一般に還元剤は化学的に活性であるため，スラリーとして扱う場合にはハンドリングに注意を要する。

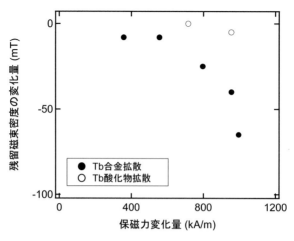

図5 粒界拡散後の磁気特性変化量の一例

　スパッタ法では磁石表面に乾式環境下でDyあるいはTb単体金属あるいは合金組成の薄膜を形成する。その特徴は，膜質が緻密で付着力が高い，成膜プロセスが安定していて膜厚制御が容易，高融点金属の成膜が可能であることが挙げられる。金属系粉末による塗布拡散同様，成膜する合金の融点を下げることで広い組成範囲の磁石素材への粒界拡散処理が可能である。一方で成膜速度が遅いため生産性が低いこと，高真空が必要で大掛かりな装置が必要であることなどの課題もある。

　蒸気拡散法はDyの高い蒸気圧を利用することを特徴とする。真空炉内に磁石とDy供給源（Dyメタルまたは合金）を設置して，800〜900℃の真空加熱によって気相を介してDyを磁石に供給する。Tbの蒸気圧はFeと同程度に低いので，蒸気拡散法は適用できない。磁石内に吸収されるDy量は処理時間に比例するほか，温度でも制御できる。蒸気拡散後の磁石も金属系化合物粉末の塗布同様，Dyが吸収した分の磁石組成の変化，ならびに表面近傍のDyの過度な格子拡散を伴うので，ある値を超える保磁力増大では残留磁束密度の著しい低下を伴う。

4. 保磁力分布磁石

　粒界拡散法で表面から供給されたDyおよびTbは，フィックの法則に従って磁石内を拡散するため，その局所濃度は表面からの距離とともに指数関数的に減少する（**図6**）。表面からの距離が0.5mm以内における局所Dy/Tb濃度の増加は拡散源から直接あるいは粒界相を介した主相粒内への格子拡散に起因した濃度上昇で，局所的に残留磁束密度を著しく低下させる原因となる。一方，保磁力はDyあるいはTb量に比例するため，局所Dy/Tb濃度の変化に伴い局所保磁力も指数関数的に低下する（**図7**）。ここでいう局所Dy/Tb濃度および局所保磁力は，表面からの距離に応じて1mm角に切り出した微小磁石の組成分析，磁気特性によって知ることができる。

　このように，磁石製品内に形状に応じて保磁力が異なる磁石を"保磁力分布磁石"と称している。

　モータを回転させたときの最低パーミアンスあるいは磁石にかかる反磁場の大きさは，必ずし

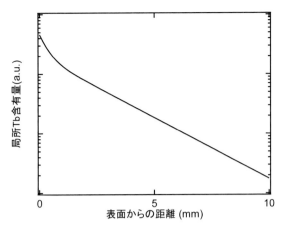

図6 粒界拡散磁石の局所Tb濃度の変化

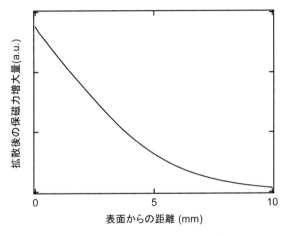

図7 粒界拡散磁石の局所保磁力変化

も均一ではなく部位によって異なる[31]。図8に例示したSPMモータでは，ロータの回転方向に対して磁石後方端に強い反磁場を受けるためパーミアンスが低くなる反面，前方端のパーミアンスは高い。このようなモータにおいて動作時に減磁しない磁石の保磁力を設計する場合，磁石中の最低パーミアンスにて減磁しない保磁力が下限規格として決められる。つまり後方端以外の部位にとって，その保磁力はオーバースペックとなる。また，保磁力を上げるためDyあるいはTbを使用した場合，その使用量が増加するだけでなく，残留磁束密度の低下を伴う分，磁石体積を大きくする必要がある。

　粒界拡散法はDyあるいはTbの拡散面を任意に選択することができるため，保磁力が必要な部位付近の表面からDyあるいはTbを拡散させることで，必要な部位に必要な量の保磁力を与えることができる。保磁力分布磁石をSPMモータ実機に組み込んで耐熱性を評価した結果を図9に示す。粒界拡散処理前の磁石と比較して，粒界拡散処理を施した保磁力分布磁石の耐熱温度が約30℃向上しており，保磁力分布磁石の有効性が確認できる。図中に併記した同等の耐熱性を示す従来の磁石と比較すれば残留磁束密度は80 mT高く，実験に用いたモータでは無負荷誘起電圧

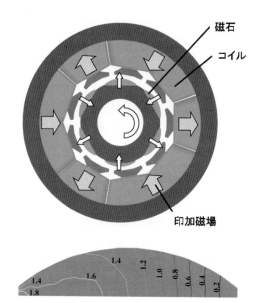

図8 モータと磁石内最低パーミアンスの解析例

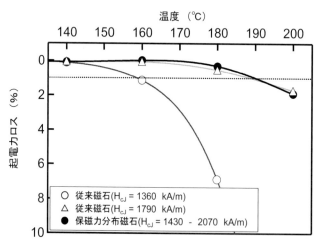

図9 保磁力分布磁石の耐熱性評価の一例

は約7%向上した[32]。

　この保磁力分布磁石は，従来の保磁力が均一な磁石とは異なる新しい耐熱性の付与方法の1つである。モータ設計と保磁力分布を整合させることで従来よりも高い残留磁束密度を有し，かつ製品内のDyおよびTb使用量を大幅に削減できる。今後，高性能と高耐熱の両立が必要な応用製品への保磁力分布磁石の適用拡大を期待したい。

文　献

1) H. Kronmuller: *Phys. Stat. sol.(b)*, **44**, 385　　(1987).

2）M. Sagawa: *Proc. 21st Int. Workshop on Rare-Earth Permanent Magnets and Their Applications*, 183（2010）.

3）宇根康裕ら：日本金属学会誌，**76**（1），12（2012）.

4）J. Allemand et al.: *J. Less-Common Met.*, **166**（1），73（1990）.

5）Z. G. Zhao et al.: *J. Alloys Comp.*, **239**（2），147（1996）.

6）C. Ishizaka et al.: *Proc. 16ᵗ Workshop on Rare-Earth Permanent Magnets and Their Applications*, 237（2000）.

7）M. Katter et al.: *IEEE Trans. Magn.*, **37**（4），2474（2001）.

8）山崎貴司ほか：粉体粉末冶金協会秋季大会概要集，79（2013）.

9）楠的生ほか：電学論 A，**113**，849（1993）.

10）H. Nakamura et al.: *IEEE Trans. Magn.*, **41**，3844（2005）.

11）板倉賢ほか：日本金属学会春季大会概要集，S1・3（2013）.

12）K. Hirota et al.: *IEEE Trans. Magn.*, **42**，2909（2006）.

13）K. Hirota et al.: *Proc. 20ᵗʰ Workshop on Rare-Earth Permanent Magnets and Their Applications*, 122（2008）.

14）中村元ほか：特許第 4450239 号.

15）町田憲一ほか：日本金属学会春季講演大会概要集，279（2009）.

16）國枝良太ほか：WO2008/120784.

17）馬場文崇ほか：特開 2009-289994.

18）大野直子ほか：日本金属学会春季講演大会概要集，115（2009）.

19）中村元ほか：特開 2007-287875.

20）永田浩昭ほか：特開 2008-263179.

21）伊東正浩ほか：日本金属学会春季講演大会概要集，336（2007）.

22）三野修嗣：WO2016/093173.

23）三野修嗣：WO2016/093174.

24）K. T. Park et al.: *Proc. 16ᵗʰ Workshop Rare-Earth Permanent Magnets and Their Applications*, 257（2000）.

25）鈴木俊治ほか：マテリアルインテグレーション，**16**，17-22（2003）.

26）町田憲一ほか：粉体粉末冶金協会春季大会概要集，202（2004）.

27）吉村公志ほか：特許第 4241890 号.

28）永田浩ほか：WO2008/023731.

29）町田憲一ほか：第 32 回日本磁気学会学術講演会概要集，375（2008）.

30）高田幸生ほか：粉体粉末冶金協会講演概要集，平成 22 年度春季大会，92（2010）.

31）宮田浩二ほか：平成 21 年電気学会全国大会，5-006（2009）.

32）中村元：第 17 回磁気応用技術シンポジウム，D-3-1（2009）.

第2編 省・脱レアアース磁石と高効率モータ開発

第1章 ネオジム磁石の新展開

第5節 Dy フリー Nd–Fe–B 系異方性ボンド磁石 の開発

愛知製鋼株式会社 **三嶋 千里** 愛知製鋼株式会社 **度會 亜起**

1. はじめに

Nd–Fe–B系（以下Nd系）異方性ボンド磁石とは，Nd系異方性磁石粉末を樹脂で結合させた複合材料磁石である。樹脂と結合することからNd系焼結磁石と比べると密度が低いため磁気特性は劣る。しかしながら，成形が容易，寸法精度が高い，一体成形などの設計自由度が大きい，電気抵抗が高いなどの特徴を有している。その作製方法は，基本的には磁石粉末と樹脂を混合して磁場中でプレス成形して固めるだけである。しかし，高性能な異方性ボンド磁石を作製するためには，高磁気特性なNd系異方性磁石粉末の開発，さらに磁石粉末と樹脂とを結合するためのコンパウンド技術，多極配向するための金型技術や部品との一体成形技術など多岐にわたった技術開発が必要である。

本稿では，これまで弊社が開発した技術を中心にして，Nd系異方性ボンド磁石の高性能化技術およびそれを使った小型モータ設計について，最近の動向について述べてみたい。

2. Nd 系異方性ボンド磁石

2.1 異方性磁石粉末

Nd系異方性ボンド磁石に使われる高性能異方性磁石粉末は，d（dynamic）-HDDR法によって作製される。ベースとなるHDDR（Hydrogenation–Disproportionation–Desorption–Recombination）法とは，$Nd_2Fe_{14}B + H_2 \rightarrow NdH_2 + Fe + Fe_2B$ の3相に分解する不均化反応，続いて脱水素により元の結晶構造に再結合して $Nd_2Fe_{14}B$ に戻る再結合反応を利用して結晶粒の微細化（約$100\,\mu m \rightarrow$ 約$0.3\,\mu m$）を行う方法である[1)2)]。その際，不均化・再結合の反応速度を制御[3)4)]することで異方性の発現が可能である（**図1**）。

一方，異方性磁石粉末の耐熱性を改善するためには高い保磁力値が必要である。これまでDyの粒界拡散法を開発し 1,270 kA/m 以上の保磁力値を実現した。しかしながら，近年の希土類元素の資源問題を受け，Dy フリーの可能性を検討した結果，d-HDDR反応で異方性と微細な再結合組織を生成し，その後にNdCuAl粉末を粒界拡散[5)6)]させCu，Alを含むNdリッチ相を形成（**図2**）させることで保磁力値の大幅改善を図った（**図3**）。これによりDyフリーで優れた磁石粉末の開発に成功した[7)]。一方，Morimoto などは，AlとNd量を調整して通常のHDDR法のみで，Dyフリーで 1,560 kA/m の高い保磁力値を実現している[8)]。

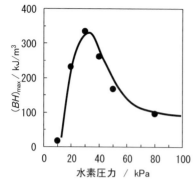
図1 磁気特性と水素圧力の関係

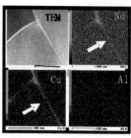
図2 拡散処理前後のNd，Cu，Alの組成マッピング
拡散後にNdリッチ相形成

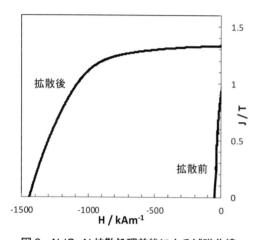
図3 NdCuAl拡散処理前後による減磁曲線

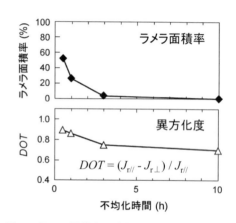
図4 ラメラ面積と異方化度のHD時間依存性

 さらに高いB_r値を得るためには，異方化メカニズムの理解が避けられない。HDDR処理における異方化メカニズムについては，未解明な部分が多くあり種々のモデルが提案されているが[9)-13)]，筆者らは東北大学での過去の報告[14)]および最近の共同研究結果[15)]から，不均化後にラメラ状組織の領域，すなわちFeとNdH$_2$が高配向である領域が多いほど再結合後に異方性が高くなるのに対し，組織が球状化しFeとNdH$_2$間の配向が乱れてくると再結合後の異方性が低下してしまうことが示されていることを見出した（図4）[16)]。

 このようにd-HDDR処理における異方性の発現には，HD後の組織の状態と相間の結晶方位の配向とが大きく寄与しており，Nd$_2$Fe$_{14}$B，Fe，NdH$_2$間の結晶方位関係が維持されるように適切な反応速度でd-HDDR処理を行うことが重要であると考えている。

2.2 異方性ボンド磁石の成形技術とコンパウンド開発

 異方性ボンド磁石の$(BH)_{max}$は，式(1)に示すように，磁石粉末の$(BH)_{max}$に比例し，かつ磁石粉末体積分率と配向度の自乗に比例する。すなわち成形工程においては，高い生産性を維持しつつ，高密度化と高配向化の両立が求められる。筆者らは，この解決方策として，固形コンパウンドを活用した温間成形法を考案した[17)]。しかしながら，その生産性においては，磁場印加を必

要としない NdFeB 系等方性ボンド磁石に比べて劣っていた。そのため，生産性を向上させるために，①低い成形圧で高密度化が可能な成形性の高いコンパウンドの開発，②多数個取り磁石粉末配向用少スペース金型の開発に着手した。

$$\text{ボンド磁石の}(BH)_{max}=\text{磁石粉末}(BH)_{max}\times[（\text{磁石粉末体積分率，配向度，相対密度})]^2$$

(1)

　酸化被膜処理した磁石粉末をエポキシ樹脂でコーティングし，完全硬化処理後，2.5 wt％のエポキシ樹脂をバインダーとして成形時の磁石粉末回転を促進する固体潤滑剤を混練した後，金型潤滑を目的とした金属石鹸を混合してコンパウンドを作製した。このコンパウンドは，1.0 ton/cm^2 の低圧力で 6.1 g/cm^3（相対密度 90％）を得ることができ，成形時の金型設計強度の大幅な低減が可能となった。

2.3　開発した異方性磁石粉末とボンド磁石の性能

　表1に，弊社で提供可能な磁石粉末の特性（MF15P，18P）と圧縮成形タイプのボンド磁石の特性（MF14C，16C，18C）を，Nd-Fe-B 系等方性ボンド磁石およびフェライト焼結磁石と比較して示す。MF14C の iHc は 1,120 kA/m，B_r は 0.98T，$(BH)_{max}$ は 176 kJ/m^3，B_r の温度係数 α は −0.11％/K，iHc の温度係数 β は −0.56％/K で，120℃以下の環境温度の低い用途向けである。MF16C は iHc：1,280 kA/m，$(BH)_{max}$：160 kJ/m^3 の性能を持ち，130℃までの使用が可能である。MF18C は高保磁力タイプで，iHc：1,440 kA/m，$(BH)_{max}$：156 kJ/m^3 の性能をもち，150℃までの使用が可能である。また，提供可能な形状は，外径 50 mm 以下で厚み 0.8〜2.0 mm のリング形状，ならびに瓦，円筒およびブロック形状などである。

　DCBL モータの適用時に要求される複雑形状，部品との一体成形などの場合には，射出成形タイプのボンド磁石が適している。バインダー樹脂材を PA12，PPS として，混合する磁石粉末をMF15P，18P とした場合ボンド磁石の性能を表2に示す。

表1　Nd-Fe-B 系異方性磁石粉末と圧縮成形ボンド磁石の磁気特性

		Nd-Fe-B 系異方性ボンド磁石 MAGFINE					Nd-Fe-B 系等方性ボンド磁石	フェライト焼結磁石
		磁石粉末		圧縮成形ボンド磁石				
		MF15P	MF18P	MF14C	MF16C	MF18C		
$(BH)_{max}$	kJ/m^3	304	280	176	160	156	80	32
B_r	T	1.32	1.25	0.98	0.95	0.95	0.7	0.42
iHc	kA/m	1,120	1,440	1,120	1,280	1,440	756	318
温度係数 α	%/K	—	—	−0.11	−0.11	−0.11	−0.13	−0.18
温度係数 β	%/K	—	—	−0.56	−0.47	−0.46	−0.33	0.40

表2　Nd-Fe-B系異方性射出成形ボンド磁石の磁気特性

バインダー樹脂	磁石粉末種類	B_r T	iHc kA/m	$(BH)_{max}$ kJ/m³	Q値 cm³/s	曲げ強度 MPa	密度 g/cm³
PA12	MF18P	0.8	1,313	115	0.7	93	5.16
	MF15P	0.83	1,074	119	1.0	102	5.13
PPS	MF18P	0.67	1,313	81	0.16	86	4.67
	MF15P	0.68	1,074	84	0.14	83	4.61

3. 異方性ボンド磁石の応用

3.1　自動車用小型DCモータの小型・軽量化

　自動車用小型モータの大半はブラシ付きDCモータで，廉価なフェライト焼結磁石が使用されている。磁石の$(BH)_{max}$が32 kJ/m³のフェライト焼結磁石を使用したモータの小型化には，高い$(BH)_{max}$の磁石を活用することが考えられる。フェライト焼結磁石の約10倍の$(BH)_{max}$を有するNd系焼結磁石の場合，磁石使用量を減らすために薄肉化，扁平化などの加工上の問題からその採用は困難である。それに対して，薄肉リング形状の成形とモータケースへの直接圧入などの加工・組付け性に優れたNd-Fe-B系異方性ボンド磁石は，$(BH)_{max}$の値もちょうど中間の値を有するため，ブラシ付きDCモータの小型軽量化にもっとも適した磁石の1つであるということができる。**図5**にDCモータの小型化の設計例を示す。モータケースに直接圧入固定された4極に着磁した1 mmの薄肉リング状異方性ボンド磁石は，高い寸法精度と同軸度を有するため回転子とのエアギャップを0.3 mmまで縮めることができ，磁束漏洩を抑制した設計となっている。また，モータの回転数を3,000 rpmから6,000 rpmに高速回転化することで，わずか8 gのNd-Fe-B系異方性ボンド磁石で30 W級のブラシ付きDCモータを実現することができた。

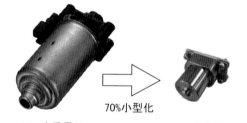

図5　Nd系異方性ボンド磁石によるDCモータの小型軽量化

3.2　アウターロータ型DCBLモータでのNd系焼結磁石の代替

　$(BH)_{max}$が高いNd系焼結磁石の代替の事例としては，形状自由度に優れたNd-Fe-B系異方性ボンド磁石をロータコアに一体射出成形することで，**図6**に示すような独特な磁石とコア形状の組み合わせを見出し磁気回路を最適化し，磁極間のスペースも有効に活用し磁石として使用することで，Nd系焼結同等以上の性能を実現した。

　磁石ロータの製造工程においては，従来のNd系焼結磁石は，着磁後に多数の磁石を接着固定

するという煩雑な工程であるのに対して，Nd-Fe-B系異方性ボンド磁石による積層コアへの一体成形技術を活用することで，図7に示すような非常にシンプルな工程を実現し，成形プロセス中の配向磁場により同時に16極を配向・着磁を行うことで，Nd系焼結磁石では必須な3つの工

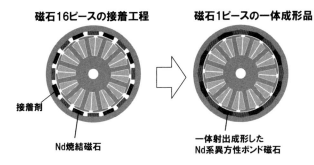

図6 Nd-Fe-B系異方性ボンド磁石によるNd系焼結磁石モータの代替

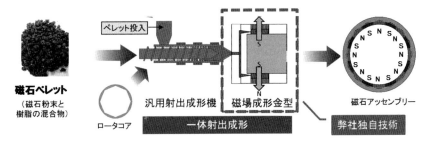

図7 Nd-Fe-B系異方性ボンド磁石の一体成形技術によるシンプルな磁石ロータ製造工程

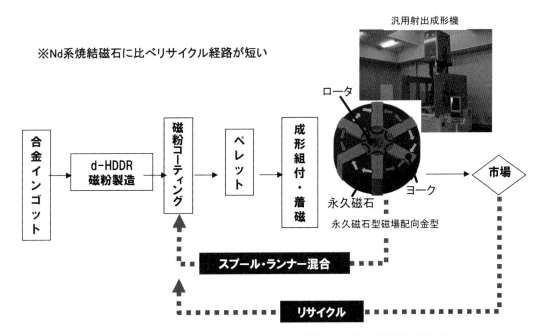

図8 優れたリサイクル性を有するNd-Fe-B系異方性ボンド磁石の製造プロセス

程（切削加工，着磁，組付け接着工程）を省略することができた。

　また，本プロセスでは，**図 8** に示すように，成形中に発生するスプール，ランナー材を工程内で回収し磁石粉末コーティングの工程に戻すことができ，短い経路でリサイクル使用できるという利点も有している。市場から回収した磁石についても樹脂と磁石粉末を分離することで，同様に磁石粉末コーティングの工程に戻すことができ優れたリサイクル性を有する。

　モータ効率に関しては，モータの回転数は可変速で 7,000 rpm で回す際には，同期周波数は 933 Hz となり，表面磁石型モータであるため，磁石の電気抵抗が低いと交番磁界による磁石の渦電流損が問題となるが，Nd 系異方性射出成形ボンド磁石の電気抵抗率は 130 $\mu\Omega$m と Nd 系焼結磁石の約 100 倍高いため，モータ効率でも Nd 系焼結磁石を越える高効率なモータ設計を実現することができた。

4. おわりに

　今後ますます重要となる環境問題，エネルギー問題に対応していくためには，CO_2 排出量の削減と同時に，モータの高効率化と省エネ化が急務な課題となっている。永久磁石式モータをベースに Nd 系異方性ボンド磁石の形状自由度と高電気抵抗率をうまく融合することで，高効率なモータが実用化してきている。今後さらに，高出力モータのへの適用については，永久磁石材料としての課題を解決していき，将来に向けて，モータの高効率化で大きな貢献が期待できると考える。

文　献

1) T. Takeshita and R. Nakayama: 10th International Workshop on Rare-Earth Magnets and Their Applications, Kyoto, Japan, 551 (1989).

2) P. J. McGUINESS et al.: *J. Less*-Common Metals, **158**, 359-365 (1990).

3) H. Nakamura et al.: *J. Magn. Soc. Japan*, **23**, 300-305 (1999).

4) C. Mishima et al.: *J. Magn. Soc. Japan*, **24**, 407 (2000).

5) C. Mishima et al.: *J. Japan Inst. Metals*, **76**, 1, 89 (2012).

6) H. Sepehri-Amin et al.: *Scripta Materialia*, **63**, 1124-1127 (2010).

7) 宝野和博，広沢哲監修：省/脱 Dy ネオジム磁石と新規永久磁石の開発，シーエムシー出版 (2015).

8) K. Morimoto et al.: *J. Magnetism and Magnetic Materials*, **324**, 3723-3726 (2012).

9) T. Tomida et al.: *J. Appl. Phys.*, **81**, 11, 7170-7174 (1997).

10) T. Tomida et al.: *Acta Mater.*, **47**, 3, 875-885 (1999).

11) O. Gutfleisch et al.: *IEEE Trans. Magn.*, **39**, 5, 2926-2931 (2003).

12) H. Sepehri-Amin et al.: *Acta Mater.*, **85**, 42-52 (2015).

13) R. Takizawa et al.: *J. Magn. Magn. Mater.*, **433**, 187-194 (2017).

14) S. Sugimoto et al.: *J. Alloys Compd.*, **293-295**, 862-867 (1999).

15) T. Horikawa et al.: *AIP Advances*, **6**, 056017 (2016).

16) M. Yamazaki et al.: *AIP Adv.*, **7**, 056220-1-8 (2017).

17) 愛知製鋼：特開平 08-031677.

第2編 省・脱レアアース磁石と高効率モータ開発

第2章 サマリウム系磁石の新展開

第1節 耐熱モータ用
高鉄濃度サマリウムコバルト磁石の開発

株式会社 東芝 **桜田 新哉**

1. はじめに

　サマリウムコバルト磁石（SmCo磁石）は，希土類磁石の先駆けとして1960年代に開発が始まり，ネオジム磁石[1]が登場する1980年代半ばまでは最強の磁石であった。1970年代から1980年代前半，SmCo磁石における鉄の含有量を増やして$(BH)_{max}$を高めようとする研究が世界中でなされ，年々記録が更新して264 kJ/m^3（33 MGOe）にまで達した[2)-10)]。これに対してネオジム磁石は，開発初期段階からこれを上回る$(BH)_{max}$が報告され[1]，その後，性能向上と相まって飛躍的に生産量を伸ばし，現在，各種モータや発電機の小型化，高効率化に大きく貢献している。SmCo磁石は高耐熱性，高耐食性などの特徴から現在も一部の用途で少量使用されているものの，過去の磁石として市場においても研究においても，ほとんど注目されてこなかった。

　ネオジム磁石には高温で保磁力が低下するという欠点があるため，自動車・鉄道車両の駆動モータや産業用モータなど高い耐熱性が要求される用途では，高温時における保磁力維持を目的としてネオジムの一部をジスプロシウム，テルビウムなどの重希土類で置換した耐熱型ネオジム磁石が一般的に使用されている[11]。重希土類の鉱山は特定の国・地域に集中しているため，その国や地域の政治情勢によっては調達が難しくなったり，市況が乱高下しやすくなったりするという問題を抱えている。重希土類の価格は2010～2011年に大幅に高騰した後，現在は比較的安定しているが，電動車両やロボットの普及拡大，すなわち耐熱型ネオジム磁石の大量使用が想定される時代の到来を控えて供給不安や価格高騰が依然として大きなリスクであり，高温で高い$(BH)_{max}$を持つ重希土類フリー磁石の開発が切望されていた。

　そこで筆者らは，もともと耐熱性に優れ，重希土類フリーのSmCo磁石に再び着目し，高鉄濃度化，高$(BH)_{max}$化への挑戦を改めて開始した。

2. サマリウムコバルト磁石の製造プロセスと磁気特性発現機構[6)]

　SmCo磁石の一般的な製造工程を**図1**に示す。所定組成の合金を粉砕，磁界中プレス成形，焼結，溶体化熱処理，時効処理の各工程により製造される。十分緻密化するように1,150℃～1,200℃という高温で焼結した後，異相のない均一なTbCu$_7$型結晶相を得るために溶体化処理を行う。SmCo磁石の磁気特性を担うセル状組織を得るためには，適切な条件で溶体化処理を行うことによって二相分離の前駆体であるTbCu$_7$型結晶相をできる限り単相状態で実現することが

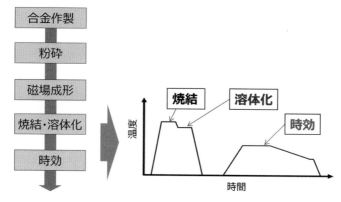

図1　一般的な SmCo 磁石の製造プロセスフロー

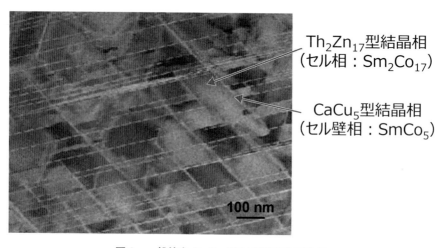

図2　一般的な SmCo 磁石の微細金属組織

重要である。溶体化処理の後，時効処理を施すことによってセル状組織が完成する。時効処理は等温熱処理と徐冷処理の2つの工程よりなり，まず，750～850℃で等温熱処理を行うことで，TbCu$_7$ 型結晶相からセル構造，すなわち Th$_2$Zn$_{17}$ 型結晶相（セル相：Sm$_2$Co$_{17}$）が CaCu$_5$ 型結晶相（セル壁相：SmCo$_5$）で取り囲まれた構造へと相分離する（図2）。次に，連続的または多段冷却によって約 400℃ まで徐冷することにより，セル相とセル壁相との間で元素の拡散が起こる。これによってセル壁相中の銅濃度が高まり，セル壁相が磁壁ピニングサイトとなって保磁力が増大することが知られている。

3. 高鉄濃度化のための組織制御技術[12)-14)]

先に述べたように，SmCo 磁石における高 $(BH)_{max}$ 化の進展は，まさに高鉄濃度化の進展そのものであった。添加元素や製造プロセス条件の検討によって 20 重量％程度まで鉄を増やすことができ，264 kJ/m^3（33 MGOe）の高い $(BH)_{max}$ を実現できることが明らかになったが，当時はこれが限界であった[9)10)]。すなわち，従来技術では，鉄の含有量をそれ以上増やすと保磁力低下や

磁化曲線の第2象限部分（減磁曲線）の角型性低下により，高い $(BH)_{max}$ を得るには至らなかった。

この問題に対し筆者らは，まず高鉄濃度組成で保磁力が低下する原因は，銅濃度が高く，主相とは異なる結晶相（異相）の析出にあることを突き止めた。溶体化熱処理条件を最適化することによってこの異相の析出を抑制し，保磁力を向上させることに成功した[12]。さらに，角型比向上のために，微細で均一なセル状組織の形成，大結晶粒化の2点に着目，予備時効処理[13]と中間熱処理[14]という2つの独自の熱処理により，高い角型比を得るために理想的な微細組織構造を25重量％の高鉄濃度条件で実現することに成功した。これらの技術についての詳細は参考文献12），13），14）を参照願いたい。開発した新規熱処理プロファイルを図3に示す。これにより，SmCo磁石として過去最高となる 282 kJ/m³（35 MGOe）の $(BH)_{max}$ を室温で実現した[15]。開発磁石の磁化―磁界特性を図4に示す。最近，類似のSmCo磁石において，高い角型性を有し 271 kJ/m³（34 MGOe）の $(BH)_{max}$ が報告されている[16]。トータルの鉄濃度は明らかになっていないが，セル相中の鉄濃度は30原子％程度であり，従来（20重量％）よりも高鉄濃度組成であると推測される。SmCo磁石の $(BH)_{max}$ は図5に示すように，磁石中に含まれる鉄濃度の増大に伴ってほぼ直線的に増大し，さらなる高鉄濃度化によって $(BH)_{max}$ をさらに向上できる可能性がある。

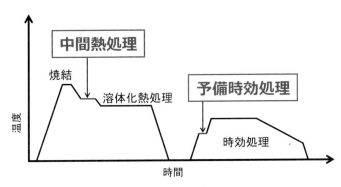

図3　開発した熱処理プロファイル

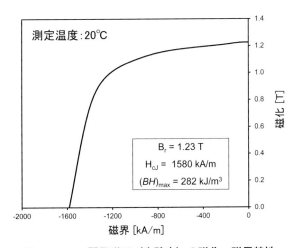

図4　SmCo開発磁石（実験室）の磁化―磁界特性

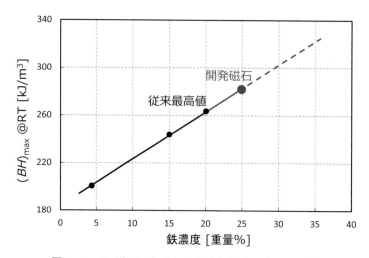

図5 SmCo磁石に含まれる鉄濃度と$(BH)_{max}$の関係

　SmCo磁石の保磁力発現機構にはまだ不明な点が多く，今後さらに高鉄濃度化を図る上では，その解明は重要と考える。そのカギを握る局所的な元素分布の情報を得るためには，高い分解能での分析が必要である。このような観点から，最新の高分解能TEMやアトムプローブ技術による解析が検討されている[17)18)]。また，最近，ネオジム磁石で実績のある走査型軟X線MCDイメージング（大型放射光施設SPring-8）によってSmCo磁石における局所的な磁化反転機構解明に向けた研究も行われている[19)]。これらを通じたSmCo磁石の保磁力発現機構解明と，それに基づく一層の高鉄濃度化が期待される。

4. 高鉄濃度サマリウムコバルト磁石量産技術[20)21)]

　前項で述べた282 kJ/m³の$(BH)_{max}$を持つ磁石は，実験室にてボールミルを用いて粉砕した粉末を用いて作製して得られたものであり，磁石の量産化を図るためには，ジェットミル粉砕への移行が重要である。そこで，従来よりSmCo磁石を製造，販売している東芝マテリアル㈱の量産プロセス（ジェットミルを含む）をベースに，高鉄濃度SmCo磁石の製造技術を同社と共同で開発した。

　まずはボールミルで粉砕した粉末と同等の平均粉末粒径と粒度分布が得られるように，東芝マテリアル㈱の量産型ジェットミルを用いて，ジェットミル粉砕の条件（ガス圧，原料投入速度など）を調整することを試みた。その結果，ボールミル粉砕の場合と同等の焼結体密度が得られたにも関わらず残留磁化が低下し，$(BH)_{max}$は255 kJ/m³に低下することが明らかになった。この原因を調査したところ，焼結体の酸素濃度がボールミル粉砕の場合（2,000～2,500 ppm程度）と比べて倍増していることが判明した。ボールミルが大気との接触を極力抑えられる湿式プロセスであるのに対し，ジェットミルは溶媒を用いない乾式プロセスであるため，粉末に吸着する酸素量が増え，焼結時にサマリウム酸化物が多量に生成して，酸素濃度が増大したものと考えられる。磁化に寄与しないサマリウム酸化物の増大によって残留磁化が低下，これに伴って$(BH)_{max}$

が低下したものと思われる。そこで，酸素濃度低減のために，ジェットミル粉砕の条件を再検討して平均粉末粒径を10％程度大きくし，それと同時に焼結・熱処理条件も見直したところ，焼結体の酸素濃度を3,000〜3,400 ppmに抑えながら十分な密度の磁石を製造できるようになった。

これまで実験室で開発してきた基本技術（組織制御技術）に加え，今回開発した低酸素濃度・高密度焼結体製造技術により，量産型ジェットミル粉末を用いた高鉄濃度SmCo磁石において，以下の磁気特性が室温で得られた。

B_r（残留磁化）= 1.20 – 1.21 T, H_{cJ}（固有保磁力）= 1,600 – 2,000 kA/m, $(BH)_{max}$ = 265 – 275 kJ/m^3

代表的な磁化—磁界特性を**図6**に示す。市販のSmCo磁石の最高グレード品と比較して，同等以上の保磁力を持ちながら，残留磁化，$(BH)_{max}$が高く，SmCo磁石の中で最高レベルの室温磁気特性といえる。

次に，開発した高鉄濃度SmCo磁石（量産品）と耐熱型ネオジム磁石の残留磁化および保磁力の温度依存性を**図7**に示す。室温付近では残留磁化，保磁力ともに耐熱型ネオジム磁石が上回っ

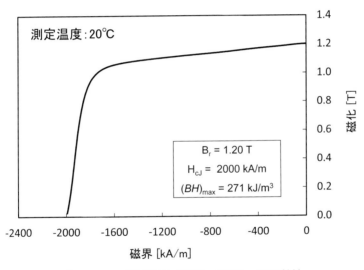

図6　SmCo開発磁石（量産）の磁化—磁界特性

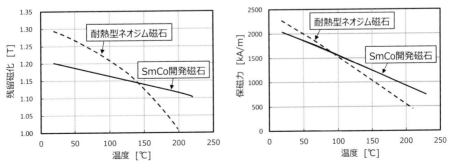

図7　SmCo開発磁石（量産）と耐熱型ネオジム磁石の残留磁化および保磁力の温度依存性

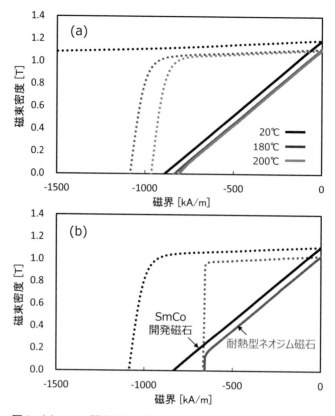

図8 (a) SmCo開発磁石（量産）の各温度での磁束密度―磁界特性，(b) 180℃における磁束密度―磁界特性比較

ているが，残留磁化は140℃以上，保磁力は80℃以上で逆転して開発磁石のほうが上回っていることがわかる。開発磁石（量産）の各温度での磁束密度-磁界特性（BH特性）を**図8**(a)に，180℃におけるBH特性を図8(b)に示す。180℃の場合，耐熱型ネオジム磁石ではBH特性に明確な屈曲が生じるのに対して，開発磁石は直線的である。BH特性に屈曲がある場合，モータ運転時に不可逆減磁が生じやすい。不可逆減磁の大きさは，加わる反磁界と温度で決まり，励磁コイルに大きな電流が流れると磁石に大きな反磁界と熱が加わり，減磁する可能性が高まる。つまり，より高温まで屈曲のない直線的なBH特性を示す開発磁石は，耐熱型ネオジム磁石と比較して不可逆減磁が生じにくく，減磁耐性が高いということができる。

5. 開発磁石の特長と効果

本開発の高鉄濃度SmCo磁石の特長を以下に示す。
① 重希土類フリーであるため，将来にわたって供給不安や価格高騰のリスクが小さい。
② 140℃以上の耐熱性が求められるモータ・発電機の小型化，高効率化，高出力化が可能となる。
③ 高温での減磁耐性が高いことによりモータの冷却システムが不要になる，もしくは簡素化

でき，省スペース化，低コスト化が可能になる。また，薄型磁石が使用可能となり，モータ設計自由度が飛躍的に向上する。

④ 従来のSmCo磁石同様，耐食性が良好（85℃，湿度85％，1,000時間で錆発生なし）なため，防錆塗装が不要になる，もしくは簡略化できる。

開発磁石は，現在，東芝マテリアル㈱にて製造，販売されている。上記の特長を活かした新しい設計で，特徴あるモータシステム，さらにはそれを用いた特徴ある応用製品が創出されることを期待している。

6. 耐熱モータへの適用事例と効果検証

耐熱モータの一例として，鉄道車両用永久磁石同期電動機（Permanent Magnet Synchronous Motor；以降PMSMと呼ぶ）を取り上げ，SmCo磁石とネオジム磁石を搭載したPMSM実機を試作してモータ特性の違いを検証した[22]。検証機種は，国内の鉄道会社各車両に標準的に搭載可能な標準PMSMを選定した。図9に標準PMSMの外観を，表1に主要諸元を示す。本機種は全閉構造，非分解軸受構造を構成し，省エネ・省保守・低騒音を実現している。なお，本試作機に搭載したSmCo磁石は$(BH)_{max}=240\,\mathrm{kJ/m^3}$程度のものを使用し，ネオジム磁石は標準PMSMで一般に使用されている耐熱型ネオジム磁石を使用した。本試験により以下の事項を確認した。

① 磁石温度100℃（JIS規格で規定されている特性評価温度）では，SmCo磁石PMSMはネオジム磁石PMSMに比べて無負荷誘起電圧は約9％小さく（図10），最大トルクにおける必要起動電流は約4％大きくなり（図11），モータ特性に違いが出ることを確認した。

② 磁石温度が170〜180℃では，無負荷誘起電圧，必要起動電流ともにSmCo磁石PMSMとネオジム磁石PMSMではほぼ同等になり，モータ特性はほとんど変わらないことを確認した（図10，図11）。

③ 1時間定格温度上昇試験結果（表2）より，固定子コイルと磁石の温度上昇はSmCo磁石PMSMとネオジム磁石PMSMでほぼ同等であり，いずれも温度限度値以下であり問題ないことを確認した。

図9　鉄道車両用永久磁石同期電動機（PMSM）外観

表1　PMSM主要諸元

主電動機方式	永久磁石同期電動機
相数	3相
極数	6極
定格出力	1時間：240 kW
回転速度	2,000 min^{-1}
架線電圧	1,500 Vdc
冷却方式	全閉自冷方式
計画質量	655 kg

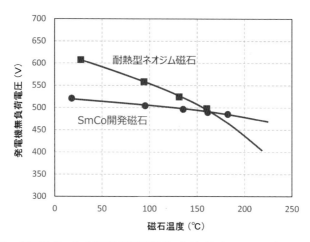

図10　磁石温度—無負荷誘起電圧比較（回転速度 200 min^{-1} にて比較）

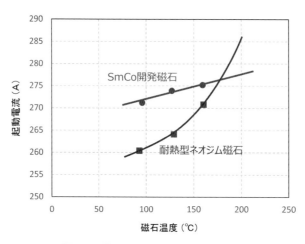

図11　磁石温度—必要起動電流特性

表2　1時間定格温度上昇試験結果

	耐熱型 ネオジム磁石	高鉄濃度 SmCo磁石
固定子コイル（抵抗法） （限度値）	150 K	150 K
永久磁石温度	114℃	111℃
運転条件	INV1時間	
出力	240 kW	
電圧	990 V	
電流	165 A	172 A

④　高速回転後に回転子の外観を調査した結果，回転子の変形はないことを確認した。

⑤　回転子の磁石挿入作業で磁石の欠けは見られず，製造性に問題ないことを確認した。

以上の検証結果により，低温時のモータ特性を考慮しておけば，SmCo磁石の鉄道車両用PMSM適用は可能であることが示された。SmCo磁石はネオジム磁石より温度変化に強いというメリットがあり，また，より$(BH)_{max}$の高い開発品を用いればモータのさらなる小型化や高出力化が期待できる。これらの基礎的な検証結果を踏まえ，開発したSmCo磁石を使用したPMSMはJR九州の新型車両305系電車の駆動システムに搭載され，2015年2月より営業運転に供せられている[23]。本PMSMの連続定格である100 kWに対して，120 kWの過負荷状態で約6時間の連続温度上昇試験を実施したところ，磁石温度は217℃まで上昇したが，その後，減磁は全くみられず，SmCo磁石PMSMの優れた耐熱性を確認することができた。これを皮切りに，温度変化に対する特性変動の少なさを活かして鉄道車両用ディーゼル発電機への搭載も検討が進められている。

一方，自動車向けとしては，ハイブリッド/電気自動車向け駆動モータ・発電機をはじめ，各種車載センサ，モータ・アクチュエータへの適用が検討されている。今後は，鉄道車両や自動車のみならず，エアコン，エレベータ，産業用モータ，風力発電機など，社会インフラシステム製品に幅広く適用されることが期待されている。これらのモータ・発電機にはますます小型軽量化，高出力化，省電力化が求められることから，開発した技術はこれらの要求に応えることができる基盤技術として，普及・発展していくことが期待される。

7. おわりに

高耐熱ネオジム磁石に含まれる重希土類の資源リスクに着目し，重希土類を使用しなくても高温で高い$(BH)_{max}$を持つ高性能磁石実現を目指してSmCo磁石の高鉄濃度化に取り組み，高鉄濃度化のネックとなっていた保磁力と角型比を向上させる組織制御技術の開発から量産技術開発までを一貫して行った。その結果，SmCo磁石で過去最高となる282 kJ/m³の$(BH)_{max}$を室温で実現するとともに，固有保磁力≧1,600 kA/mで270 kJ/m³級の高$(BH)_{max}$磁石量産技術を確立し，鉄道車両，ハイブリッド/電気自動車，エアコン，エレベータ，産業用モータ，風力発電機などの耐熱モータ・発電機に使用可能な重希土類フリー磁石を供給する基盤を築いた。

2010〜2011年に産業界に大きな衝撃を与えた，いわゆる"レアアースショック"から8年余りが経過，一時期急騰した希土類の価格は急落し，レアアース問題は去ったかの様相を呈している。しかし，重希土類の新規供給ルートが確立されたわけではなく，電気自動車やハイブリッド車の普及拡大に伴う耐熱型ネオジム磁石の大量使用が想定される時代の到来を控えて，依然として重希土類の供給停止や価格高騰が大きなリスクであると言わざるを得ない。こうした状況において本技術は，重希土類フリーの代替磁石の提供により重希土類の提供リスクの軽減に大きく貢献することが期待される。ネオジム磁石と共存し，使い分けながら用途を拡大することは，希土類資源をバランス良く使用するという意味でも価値があり，代替技術の確立によって重希土類の輸出停止や価格高騰の抑止力となることも期待される。そのためにも，サマリウムコバルト磁石

第２編　省・脱レアアース磁石と高効率モータ開発

の一層の高鉄濃度化，高$(BH)_{max}$化に向けた技術開発は今後も重要であると考えている。

　今回開発した技術の一部には，NEDO（希少金属代替・削減技術実用化開発助成事業）の成果が含まれています。

文　　献

1）M.Sagawa et al.: *J. Appl. Phys.*, **55**, 2083–2087（1984）.

2）T. Ojima et al.: *J. J. Appl. Phys.*, **16**, 671–672（1977）.

3）R. K. Mishra et al.: *J. Appl. Phys.*, **52**, 2517–2519（1981）.

4）G. C. Hadjipanayis et al.: *J. Appl. Phys.*, **53**, 2386–2388（1982）.

5）J. Fidler et al.: *IEEE Trans. Magn.*, **19**, 2041–2043（1983）.

6）A. E. Ray: *J. Appl. Phys.*, **55**, 2094–2096（1984）.

7）A. E. Ray et al.: *IEEE Trans. Magn.*, **23**, 2711–2713（1987）.

8）S. Derkaoui et al.: *J. Less–Common Metals*, **136**, 75–86（1987）.

9）T. Yoneyama et al.: Ferrites, Proc. Intl. Conf. on Ferrites, 362–365（1980）.

10）S. Liu et al.: *IEEE Trans. Magn.*, **25**, 3785–3787（1989）.

11）M. Sagawa et al.: *J. Appl. Phys.*, **61**, 3559–3561（1987）.

12）Y. Horiuchi et al.: *IEEE Trans. Magn.*, **49**, 3221–3224（2013）.

13）Y. Horiuchi et al.: *Mater. Trans.*, **55**, 482–488（2014）.

14）Y. Horiuchi et al.: *J. Appl. Phys.* **117**, 17C704（2015）.

15）堀内陽介ほか：粉体および粉末冶金，**63**, 13, 1035–1041（2016）.

16）H. Machida et al.: *AIP ADVANCES*, **7**, 056223（2017）.

17）F. Okabe et al.: *Mater. Trans.*, **47**, 218（2006）.

18）X. Y. Xiong et al.: *Acta Mater.*, **52**, 737–748（2004）.

19）加藤涼ほか："軟X線走査型MCD顕微鏡によるSm–Co系焼結磁石の磁区観察"，日本金属学会2018年春期（第162回）講演大会講演概要，268（2018）.

20）萩原将也ほか："耐熱モーター用高鉄濃度サマリウムコバルト磁石の製造技術"，東芝レビュー，**72**, 2, 45–48（2017）.

21）東芝ホームページ，https://www.toshiba.co.jp/about/press/2016_11/pr_j1001.htm

22）澤上友貴ほか："Dyフリー対応Sm–Co磁石PMSMの開発"，第50回鉄道サイバネ・シンポジウム，507（2013）.

23）東芝ホームページ，https://www.toshiba.co.jp/about/press/2014_09/pr_j0301.htm

第2編 省・脱レアアース磁石と高効率モータ開発

第2章 サマリウム系磁石の新展開

第2節 異方性 Sm₂Fe₁₇N₃ 焼結磁石の開発

国立研究開発法人産業技術総合研究所　髙木　健太

1. はじめに

　Sm₂Fe₁₇N₃ 化合物は 15.7 kG の飽和磁化と 260 kOe の異方性磁界を持ち[1]，飽和磁化から算出される理論磁気最大エネルギー積 $(BH)_{max}$ は Nd₂Fe₁₄B 化合物（64 MGOe）に匹敵する 61.6 MGOe に及ぶ。注目すべきは Sm₂Fe₁₇N₃ の高い耐熱性であり，残留磁化の温度係数はおよそ −0.07%/℃ と一般的な Nd₂Fe₁₄B 磁石（−0.09〜−0.12%/℃）より優れる[2]。したがって，電気自動車の駆動用モータなどの高温環境においては Nd₂Fe₁₄B 磁石よりも優れた特性を発現する可能性がある。例えば，図1に示すように文献値から高温域での Sm₂Fe₁₇N₃ 磁石の理論 $(BH)_{max}$ を概算する。仮にプロセス的要因などにより理論 $(BH)_{max}$ の 0.64 倍の性能の Sm₂Fe₁₇N₃ 磁石しか得られないとしても，150℃ 以上の高温域では耐熱性 Nd₂Fe₁₄B 磁石を上回る可能性がある。さらに，理論 $(BH)_{max}$ の 0.8 倍程度の Sm₂Fe₁₇N₃ 磁石が作れれば，Nd₂Fe₁₄B 磁石よりはるかに優れた耐熱性磁石となる可能性を秘める。また，Sm₂Fe₁₇N₃ 磁石は資源的な観点からも優位性を有する。電気自動車の世界的な普及に伴って Nd 原料の枯渇と価格高騰が懸念されているが，Sm は資源的な余裕もあり価格も Nd の 1/4 程度で安定している。それにも関わらず，その開発は 20 年間停滞していた。これは，Sm₂Fe₁₇N₃ は焼結磁石に加工すると磁気特性が著しく低下する問題を抱えているためである。しかし，最近になって磁気低下の原因が解明され，異方性 Sm₂Fe₁₇N₃ 焼結磁石の可能

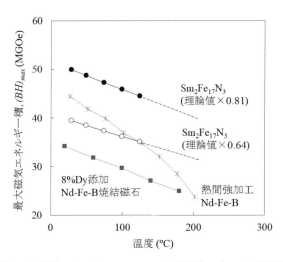

図1　高温域における Sm₂Fe₁₇N₃ の理論 $(BH)_{max}$ の予測[3][4]

第2編　省・脱レアアース磁石と高効率モータ開発

性が示された。本稿では，$Sm_2Fe_{17}N_3$ の焼結による磁気特性低下を解説するとともに，今後の課題や可能性について述べる。

2. $Sm_2Fe_{17}N_3$ 焼結磁石の問題

$Sm_2Fe_{17}N_3$ は Th_2Zn_{17} 型の菱面体結晶構造を持ち，c 軸方向に磁化容易軸を持つ。したがって，単結晶粉末を作製し，この粉末の c 軸方向を揃えて焼結固化できれば異方性焼結磁石が得られる。$Sm_2Fe_{17}N_3$ 単結晶粉末は，一般的に溶製法や還元拡散法により得られた Sm_2Fe_{17} 粗粉末をアンモニア/水素混合ガスを用いて 450℃ 程度で窒化し，さらに数 μm まで微粉砕することにより作製できる[5]。最近では，次節で述べられているような化学的手法を利用して $Sm_2Fe_{17}N_3$ 単結晶粉末を直接合成する方法も開発されている。

$Nd_2Fe_{14}B$ 磁石の焼結においては，665℃ 以上で起こる Nd-Fe-B 系の 3 元共晶反応に基づく液相焼結によって容易に緻密化することができる。一方で，$Sm_2Fe_{17}N_3$ を構成する Sm-Fe 系の共晶温度は 720℃ であり，液相形成のためにはこの温度以上の加熱が必要である。しかしながら，$Sm_2Fe_{17}N_3$ はおよそ 620℃ 付近で下記の反応を起こして熱分解することが知られている[6]。

$$Sm_2Fe_{17}N_3 \rightarrow SmN + Fe + N_2 \tag{1}$$

この反応は不可逆であるため，いったん熱分解されると永久磁石としての機能が完全に失われる。したがって，$Sm_2Fe_{17}N_3$ に液相焼結の原理に基づく固化成形を適用することは難しい。つまり，$Sm_2Fe_{17}N_3$ 焼結磁石を作製するには 620℃ 以下で固相拡散による固化成形が強いられる。

この制約に対し，これまでにもさまざまな $Sm_2Fe_{17}N_3$ 粉末の固化成形が試みられてきた。$Sm_2Fe_{17}N_3$ の開発初期に用いられたのが，当時セラミックスの焼結法として高度化されてきたホットプレスなどの加圧焼結法である。加圧焼結法は，固相拡散で生み出される応力よりも数桁大きい外圧によって粒子再配列や塑性変形を促し，より低温で緻密化する手法である。ただし，ホットプレス法を用いても熱分解温度以下の焼結温度では相対密度が 85% 程度の磁石しか得られない[7]。相対密度が 100% に近い焼結磁石を得るには，3 GPa の高圧を付加した焼結が必要であることが報告されている[8]。しかし，初期の焼結磁石開発においてもっとも問題となったのは，焼結加熱に伴う保磁力の劣化である。例えば，熱分解温度より低い 400℃ でホットプレスしても，保磁力は粉末段階の 40% 程度まで激減する。この保磁力の低下は不可逆であり，低下量は焼結温度に比例して大きくなる。

加熱による保磁力低下を抑制するため，低熱負荷の固化成形法も試みられた。放電プラズマ焼結法に代表される通電焼結技術はホットプレスの一種であり，低熱負荷の焼結が可能である。この方法では，焼結金型や粉末に直接流した電流のジュール発熱によっていわゆる内部加熱するため，ホットプレス法の数倍以上の高速で昇温や降温することができる。ただし，通常の焼結条件を適用してもホットプレス法からの改善は得られない[6]。例えば，熱負荷が小さいことを活かして超硬合金製金型を用いて 1 GPa 以上の高圧力下で通電焼結すると，相対密度 90% の $Sm_2Fe_{17}N_3$ 焼結体が得られる[9]。しかしながら，通電焼結により加熱時間を大幅に減らしても保磁力低下は

回避できないことがわかっている。

　したがって，保磁力低下を回避して固化成形する手段として，非加熱成形法も検討された。火薬爆発などの衝撃エネルギーを利用した衝撃成形法では，成形密度はほぼ100%に達し，加熱による保磁力低下も生じないことが実証された[10)-12)]。この衝撃成形法による磁石の$(BH)_{max}$（23.8 MGOe）がこれまで作られた$Sm_2Fe_{17}N_3$バルク磁石の中では最大値である。ただし，当然ながら衝撃成形法は研究レベルの成形法技術であり，産業応用はかなり難しい。また，新しい非加熱プロセスとして，エアロゾルデポジション（AD）法やせん断圧縮成形法などの適用も挙げられる。AD法は数百m/秒に加速された粉末を固体表面に衝突させて，その衝撃によって厚膜を形成する技術である。この試みにおいても保磁力低下はみられず，常圧成形の有効性が示された[13)]。ただし，成形体のサイズ制限や低い成形密度などの課題が残る。また，せん断圧縮成形法は，粉末に圧縮力とせん断力を同時に加えることにより，3次元的な粒子再配列を促して高密度化する手法である。この方法では保磁力低下を生じない室温下であっても相対密度84%程度まで高密度化できることが示されており，形状制約や容易軸方向の乱れなどを解決できれば有力なプロセスとなり得る。

　このように，熱分解温度以下という加工温度の制約のもと，高密度化と保磁力低下の抑制の同時達成を目指してさまざまな固化成形プロセスが$Sm_2Fe_{17}N_3$に適用されてきた。しかしながら，これまではこれら2つの課題を同時に解決できるプロセスは見出されてこなかった。つまり，既存プロセスを単純に適用するだけでは$Sm_2Fe_{17}N_3$焼結磁石の実現は困難であり，問題となる現象を正しく理解にした上での固化成形技術開発が必要である。

3. 焼結による保磁力低下現象の理解

　前項ではこれまでに試行されたさまざまな方法による$Sm_2Fe_{17}N_3$の固化成形について列挙したが，産業的な観点からもっとも有効な手法はやはり焼結法であろう。しかし，先述したとおり加熱を伴う焼結法では，いずれの技術を用いても保磁力低下を回避できた例はない。例えば，低熱負荷焼結技術である通電焼結法を用いても，保磁力は図1のように焼結温度とともに減少する。Sm-Fe-N粉末の加圧焼結に関するこれまでの報告を見ると，焼結温度が400℃に達すると粒子間の焼結が始まると推測されるが[15)]，400℃以上では保磁力は4 kOe以下まで低下する。興味深いことに，ホットプレス法や放電プラズマ焼結法を用いても400℃で焼結された$Sm_2Fe_{17}N_3$焼結磁石の保磁力は4 kOe前後の値となる[6)8)]。これは，保磁力低下現象が焼結手法や焼結条件に関係なく，温度のみに依存することを示唆している。

　焼結時の保磁力低下現象は$Sm_2Fe_{17}N_3$磁石開発初期から知られており，当時は粉末表面の熱分解や脱窒素が原因と考えられていた。熱分解や脱窒素は$Sm_2Fe_{17}N_3$の内因的な現象であり，もしこれらが原因ならば$Sm_2Fe_{17}N_3$焼結磁石の実現はかなり難しい。しかし，**図2**を見ると保磁力低下は分解温度よりはるかに低い温度において始まることは明らかであり，熱分解が原因とは考えにくい。また，脱窒素に関していえば，$Sm_2Fe_{17}N_3$から窒素量が減ると異方性磁界が低下することが知られており，保磁力低下をもたらす可能性はある。しかし，**図3**に示すように，焼結時間

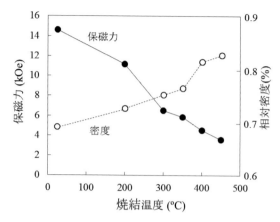

図2 Sm$_2$Fe$_{17}$N$_3$焼結磁石（通電焼結法）における焼結温度と保磁力の関係[9]

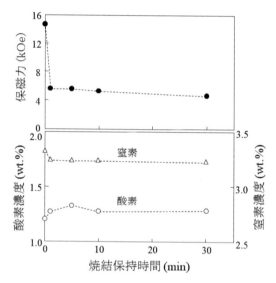

図3 Sm$_2$Fe$_{17}$N$_3$磁粉を400℃で焼結したときの焼結時間と保磁力，酸素・窒素濃度の関係[9]

に対する保磁力と窒素濃度の変化をとると，脱窒素が主因でないことがわかる。もし脱窒素が原因ならば，焼結時間の経過とともに徐々に窒素量が減少し，それに伴って保磁力が低下するはずである。しかし，焼結時間を十分に長くしても焼結体内部の窒素量は見られないうえに，保磁力低下は焼結初期の短時間で起こる。つまり，Sm$_2$Fe$_{17}$N$_3$の焼結過程における保磁力低下は熱分解や脱窒素とは異なる原因といえる。

数μm程度のSm$_2$Fe$_{17}$N$_3$粉末を熱分解温度以下で加圧焼結すると，図4(b)のような焼結界面が観察される。焼結界面は3つの異なる帯状の領域から構成されており，元素分析や電子線回折を行うと中央の領域（A）は酸化物層で，その隣接領域（B）は数nm程度のFe微結晶を含むSm$_2$Fe$_{17}$N$_3$相であることがわかる。軟磁性であるこのFe相微結晶が逆磁区の核発生サイトとなり保磁力低下につながったと考えられる。つまり，このFe相微結晶の形成メカニズムが保磁力低

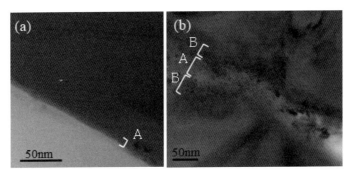

図4 Sm$_2$Fe$_{17}$N$_3$磁粉の表面付近とその焼結体の焼結界面の透過電子顕微鏡像 ＡとＢはそれぞれ酸化膜およびFe析出域[9]

下抑制のカギを握る。ここで，焼結前のSm$_2$Fe$_{17}$N$_3$粉末をX線光電子分光法や高輝度X線回折法などで分析すると，表面酸化膜はSm$_2$O$_3$とヘマタイト（Fe$_2$O$_3$），ウスタイト（FeO）からなることがわかる。しかし，焼結後の酸化膜にはヘマタイトやウスタイトはほとんど含まれておらず，Sm$_2$O$_3$の単相膜となる。つまり，酸化膜の中にある酸化鉄が加熱によってSm$_2$Fe$_{17}$N$_3$中のSm元素によって還元されたと推測できる。化学式で書くと以下のような反応である。

$$Sm_2Fe_{17}N_3 + Fe_2O_3 \rightarrow Sm_2O_3 + 19Fe + 3N \tag{2}$$

式(2)を見てもわかるように，わずかな反応でも大量の金属Feが形成されることがわかる。また，N原子はFe結晶内に固溶するか，N$_2$となって外部に放出されると考えられる。つまり，焼結過程における保磁力低下現象は，原料磁粉の表面酸化膜に起因して生じる。

4. 低酸素プロセスによる保磁力低下の抑制

焼結時の保磁力低下の原因が磁粉表面の酸化膜であるのならば，焼結する前に酸化膜を除去すればよい。しかし，Sm$_2$Fe$_{17}$N$_3$のような希土類元素を含む粉末の表面酸化膜除去は容易ではない。水素還元は粉末の酸化膜除去によく用いられる手法であるが，希土類元素の酸化物はどの温度域でも水素で還元することは不可能である。また，酸で溶かす手法も考えられるが，希土類元素やFe元素は水溶液中の水分子と容易に反応して再び酸化膜を形成する。つまり，Sm$_2$Fe$_{17}$N$_3$粉末表面にいったん形成した酸化膜を除去することは難しい。したがって，粉末作製から焼結に至るまで，粉末表面を酸化させることなく処理することがもっとも達成しやすい。低酸化環境工程の構築は非常に大掛かりで高コストのように感じられるが，Nd$_2$Fe$_{14}$B焼結磁石の製造工程ではすでに取り入れられている。なお，Nd$_2$Fe$_{14}$B磁石の製造における低酸化環境の目的は酸化による磁化低下の抑制であり，Sm$_2$Fe$_{17}$N$_3$磁石における保磁力低下の抑制とは目的が異なる。

図5に異方性Sm$_2$Fe$_{17}$N$_3$焼結磁石の作製プロセスの一例を示す。原料としてSm$_2$Fe$_{17}$N$_3$粗粉末を準備する。Sm$_2$Fe$_{17}$溶製インゴットをカッターミルなどで粗粉砕した後に，NH$_3$/H$_2$混合気流中熱処理でSm$_2$Fe$_{17}$N$_3$となるように窒化する。均一に窒化でき，かつ次工程で微粉砕できるように粗粉末の粒径は数十μm程度がよい。また，還元拡散法で合成したSm$_2$Fe$_{17}$粗粉末を窒化するこ

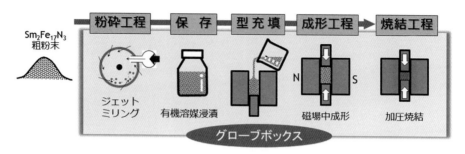

図5 異方性 $Sm_2Fe_{17}N_3$ 焼結磁石ための低酸化プロセスの一例

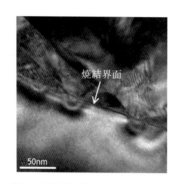

図6 低酸化プロセスで作製した $Sm_2Fe_{17}N_3$ 焼結磁石の焼結界面近傍の透過電子顕微鏡像[16]

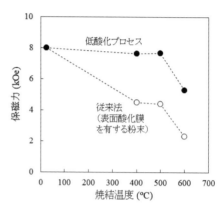

図7 低酸化プロセスおよび従来法で作製した $Sm_2Fe_{17}N_3$ 焼結磁石の焼結温度と保磁力の関係[16]

とにより，より高品質な $Sm_2Fe_{17}N_3$ 粗粉末が得られる。この粗粉末をグローブボックス中に設置したジェットミルや媒体ミルなどで粒径が数 μm になるまで微粉砕する。粉砕中は粉末表面が非常に活性なため，粉砕雰囲気の酸素濃度は1 ppm 以下が望ましい。粉砕された粉末は，そのまま放置しておくとグローブボックスの中であっても数週間程度で徐酸化されてしまうため，有機溶媒に浸漬して保護するとよい。なお，有機溶媒としては，OH 基から構成されておらず，また十分に脱酸素処置をしたものを使用しなくてはならない。焼結に際しては，グローブボックス内で焼結型に粉砕粉末を充填し，磁場中配向圧密成形および焼結を行う。有機溶剤の除去は，型充填前か焼結前に真空蒸発によって行う。

このようにして，$Sm_2Fe_{17}N_3$ 粉末をできる限り酸化させることなく異方性焼結磁石を作製すると，図6に示すように，焼結界面には酸化膜相は当然ながら Fe 微結晶も見られない。また，X線回折測定を行っても金属 Fe は検出されない。実際に得られた焼結体の磁気特性を測定すると，図7に示すように，焼結温度が500℃以下では原料粉末から保磁力低下は全くない。先述したように，$Sm_2Fe_{17}N_3$ を焼結するには400℃以上に加熱することは必須であり，この温度域で保磁力低下がないことは大きな進歩といえる。ちなみに，低酸化プロセスで作製した粉末をいったん大気に暴露して酸化膜を形成させ，再び低酸素プロセスに戻して焼結しても，図7に示すように保磁力は大きく低下する。つまり，表面酸化膜がない $Sm_2Fe_{17}N_3$ 粉末を原料として焼結すれば，こ

れまで重大な課題であった保磁力低下を起こすことなく焼結磁石を作製することができるようになる。また，$Nd_2Fe_{14}B$ 磁石製造で成熟した低酸化プロセス技術を用いれば，粉末表面酸化のない，ひいては保磁力低下のない $Sm_2Fe_{17}N_3$ 焼結磁石を作製できる。

5. その他の保磁力低下抑制手法と今後の展望

　表面酸化膜のない $Sm_2Fe_{17}N_3$ 粉末を焼結すれば，加熱中の Fe 形成が抑えられて保磁力低下を起こさない。言い換えれば，仮に表面酸化膜があっても，焼結中に形成した Fe 相を除去する，もしくは酸化膜を除去すれば保磁力の低下は生じない。したがって，$Sm_2Fe_{17}N_3$ 粉末に上記のいずれかの効果を示す添加剤を混合して焼結すればよい。前者に関しては古くから金属 Zn 添加が非常に優れた保磁力改善効果を発揮することが知られているが，詳細は後の第4節に譲る。本稿では後者について論ずる。

　先述したとおり，希土類酸化物からなる表面酸化膜を還元などの反応によって除去するのは難しい。一方で，$Nd_2Fe_{14}B$ 粉末の焼結においては，加熱中に金属 Nd を含む活性の高い液相が粒子表面に形成し，その液相が表面酸化膜を破壊して粒界相内に閉じ込めることが知られている。同様に，金属 Sm を主成分とする異相を粒子表面に形成できれば Sm_2O_3 からなる表面酸化膜を除去できる可能性がある。しかし，冒頭にも述べたように $Sm_2Fe_{17}N_3$ の焼結では粒子表面に自発的に液相を形成させることはできない。ただし，Sm-Cu 系や Sm-Mg 系などは共晶点が 600℃ 以下に存在するため，添加剤として適用すれば酸化膜を除去して保磁力低下を抑制できる可能性がある。実際に，Sm-Cu 基共晶合金を粉末にして $Sm_2Fe_{17}N_3$ 粉末に混合して焼結すると，**図8**に示すように保磁力低下を抑制できる[17]。また，この焼結体の焼結界面を透過電子顕微鏡で観察すると酸化膜が粒子表面からなくなっていることが確認できている[18]。しかしながら，焼結温度を 500℃ 以上とすると保磁力抑制効果がなくなるなど，まだ多くの課題を残しており，今後の研究

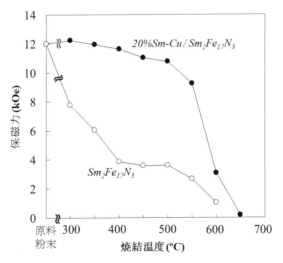

図8　Sm-Cu 合金を混合した $Sm_2Fe_{17}N_3$ 焼結磁石の焼結温度と保磁力の関係[17]

第２編　省・脱レアアース磁石と高効率モータ開発

開発が必要である。

　このように，$Sm_2Fe_{17}N_3$ 焼結磁石作製における保磁力低下が表面酸化膜に起因することが理解できれば，開発の焦点を「表面酸化膜の除去」に絞ることができ，表面酸化を防ぐ低酸化プロセスや表面酸化膜を除去する添加剤の探索などの可能性が浮かび上がる。さらに，［2.］でも述べたように酸化膜に含まれる酸化鉄が問題であるのなら，酸化鉄を含まない酸化膜の形成も保磁力低下の抑制につながるかもしれない。今後，さまざまなアイディアから $Sm_2Fe_{17}N_3$ の本来の磁気物性を引き出した異方性焼結磁石が達成されれば，$Nd_2Fe_{14}B$ 焼結磁石を超える耐熱磁石が得られる可能性は十分にある。

文　献

1）T. Iriyama et al.: *IEEE Trans. Magn.*, **28**, 2326 （1992）.

2）電気学会技術報告，729，pp38（1999）.

3）日立金属 Nd–Fe–B 系磁石 NEOMAX カタログ.

4）T. Akiya et al.: *Script. Mater.*, **81**, 48（2014）.

5）K. Omori and T. Ishikawa: *Proc. 19th REPM*, 221 （2006）.

6）D. Zhang et al.: *Powder Metal.*, **50**, 215（2007）.

7）今岡伸嘉：博士学位論文，162（2008）.

8）K. Machida et al.: *Appl. Phys. Lett.*, **62**, 2874 （1993）.

9）K. Takagi et al.: *J. Magn. Magn. Mater.*, **324**, 2336 （2012）.

10）B. Hu et al.: *J. Appl. Phys.*, **74**, 489（1993）.

11）T. Mashimo et al.: *J. Magn. Magn. Mater.*, **210**, 109 （2000）.

12）A. Chiba et al.: *Mater. Sci. Forum*, 449–452, 1037 （2004）.

13）S. Sugimoto et al.: *IEEE Trans. Magn.*, **39**, 2986 （2003）.

14）T. Saito et al.: *Scripta Mater.*, **53**, 1117（2005）.

15）K. Takagi et al.: *J Magn. Magn. Mater.*, **324**, 1337 （2012）.

16）R. Soda et al.: *AIP Adv.*, **6**, 115108（2016）.

17）K. Otogawa et al.: *J. Alloy Compd.*, **746**, 19 （2018）.

18）K. Otogawa et al.: *J. Kor Phys. Soc.*, **72**, 716 （2018）.

第2編　省・脱レアアース磁石と高効率モータ開発

第2章　サマリウム系磁石の新展開

第3節　Sm$_2$Fe$_{17}$N$_3$高保磁力磁石粉末の開発

国立研究開発法人産業技術総合研究所　　岡田　周祐

1. はじめに

　Sm$_2$Fe$_{17}$N$_3$磁石の魅力として，260 kOeもの巨大な異方性磁界が挙げられる。しかしながら，その巨大な異方性磁界に対し，現在，手に入れられるSm$_2$Fe$_{17}$N$_3$異方性磁石粉末の保磁力は高くても15 kOeほどにとどまる。Tiなどの非磁性元素を加えることで高保磁力な異方性磁石粉末が報告されているが[1]，非磁性元素の添加は磁化の低下を伴ってしまう。一方で，添加物のない等方性の磁石粉末としては最大で保磁力約37 kOeの粉末が報告されていることから[2]，非磁性元素を添加することなく高保磁力なSm$_2$Fe$_{17}$N$_3$異方性粉末を作製することは可能と考えられる。

　Sm$_2$Fe$_{17}$N$_3$異方性磁石粉末を作製する方法として，粗粉末をジェットミルなどにて微粉砕する方法と還元拡散法により粉砕することなく微粉末を直接作製する方法の2つが挙げられる。既報のデータについて粒径と保磁力の関係を作製方法で分けてまとめると[1,3-6]，**図1**に示すように，保磁力において還元拡散法の優位性をみることができる。還元拡散法においては粉砕することなく微粉末が作製できるため，エッジなど逆磁区発生の起点となりうる欠陥の少ない粉末が得られるためと考えられている[1,7,8]。

　Sm$_2$Fe$_{17}$N$_3$磁石における保磁力機構は，ニュークリエーション型であることから粒径が微細であるほど保磁力は向上する。しかしながら還元拡散法においては，1ミクロンを下回るような粉

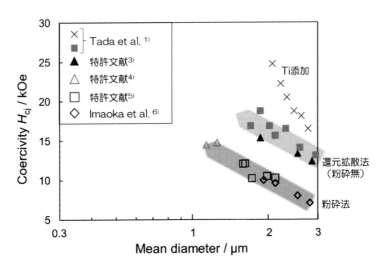

図1　Sm$_2$Fe$_{17}$N$_3$粉末の粒径と保磁力の関係における合成方法の影響

末について報告されておらず，実際に粒径の微細化により高い保磁力が発現するかは明らかになっていなかった。そこで本稿ではサブミクロンサイズの$Sm_2Fe_{17}N_3$異方性微粉末の開発と高保磁力発現について筆者らが検討した結果について述べる。

2. サブミクロンサイズ Sm_2Fe_{17} 微粉末の開発

還元拡散法における$Sm_2Fe_{17}N_3$微粉末の作製スキームを**図2**に示す。湿式法により作製したSm-Fe前駆体酸化物粉末について，水素還元により酸化鉄粒子をFe粒子へ還元し，Caを用いた還元拡散法によりSm酸化物の還元と還元されたSmがFe粒子に拡散・結晶化することでSm_2Fe_{17}粒子を生成する。このSm_2Fe_{17}粒子を窒化することで$Sm_2Fe_{17}N_3$粒子とした後，余剰のCaや副生成物のCaOを水などの溶媒を用いて洗浄除去することで$Sm_2Fe_{17}N_3$微粉末を作製することができる。また，洗浄工程において水洗後に酢酸などの弱酸水溶液で洗浄することで，溶け残りのCa成分の除去とともに非晶質Smリッチ相を除去することができる[9]。なお，窒化前に洗浄した場合，洗浄時に生成する粒子表面の酸化層が窒化を阻害してしまうことから，洗浄前に窒化することが好ましい[10]。

図2 還元拡散法による$Sm_2Fe_{17}N_3$微粉末合成スキーム

サブミクロンサイズの$Sm_2Fe_{17}N_3$微粉末を作製することを目的としたとき，以下の2つのことが必要と考えられる。1つは還元拡散法においてはFe粒子にSmが拡散することでSm_2Fe_{17}粒子が形成されることから[11]，目的とするサブミクロンサイズよりも微細なFe粒子を用いること。もう1つは還元拡散反応時の粒成長を抑制することである。本稿ではこれらの検討を行った結果を紹介する。

2.1 微細なFe粒子とSm酸化物粒子からなる粉末の作製

前駆体酸化物粉末についてはさまざまな作製方法が考えられる。その中でも，古くから一般的に用いられ，均一性の高い前駆体酸化物粉末が合成可能な共沈法を用いて検討した例を示す。硝酸サマリウム六水和物と硝酸鉄九水和物の水溶液に水酸化カリウム水溶液を滴下することで非水溶性の共沈物を作製し，これをろ過・洗浄を行うことで**図3**左のような粒径約10 nmの粒子が凝集した前駆体粉末を作製することができる。FeおよびSm元素の偏析はなく，ほぼ仕込みの元素組成からなる前駆体酸化物粉末を得ることができる。

この前駆体酸化物粉末を水素雰囲気中にて異なる温度で水素還元を行った結果を図3に示す。水素還元温度が700℃までは$SmFeO_3$とFe，800℃ではSm_2O_3とFeからなる混合粉末が得られ，水素還元温度が高いほど粒子径は増大する。EDX分析から大きいほうの粒子が鉄粒子で，小さいほうの粒子がサマリウム酸化物粒子であることが確認された。水素還元温度を700℃以下とすることで，目的とするサブミクロンサイズのFe粒子と$SmFeO_3$粒子からなる粉末を得ることができることが示された。

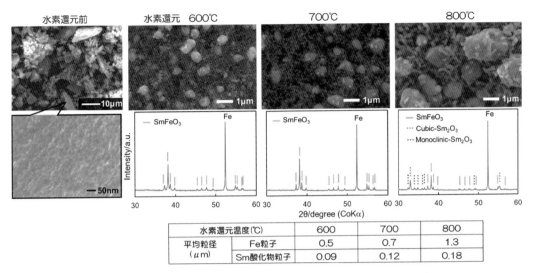

図3　異なる水素還元温度で処理した粉末のSEM観察像およびXRDパターン

2.2　還元拡散温度の低温化によるサブミクロンサイズSm₂Fe₁₇粉末の作製

　粒成長を抑制するため，還元拡散温度を低温化することが考えられるが，Sm-Feの相図より1,010℃以下では磁性特性の劣るSmFe₃相が生成することが危惧される。一方で，Sm酸化物とCaを効率よく接触させるために，反応温度はCaの融点（約850℃）以上であることが好ましい。そこで［2.1］で作製した微細なFe粒子とSmFeO₃粒子からなる粉末を用いて，850℃から1,050℃まで還元拡散温度を変えてSm₂Fe₁₇粉末を作製した。

　図4に示すSEM像より，還元拡散温度の低温化に伴い微細な粒子が得られることがわかる。その粒径は温度に対し対数的に微細化した。XRD分析より，生成するSm-Fe相はいずれもSm₂Fe₁₇相のみであり，1,000℃以下で還元拡散を行ったサンプルにおいてもSmFe₃などのSmリッチな結晶相は確認されなかった。還元拡散法の場合はCa存在下での結晶化であり，CaがSmと融体を形成することがSmFe₃相などのSmリッチな結晶相の生成を抑制しているものと考

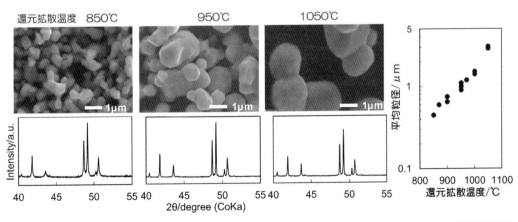

図4　異なる還元拡散温度で作製したSm₂Fe₁₇粉末のSEM観察像とXRDパターンおよび拡散温度とSm₂Fe₁₇平均粒径の関係

第2編　省・脱レアアース磁石と高効率モータ開発

えられる。900℃未満で還元拡散を行った場合，Ca量などの条件によってはSmFe$_3$相が確認される場合もあることから[12]，Caの存在が生成結晶相にどのような影響を与えるかについては詳細な検討が必要である。

3. 高保磁力な Sm$_2$Fe$_{17}$N$_3$ 微粉末の作製

3.1　Sm$_2$Fe$_{17}$ 粉末の窒化方法

　Sm-Fe-N 磁石の窒素量は不定であり，その窒素量は磁気特性に大きく影響を及ぼす。高い磁性特性を発現するにはSm$_2$Fe$_{17}$N$_x$においてx＝3近傍であることが必要であり[13]，いかに粉末全体を均一に窒化するかが重要となる。

　Sm$_2$Fe$_{17}$ の窒化方法として窒素中もしくはアンモニア雰囲気中での熱処理が挙げられる。窒素を用いた場合，窒化に450℃程度で数時間～数十時間を要するのに対し，アンモニアを用いた場合は400℃程度，数十分から1時間程度で完結する。アンモニア窒化は窒素窒化に対し，より低温かつ短時間で窒化できることから，酸化などへの懸念を小さくすることができる。さらに窒素を用いた場合には粒子表面から中心までを均一に窒化することが難しいと考えられるのに対し，アンモニアを用いた場合は一度過窒化まで窒化した後，水素中熱処理により過剰な窒素を追い出すことで，粒子全体を適切な窒素量に窒化することができる[14]。アンモニア窒化はアンモニアの取り扱い知識や後処理設備は必要となるものの，多くのメリットがあるといえる。

3.2　脱水素処理による高保磁力の発現

　還元拡散を900℃，もしくは950℃で行い，アンモニアによる窒化の後，洗浄することで平均粒径がおおよそ 0.7 μm，1.0 μm 前後の粉末を得ることができる。しかしながら，磁気特性を測定した結果，XRD測定で検出されるような不純物相はなく，窒素量も適正であるにも関わらず，保磁力はそれぞれ 15.6 kOe と 13.6 kOe であり，図1から期待される高い保磁力は発現しなかった。XRDパターンについて詳細な解析を行ったところ，**図5**に示すとおり c 軸に沿った面に由来する回折角度が低角側にシフトしていることが見出された。これは結晶が c 軸方向に伸張していることを意味し，この c 軸方向の伸張は粒径が微細なほど顕著であった。Sm$_2$Fe$_{17}$N$_3$に水素が侵入した場合，結晶は c 軸方向に伸張し，異方性磁界も大きく低下することが報告されている[15]。水素分析を行ったところ，それぞれの粉末は確かに多くの水素を含んでいることが確認された。洗浄時に余剰Caと水との反応により発生する水素（Ca＋H$_2$O → CaO＋H$_2$）がSm$_2$Fe$_{17}$N$_3$格子中に侵入したものと考えられる。洗浄後に脱水素処理として真空中200℃でアニール処理を行ったところ，水素含有量は大幅に低下し，それぞれの粉末にて保磁力 22.8 kOe，18.1 kOe の高い保磁力が発現した。

　図6は，これらの結果を図1に追加したものである。図からわかるとおり脱水素処理を行うことで，サブミクロンサイズ域においても微細化による保磁力の向上が確認された。粒径を 0.5 μm 程度まで微細化することで，約 25 kOe の高い保磁力が発現する。

　還元拡散法によるサブミクロンサイズ Sm$_2$Fe$_{17}$N$_3$ 微粉末の作製と高保磁力発現は，Hirayama

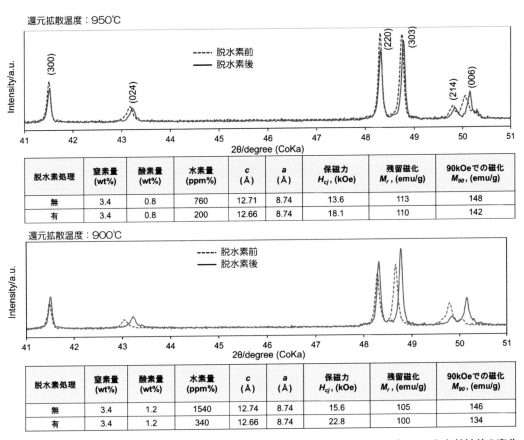

図5　還元拡散温度950℃もしくは900℃で作製した粉末の脱水素前後のXRDパターンと各特性値の変化

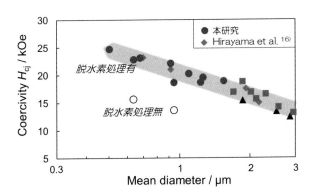

図6　平均粒径1μm以下のSm$_2$Fe$_{17}$N$_3$粉末の粒径と保磁力の関係

らによっても報告されている[16]。錯体重合法による前駆体作製、および窒素による窒化でも同等に高い保磁力を有するSm$_2$Fe$_{17}$N$_3$微粉末が作製可能であることから、本稿の作製手法に限定されないことがわかる。

3.3　Sm$_2$Fe$_{17}$N$_3$微粉末の温度特性

作製したSm$_2$Fe$_{17}$N$_3$微粉末の保磁力の温度係数は－0.37%/℃であり、Dyを添加したNd-Fe-B

磁石よりも優れていた。これは主に$Sm_2Fe_{17}N_3$のキュリー温度が$Nd_2Fe_{14}B$に対し，約160℃高いことに起因する。室温にて保磁力23 kOe程度を有する$Sm_2Fe_{17}N_3$粉末の場合，180℃において保磁力10 kOeを保つことができる[17]。

4. 前駆体開発による粒子間焼結の抑制と磁性特性の向上

先に粒径の微細化により高い保磁力を有する$Sm_2Fe_{17}N_3$微粉末が製造可能であることを紹介した。一方で，作製した粉末の磁化は90 kOeの磁場下において130〜142 emu/g（$Sm_2Fe_{17}N_3$の理論密度7.67g/cm^{3}を用いて計算すると12.5〜13.6 kG）であり，$Sm_2Fe_{17}N_3$の理論値15.4 kGからすると約15％以上も低い。粉末の配向度（M_r/M_{90}）が0.7〜0.8程度であることが示すように，粒子間で焼結してしまっていることが課題である。解砕することで高い磁化が発現し，粉末にて40 MGOeを超える$(BH)_{max}$が発現するが[17]，解砕処理は粉砕も伴ってしまう可能性が高く，その場合は保磁力が低下する。解砕をすることなく，粒子間焼結のない異方性磁石微粉末を直接作製することが理想である。

図3で示した，水素還元温度が高く鉄粒子径の大きい粉末を用いて$Sm_2Fe_{17}N_3$粉末を作製したところ，鉄粒子径が大きいほど粒子間焼結が起こり，配向度が低下する傾向がみられた[17]。このことからFe粒子は微細であるほど好ましいと考えられる。そこでFe粒径の超微細化として新たな前駆体作製方法を開発し，$Sm_2Fe_{17}N_3$微粉末の粒子間焼結の抑制を検討した例を紹介する。

水熱合成法により，粒径が約100 nmのキューブ状のヘマタイトを作製し，これに硝酸サマリウムを含浸担持し，水素還元を行うことで微細な鉄粒子と酸化サマリウム粒子からなる粉末を作製した。なお，水熱合成時に硝酸カルシウムを加え，ヘマタイト粒子表面に$CaCO_3$を形成させることで，水素還元時の粒子間焼結・粒成長を抑制している（**図7**）。

この新規に開発した前駆体を用い，$Sm_2Fe_{17}N_3$を作製したところ，得られる$Sm_2Fe_{17}N_3$の1次粒子径に特に差異はみられなかったものの，**図8**のSEM像からわかるように$Sm_2Fe_{17}N_3$粒子間

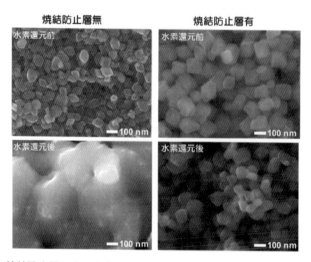

図7　焼結防止層による水素還元時の鉄粒子間の焼結および粒成長の抑制

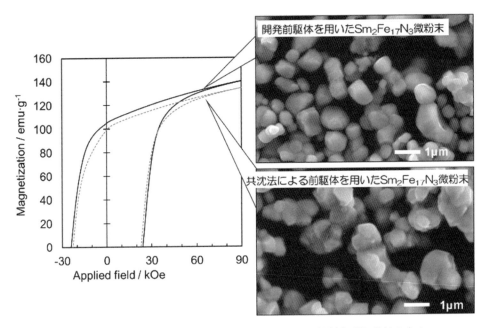

図8 前駆体酸化物粉末の開発による粒子間焼結の抑制と磁気特性の向上

焼結が低減され,これにより約1割の磁化改善が確認された[18]。依然として一部に粒子間の焼結は残っており,前駆体のさらなる改良により,一層の高性能化が期待される。

5. おわりに

本稿では $Sm_2Fe_{17}N_3$ 高保磁力磁石粉末の開発について著者らの取り組みを紹介した。還元拡散法による作製プロセスについて改良を行うことで,第三元素を添加することなく保磁力が約 25 kOe の異方性磁石粉末を得ることに成功している。筆者らは一層の高保磁力発現も可能であることを見出しており,現在,そのメカニズム解明を行っている[19]。

本プロセスで開発した $Sm_2Fe_{17}N_3$ 粉末について,これまでの $Sm_2Fe_{17}N_3$ 粉末同様に焼結に対するハードルは多くあるものの,低共晶点合金の開発など,焼結時の保磁力低下を抑制する技術の開発が進められている[20]。高温下で使用可能な高性能 $Sm_2Fe_{17}N_3$ 焼結磁石が実現される可能性は高まりつつあると考えている。

文　献

1) S. Tada et al.: Proceedings of REPM '12, 48 (2012).
2) A. Teresiak et al.: J. Alloys Compd., 292, 212 (1999).
3) 前川昌章ほか:特許第4662061号.
4) 長南武ほか:特許第5974975号.
5) 渡辺邦夫,石川尚:特開2006-351688.
6) N. Imaoka et al.: J. Alloys Compd., 222, 73 (1995).
7) W. F. Li et al.: J. Magn. Magn. Mater., 339, 71 (2013).
8) N. Imaoka et al.: Journal of Physics; Conference Series, 903, 012042, (2017).

9) 保田晋一：特許第 4127128 号.

10) 石川尚：*BM News*, **51**, 35 (2014).

11) 田辺晃生ほか：資源・素材学会誌, **108**, 95 (1992).

12) S. Okada et al.: *J. Alloys Compd.*, **663**, 872 (2016).

13) T. Iriyama et al.: *IEEE Trans. Magn.*, **28**, 2326 (1992).

14) 岡本敦ほか：特許第 3784085 号.

15) C. N. Christodoulou and T. Takeshita: *J. Alloys Compd.*, **198**, 1 (1993).

16) Y. Hirayama et al.: *Scripta Mater.*, **120**, 27, (2016).

17) S. Okada et al.: *J. Alloys Compd.*, **695**, 1617 (2017).

18) S. Okada et al.: *AIP Advances*, **7**, 056219 (2017).

19) 岡田周祐ほか：粉体粉末冶金協会 平成 30 年度春季大会（京都）講演予稿集, 1-21A (2018).

20) K. Otogawa et al.: *J. Alloys Compd.*, **746**, 19 (2018).

第2編　省・脱レアアース磁石と高効率モータ開発

第2章　サマリウム系磁石の新展開

第4節　Sm₂Fe₁₇N₃系磁石の高特性化

東北大学　松浦　昌志

1. Sm-Fe-N系バルク磁石向け高特性粉末の開発

1.1　Sm-Fe-N系メタルボンド磁石

$Sm_2Fe_{17}N_3$化合物は，飽和磁化（J_s）が1.54 TとNd₂Fe₁₄B化合物と同等のJ_sを有しており，キュリー温度は476℃，異方性磁場は11.2 MA·m⁻¹とNd₂Fe₁₄B化合物より大きいことから[1][2]，$Sm_2Fe_{17}N_3$化合物を主相としたSm-Fe-N粉末は高耐熱磁石の候補として期待されている。しかしながら，$Sm_2Fe_{17}N_3$相はおよそ600℃で熱処理するとSm-NとFeに分解してしまうため，焼結法によってバルク磁石化することができない。そのため，Sm-Fe-N系粉末は，接合材（バインダー）を用いて固化成形するボンド磁石として用いられている。一般的なボンド磁石はバインダーとして樹脂を用いるが，樹脂に代わりバインダーに低融点金属を用いたメタルボンド磁石も注目されている。

Otaniら[3]は，低融点金属であるZn（融点（T_m）=419℃），Bi（T_m=271℃），Sn（T_m=231℃），Al（T_m=620℃）をバインダーとして用いたSm-Fe-N系メタルボンド磁石を作製し，その磁気特性を調べた。その結果，これらバインダーの中でZnを用いることで，高保磁力（H_{cJ}）なメタルボンド磁石が得られたと報告しており，さらにZn添加により保磁力が増大した要因としてΓ-FeZn相の寄与を示唆している。Sm-Fe-N系Znボンド磁石において，保磁力増大に伴いΓ-FeZn相が出現することは他の研究グループによっても報告されている[4]-[6]が，Fe-Zn二元系合金状態図を見るとFe-Zn系化合物はΓ，Γ₁，δ，ζなどいくつもの相を形成することがわかる。それらの中でもっともFeリッチな相がΓ-FeZn相であるが，このΓ-FeZn相の磁性について，Panら[7]は非磁性と報告している。したがって，熱処理中に$Sm_2Fe_{17}N_3$相の分解などで出現したα-Fe相と液相となったZnが反応することでΓ-FeZn相が形成し，軟磁性のα-Fe相を非磁性化することで保磁力が増大するものと説明されてきた。

このようにZnをバインダーとして用いることで高保磁力が発現することから，今日に至るまでSm-Fe-N系Znボンド磁石の研究開発が進められており[4]-[6][8]-[23]，近年では筆者らのグループや産業技術総合研究所のグループなどで高特性化に向けた研究が精力的に行われている。**図1**に，これまで報告されてきたSm-Fe-N系メタルボンド磁石の最大エネルギー積（$(BH)_{max}$）を縦軸に，保磁力（H_{cJ}）を横軸にプロットした図を示した。図1より保磁力と最大エネルギー積はトレードオフの関係にあることがわかり，Sm-Fe-N系Znボンド磁石の高特性化の方針として，高保磁力を維持しながらもZn添加量を低減し，$(BH)_{max}$を高めることが必要である。そこで，以

193

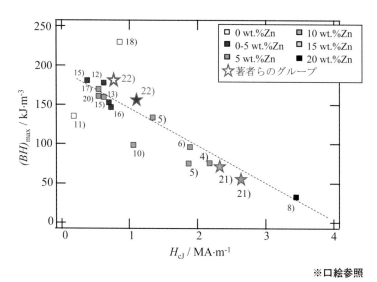

※口絵参照
図1 Sm-Fe-N系ZnボンドM石の$(BH)_{max}$とH_{cJ}の関係

下に筆者らのグループで行ってきた高特性化の取り組みを紹介する。

1.2 低酸素Zn微細粉末を用いたSm-Fe-N系Znボンド磁石の高保磁力化

　Sm-Fe-N系メタルボンド磁石において，Znをバインダーとして用いることで保磁力が増加することは上述のとおりである。このSm-Fe-N系Znボンド磁石を高特性化するためには，少ないZn添加量であっても高保磁力を得ることが必要となる。そのアプローチとして考えられるのが，Zn粉末の低酸素化と微細化である。Zn粉末を微細化することで，同じZn添加量であってもZnの分散性を良くすることができ，さらに低酸素化することによって，Sm-Fe-N系粉末表面に出現するα-Fe相との反応を促進できる可能性がある。そこで本稿では，Zn粉末の酸素量や粉末粒径の違いがSm-Fe-N系Znボンド磁石の磁気特性に及ぼす影響を調べた結果を述べる。

　筆者らのグループでは，水素プラズマ－金属反応（HPMR）法を用いることで，極低酸素かつ微細なZn微粉末の作製に成功した[21]。そこで，この低酸素・微細Zn粉末を市販Sm-Fe-N系粉末とボールミルにて混合し，磁界中プレス後，445℃で熱処理することでSm-Fe-N系Znボンド磁石を作製した。なお比較のため，酸素量ならびに粒径が異なる2種類の市販Zn粉末（Cm-Nano, Cm-Micro）をそれぞれ市販Sm-Fe-N系粉末と混合・磁界中プレスし，同温度で熱処理してSm-Fe-N系Znボンド磁石を作製した。**表1**に，使用した各Zn粉末の平均一次粒径（d_{50}），平均二次粒径（D_{50}）ならびに酸素量を示した。これら3種類のZn粉末を用いて作製したSm-Fe-N系Znボンド磁石の保磁力とZn粉末粒径，ならびに酸素量との関係を**図2**，**図3**にそれぞれ示した。図2に示した保磁力のZn粉末粒径依存性をみると，Zn粉末粒径が小さくなると保磁力は増加傾向を示すようにみえるものの，図3より，Sm-Fe-N系Znボンド磁石の酸素量が低下するにつれて保磁力は単調増加の傾向を示している。したがって，Sm-Fe-N系Znボンド磁石の高保磁力化にはZn粉末の低酸素化の寄与が大きいといえる。HPMR-Zn粉末を用いて作製したSm-Fe-N系Znボンド磁石の保磁力は，15 wt.%-Znで2.66 MA·m^{-1}，10 wt.%-Znで

第2章　サマリウム系磁石の新展開

表1　使用した各種Zn粉末の平均一次粒径(d_{50})，平均二次粒径(D_{50}) および酸素量[21]

	HPMR	Cm-Nano.	Cm-Micro.
d_{50} (μm)	0.22	0.14	3.3
D_{50} (μm)	0.93	3.3	3.2
Oxygen content (wt.%)	0.068	9.9	1.5

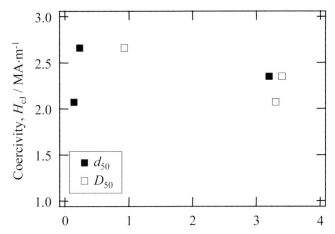

図2　各種Zn粉末を用いて作製したSm-Fe-N系Znボンド磁石の保磁力のZn粉末粒径依存性[21]

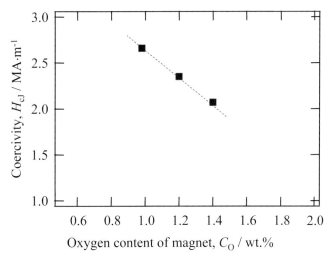

図3　各種Zn粉末を用いて作製したSm-Fe-N系Znボンド磁石の保磁力の酸素量依存性[21]

第2編　省・脱レアアース磁石と高効率モータ開発

$2.41\ \mathrm{MA \cdot m^{-1}}$ と，同じ Zn 添加量の既報の保磁力よりも高い値が得られた（図1）。

　このように，Sm–Fe–N 系 Zn ボンド磁石において，バインダー材である Zn 粉末の低酸素化が高保磁力化に効果的であることがわかる。Zn に含まれる酸素が保磁力に及ぼす影響としては，以下のことが考えられる。各種金属の酸化のされやすさを表わすエリンガム図を見ると，本系磁石の主な構成元素である Sm，Fe，Zn について，Sm がもっとも下方に位置しており，次いで Zn，Fe の順になっている。これは Sm，Zn，Fe の順で酸化物を形成しやすいことを意味している。したがって，バインダーとして用いる Zn が酸素を多く含んでいた場合（あるいは酸化物を形成していた場合），Sm–Fe–N 系粉末と混合・圧粉して熱処理すると，熱処理中に Zn に含まれる酸素が Sm–Fe–N 系粉末中の Sm と反応してしまい，Sm 酸化物が形成される。その結果，$Sm_2Fe_{17}N_3$ 化合物が分解してしまい，軟磁性である α–Fe 相が Sm–Fe–N 系粉末表面に形成することで，保磁力が低下してしまうものと考えられる。

1.3　高保磁力 Sm–Fe–N 系 Zn ボンド磁石の界面組織

　これまで，Zn をバインダーとして用いた Sm–Fe–N 系 Zn ボンド磁石は保磁力が増大すること，さらに，添加する Zn の酸素量を低減することで，より大きな保磁力増大が得られることを述べた。このように高保磁力を発現する Sm–Fe–N 系 Zn ボンド磁石について，微細組織を詳細に調べた報告例は少なく，1993 年に東北大学の Hiraga らによって報告された論文[9] が代表例として挙げられる。Hiraga らの報告によると，保磁力が増大した Sm–Fe–N 系 Zn ボンド磁石において，粒界には Fe_3Zn_7 相（Γ 相）および α–Fe 相が存在している。さらに，$Sm_2Fe_{17}N_3$ 相と粒界の α–Fe 相との界面には，Zn が拡散した $Sm_2(Fe,Zn)_{17}N_3$ なる相が存在しており，この $Sm_2(Fe,Zn)_{17}N_3$ 相が非磁性であるならば，$Sm_2(Fe,Zn)_{17}N_3$ 相が高保磁力化に寄与したのではないかと論じている。

　近年，筆者らのグループでも高保磁力 Sm–Fe–N 系 Zn ボンド磁石の微細組織観察を行い，保磁力と微細組織の関係を調べている。**図4**に，上述の HPMR 法で作製した低酸素・微細 Zn 粉末を用いて得られた高保磁力 Sm–Fe–N 系 Zn ボンド磁石断面の TEM 像を示した。熱処理前の Sm–Fe–N 系粉末表面には 10 nm 程度の酸化層が存在していたが，この Sm–Fe–N 系粉末を圧粉し熱処理すると，保磁力は原料粉末の半分程度に低下した。このとき Sm–Fe–N 系粉末表面の酸化層は拡大しており，その中には粗大な α–Fe 相が確認された。したがって，熱処理によって α–Fe の結晶粒が粗大化し，保磁力が低下したことが示唆される。一方，高保磁力 Zn ボンド磁石では，図4(a)に示したように Sm–Fe–N 系粉末表面に 20〜100 nm 程度，コントラストの異なる領域が観察された。一方で，粒界には Γ–FeZn 相ならびに Fe-rich 相が確認された。そこで，この界面に存在する“コントラストの異なる領域”の組成分析を EDX により行った結果，Fe，Sm に加えて Zn が検出され，その組成比は Sm：Fe＋Zn＝2：17 に近かった。したがって，この“コントラストの異なる領域”とは，熱処理によって $Sm_2Fe_{17}N_3$ 相に Zn が拡散して形成したものと推察される。そこで，この Zn 拡散領域と $Sm_2Fe_{17}N_3$ 相界面をさらに高倍率で観察した結果を図4(b)に示した。すると図4(b)より，この Zn 拡散領域は数 nm 程度の微細結晶粒から構成されていることがわかった。この Zn 拡散領域の制限視野回折パターンより，微細結晶粒は多結晶ではある

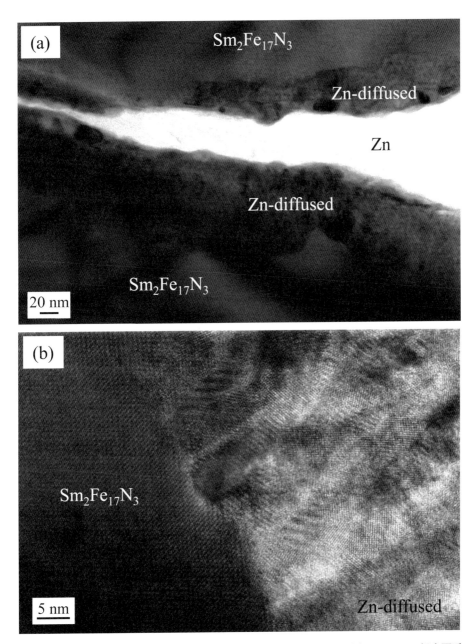

図4 高保磁力 Sm-Fe-N 系 Zn ボンド磁石における(a)粒界ならびに(b) Sm₂Fe₁₇N₃ 相表面近傍の TEM 像

ものの，Th_2Zn_{17} 構造は崩れていることがわかった。つまり，Zn 拡散領域とは $Sm_2(Fe,Zn)_{17}N_3$ 相ではない微細結晶粒であるといえる。現在その出現相や組織変化の詳細は調査中であるが，Γ-FeZn 相の形成に伴う α-Fe 相の低減だけでなく，Zn 拡散層が $Sm_2Fe_{17}N_3$ 相と軟磁性の Fe-rich 相とを隔離することで保磁力が増大したものと考えられる。

1.4 低酸素・高分散 Zn 蒸着 Sm-Fe-N/Zn 複合粉末を用いた Sm-Fe-N 系 Zn ボンド磁石の高特性化

上述のように，Sm-Fe-N 系 Zn ボンド磁石の高保磁力化には Zn 粉末の低酸素化が重要である。しかしながら，高保磁力を維持したまま Zn 添加量を低減するためには，低酸素で微細な Zn 粉末を均一に分散させることが必要となる。これまで，Zn をはじめとするバインダー金属を均一に被覆する技術が検討されてきた。

大阪大学の町田らのグループでは，有機金属錯体を光分解することで Sm-Fe-N 系粉末表面に金属を被覆する技術を報告している[12)15)16)]。Izumi ら[12)] は，$Zn(C_2H_5)$ を紫外光で分解することで Sm-Fe-N 系粉末表面に Zn を被覆した。その Zn 被覆 Sm-Fe-N 系粉末を樹脂と複合して作製した樹脂ボンド磁石において，保磁力が約 $0.75\,MA\cdot m^{-1}$ で $(BH)_{max}$ が $176\,k\cdot Jm^{-3}$ なる特性を報告している。さらに近年，筆者らのグループならびに産業総合技術研究所のグループにおいて，気相法の一種であるアークプラズマ蒸着（APD）法による Zn 被覆が報告されている[22)-25)]。

筆者らのグループでは APD 法により市販 Sm-Fe-N 系粉末に Zn を蒸着し，Sm-Fe-N/Zn 複合粉末を作製した。その結果，市販の Zn 粉末をボールミルで混合するよりも被覆率が高く，数十 nm 程度の微細 Zn ナノ粒子が Sm-Fe-N 系粉末表面に蒸着されていることを示した（図5）。さらに，この APD 法による Zn の蒸着前後で酸素量の増加もなかったことから，APD 法は酸素量の増加を抑制しながら，比較的均一に Zn を被覆できる方法の1つといえる。しかしながら APD 法には課題もある。APD により Zn を蒸着した後の Sm-Fe-N/Zn 複合粉末の飽和磁化は，

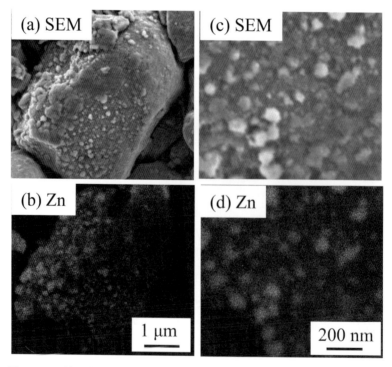

図5 APD 法により Zn を蒸着した Sm-Fe-N/Zn 複合粉末表面の(a)(c) SEM 像ならびに(b)(d) Zn マッピング像[22)]

Zn 添加量以上に減少することが山口ら[25]によって報告されている。山口らは，この磁化の減少はAPD 法特有の高エネルギー成膜粒子による $Sm_2Fe_{17}N_3$ 相の熱分解などが原因と考察している。

　以上のように，バインダーとして用いる Zn の低酸素化が Sm-Fe-N 系 Zn ボンド磁石の高保磁力化に有効であり，かつ低酸素で微細な Zn 粒子を作製・被覆する手段として，HPMR 法や APD 法などの新たなプロセスが検討されつつあることを述べた。Sm-Fe-N 系 Zn ボンド磁石の $(BH)_{max}$ を向上させるためには，高保磁力を保ちつつも Zn 添加量を低減する必要があるが，これを実現するためには，Zn の低酸素・微細化のみならず，Sm-Fe-N 系粉末の低酸素化も重要となる。Kawamoto ら[26]によると，$Sm_2Fe_{17}N_3$ 粉末の $(BH)_{max}$ は酸素量が増大するにつれて減少するが，その原因は Sm-Fe-N 系粉末表面の酸化層が熱処理中に α-Fe 相の形成を促し，保磁力が低下するためと考えられる。これは換言すると，Sm-Fe-N 系粉末の低酸素化によって熱処理後も高保磁力が得られる可能性がある。近年，産業総合技術研究所の Takagi ら[19]や Soda ら[20]によって，Sm-Fe-N 系粉末を低酸素化すると熱処理しても保磁力低下が抑制できることが報告されており，これは低酸素な Sm-Fe-N 系粉末を原料として用いることで，低 Zn 添加量でも高保磁力を得ることができると考えられ，高 $(BH)_{max}$ につながると考えられる。

　筆者らのグループでは，Sm_2Fe_{17} 粗粉末を湿式ボールミルで粉砕して窒化することで，市販の Sm-Fe-N 系粉末の1/3以下の低酸素な粉末が得られることを報告している[22]。そこで，この低酸素な Sm-Fe-N 系粉末に対し，上述の APD 法により Zn を蒸着することで低酸素 Sm-Fe-N/Zn 複合粉末を作製した[22]。さらに，この低酸素複合粉末を原料として用いることで，高 $(BH)_{max}$ な Sm-Fe-N 系 Zn ボンド磁石の作製を試みた。

　低酸素 Sm-Fe-N 系粉末に対し，APD 法で Zn を蒸着して得られた低酸素 Sm-Fe-N/Zn 複合粉末を放電プラズマ焼結（SPS）して，Sm-Fe-N/Zn ボンド磁石を作製した。その結果，低酸素 Sm-Fe-N/Zn 複合粉末を用いたことで，3.3 wt.%-Zn と少量の Zn 添加量においても 1.1 MA·m^{-1} なる比較的高い保磁力が得られ，このとき $(BH)_{max}$ は 153 kJ·m^{-3} という値が得られた。これは図1より，同等の Zn 添加量の Sm-Fe-N 系 Zn ボンド磁石の既報値を超える高特性であることがわかる。さらに，この低酸素 Sm-Fe-N 系粉末を，Zn を添加せずに SPS にて焼結した Sm-Fe-N 系磁石も合わせて作製した。その結果，Zn を添加しなくても保磁力が 0.8 MA·m^{-1} と，粉末の保磁力と同等の値を維持したままバルク化できることがわかった。さらに，この Zn フリー Sm-Fe-N 系バルク磁石の $(BH)_{max}$ は 179 kJ·m^{-3} と，既報値の中でも最高レベルの特性を示した（図1）。

　以上より，Sm-Fe-N 系 Zn ボンド磁石の高特性化には，Zn 粉末の低酸素素化・高分散化ならびに Sm-Fe-N 系粉末の低酸素化の寄与が大きいことがわかった。Sm-Fe-N 系メタルボンド磁石のさらなる高特性化に向けた研究として，Zn に代わるバインダー材の検討[27]や，高密度化プロセスなどの研究が現在進められている。

2. 新規 Sm-Fe-N 系コアシェル粉末の開発

　現在 Sm-Fe-N 系粉末は主に樹脂ボンド磁石の原料として用いられているが，その多くは還元拡散（RD）法により作製されている。その Sm-Fe-N 系粉末は，150℃程度以上の高温下に曝さ

第2編　省・脱レアアース磁石と高効率モータ開発

れると保磁力が低下してしまうことから，耐熱性が問題となっている。この耐熱性が低い原因としては，Sm–Fe–N 系粉末表面の酸化層の影響が指摘されており[26)28)]，Sm–Fe–N 系粉末表面の酸化層に含まれる酸素が高温下では粉末内部へと拡散し，$Sm_2Fe_{17}N_3$ 化合物を酸化し分解してしまうためと考えられる。この Sm–Fe–N 系粉末の耐熱性向上のための方策の1つとして，添加元素の添加が挙げられる。$Sm_2Fe_{17}N_3$ 化合物に対する添加元素の影響は Endoh ら[29)]，Sugimoto ら[30)] をはじめとし，多くの研究者によって報告されてきた。例えば Co の添加はキュリー温度を上昇させ[29)]，Cr の添加は $Sm_2Fe_{17}N_x$ 化合物の分解温度を高めること[30)] などが報告されている。また Imaoka ら[31)] は Mn を添加した $Sm_2(Fe,Mn)_{17}N_x$ 粉末において，Mn を添加すると x = 5.5 程度まで過窒化した場合に保磁力が最大となり，粗大な粉末でも高保磁力を発現することを報告した。さらに Imaoka ら[31)] は，Mn 添加 Sm–Fe–Mn–N 系粉末では，110℃の高温環境下に晒しても，室温と同等の保磁力を維持できることを報告している。この Mn 添加による保磁力増大の原因としては，微細組織の変化が挙げられる。Yasuhara ら[32)] は，Mn を添加した Sm–Fe–Mn–N 系粉末の窒素量と微細組織の関係を詳細に調査し，窒素量が増大するにつれて $Sm_2(Fe,Mn)_{17}N_x$ 結晶粒が微細化していくことを明らかにした。さらに，この微細化した結晶粒の粒界にはアモルファス相が出現しており，このアモルファス相が Mn と N リッチであること，さらに磁壁がアモルファス相にピンニングされていることを明らかにした。このように，Sm–Fe–N 系粉末の高耐熱化には，Mn 添加が有望であるとわかる。しかしながら，Mn の添加は，飽和磁化の減少および磁化曲線の角型を低下させるという欠点がある。

　そこで近年，筆者らのグループで提案しているのが，粉末表面近傍にのみ添加元素（M）を拡散させた $Sm_2Fe_{17}N_x/Sm_2(Fe,M)_{17}N_x$ コアシェル粉末である。上述のとおり，$Sm_2Fe_{17}N_3$ 化合物に添加元素を加えると分解温度や高温下での保磁力低下抑制などの効果があり，これら添加元素を粉末表面にのみに添加させた $Sm_2Fe_{17}N_x/Sm_2(Fe,M)_{17}N_x$ コアシェル粉末が実現できれば，磁化の低下を最小限にとどめながらも添加元素の効果を付与できると考えられる。このコアシェル粉末を得る方法として，筆者らのグループでは還元拡散法を応用して Sm–Fe–N 系粉末表面にのみ添加元素 M を拡散させた $Sm_2Fe_{17}N_x/Sm_2(Fe,M)_{17}N_x$ コアシェル粉末の作製を報告している[33)34)]。一般的な還元拡散（RD）法では，Fe 粉末に Sm_2O_3 粉末を混合し，それに金属 Ca を混合して1,000℃程度で還元拡散熱処理する。すると，Ca が液相となり Sm_2O_3 を還元し，還元された Sm が Fe 粉末内に拡散することで Sm_2Fe_{17} 相を形成する。この Sm_2Fe_{17} 粉末を窒化し，CaO など残留物を洗浄・除去することで $Sm_2Fe_{17}N_3$ 粉末が得られる。一方，筆者らのグループで報告した新 RD プロセスとは，Sm_2Fe_{17}，Sm_2O_3 および添加元素となる金属酸化物 M–O（M = Mn or Cr）の混合微粉末を用いる方法である。そのコアシェル粉末作製プロセスの模式図を**図6**に示した。この Sm–Fe，M–O，Sm–O 混合微細粉末に Ca を加え，850℃程度と，通常の RD 法よりも低温で還元拡散熱処理する。すると，液相となった Ca が Sm_2O_3 だけでなく M–O 粉末も還元し，還元された M および Sm が Sm_2Fe_{17} 粉末内へ拡散する。このとき，拡散熱処理温度や時間をコントロールすることで，Sm_2Fe_{17} 粉末表面に添加元素 M が拡散した，$Sm_2Fe_{17}/Sm_2(Fe,M)_{17}$ コアシェル粉末が得られる。さらに，このコアシェル粉末を窒化し，CaO などを除去することで，$Sm_2Fe_{17}N_x/Sm_2(Fe,M)_{17}N_x$ コアシェル粉末が得られる。筆者らのグループでは，Mn または Cr

200

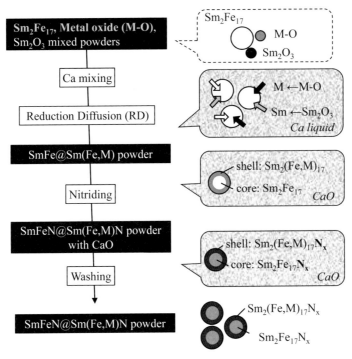

図6 Sm₂Fe₁₇Nx/Sm₂(Fe,M)₁₇Nx コアシェル粉末作製プロセス[33]

が粉末表面に濃化した，Mn 拡散 Sm-Fe-N 系コアシェル粉末および Cr 拡散 Sm-Fe-N 系コアシェル粉末の実現を報告した。さらに，これらコアシェル粉末は比較的高い磁化を有しながらも，添加元素なしの場合よりも高耐熱性が発現する可能性を報告した[33)34]。このような新規コアシェル構造を有する Sm-Fe-N 系粉末の実現により，高耐熱性をはじめとする添加元素（M）の効果を付与した，高性能 Sm-Fe-N 系粉末が得られるものと期待される。

文　献

1) J. M. D. Coey and H. Sun: *J. Magn. Magn. Mater.*, **87**, L251（1990）.
2) T. Iriyama et al.: *IEEE Trans. Magn.*, **28**, 2326（1992）.
3) Y. Otani et al.: *J. Appl. Phys.*, **69**, 6735（1991）.
4) D. Prabhu et al.: *Scripta Mater.*, **67**, 153（2012）.
5) D. Ishihara et al.: Proceedings of the 22th Int. Workshop on Rare-Earth Permanent Magnets and their Applications（REPM12），Nagasaki，292（2012）.
6) K. Kataoka et al.: *Mater. Trans.*, **56**, 10, 1698（2015）.
7) C. W. Pan et al.: *Jpn. J. Appl. Phys.*, **33**, 122（1994）.
8) C. Kuhrt et al.: *Appl. Phys., Lett.*, **60**, 3316（1992）.
9) K. Hiraga et al.: *Mater. Trans.*, **34**, 569（1993）.
10) B. wall et al.: *IEEE Trans. Magn.*, **30**, 2, 675（1994）.
11) T. Mashimo et al.: *J. Appl. Phys.*, **80**, 356（1996）.
12) H. Izumi et al.: *Chem. Mater.*, **9**, 2759（1997）.
13) T. Saito: *Mater. Sci. Eng. B*, **167**, 75（2010）.
14) T. Mashimo et al.: *J. Magn. Magn. Mater.*, **210**, 109（2000）.
15) K. Machida et al.: *J. Appl. Phys.*, **87**, 5317（2000）.
16) K. Noguchi et al.: *Jpn. J. Appl. Phys.*, **40**, 2225（2001）.
17) S. Ito et al.: *J. Magn. Magn. Mater.*, **270**, 15（2004）.
18) T. Saito and H. Kitazima: *J. Magn. Magn. Mater.*, **323**, 2154（2011）.
19) K. Takagi et al.: *J. Magn. Magn. Mater.*, **324**, 2336

20）R. Soda et al.: *AIP Adv.*, **6**, 115108（2016）.

21）M. Matsuura et al.: *J. Magn. Magn. Mater.*, **452**, 243（2018）.

22）M. Matsuura et al.: *J. Magn. Magn. Mater.*, **467**, 64（2018）.

23）西島佑樹ほか：第40回日本磁気学会学術講演概要集，254（2016）.

24）山口渡ほか：粉体粉末冶金協会2016年春季大会概要集，111（2016）.

25）山口渡ほか：粉体粉末冶金協会2018年春季大会概要集，1-23A（2018）.

26）Kawamoto et al.: *IEEE Trans. Magn.*, **35**, 3322（1999）.

27）K. Otogawa et al.: *J. Alloy Compd.*, **746**, 19（2018）.

28）石川尚ほか：電学論 A, **124**, 881（2004）.

29）M. Endoh et al.: *J. Appl. Phys.*, **70**, 6030（1991）.

30）S. Sugimoto et al.: Proceedings of the 12th Int. Workshop on Rare-Earth Permanent Magnets and their Applications, Canbera, 218（1992）.

31）N. Imaoka et al.: *J. Alloy Compd.*, **222**, 73（1995）.

32）A. Yasuhara et al.: *J. Magn. Magn. Mater.*, **295**, 1（2005）.

33）M. Matsuura et al.: *J. Magn. Magn. Mater.*, **471**, 310（2019）.

34）R. Matsuda et al.: Abstract of the 25th Int. Workshop on Rare-Earth Permanent Magnets and their Applications（REPM2018）, Beijing, 326（2018）.

第2編 省・脱レアアース磁石と高効率モータ開発

第3章 フェライト系磁石の新展開

第1節 Ca-La-Co系M型フェライト磁石の開発と最近の研究動向

明治大学 **小原 学**

1. はじめに

　フェライトは酸化第二鉄（Fe_2O_3）を主成分とする酸化物であり，戦前の1933年に加藤および武井により見出されたものである[1]。現在の主要永久磁石材料の1つであるマグネトプランバイト型（以後M型）フェライトは，1952年にPhilips社のWentらにより発表されたBaフェライトや[2]，1963年にWestinghouse社のCochardtらにより発表されたSrフェライトである[3][4]。M型フェライトの基本組成式はAFe$_{12}$O$_{19}$あるいはAO・6Fe$_2$O$_3$で表され，Aにはアルカリ土類金属であるBaまたはSrが入る。このM型フェライトは希土類系金属磁石に比べて残留磁化J_r，保磁力H_{cJ}ともに劣るものの，そのコストパフォーマンスの高さから小型モータをはじめとした多くの分野で使用されている。M型フェライトは，発見以来多くの研究により磁気特性の向上が図られ，発展を遂げてきた。この中でも，2000年ごろに開発されたSrの一部をLaで，Feの一部をCoで置換した，いわゆるLa-Co置換フェライトは高い磁化と高保磁力を両立する優れたフェライト磁石であった[5][6]。そして，2007年ごろにSr系ではなくCa系にてLa-Co置換を行ったCa-La-Co系フェライトの開発によりさらなる磁気特性の向上がもたらされ[7]，現在ハイエンドのフェライト磁石として市販されている。本稿では，Ca-La-Co系フェライト磁石の開発に至るまでの研究を時代の流れとともに解説し，特に最近報告され明らかとなりつつあるLa-Co置換フェライトの結晶構造中におけるイオン配置，およびCa-La-Co系フェライト磁石のCa量と焼結特性および粒界の微細構造に関する研究について紹介する。

2. Ca-La-Co系M型フェライト磁石の開発まで

2.1 La置換Ca系M型フェライト

　La系M型フェライト（組成式：LaFe$_{12}$O$_{19}$）がM型相として存在することは1960年ごろには報告されていたが[8]，Ca系M型フェライト磁石（組成式：CaFe$_{12}$O$_{19}$）は，一般的な粉末冶金法では作製が難しいといわれていた。しかし，1963年にCaの一部を希土類金属であるLaで置換することにより，M型構造が安定して作製できることが一ノ瀬らにより初めて報告され[9]，1979年には山元らによりM型フェライト磁石として良好な磁気特性が得られることが報告された[10]。山元らによれば，M型結晶相がほぼ単相で存在でき，かつ，もっとも良好な磁気特性が得られる組成は(CaO・6Fe$_2$O$_3$)$_{97}$(La$_2$O$_3$)$_3$であり，最大エネルギー積$(BH)_{max}=27.8$ kJ/m^{3}と，当時として

203

はSr系やBa系と比較しても遜色ない特性であった。この組成式を展開しCaとLaの合計を1モルとして書き直すと，$Ca_{0.942}La_{0.058}Fe_{11.3}O_a$となる。これはLa置換量は少量でありCa系M型フェライトのLa置換といっても差し支えないものである。また，焼結体の粒子径は2～6μm程度とM型フェライトの単磁区臨界粒子径といわれる1μmを大きく上回るにも関わらず，保磁力H_{cJ}がおよそ200kA/m程度とそれなりに大きく，CaとLaを用いたM型フェライト磁石の可能性を示すものであった。また，1980年にはLotgeringらによりCa–Laフェライトの飽和磁化がBaフェライトやSrフェライトに比べて高いことも報告されている[11]。しかし，当時としては高価であった希土類のLaをあえて用いるほどの特性は得られておらず，工業化までには至らなかった。

2.2　La–Co置換M型フェライト

M型フェライトにおいて，Laはアルカリ土類金属であるBaやSrと置換される。Laは3価のイオンが安定であるため，Ba^{+2}やSr^{+2}と置換されることを考えると，本来3価が安定であるFeイオンが2価として存在する必要を生じる。この2価の陽イオンをFe以外の金属で置き換える研究が盛んに行われた。LaとFe以外の金属イオンの組み合わせで，まず高性能化に成功したのはZnであった。いわゆるLa–Zn置換フェライト[12]である。Znにより反平行の磁気モーメントを有するFeイオンを置換することによって，磁化の向上がもたらされ，40kJ/m³（5kGOe）を超える最大エネルギー積が得られ注目を集めた。しかし，結晶磁気異方性が従来のSrフェライトに比べて10%近くも低下してしまうため，高保磁力を得ることが難しいという欠点を持っていた。次に，日立金属㈱とTDK㈱より，ほぼ同時にZnではなくCoで置換すると，飽和磁化と異方性磁界がともに増加し，非常に優れた磁気特性が得られることが報告された[5][6]。いわゆるLa–Co置換フェライトである。実は当時，スピネルフェライトの1つである$CoFe_2O_4$が大きな異方性磁界を持つことはもちろん知られていたが，M型フェライトに対するCo置換の有用性はあまり評価されていなかった。これは，M構造中のFe^{3+}をCo^{+2}単独で置換することが難しいことと，単独で置換が可能な六方晶フェライトであるW型やZ型フェライト（構造上2価の金属イオンが存在する）などにCo^{+2}を置換した場合，異方性磁界が低下することが知られていたからである[13][14]。その意味でもこのLa–Co置換フェライトの発見はこれまでの認識を覆す点でも重要な意味を持っていたといえる。また，これらLa–Zn置換による高い飽和磁化の発現や，La–Co置換による異方性磁界の増加が報告されたことにより，M型フェライトにおける置換物Laは，2価の金属イオン置換に対して価数バランスを保つための3価のカウンターイオンという認識に変わっていった。

2.3　Ca–La–Co系M型フェライト

続いて2007年，日立金属の小林らは組成式$Ca_{1-x}La_xFe_{n-y}Co_yO_a$において，n=10.4，x=0.5，y=0.3付近でM型相単相を安定して得られ，非常に高い残留磁化および保磁力を有していることを報告した[7]。いわゆるCa–La–Co系フェライトである。表1にSr系M型フェライト，Sr–La–Co系M型フェライトおよびCa–La–Co系M型フェライトの常温における諸特性を示す。Srフェライトに比べ，残留磁化および保磁力ともに大きく向上している。また，注目すべきは保磁力の

第3章　フェライト系磁石の新展開

表1　各種M型フェライト磁石の磁気特性[7]

	残留磁気分極 J_r（T）	保磁力 H_{cJ}（kA/m）	異方性磁界 H_A（MA/m）	温度係数（%/K） J_r	H_{cJ}
SrMフェライト	0.430	278	≒1.49	−0.19	0.31
Sr–La–Co系フェライト	0.440	358	≒1.73	−0.19	0.16
Ca–La–Co系フェライト	0.453	453	≒2.10	−0.19	0.11

温度係数で，Srフェライトに比べて，Sr–La–Co系フェライトは1/2程度，Ca–La–Co系フェライトは1/3程度に抑えられており，フェライト磁石の欠点でもある低温減磁を抑制するものであった。現在，このCa–La–Co系フェライト磁石は，ハイエンドの高性能フェライト磁石として工業化され市場に供給されている。なお，Ca–La–Co系フェライトにおけるLa，Co置換量，およびアルカリ土類金属と遷移金属の割合などが結晶相および磁気特性に与える影響については，他書にて詳細に解説されており，そちらを参照[15]されたい。

　Ca–La–Co系フェライト磁石は，前述した組成式からもわかるとおり置換するLaとCoは等量ではなく，遷移金属に対するCaとLaの合計の比が化学量論比である1/12から大きく離れていることが特徴である。当時，各種M型フェライトにおいて，Feに対するアルカリ土類金属の比率を高くすることによってM型構造が生成されやすくなり，低温で焼結しやすくなることはよく知られていたが，余剰のアルカリ土類金属は非磁性体であり，同時に磁化の減少をもたらすことも知られていた。このため，M型単相で粒子の粗大化が起こらずに緻密な焼結体が生成できる範囲でアルカリ土類金属とFeの比はなるべく1：12に近づけることが理想であると考えられていた。小林らの報告はこれまでの常識にとらわれず，当時ハードフェライトの研究はほぼ終了したとの声もささやかれる中，まだまだフェライト磁石は磁気特性向上の可能性を有していることを示したものであったともいえる。

3. Ca–La–Co系M型フェライト磁石に関する最近の研究

3.1　Ca–La–Co系M型フェライトの結晶構造とイオン配置

　表1に示すように，Srフェライトに比べ，Sr–La–Co系フェライトの異方性磁界は約20%向上しており，Ca–La–Co系フェライトは40%近く向上している。異方性磁界は結晶磁気異方性と密接に関係していることから，この異方性磁界向上の要因はLaやCoの置換により結晶構造内の局所的な構造が変化していることが考えられる。図1にM型構造の模式図を示す。一単位胞は2分子で構成され，酸素のABCスタッキングで構成されるSブロック（スピネルブロック）とAB（またはAC）スタッキングで構成されるRブロックが交互に積み重なっている。なお，図中のアスタリスクは向きが180°回転していることを意味している。金属イオンは基本的に酸素スタッキングの隙間に位置しており，Rブロックにのみ酸素イオンと同じレイヤーにアルカリ土類金属イオンが占有するサイトが存在する。アルカリ土類金属以外の金属イオンが占有するサイトは結晶学的に5つの格子点に分けられ，それぞれ12k，$4f_2$，2a，2b，$4f_1$サイトと呼ばれる。表2はそれぞれの金属イオンサイトの酸素配位数および磁気モーメントの向き，1分子当たりのイオ

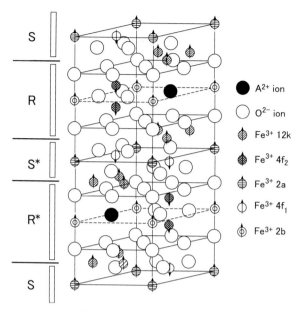

図1 M型結晶構造の模式図

表2 M型フェライト中における陽イオンの占有サイト

格子点	配位数	イオン数	ブロック	磁気モーメントの向き
12k	6	6	S-R	up
4f$_2$	6	2	R	down
2a	6	1	S	up
4f$_1$	4	2	S	down
2b	5	1	R	up

ン数を示したものである。Fe^{3+}イオンの持つ磁気モーメントを$5\mu_B$として計算すると，M型フェライトの1分子当たりの磁気モーメントは$(8-4)\times 5\mu_B = 20\mu_B$となる。また，M型フェライトの持つ大きな結晶磁気異方性はRブロック中の2bサイトに存在するFe^{3+}に起因すると考えられている。

近年，Ca-La-Co系フェライトにおける高い異方性磁界の要因を明らかにするため，Co置換サイトに関する研究が精力的に行われている。Sr-La-Co系において，ヨーロッパ（主にフランス）の研究者らによりCoの占有サイトに関する研究が行われた。彼らは^{57}Feおよび^{59}CoのNMR，メスバウアースペクトル，ラマン分光を用いた解析を行い，NMRからは4f$_2$，12k，4f$_1$のサイトを，メスバウアーとラマン分光からは2aと4f$_2$サイトを占有している可能性を報告している[16)-20)]。

また，小林らは中性子回折および広域X線吸収微細構造（Extended X-ray Absorption Fine Structure；EXAFS）を用いてSr-La-Co系およびCa-La-Co系フェライトにおけるCo占有サイトについて解析している。それによれば，Sr-La-Co系フェライトではCoは置換量に関係なくおおむね20%の分配率で2aサイト，40%の分配率で4f$_1$および12kサイトに分配されることを報告している[21)22)]。また，Ca-La-Co系フェライトでは2aと12kサイトへの分配率のばらつきが大きく，2aサイトへは最大で20%，12kサイトへは最大で40%，4f$_1$サイトへは60%以上の分配率で

第3章 フェライト系磁石の新展開

表3 La-Co置換フェライトのCo占有サイト

	12k	4f$_2$	2a	4f$_1$	2b	参考文献	
メスバウアー		○	○			16)17)19)	} Sr系
NMR（^{57}Fe, ^{59}Co）	○	○		○		17)18)	
中性子解析	○		○	○		21)	} Ca系
EXAFS	○		○	○		22)	} Sr系
NMR（^{59}Co）			Co^{3+}の可能性もある			23)	} Sr系

あることを報告している。なお一方，中村らは^{59}CoのNMRより，Sr-La-Co系フェライトにおいてCoは低スピン状態と高スピン状態が混在している可能性を報告している[23]。また，3価のCoの存在も指摘している。

　表3はCoの置換サイトに関して報告されている結果をまとめたものである。解析に用いた手法によっては一部異なる結果となっているが，共通していえることは2bサイトにCoは存在していないという結論である。また，多数決で決めるものではないが，現在のところCoは12k，4f$_1$，2aサイトを占有している可能性が高いと判断されるところであろう。なお，4f$_1$サイトをCo^{2+}が占有するという結果は，先に述べたとおり4f$_1$サイトのFe^{3+}が逆向きの磁気モーメントを持つサイトであり，Fe^{3+}に比べてCo^{2+}の磁気モーメントが小さいことから，La-Co置換により磁化が増加することも説明できる。また，酸素六配位と四配位におけるd軌道の結晶場分裂によるエネルギー差から求める結晶場安定化エネルギーによる計算[24]や，局所的にみれば非常に近い構造である立方晶Coフェライトが逆スピネルをとることを考えると，Coイオンが4f$_1$サイトを占有するという結果はM型構造中のSブロックが単純なスピネル構造と同様には扱えないことを示している。いずれにしても，La-Co置換フェライトにおいてCoイオンが占有するサイトはいまだ結論は出ておらず，今後局所的なひずみや各サイトにおける軌道磁気モーメントの関係性などのほか，局所だけでなく大きな視点での議論も含めさらなる検討が必要であろうと考えられる。

3.2 Ca-La-Co系M型フェライトのCa過剰量と途中添加物の影響

　高性能フェライト焼結磁石を得るためには，粒子の成長を抑えつつ高い焼結密度を得る必要がある。Ca-La-Co系フェライトの異方性磁界は比較的大きいとしても，粒子の粗大化が保磁力の低下を招くことは同様である。フェライト磁石の作製工程において，一般的にCaO（添加時はCaCO$_3$）とSiO$_2$を焼結助剤として添加するが，Ca-La-Co系フェライトにおいてもこの焼結助剤は有効である。しかし，Ca-La-Co系フェライトの場合は，M型結晶相中に存在するアルカリ土類金属と，焼結助剤の1つが同じ元素であり，焼結助剤が緻密化進行温度や焼結密度だけでなく，結晶相そのものにも大きな影響を与える。図2は$(Ca_{0.5}La_{0.5})_{1+\alpha}Fe_{11.6}Co_{0.4}O_a$において，$\alpha$を0.1として作製した仮焼成後粉末に対して焼結助剤であるSiO$_2$を添加し本焼成を行った焼結体の粉末X線回折プロファイルを示したものである。無添加の場合はM型相単相となっているのに対して，SiO$_2$添加量が増加すると，α-Fe$_2$O$_3$（ヘマタイト）相が確認される。このように，Ca-La-Co系フェライトの場合は焼結助剤としてのSiO$_2$が結晶中のCaを奪うためにM型構造が分解されヘマタイトが発生する。ここで，Ca＋Laと遷移金属の比が1：12となる化学量論量に対する最終

207

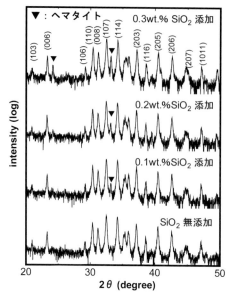
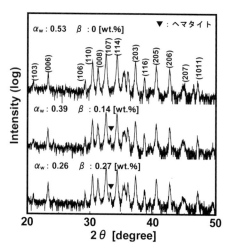

図2 $(Ca_{0.5}La_{0.5})_{1+a}Fe_{11.6}Co_{0.4}O_a$ におけるSiO$_2$添加量別のX線回折プロファイル[25]

図3 調合時のCa過剰量 α_w と微粉砕時のCa過剰量 β を変化させた試料のX線回折プロファイル[26]

的なCaの過剰量を一定に保つように,仮焼成前にCaを過剰に入れる量と,本焼成前に途中添加する量を変化させた試料のX線回折プロファイルが図3である。仮焼成前に入れたCaの化学量論量に対する過剰量を α_w,本焼成前に途中添加したCaの化学量論量に対する過剰量を β で示しており,単位は重量%で表している。最終的な過剰量が同じであっても,仮焼成前に入れた場合はM型相単相が得られているのに対して,途中添加を行って総量を合わせた場合はヘマタイト相が出現していることがわかる。これは,Caを過剰に入れるタイミングも重要であることを示唆している。

図4(a)〜(c)は最終的なCaの過剰量を0.83,1.03,1.23 wt.%とし,調合時に添加するCa過剰量と微粉砕時に添加するCa過剰量を変化させた焼結体において,平均粒子径と保磁力 H_{cJ} の焼成温度に対する依存性を示したものである。なお,これら焼結体はすべてM型相の単一相で構成されている。焼成温度の上昇に伴って,粒子成長の成長が見られることは当然であるが,粒子の成長に伴う保磁力の減少過程に,差異が見られることがわかる。特に低温度の粒子が小さな領域に着目すると,ほぼ同じような平均粒子径であるにも関わらず,保磁力 H_{cJ} は大きく異なっており,本焼成前の微粉砕時にCa過剰量を多く入れた場合は,Caの過剰総量増加に伴う保磁力の低下が大きい。この原因について明確にはされていないが,ネオジム磁石と同様に粒子界面の状態が影響していることも予想され,Caを過剰に添加するタイミングによって粒界相の形成に変化をもたらしている可能性が考えられる。今後,磁区模様観察などを含めたさらなる検討が必要であろう。

第3章 フェライト系磁石の新展開

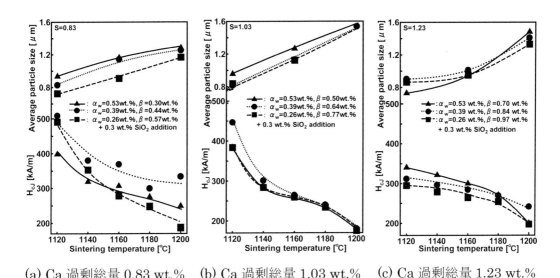

(a) Ca過剰総量 0.83 wt.%　(b) Ca過剰総量 1.03 wt.%　(c) Ca過剰総量 1.23 wt.%

図4　Ca-La-Co系フェライトにおける調合時に添加するCa過剰量 α_w，微粉砕時に添加するCa過剰量 β およびCa過剰総量と保磁力，粒子径の関係[26]

3.3　Ca-La-Co系フェライトの結晶粒界

　何度も述べるが，Ca-La-Co系フェライトは，SrやBa系に比較して，遷移金属に対するアルカリ土類金属＋希土類金属の比が大きいことが特徴である。Nd-Fe-B焼結磁石において保磁力は結晶粒界の状態に大きく影響を受けることが知られているが，前項で述べたとおり反応焼成前に余剰に添加しているCaやLa，および焼結助剤として途中添加を行うCaOやSiO$_2$がどのように結晶粒界を生成しているのか，興味深いところである。小林らは仮焼成前の調合時配合組成を Ca$_{0.5}$La$_{0.5}$Co$_{0.3}$Fe$_{10.1}$O$_a$ としたCa-La-Co系フェライトにおいて，焼結助剤であるCaOとSiO$_2$の両方を添加した場合と，SiO$_2$のみを添加した場合の焼結体において多粒子粒界の組成分析を行ったところ，どちらの場合もおおよそ Si：Ca：La：Fe＝30：60：2：5 の割合で存在していることを報告している[27]。また，筆者らも仮焼成前の調合時配合組成を Ca$_{0.65}$La$_{0.5}$Fe$_{11.6}$Co$_{0.4}$O$_a$ とした試料において，反応焼成後に添加するSiO$_2$の量を変化させて多粒子粒界組成を調べたところ，SiとCaが1：2で若干のFeを含んでいることがわかった。これら結果は，配合組成や途中で添加するCaの量に関わらず，粒界相が形成されることを示しており，特にCa-La-Co系フェライトの場合は主相から粒界相へCaを供給することが可能であることから，Sr系フェライトとは異なる粒界相の生成機構が存在する可能性が考えられる。また，同じく小林らはCa-La-Co系フェライトの C 面粒界を高角度環状暗視野（High Annular Dark Field；HAADF）STEM像にて観察し（図5），Ca-La-Co系フェライトの C 面における粒界はステップテラス構造となっていることを報告している。図からわかるように，このステップ幅は1.15 nmとM型構造の格子定数c（約2.3 nm）の半分程度であり，Rブロックに接するSブロックの境目付近がテラス面となっていると考えられる。テラス面が磁気特性に与える影響など詳しいことはまだわかっていないが，今後のさらなる研究が期待されるところである。

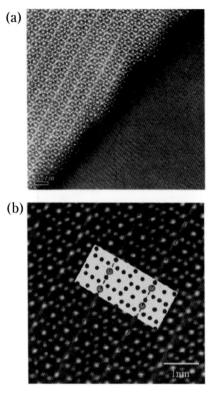

図5 Ca-La-Co系フェライトの粒界面における HAADF-STEM像[27]

4. おわりに

重希土類の資源問題を背景として，フェライト磁石の重要性は今後も高まっていくことが予想される。Ca-La-Co系フェライトの開発により磁石特性は大幅に向上したが，今後さらなる高性能化を望む声も大きい。本稿で述べたように，最近の研究成果により，Ca-La-Co系フェライトの高性能化の要因について明らかになりつつあるものの，まだまだわかっていないことも多い。今後，これら要因を解明することによって高性能化の指針を示すとともに，常識にとらわれないアイデアを加えることで，フェライト磁石のさらなる高性能化が期待できると確信している。

文　献

1) 加藤与五郎，武井武：電気学会論文誌, **53**, 408-412 (1933).
2) J. J. Went et al.: *Philips Tech. Rev.*, **13**, 194-208 (1952).
3) A. Cochardt: *J. Appl. Phys.*, **34**, 1273-1274 (1963).
4) A. Cochardt: *J. Appl. Phys.*, **38**, 1904-1908 (1967).
5) Y. Ogata et al.: *IEEE Trans. Magn.*, **35**, 3334-3336 (1999).
6) H. Taguchi et al.: Proc. of the 8th Inter. Conf. Ferrite (ICF8), Kyoto, 405-408 (2000).

7）小林義徳ほか：粉体および粉末冶金, **55**, 541-546（2007）.

8）A. Aharoni and M. Schueber: *Phys. Rev.*, **123**, 807-809（1961）.

9）N. Ichinose and K. Kurihara: *J. Phys. Soc. Japan*, **18**, 1700-1701（1963）.

10）H. Yamamoto et al.: *IEEE Trans. Magn.*, **15**, 1141-1146（1979）.

11）F. K. Lotgering and M. A. Huyberts: *Solid State Commun.*, **34**, 49-50（1980）.

12）H. Taguchi et al.: Proc. of the 7th Inter. Conf. Ferrite（ICF7）, C1-311（1996）.

13）T. M. Perekalina and A. V. Zalesskii: *Soviet Phys. JETP*, **19**,（1964）.

14）R. A. Braden et al.: *IEEE Trans. Magn.*, **2**,（1966）.

15）宝野和博, 広沢哲：省/脱 Dy ネオジム磁石と新規永久磁石の開発, 262-270, シーエムシー出版（2015）.

16）A. Morel et al.: *J. Magn. Magn. Mater.*, **242-245**, 1405-1407（2002）.

17）G. Wiesinger et al.: *Phys. Stat. Sol.*, **185**, 499-508（2002）.

18）M. W. Pieper et al.: *Phys. Rev. B*, **65**, 184408.

19）L. Lechevallier et al.: *Physica B*, **327**, 135-139（2003）.

20）P. Tenaud et al.: *J. Alloys and Compounds*, **370**, 331-334（2004）.

21）Y. Kobayashi et al.: *J. Ceram. Soc. Japan*, **119**, 285-290（2011）.

22）小林義徳ほか：粉体および粉末冶金, **63**, 101-108（2016）.

23）H. Nakamura et al.: *J. Phys. Conderns. Matter*, **28**, 346002（2016）.

24）M. T. Weller: *Inorganic Materials Chemistry*, 44-48, Oxford Science Publocations（1994）.

25）小原学, 濱田秦嗣：粉体および粉末冶金, **61**, 431-436.

26）小原学, 垣見悠太：電気学会論文誌 A, **136**, 503-508（2016）.

27）小林義徳, 川田常宏：粉体および粉末冶金, **63**, 876-881（2016）.

第2編　省・脱レアアース磁石と高効率モータ開発

第3章　フェライト系磁石の新展開

第2節　W型フェライト磁石の磁気特性

大阪大学　中川　貴　　大阪大学　清野　智史　　大阪大学　山本　孝夫

1. はじめに

　フェライト磁石は希土類磁石と比較すると，その磁気特性は劣るものの，ユビキタス元素でできているため，生産性と価格は非常に安定しており，現在も全磁石の生産量の7割を占めている[1]。フェライト磁石の主要用途はモータであり，わずかな性能改善であっても，スケール効果によりトータルで大幅な省エネルギーにつながる。市販のフェライト磁石はM型構造の$SrFe_{12}O_{19}$の一部を元素置換したものである。これに対して$SrMe_2Fe_{16}O_{41}$の組成式で表されるW型は，M型と比較して磁気異方性はほぼ同等で，飽和磁化が高く，次世代のフェライト磁石として期待されている。Meは2価の金属イオンで，さまざまな元素で置換した場合の磁気特性が報告されている。図1に，主な元素で置換した場合の飽和磁化と異方性磁界を示す。Me＝Cdとすると，異方性磁界が大きくなる一方で飽和磁化は大幅に低下する。また，Me＝Znの場合に飽和磁化がもっとも高くなる。Me＝Feの場合，飽和磁化，異方性磁界ともにバランス良く高いことがわかる。そこで，本稿では磁気特性の面で優れているMeをZnまたはFeとした場合を軸に元素置換した結果，W型フェライトの磁気特性のどのような変化が表れていくのかについて，W型フェライトの生成条件，置換元素の占有サイト，保磁力を向上させるための放電プラズマ焼結（Spark Plasma Sintering；SPS）を概説する。

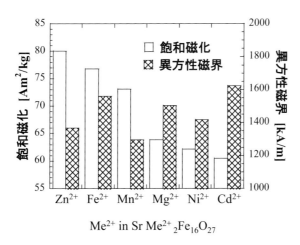

図1　$Sr Me^{2+}_2Fe_{16}O_{27}$の飽和磁化および異方性磁界[1]

2. W型フェライトの合成条件

一般に，W型フェライトはSrCO₃，α-Fe₂O₃と添加する金属酸化物を狙う組成になるように秤量し，ボールミルで混合したのちに電気炉で焼成して合成する。大気中で2価のイオンが安定な金属を添加する場合は，W型フェライトを大気中で合成できる。図2に示すように，Me=Ni, Co, ZnのSrNi₂Fe₁₆O₂₇, SrCo₂Fe₁₆O₂₇, SrZn₂Fe₁₆O₂₇は1,473～1,623 Kの大気中で単相のW型フェライトが得られる。SrMg₂Fe₁₆O₂₇の場合は1,523～1,623 Kで，SrMn₂Fe₁₆O₂₇は1,573～1,623 Kの大気中で合成することができる。このことからMeにNi, Co, Zn, Mg, Mnが混在する系を合成する場合は，大気中で1,573～1,623 Kで原料粉末を焼成すればW型フェライトが得られることがわかる。実際に合成できることも確認している。焼成温度では大気中で2価のイオンで安定ではないCuやFe, Snのような金属の場合はW型の相は得られないため，大気中で焼成するには価数調整のためのイオン同時置換が必要である。

Me=Feの場合は2価と3価のFeが共存するために，焼成温度と気相の酸素濃度の調整が必要となる配合組成がSrZn$_x$Fe$_{2-x}$Fe$_{16}$O$_{27}$となるように混合した粉末を1,523 Kで焼成して得られた試料のXRDパターンから同定した結晶相を図3に示す[2]。黒部分がW型を表しており，円の左上に白い部分があるものは，M型フェライトやヘマタイトなどのFeが3価の化合物を表し，右下の白い部分はスピネル相を意味している。縦軸は，酸素分圧を対数スケールで示している。Zn置換量xが増えるとともに黒で示しているW型相が生成する場合の酸素分圧が高くなっていることが示されている。酸素分圧は高すぎても低すぎてもW型は生成せず，W型フェライトの生成条件はかなりシビアであることがわかる。1,573 Kでは，W型フェライトの生成領域は全体的に高酸素分圧側にずれる傾向を示し，x=1.5の組成の試料を大気中（$2×10^{-1}$ atm）で焼成すると単相のW型フェライトが得られた。さらに温度の高い1,623 Kでは，x=1.0の組成でも，わずかにヘマタイト相が含まれているもののW型単相に近い焼結体が得られることがわかった。2価のFeをMnで置換するSrMn$_x$Fe$_{2-x}$Fe$_{16}$O$_{27}$の系でも同様の傾向がみられた。

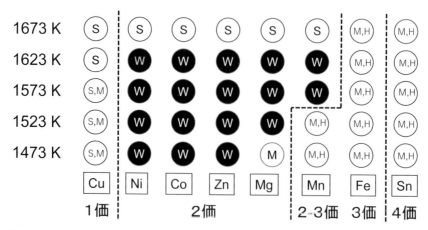

図2　SrMe₂Fe₁₆O₂₇組成となるように混合した粉体を大気中焼成で得られたサンプルのX線回折から同定した生成相

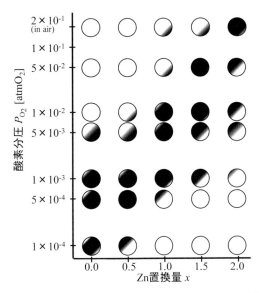

図3 SrZn$_x$Fe$_{2-x}$Fe$_{16}$O$_{27}$ W型フェライトが得られる温度と組成

いずれにしても，W型フェライトの生成温度は1,523～1,623 Kと高温であるため，結晶成長が著しく，保磁力が小さい原因となっている。

3. 置換元素のサイト解析と磁気特性

W型フェライトの結晶構造は，図4に示すようにかなり複雑ではあるが，空間群はP6$_3$/mmcであり対称性は高い。超交換相互作用から磁性イオンが入る7種類の各サイトのスピンの向きは決まっている。W型フェライトの主成分であるFe^{3+}は遷移金属イオンとしては最大の磁気モーメントを持つため，アップスピンサイトにFe^{3+}がダウンスピンサイトに磁気モーメントの小さなMe^{2+}が入ると単位格子当たりの磁化は高くなる。したがって，各イオンがどのサイトに入るのかを知ることは，材料設計の指針を得る上で貴重な情報となる。

結晶内の各イオンのサイト占有率を調べる方法はいくつかある。メスバウアー分光分析法はFeの価数と占有サイトを知る有力なツールの1つであるが，Fe以外のイオンについては分析することは通常難しい。Fe以外の添加元素が1種類の場合は，差分からその元素の占有サイトを知ることができるが，複数の元素を添加した場合には区別することができない。

X線回折は，結晶構造を解析するもっとも一般的なツールである。しかし，原子番号が近い元素については，原子散乱因子が近い値となるためにそれぞれを区別することができない。ビーム強度の強い放射光を適切なエネルギーに単色化して用いると，原子番号が3つ以上離れていれば確実に区別することができる。また，NやOのような軽元素の原子座標も解析することができる。

同じX線でも特定の元素の吸収端近傍でエネルギーを変化させ，X線の吸収度を測定するXAFS（X-ray Absorption Fine Structure）では，元素選択的にそのイオンの価数，原子間距離の解析からのサイト占有率などを評価することができる。特に，元素選択性という特徴は各イオ

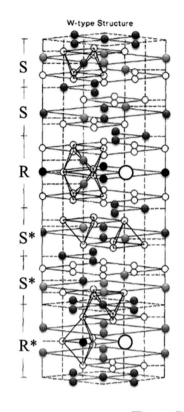

図4　W型フェライトの結晶構造

ンで分析することができるため，元素が多数含まれる複雑な系での解析で威力を発揮する。ただし，得られる情報が対象元素からの距離の一次元であることは考慮する必要がある。

中性子回折はX線回折同様に結晶行動を解析できるだけでなく，磁気構造も評価することができる。中性子は磁気モーメントを有するために，磁性イオンに散乱されるからである。当然であるが，X線回折の解析結果と中性子回折の解析結果は一致してなくてはならない。また，XAFS解析から得られたイオンの価数と磁気モーメントの大きさや，原子間距離から得られるサイト占有率ともコンシステントでなくてはならない。これはX線回折の解析結果にもいえることである。例えば，あるイオンAとBは八面体のあるサイトに入りやすい傾向がわかっているとしても，両方をドープした場合でないとどちらがよりそのサイトに入りやすいのかをつかめないが，中性子回折ならばこれが可能となる。スピネル構造の場合は，複数のイオンを系統的に添加したいくつかの系の解析から，Aサイト（四面体サイト）とBサイト（八面体サイト）への入りやすさの傾向は，

　Aサイト　Zn≫Cu＞Fe＞Co＞Mg≫Al, Ni, Cr　Bサイト

となっている[3]。このように，Fe以外に1種類だけでなく，2種類の元素を添加した系を系統的に調べると，よりサイトプレファレンスの強弱が理解できる。

そのようなことも踏まえて，単にサイト占有率がX線回折，XAFS，中性子回折で一致するだけでなく，その結果が磁化測定とも一致して初めて意味のある解析データとなる。図5に，それ

第3章 フェライト系磁石の新展開

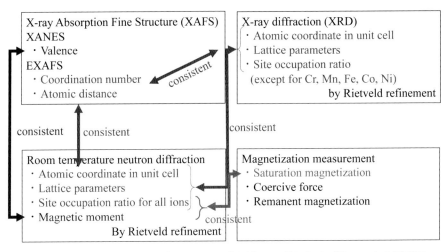

図5 XAFS，X線回折，中性子回折，磁化測定から得られるパラメータの相関図

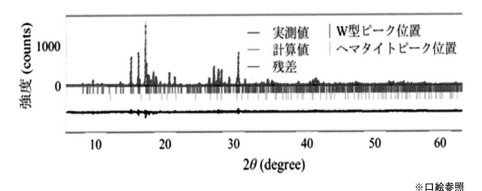

※口絵参照

図6 SrZnMnFe$_{16}$O$_{27}$ の放射光X線回折測定データのRietveld解析結果

ぞれの解析で一致すべきポイントを示す。X線回折，XAFS，中性子回折と磁化測定はそれぞれの解析でコンシステントな関係が成り立ってなければならない。図5にXAFS，X線回折，中性子回折および磁化測定から得られるそれぞれのパラメータの相関を示す。矢印で結ばれたそれぞれの解析から得られたパラメータがすべて一致して，各解析は正しく行われたと認識することができる。

図6に，あいちシンクロトロン光センターのBL5S2で16.00 keV（波長0.07748 nm）に単色化したX線を用いて行った放射光X線回折測定データをRietveld解析したSrMnFeFe$_{16}$O$_{27}$の結果を示す。得られたX線回折プロファイルはZ-Rietveld（Mac OSX用 version 1.0.1）を用いて結晶構造の最適化をした。Mnを含む系では，FeとMnの原子散乱因子の差が小さすぎるため区別することができない。したがって，MnはFeと同じと見なして，Znの占有サイトとFe（Mn）の占有サイトを解析した。また，W型フェライト以外にもヘマタイトとスピネル相があると仮定して含有重量比も求めた。表1にRietveld解析から得られたSrZn$_x$Mn$_{2-x}$Fe$_{16}$O$_{27}$組成で合成した試料の構成相の重量比とW型フェライトの格子定数をまとめた。すべての試料で，W型がほぼ単相であることがわかる。また，MnをZnに置換しても格子定数はほとんど変化しなかった。表2に，1組成当たりに換算したFe（Mn）とZnのサイト占有数を示す。わかりやすくするために

217

表１　$SrZn_xMn_{2-x}Fe_{16}O_{27}$ の放射光Ｘ線回折から得られた構成相の割合およびＷ型の格子定数

Zn 置換量	含有重量比［wt. %］			格子定数［nm］	
x	W 型	ヘマタイト	スピネル	a	c
0	95.9	4.1	—	0.5898	3.280
0.5	96.0	4.0	—	0.5898	3.279
1.0	99.5	0.5	—	0.5900	3.280
1.5	100.0	—	—	0.5905	3.282
2.0	96.9	—	3.1	0.5906	3.282

表２　$SrZn_xMn_{2-x}Fe_{16}O_{27}$ の放射光Ｘ線回折から得られた Fe（Mn）と Zn の１組成当たりのサイト占有数と Rietveld 指標

			x=0.5		x=1.0		x=1.5		x=2.0	
格子点		スピン方向	Mn, Fe	Zn	Mn, Fe	Zn	Mn, Fe	Zn	Mn, Fe	Zn
4e	四面体	down	1.50	0.50	1.03	0.97	0.79	1.21	0.76	1.24
$4f_{IV}$	四面体	down	2.00	0.00	1.97	0.03	1.71	0.29	1.41	0.59
$4f_{VI}$	八面体	down	2.00	—	2.00	—	2.00	—	1.98	0.02
12k	八面体	up	6.00	—	6.00	—	6.00	—	5.86	0.14
6g	八面体	up	3.00	—	3.00	—	3.00	—	3.00	—
4f	八面体	up	2.00	—	2.00	—	2.00	—	2.00	—
2d	六面体	up	1.00	—	1.00	—	1.00	—	1.00	—
		χ^2	0.714		0.266		0.370		0.480	
		R_e	0.142		0.157		0.164		0.160	
		R_{wp}	0.120		0.0812		0.0997		0.111	

置換量 x に対して各サイトにおける Zn の占有数をプロットしたのが**図７**である。表２および図７を見ると，Mn から Zn に置換していくと，置換量 x が 0.5 では Zn は酸素四配位でダウンスピンサイトの 4e にしか入らず，x=1.0 で 4e に加えて同じく四配位のダウンスピンサイトの $4f_{IV}$ にわずかに入り，x=1.5 に増やしても 4e と $4f_{IV}$ のサイトのみが置換される。x=2.0 まで置換量を増やすと，酸素が六配位でアップスピンの 12 k サイトと六配位でダウンスピンサイトの $4f_{VI}$ にも Zn が入るようになることがわかる。**図８**に３Ｋで７Ｔの磁場を印加した場合の $SrZn_xMn_{2-x}Fe_{16}O_{27}$ の磁化をプロットする。理論的には５ μ_B の磁気モーメントを持つ Fe^{3+} と Mn^{2+} が入っているダウンスピンサイトが非磁性の Zn^{2+} に置換されていくため，置換量 x の増加とともに磁化が増えている。Fe^{3+} と Mn^{2+} の磁気モーメントの大きさが同じであると仮定すると，３Ｋでの飽和磁化測定の結果と Zn のサイト占有数から，各組成での Fe^{3+} と Mn^{2+} の磁気モーメントは図８中に記述したように 4.3～4.5 μ_B となる。この値は，一般的にＭ型などで観測されている Fe^{3+} の磁気モーメントの大きさとよく一致している。

大強度陽子加速器施設（J-Parc）の物質・生命科学実験施設（MLF）に設置してある BL08 超高分解能粉末中性子回折装置（SuperHRPD）を用いて室温・無磁場で行った $SrZn_xMn_{2-x}Fe_{16}O_{27}$ の中性子回折の Rietveld 解析結果も示す。Ｘ線回折と同様に中性子回折でも Z-Rietveld（Mac

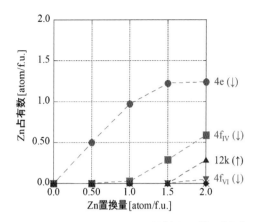

図7 SrZn$_x$Mn$_{2-x}$Fe$_{16}$O$_{27}$の放射光X線回折測定データのRietveld解析から得られた1組成当たりのZnのサイト占有数

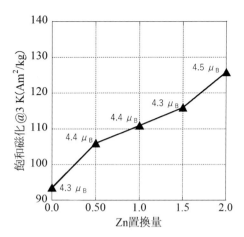

図8 VSMによる3Kでの飽和磁化とSrZn$_x$Mn$_{2-x}$Fe$_{16}$O$_{27}$の放射光X線回折測定データのRietveld解析から得られたFe^{3+}とMn^{2+}の3Kでの磁気モーメント

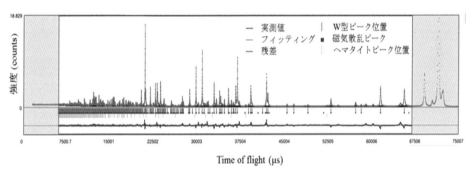

※口絵参照

図9 SrZn$_{0.5}$Mn$_{1.5}$Fe$_{16}$O$_{27}$の中性子回折測定データのRietveld解析結果

OSX用version 1.0.1)を用いて磁気結晶構造の最適化を行った。一例としてSrZn$_{0.5}$Mn$_{1.5}$Fe$_{16}$O$_{27}$のRietveld解析結果を図9に示す。格子内原子座標と格子定数は，X線回折から得られた結果とほぼ一致した。中性子回折のRietveld解析で得られたFe, Mn, Znの各サイトの1組成当たりの占有数と磁気モーメント値を表3に示す。比較しやすいように，Znのサイト占有数を図10に，Mnのサイト占有数は図11にグラフ化して表す。中性子回折から得られた図10のZnのサイト占有数と，放射光X線回折から得られた図7に示したZnのサイト占有数は非常によい一致を示していることがわかる。これらのことからZnは，ダウンスピンサイトの四面体構造サイトに入りやすいことがわかる。一方で，Mnはどの組成でもアップスピンサイトとダウンスピンサイトの両方に入って磁化を相殺しあっていることが示されている。中性子回折のRietveld解析から得られた各サイトの占有数とFe^{3+}およびMn^{2+}の磁気モーメントの大きさから計算された室温でのSrZn$_x$Mn$_{2-x}$Fe$_{16}$O$_{27}$の飽和磁化の値と，VSMを用いて10Tの磁場中で測定した室温磁化の値の比較を図12に掲載する。Rietveld解析のほうが少し高めの飽和磁化が得られているが，組成変化に対する飽和磁化の変化の傾向は非常によく再現できている。

表3 SrZn$_x$Mn$_{2-x}$Fe$_{16}$O$_{27}$ の中性子回折から得られた Fe，Mn および Zn の1組成当たりのサイト占有数と Rietveld 指標

χ^2 値が高いがこれは測定データの精度が高く R_e 値が極めて低いことに起因する。

格子点		スピン方向	x=0.0 Fe	Mn	x=0.5 Fe	Mn	Zn	x=1.0 Fe	Mn	Zn	x=1.5 Fe	Mn	Zn	x=2.0 Fe	Zn
4e	四面体	down	1.47	0.53	1.10	0.40	0.50	0.99	0.28	0.73	0.71	0.17	0.73	1.87	1.24
4f$_{IV}$	四面体	down	1.71	0.29	1.75	0.25	—	1.90	0.10	0.27	1.61	—	0.27	1.88	0.59
4f$_{VI}$	八面体	down	2.00	—	2.00	—	—	2.00	—	—	2.00	—	—	1.95	0.02
12k	八面体	up	5.56	0.44	5.97	—	—	6.00	—	—	6.00	0.03	—	5.91	0.14
6g	八面体	up	2.44	0.56	2.40	0.60	—	2.54	0.46	—	2.79	0.21	—	1.72	—
4f	八面体	up	1.82	0.18	1.79	0.21	—	1.88	0.12	—	1.97	0.03	—	1.74	—
2d	六面体	up	1.00	—	0.96	0.04	—	0.95	0.05	—	0.94	0.06	—	0.92	—
磁気モーメント[μ$_B$]	Fe^{3+}		3.4		3.3			3.3			3.2			3.2	
	Mn^{2+}		3.2		3.4			2.9			3.2			—	
スピン角度 [°]			3.6		2.8			8.9			9.4			6.7	
	χ^2		28		42			24			26			12	
	R_e		0.016		0.016			0.016			0.017			0.019	
	R_{wp}		0.084		0.105			0.079			0.082			0.067	

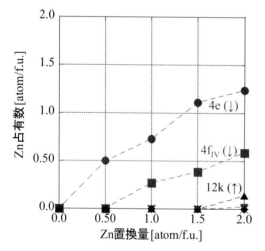

図10 SrZn$_x$Mn$_{2-x}$Fe$_{16}$O$_{27}$ の中性子回折測定データの Rietveld 解析から得られた1組成当たりの Zn のサイト占有数

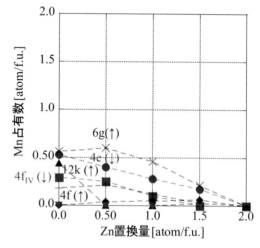

図11 SrZn$_x$Mn$_{2-x}$Fe$_{16}$O$_{27}$ の中性子回折測定データの Rietveld 解析から得られた1組成当たりの Mn のサイト占有数

　SrZn$_x$Mn$_{2-x}$Fe$_{16}$O$_{27}$ の系で，放射光X線回折と中性性回折の結果から Zn の占有サイトに関しては，四配位のダウンスピンサイトと結論づけることができたが，Mn に関しては中性子回折の結果しか示されていない。別の方法でこの結果を裏づけるデータが必要であるため，元素選択的に一次元の原子間距離の解析が可能な XAFS 測定も行っている。XAFS 測定は SPring-8 の XAFS 専用ビームフイン BL01B1 を用いた。化学状態のわかる XANES 領域のスペクトルから，SrZn$_x$Mn$_{2-x}$Fe$_{16}$O$_{27}$ 中の Zn は2価，Mn も2価，Fe は3価ということがわかった。この結果は，それぞれの磁気モー

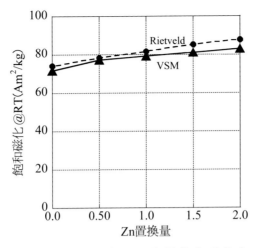

図12 VSM で測定した室温飽和磁化と SrZn$_x$Mn$_{2-x}$Fe$_{16}$O$_{27}$ の中性子回折測定データの Rietveld 解析から得られた飽和磁化の比較

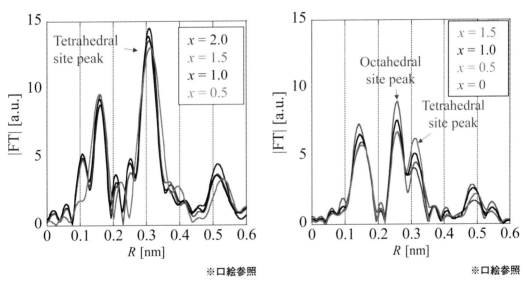

図13 SrZn$_x$Mn$_{2-x}$Fe$_{16}$O$_{27}$ の Zn-K 端 XAFS 測定から得られた Zn の動径構造関数

図14 SrZn$_x$Mn$_{2-x}$Fe$_{16}$O$_{27}$ の Mn-K 端 XAFS 測定から得られた Mn の動径構造関数

メントの値と矛盾なく説明できている。対象とする元素を中心にどれぐらいの距離に別の原子が配位しているかを解析できる XAFS 振動のフーリエ変換結果を図13と図14に示す。図13はZn-K 吸収端の結果で，第二配位圏の 0.31 nm 付近に四面体構造の特徴であるピークのみが観測されている。これは X 線回折や中性子回折の Rietveld 解析結果を強く裏づけている。図14は Mn-K 吸収端の結果で，0.26 nm 付近に現れる八面体構造の第二配位圏のピークと 0.31 nm 付近に現れる四面体構造の第二配位圏のピークの両方が観測される。相対強度を見ると，$x=0$ では八面体構造のほうが大きく出ており，図11 に示す中性子回折からの Mn の占有数で八面体の 12k サイトに

入っていることを裏づけている。$x=0.5$ では八面体と四面体がほぼ同数に，x がそれより増えると相対的に八面体サイトが多くなっていることが図14や図11からも示されており，XAFSの結果からも中性子回折のMnの占有サイトの解析結果の正しさを裏づけられる。

以上のように，図5に示したX線回折，中性子回折，XAFS，磁化測定から得られるそれぞれのパラメータがコンシステントであり，解析の正しさを互いに相補し合っている。

$SrZn_xMg_{2-x}Fe_{16}O_{27}$ で同様の解析を行った結果も掲載する。**図15** には，あいちシンクロトロン光センターのBL5S2で16.00 keVに単色化したX線を用いて行った放射光X線回折測定データをRietveld解析した結果を，**図16** にはJ-ParcのMLFに設置してあるBL08を用いて室温・無磁場で行った中性子回折のRietveld解析結果から得られたMgとZnのサイト占有数のZn置換量 x の依存性を示す。Mnと異なりMgはFeから十分に原子番号が離れているため，X線回折でもFeと区別することができる。両者の解析結果は非常によく一致していることがわかる。ZnはMnを入れたときと同様に，ダウンスピンの四面体サイトに入り，置換量とともに入る数もほぼ一致している。$SrZn_xFe_{2-x}Fe_{16}O_{27}$ のX線回折でも，全く同じような変化が見られたことから[2]，Znは同時に添加する元素に依存せず4eサイトに入りやすく，次いで$4f_{IV}$サイトに入りやすいことがわかる。一方，Mgは6gに入りやすく，添加量が増えると4fにも入ることがわかった。いずれのサイトもアップスピンサイトで，Mg^{2+} は非磁性イオンであることから，Mgの添加は磁化を下げる効果があることがわかる。図17に，

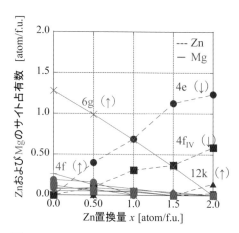

図15 $SrZn_xMg_{2-x}Fe_{16}O_{27}$ の放射光X線回折測定データのRietveld解析から得られた1組成当たりのZnおよびMgのサイト占有数

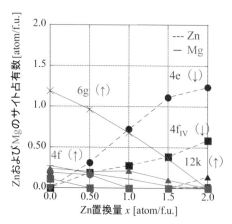

図16 $SrZn_xMg_{2-x}Fe_{16}O_{27}$ の中性子回折測定データのRietveld解析から得られた1組成当たりのZnおよびMgのサイト占有数

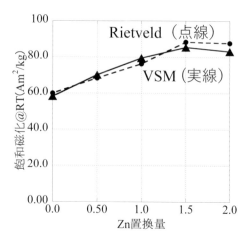

図17 VSMで測定した室温飽和磁化と $SrZn_xMg_{2-x}Fe_{16}O_{27}$ の中性子回折測定データのRietveld解析から得られた飽和磁化の比較

中性子回折測定データのRietveld解析から得られたSrZn$_x$Mg$_{2-x}$Fe$_{16}$O$_{27}$の飽和磁化とVSMで測定した飽和磁化の結果を示す。中性子回折のRietveld解析で得られた結果からVSM測定の値をよく再現できていることがわかる。$x=1.5$で磁化が最大となることが各元素のサイト占有率から説明できることも特筆すべき点と考える。

4. SPS焼結による保磁力の向上

W型フェライトを合成するには1,523 K以上の温度が必要で、単相のW型を得る間に結晶成長してしまい、ほとんど保磁力は得られない。保磁力を出すには、合成したフェライトを微粉化しできるだけ低温でまた短時間で焼結させる必要がある。一般にW型フェライトを電気炉で焼結するためには1,373 K以上の温度が必要とされている。焼結体を得る方法の1つに、放電プラズマ焼結（Spark Plasma Sintering；SPS）法がある。SPS法とは、粉末材料を炭素ダイスに充填し、真空または不活性ガス雰囲気で加圧しながらパルス大電流を印加して焼結体を得る方法で、低温でも焼結体を作製することができる[4]。W型としてもっとも磁化の高く出たSrZn$_2$Fe$_{16}$O$_{27}$について、このSPSを適用させてどのような保磁力が出るのかについて説明する。

SrZn$_2$Fe$_{16}$O$_{27}$は前述と同じ方法で1,523 Kの大気中で10時間焼成して合成した。得られたSrZn$_2$Fe$_{16}$O$_{27}$を乳鉢、乳棒で粉砕した。この粉末を湿式ボールミル（ボールは鉄製）で3時間、7時間、10.5時間粉砕し、それぞれ微粉末を得た。ボールミル前とそれぞれの時間をかけて微粉砕した粉末のSEM画像を**図18**に示す。ボールミル前はほぼ数μmの粗粒子だったのに対し、平

図18 ボールミルで得られたSrZn$_2$Fe$_{16}$O$_{27}$粉末のSEM画像
(a)粉砕前，(b)3時間粉砕，(c)7時間粉砕，(d)10.5時間粉砕

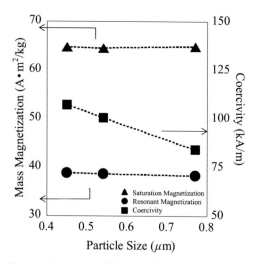

図19 ボールミル粉砕した粒子を用いて1,073 K で SPS をした SrZn₂Fe₁₆O₂₇ の磁気特性

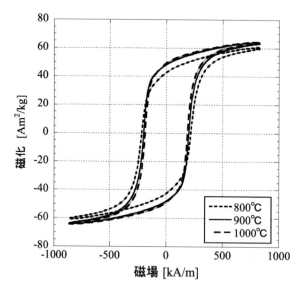

図20 ボールミル後に SPS をした SrFe₂Fe₁₆O₂₇ のヒステリシスループ

均粒径は粉砕時間が3時間で0.77 μm，7時間で0.54 μm，10.5時間で0.45 μmとなった。いずれも六方晶フェライトの単軸限界である1 μm以下になった。図19は，粉砕した粒子を用いて1,073 K で SPS をした結果で，200 K/min で100 MPaの圧力をかけ，設定温度に到達したら直ちに電源を切り炉冷するプログラムで得られた焼結体の磁気特性を示している。粒径に関わらず飽和磁化や残留磁化は一定なのに対し，保磁力は粒径が小さいほど大きくなることが示されている[5]。

同様の SPS を SrFe₂Fe₁₆O₂₇ で行った場合は，1,073 K で理論密度比の75%，1,173 K で98%，1,273 K で99%と低温でも高い焼結密度が得られている。図20 に示すようにわずかではあるが，

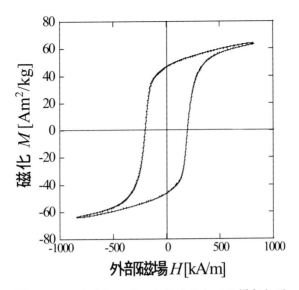

図21 SiO$_2$ を 0.6 wt％，CaO を 0.4 wt％添加して1173 K で SPS をした SrFe$_2$Fe$_{16}$O$_{27}$ のヒステリシスループ

SPS 温度が低いほど保磁力が高く，1,073 K の試料では 218 kA/m と SrFe$_2$Fe$_{16}$O$_{27}$ として過去に報告されているもっとも高い値が得られている。逆に磁化は SPS 温度が高いほど少しずつ増大し，$(BH)_{max}$ は 1,073 K で 6.9 kJ/m^3 であったのに対し，1,173 K と 1,273 K ではそれぞれ 14.2 kJ/m^3 および 14.1 kJ/m^3 と，無配向の試料としては非常に高い値が得られている[6]。

以上の結果は，W 型フェライトを単独で SPS したデータであるが，焼結助剤を加えることでさらに保磁力を向上させることができる。焼結助剤として SiO$_2$ を 0.6 wt％，CaCO$_3$ を CaO 換算で 0.4 wt％添加した SrFe$_2$Fe$_{16}$O$_{27}$ を 1,239 K で PSP を行った試料は，図21 に示したように磁化を下げることなく，保磁力を 271 kA/m に増加させることができる。

もともと，一軸プレスをかけペレット化し電気炉で焼結させた試料でも保磁力の比較的高かった SrMg$_2$Fe$_{16}$O$_{27}$ についても，SPS で焼結させるとさらに保磁力が高くなることも報告されている[7]。

このように，微粉末化した試料を SPS を用いて短時間で低温で焼結させることで，W 型フェライトの永久磁石としての性能を引き出すことができる。

5. おわりに

W 型フェライトは，永久磁石としてのポテンシャルを高く評価されながら，いまだ実用化に至っていない。その原因としては，生成温度や酸素分圧の制御の困難さや，置換元素の磁気特性に与える影響などがはっきりわかっていなかったことであると考えられる。添加元素が結晶格子内で入るサイトを解析することで，磁気特性への影響をきちんと再現できることは明らかである。磁性材料を設計するという段階に辿り着くまでには，まだデータが不足している。特にRブ

ロックの$4f_{VI}$サイトは，ダウンスピンサイトでFe_{3+}以外のイオンは入りにくいということがわかる。このサイトを磁気モーメントの小さなイオンで置換することができれば，磁化はさらに向上する。今後はさらにさまざまな元素置換の影響を調べることで，どの元素をどの程度置換させると最適な磁気特性が得られるのかわかるようになるであろう。また，SPS という W 型フェライトでは知見のほとんどない焼結法を適用すると，保磁力が飛躍的に向上することもわかった。まだ，最適化というフェイズに入っているとはいえず，還元雰囲気化で行うことによるスピネル相の析出の低減など，今後取り組むべき課題もみえている。これらのように W 型フェライトに関しては，ある程度系統的に解析することで明らかとなった問題を少しずつ解決していくことで，安価で M 型を超える磁性材料になると確信している。

謝　辞

　本稿を執筆するにあたりご協力いただいた筆者らの研究室の卒業生，小林義徳氏，上野文城氏，漁師雄介氏，吉田康輝氏，代永彩夏氏，大田慧氏に厚く御礼申し上げます。

文　献

1）S. Day and R. Valenzuela: *Adv. Ceram.*, **16**, 53 （1985）.
2）代永彩夏ほか：粉体および粉末冶金，**64**(4)，185 （2017）.
3）中川貴：まぐね，**4**(1)，30 （2009）.
4）粉体粉末冶金協会編：粉体粉末冶金便覧，内田老鶴圃，145 （2010）.
5）漁師雄介ほか：粉体および粉末冶金，**60**(3)，121 （2013）.
6）中川貴ほか：セラミックス，**48**(5)，373 （2013）.
7）吉田康輝ほか：粉体および粉末冶金，**61**(4)，179 （2014）.

第2編　省・脱レアアース磁石と高効率モータ開発

第4章　磁石材料の新展開（省レアアース/フリー磁石の開発）

第1節　ThMn$_{12}$構造磁性材料の磁気特性予測

国立研究開発法人産業技術総合研究所　三宅　隆

1. ThMn$_{12}$構造

ThMn$_{12}$構造を有するRFe$_{12}$型化合物（Rは希土類元素）は，希土類磁石化合物としてよく研究されている[1,2]。ThMn$_{12}$構造は空間群 I4/mmm（No. 139）に属す。**図1**に結晶構造を示す。ブラベ格子は体心正方格子で，慣用単位胞に2つの化学式単位を含む。RFe$_{12}$では，R元素は2aサイトに，Fe元素は8f，8i，8jサイトに位置する。それぞれのワイコフ位置は，2aサイトが（0, 0, 0），8fサイトが（0.25, 0.25, 0.25），8iサイトが（x_1, 0, 0），8jサイトが（x_2, 0.5, 0）である。また，窒素などの侵入型軽元素は2bサイト（0, 0, 0.5）を占有する。

希土類磁石第一世代のSmCo$_5$の結晶構造はCaCu$_5$構造である。より一般にRT_5と書いたとき，RT_5の一部のR元素を2個のT元素で置き換えると，$R_{m-n}T_{5+2n}$となる。$(m, n) = (3, 1)$の場合にTh$_2$Zn$_{17}$構造やTh$_2$Ni$_{17}$構造が得られ，$(m, n) = (2, 1)$でThMn$_{12}$構造となる。ThMn$_{12}$構造は，この系列の中でもっともT元素の割合が高い。T元素をすべてFeにすることができれば高鉄濃度の化合物となり，高い飽和磁化が期待できる。しかし，実際には，RFe$_{12}$は熱力学的に不安定で，バルクの安定相を得るには鉄サイトの一部を他の元素で置換したRFe$_{12-x}M_x$にする必要がある。1980年代にSmFe$_{11}$Tiが報告され，磁石化合物として注目された[3,4]。その後，V，Cr，Mn，Mo，W，Al，Siなど，さまざまな安定化元素Mが試され，Mに応じて安定相を形成するxの領域が調べられた。また1991年にはNdFe$_{11}$TiNにおいて，侵入型窒素原子の導入により，磁気特性が向上することが報告された[5]。SmFe$_{11}$TiやNdFe$_{11}$TiNは高い飽和磁化，結晶磁気異方性，キュリー温度を持つものの，保磁力を出すことが困難なこと，また当時すでに開発されてい

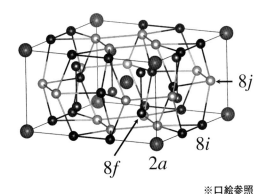

※口絵参照

図1　ThMn$_{12}$構造

た $Nd_2Fe_{14}B$ より飽和磁化が劣ることから，磁石研究の主流から外れた。しかし，2014年ごろから，第一原理計算[6]，$NdFe_{12}N_x$ 膜[7] や $Sm(Fe, Co)_{12}$ 膜[8] の合成が報告され，これらの化合物が高い磁気特性を持つことが示された。バルク相の形成のためには安定化元素を導入する必要があるが，$(Nd, Zr)(Fe, Co)_{11.5}Ti_{0.5}N_x$[9][10] や $(Sm, Zr)(Fe, Co)_{11.0-11.5}Ti_{1.0-0.5}$[11] の実験で，Zr などの置換により安定化元素 Ti の濃度を下げられることもわかった。本稿では，第一原理計算に基づいて，RFe_{12} 型化合物の磁性と安定性を議論する。方法論の詳細については，例えば文献12）を参照されたい。

2. $NdFe_{12}N$ の磁性

　密度汎関数理論と一般化勾配近似（Generalized Gradient Approximation；GGA）を用いた第一原理計算[6][13] によると，$NdFe_{12}N$ と $NdFe_{11}Ti$ の磁化は，それぞれ 2.08 T と 1.74 T である。すなわち，安定化するため 1/12 の割合で Fe を Ti で置換すると，磁化は 0.34 T も低下する。磁気モーメントに換算すると，化学単位式当たり，それぞれ 31.6 μ_B と 26.9 μ_B で，その差は 4.8 μ_B である。この値は純鉄（bcc-Fe）における 1 原子当たりの磁気モーメント（2.2 μ_B）よりはるかに大きい。すなわち，Ti は単に置換した Fe 原子の局所磁気モーメントを打ち消す以上に磁気モーメントを減らす。これは，Ti サイトがスピン分極して周囲の Fe サイトと反平行の磁気モーメントを持つことや，周囲の Fe サイトの磁気モーメントが変化することに起因する。

　結晶場理論では磁気異方性定数 K_1 は，最低次の近似で次式で表される。

$$K_1 = -3J(J-1/2)\alpha_J <r^2> A_2^0 n_R \tag{1}$$

ここで，J は希土類サイトにおける全角運動量，n_R は希土類濃度である。α_J は第 1 スティーブンス因子で，希土類イオンの種類に依存する。Nd^{3+} の場合，$J = 9/2$，$\alpha_J = -7/(3^2 \cdot 11^2)$ であるため，$<r^2> A_2^0$ が正のときに一軸異方性となる。第一原理計算では，$NdFe_{12}N$，$NdFe_{11}TiN$ の $<r^2> A_2^0$ はそれぞれ 367 K と 425 K である。このことは，両者とも一軸異方性で，$NdF_{11}TiN$ の K_1 が若干大きいものの $NdFe_{12}N$ でも同程度の K_1 が期待できる。一方，窒素を除いた $NdFe_{12}$，$NdFe_{11}Ti$ の $<r^2> A_2^0$ は，それぞれ −77 K，−21 K である。このことは，窒素原子がない場合は弱い面内異方性を示すが，侵入型窒素原子により強い一軸異方性が誘起されることを意味する。電子密度の解析によると，$2b$ サイトに窒素原子が加わることで窒素とネオジムの間の電子密度が増加し，$4f$ 電子がこれを避けるように c 軸と垂直方向に広がるため，一軸異方性になると解釈される。

　なお，本稿の第一原理計算は絶対零度の計算で，コリニア磁性が仮定されている。また Nd の $4f$ 電子はオープン・コアとして扱われている。

3. Fe サイトの置換効果

　Ti は $ThMn_{12}$ 構造を安定化するが，上記のとおり，磁化を大幅に低下させる。そのため構造安

第 4 章　磁石材料の新展開（省レアアース/フリー磁石の開発）

表1　第一原理計算による NdFe$_{11}$M の生成エネルギー（eV）

	Ti	V	Cr	Mn	Fe	Co	Ni	Cu	Zn
8f	0.19	0.07	0.43	0.46	0.41	−0.09	0.19	0.88	0.62
8i	−0.59	−0.38	0.20	0.28	0.41	0.01	0.21	0.75	0.50
8j	−0.09	0.03	0.41	0.31	0.41	−0.06	0.05	0.50	0.19

表2　第一原理計算による NdFe$_{11}$M の磁気モーメント（μ_B/f.u.）

	Ti	V	Cr	Mn	Fe	Co	Ni	Cu	Zn
8f	25.7	24.5	24.9	24.7	29.1	29.4	29.3	28.5	27.6
8i	24.1	23.5	23.9	23.4	29.1	28.0	27.8	27.5	27.0
8j	25.0	24.2	24.3	23.3	29.1	28.6	28.5	27.7	27.2

定性と高飽和磁化を両立する安定化元素の探索が大きな課題である。**表1**に NdFe$_{11}$M の生成エネルギーの第一原理計算の結果を示す[14]。参照系は，純物質（bcc-Fe, dhcp-Nd, M 元素の結晶）とし，NdFe$_{11}$M では M 元素が 8f, 8i, 8j の各サイトを占有した場合を計算した。M = Ti の場合，8i サイトの生成エネルギーがもっとも低く，NdFe$_{11}$Ti が合成される実験事実と矛盾ない結果が得られる。V や Cr などの最安定サイトも 8i で，原子半径の大きな置換元素が，8i サイト占有する傾向を持つと理解できる。生成エネルギーは Ti，V，Cr，Mn と原子番号が大きくなるにつれて上昇するが，Co では減少する。さらに原子番号を増加すると，生成エネルギーは増加する。M 元素に対する生成エネルギーの変化は，bcc-Fe に 1/16 の割合で M を置換した Fe$_{15}$M においても同じ概形が得られ，Fe-M 化合物の一般的な性質と理解することができる。

　表2に，第一原理計算による NdFe$_{11}$M の磁気モーメントの値[14]を示す。磁気モーメントは M 元素に強く依存する。上記のとおり，Ti では磁気モーメントが顕著に減少するが，V，Cr，Mn でも同様の結果が得られる。一方，Co，Ni，Cu では M = Fe の場合，すなわち NdFe$_{12}$ と同程度の磁気モーメントである。特に Co は，生成エネルギーと飽和磁化の観点から好ましい。結晶場係数 $<r^2>A_2^0$ も NdFe$_{12}$ と同程度であり，Nd(Fe, Co)$_{12}$ に侵入型窒素原子を導入することにより一軸磁気異方性が誘起されると期待できる。また第一スティーブン因子の符号が逆である Sm を用いた Sm(Fe, Co)$_{12}$ は窒素を加えることなく一軸異方性が期待される。実際，平山らの薄膜実験で Sm(Fe, Co)$_{12}$ が実現され，高い磁気特性が報告されている[8]。

　ここで，R(Fe, Co)$_{12}$ の磁性についてコメントを加える。スレーター・ポーリング曲線では，3d 遷移金属合金の磁気モーメントは原子当たりの平均電子数が 26 と 27 の間で最大値を持つ。すなわち，bcc 構造の Fe に Co をドープすると磁気モーメントが増加する。これは電子状態密度（Density of States；DOS）から理解できる。bcc-Fe の 3d 軌道の DOS を見ると，多数スピン状態は完全には占有されておらず，上端に非占有状態が存在する。少数スピン状態はフェルミ準位でくぼみを持つ。そのため，bcc-Fe に電子ドープすると多数スピン状態のほうに多く占有し，磁気モーメントが増加する。一方，RFe$_{12}$ の 3d 電子バンド幅は bcc-Fe のものより若干小さく，3d 軌道の多数スピン DOS はほぼ占有されている。そのため，Co ドープにより電子数を増加させた

場合,多数スピン状態が少数スピン状態よりも多く占有されるわけではない。実際,表2を見ると,$M=$Co の磁気モーメントは 8f サイトを置換する場合は NdFe$_{12}$ より大きいものの,8i,8j サイトを置換する場合は小さくなる。Sm(Fe, Co)$_{12}$ の実験では,低温(20 K)でコバルト濃度の増加に伴い磁化が減少する結果が報告されている[8]。

有限温度では事情が異なる。第一原理計算に基づいた古典ハイゼンベルグ模型に対する解析[15]では,$R(\text{Fe}_{1-x}\text{Co}_x)_{12}$ のキュリー温度は,x の増加とともに上昇する。そのため,高温領域では,Co ドープにより飽和磁化が増加する。Sm$(\text{Fe}_{1-x}\text{Co}_x)_{12}$($x=0-0.2$)の実験でも,300 K と 473 K では x の増加とともに飽和磁化が増加する。また文献 15) では Cr ドープの影響も調べられている。$R(\text{Fe}_{1-x}\text{Cr}_x)_{12}$ のキュリー温度は x の小さな領域で x の増加に伴い上昇する。サイト間磁気交換結合の解析によると,Fe-Cr 間の交換結合は Fe-Fe 間のものより強い。Cr ドープに伴うキュリー温度の上昇は,Fe-Fe の一部が強い Fe-Cr 結合に置き換わった効果と,Cr ドープにより周囲の Fe サイトの電子状態が変化して Fe-Fe 間交換結合が強くなった効果の両者とも重要であることがわかった。$x=0$ 近傍では,キュリー温度が上昇する効果は Co ドープの場合より顕著である。しかし,Cr 濃度が $x=0.5\sim1.0$ においてキュリー温度は最高値を示し,それより高 Cr 濃度領域では減少に転じる。磁気交換結合により決まる他の物理量として,スピン波分散の第一原理計算も報告されている[16]。Sm$(\text{Fe}_{1-x}\text{Cr}_x)_{12}$ のスピン波はブリルアン・ゾーンの Γ 点の周りで異方的で,a^* 軸方向に比べて c^* 軸方向のほうが大きな分散を持つ。

4. R サイトの置換効果

図2に $R\text{Fe}_{12}$($R=$ La, Nd, Sm, Y, Zr)の生成エネルギーの第一原理計算の結果を示す。横軸は $R\text{Fe}_{12}$ の a 軸の格子定数で,生成エネルギーは純物質を基準にとった。

$$\Delta\text{E} = \text{E}[R\text{Fe}_{12}] - (\text{E}[R] + 12\text{E}[\text{bcc-Fe}]) \tag{2}$$

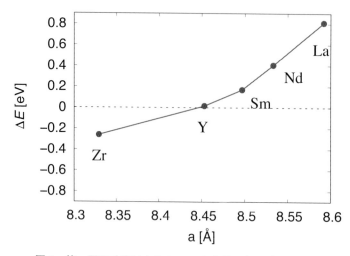

図2　第一原理計算による $R\text{Fe}_{12}$ の生成エネルギー(eV)

第4章 磁石材料の新展開（省レアアース/フリー磁石の開発）

Rイオンを変えると体積が変化するが，c軸長に比べてa軸長のほうが変化が大きい。生成エネルギーはaと相関があり，aが小さいほど生成エネルギーが低くなる傾向がみられる。RFe$_{12}$の競合相の1つであるR_2Fe$_{17}$を基準にとり，

$$\Delta E' = E[RFe_{12}] - (E[R_2Fe_{17}] + 7E[bcc\text{-}Fe])/2 \tag{3}$$

を計算すると，$\Delta E'$もaと強く相関する。しかし，$\Delta E'$はaの増加に対して単調に増加せず，R=ZrとR=Yの間で極小値を持つ[17]。このことは，R元素の適切な選択によりThMn$_{12}$構造の安定性が増すこと，これによりFeサイトへの安定化元素の濃度を低くできる可能性を示唆する。系統的なR元素の検討が待たれる。また構造パラメータ以外の電子論的な要因が構造安定性に影響するか興味深い。今後の研究の進展が待たれる。

5. 侵入型元素の効果

最後に侵入型軽元素の効果を議論する。侵入型元素としてはNがよく知られているが，ここではB，C，O，Fなど種々の元素が$2b$サイトを占有した仮想的な系も理論的に調べ，磁性を議論する。

表3に，NdFe$_{11}$TiX（X=B, C, N, O, F）の第一原理計算[18]による磁気モーメントを示す。いずれのXに対しても，NdFe$_{11}$TiXの磁気モーメントはNdFe$_{11}$Tiのものより大きい。これには，Xの添加により体積が膨張して磁気モーメントが大きくなる効果（磁気体積効果）と，軌道混成の結果，状態密度が変化する効果（化学効果）の2つの効果が含まれる。両者を切り分けるため，構造を固定したままNdFe$_{11}$TiXからXを取り除いた仮想的な系を考え，これをNdFe$_{11}$TiX_0と表記する。NdFe$_{11}$TiとNdFe$_{11}$TiX_0の差を磁気体積効果，NdFe$_{11}$TiX_0とNdFe$_{11}$TiXの差を化学効果と定義する。表3を見ると，いずれのXに対しても磁気体積効果は同程度で，化学式単位当たり約2μ_B磁気モーメントが増加する。一方，化学効果はXの種類に依存する。X=B, Cに対して化学効果は磁気モーメントを小さくするのに対して，X=N, O, Fでは正の効果を与える。そのため，磁気モーメントは前者に比べて後者のほうが2μ_B程度大きい。以上の結果，NdFe$_{11}$Tiに対するNdFe$_{11}$TiXの磁気モーメントの増加は，X=B, Cでは1μ_B程度であるが，X=N, O, Fでは約3μ_Bになる。

X=BとX=Nの違いは，電子状態密度から理解することができる。図3に概形を示す。B-2p軌道のエネルギー準位はFe-3d軌道よりも高い。鉄化合物にBを加えると，B-2pと近くのFeの3d軌道が混成する。その反結合軌道は主にB-2p成分で，フェルミ準位の上に位置する。一方，

表3 第一原理計算によるNdFe$_{11}$TiX（X=B, C, N, O, F）の磁気モーメント（μ_B/f.u.）

	B	C	N	O	F	
NdFe$_{11}$TiX	25.5	25.2	26.8	27.2	27.1	—
NdFe$_{11}$TiX_0	26.1	26.2	26.1	25.8	26.0	—
NdFe$_{11}$Ti	—	—	—	—	—	24.1

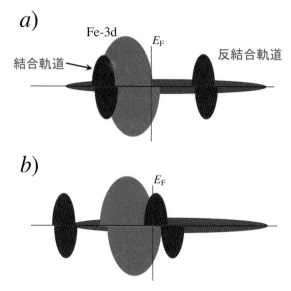

図3 (a) Nd-Fe-B系と(b) Nd-Fe-N系の電子状態密度の概形

Fe-3dバンドはBとの軌道混成の結果，その重心が深くなる。この効果は金森により提唱され，「鉄のコバルト化」と呼ばれる[19]。①コバルト化のため，Bの近くのFe原子の局所磁気モーメントは小さくなる。②一方，コバルト化したFeはその周囲のFeと軌道混成し，周囲のFeの局所磁気モーメントは増加する。$X=$Bに対するNdFe$_{11}$TiX_0の結果は，①の効果が②の効果よりも大きく，化学効果が磁気モーメントを減少させることを意味する。

次に$X=$Nの場合を考察する（図3(b)）。N-2p軌道はB-2p軌道よりもエネルギー準位が低い。そのため，N-2pとFe-3dの結合軌道はFe-3dバンドより低エネルギー側にピークを持ち，強いN-2p軌道成分を持つ。反結合軌道も$X=$Bの場合より低エネルギーにシフトする。その少数スピン状態は依然として非占有であるが，多数スピン状態は部分的に占有される。そのため磁気モーメントが増加する。

コバルト化は，鉄化合物において軽元素が磁性に与える電子的機構の重要性を指摘した重要な概念である。Nd$_2$Fe$_{14}$BにおけるBの役割や，他の軽元素に置き換えた場合も第一原理計算により詳しく調べられている[20]。

これまで軽元素が磁気モーメントに与える影響を議論したが，磁気交換結合も変化する。サイト間磁気交換結合（J_{ij}）の第一原理計算[21]の結果，NdFe$_{12}$$X$（$X=$B，C，N，O，F）におけるNd-Fe間の交換結合はXに強く依存することが報告されている。特にNd-Fe(8j)のJ_{ij}の変化が大きく，磁気モーメントと異なり，J_{ij}は$X=$Nのときに弱くなる。興味深いことに，そのX依存性は，Ndサイトの局所スピン磁気モーメントと強い相関を持つ。このことは次のように理解することができる。先に議論したとおり，$X=$N近傍でFe-Xの反結合軌道がフェルミ準位近傍に位置し，多数スピン状態が部分的に占有されるが，軌道混成のためNdサイトの電子状態にも影響を及ぼす。NdサイトのスピンはFeサイトと反平行であるので，（系全体の）多数スピン状態の電子数が増加することは，Ndサイトにおける局所スピンモーメントを減少させることに対

応する。

　Nd–Fe 間の磁気交換結合の変化は，結晶磁気異方性に影響を及ぼす。第一原理計算に基づいた古典スピン模型の解析[22] によれば，Nd–Fe 間の J_{ij} を仮想的に変化させると，高温領域の結晶磁気異方性が顕著に変化する。希土類磁石化合物の強い結晶磁気異方性は希土類の $4f$ 電子に起因し，強いスピン軌道相互作用と結晶場が磁気異方性の源泉である。ここで，鉄サイトの磁気モーメントからの交換磁場と Nd-$4f$ 電子が結合することが重要である[23]。この結合の強さは Nd–Fe 間の J_{ij} で特徴づけられている。温度上昇とともに交換磁場が弱くなり，結晶磁気異方性も弱くなるが，温度減衰の程度は J_{ij} により変化する。軽元素 X により Nd–Fe 間の J_{ij} が変化することは，軽元素により結晶磁気異方性の温度特性が変化することを示唆する。

6. おわりに

　$ThMn_{12}$ 構造を有する RFe_{12} 型物質の研究は，この数年間に大きく進展した。しかし，高い磁気特性と相安定性を両立する最適な化学組成はいまだに決着がついていない。電子論に基づいた物性解明が待たれる。理論的には，希土類 $4f$ 電子の適切な取り扱いが必要であるが，動的平均場近似（DMFT）を用いた多体論的手法の磁石化合物への適用も開始されている[24]。多元系の組成最適化には，スパコンを利用したハイスループット計算に加えて，機械学習の活用も有効と考えられる。理論計算とデータ駆動科学，それに実験を加えた協働による研究展開に期待したい。

謝　辞

　本稿の内容は，文部科学省の委託事業である元素戦略磁性材料研究拠点（ESICMM）とポスト重点課題（7）「次世代の産業を支える新機能デバイス・高性能材料の創成」（CDMSI）の成果に基づいています。原稿の作成にあたり助言いただいた原嶋庸介氏に感謝申し上げます。

文　献

1) K. H. J. Buschow: *J. Mag. Mag. Mater.*, **100**, 79 (1991).

2) Y. Hirayama et al.: *JOM*, **67**, 1344 (2015).

3) K. Ohashi et al.: *IEEE Trans. Mag.*, MAG-23, 3101 (1987).

4) D. B. Mooij and K. H. J. Buschow: *J. Less–Common Met.*, **136**, 207 (1988).

5) Y. C. Yang et al.: *Solid State Commun.*, **78**, 313 (1991); *J. Appl. Phys.*, **70**, 6001 (1991).

6) T. Miyake et al.: *J. Phys. Soc. Jpn.*, **83**, 043702 (2014).

7) Y. Hirayama et al.: *Scr. Mater.*, **95**, 70 (2015).

8) Y. Hirayama et al.: *Scr. Mater.*, **138**, 62 (2017).

9) S. Suzuki et al.: *AIP Adv.*, **4**, 117131 (2014); *J. Mag. Mag. Mater.*, **401**, 259 (2016).

10) N. Sakuma et al.: *AIP Adv.*, **6**, 056023 (2016).

11) T. Kuno et al.: *AIP Adv.*, **6**, 025221 (2016).

12) T. Miyake and H. Akai: *J. Phys. Soc. Jpn.*, **87**, 041009 (2018).

13) Y. Harashima et al.: *JPS Conf. Proc.*, **5**, 0110201 (2015).

14) Y. Harashima et al.: *J. Appl. Phys.*, **120**, 203904 (2016).

15) T. Fukazawa et al.: *J. Phys. Soc. Jpn.*, **87**, 044706 (2018).

16) T. Fukazawa et al.: *J. Mag. Mag. Mater.*, **469**, 269 (2019).

17) Y. Harashima et al.: *J. Appl. Phys.*, **124**, 163902 (2018).

18) Y. Harashima et al.: *Phys. Rev. B*, **92**, 184426

(2015).

19) J. Kanamori: *Prog. Theor. Phys. Suppl.*, **101**, 1 (1990).

20) Y. Tatetsu et al.: *Phys. Rev. Mater.*, **2**, 074410 (2018).

21) T. Fukazawa et al.: *J. Appl. Phys.*, **122**, 053901 (2017).

22) M. Matsumoto et al.: *J. Appl. Phys.*, **119**, 213901 (2016).

23) R. Sasaki et al.: *APEX*, **8**, 043004 (2015).

24) P. Delange et al.: *Phys. Rev. B*, **96**, 155132 (2017).

第2編　省・脱レアアース磁石と高効率モータ開発

第4章　磁石材料の新展開（省レアアース/フリー磁石の開発）

第2節　ThMn₁₂構造の高性能磁石としての可能性

国立研究開発法人産業技術総合研究所　平山　悠介

1. はじめに

　ThMn₁₂構造を持つ強磁性化合物である $R(Fe_{1-x}M_x)N_y$（R：希土類元素，M：非磁性遷移金属）は，M がThMn₁₂構造を保つ役割を果たすが[1)-4)]，その M により飽和磁化を大幅に下げてしまうことが，実験からも[5)6)]，計算からも[7)8)]報告されている。図1には，異方性磁界 $\mu_0 H_A$ を縦軸に，飽和磁化 $\mu_0 M_S$ から計算される理論最大エネルギー積を横軸にとり，報告のある強磁性体をプロットしている。ThMn₁₂構造を有する化合物は★でプロットしているが，M をFeもしくはCoに置換することで大きな飽和磁化を発現してることがわかる。

　本稿では非磁性元素 M を用いず，FeもしくはCoで置換されたThMn₁₂構造を有する R-Fe化合物のみに特化する。報告されている化合物は多くなく，筆者の知る限り NdFe₁₂N$_x$[9)10)]，Sm(FeCo)₁₂[11)]，YFe₁₂[12)] の3種類のみである。それらの合成方法，結晶構造，磁気特性を紹介し，高特性磁石の可能性を述べる。

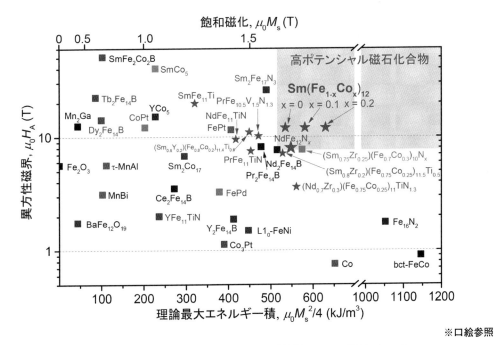

図1　報告されている強磁性体の永久磁石材料としてのポテンシャル

2. NdFe$_{12}$N$_x$ 化合物薄膜の合成方法とその磁気特性について

NdFe$_{12}$N$_x$ はDCマグネトロン同時スパッタの法を用いて薄膜として合成された例が報告されている[9]。MgO(100)基板状に下地層W(100)をエピタキシャル成長させ,基板温度を650℃の条件の下,FeとNdを同時スパッタし,所定組成となるように堆積した後,500℃の窒素雰囲気下で熱処理することでc軸が面直方向であるエピタキシャルNdFe$_{12}$,NdFe$_{12}$N$_x$膜の合成に成功したWとNdFe$_{12}$の格子定数のミスフィットは約4.2%であり(Wのほうが大きい),WとNdFe$_{12}$の界面のSTEM-HAADF像を見ると,ディスロケーションが存在するが,W結晶の上にNdFe$_{12}$結晶がヘテロエピタキシャル成長していることがわかる。しかしながら約10~30 vol.%程度のα-Feの析出を抑えることはできておらず,このα-Feによる寄与を取り除き,磁化測定結果より,室温での飽和磁化は1.66 ± 0.08 T,異方性磁界は8 Tと決定している。キュリー温度 T_C は約550℃であり,Nd$_2$Fe$_{14}$Bに比べ200℃以上も高いことから,本化合物で磁石を作ることができれば,現行のネオジム磁石で耐熱性改善のために加えられている希少で高価なDyの使用が抑えられる可能性がある。

図2に膜厚約0.4 µmのNdFe$_{12}$N$_x$のSTEM/HADDF, EDX像を示す。また,ナノビームを用いた電子線回折像も示した。多少のα-Feは存在するものの,膜の上部でもNdFe$_{12}$N$_x$からの回折が得られるため,いったんThMn$_{12}$構造ができはじめると,その構造を保つことができることを示す。この結果はある適切な条件を選ぶことにより,第三元素なしでもThMn$_{12}$構造を有するRFe$_{12}$N$_x$化合物が合成できることを示唆している。また,佐藤らは下地層にV(100)を用いたNdFe$_{12}$N膜の結果を報告している[10]。よりNdFe$_{12}$と格子ミスフィットの小さいVを使用するこ

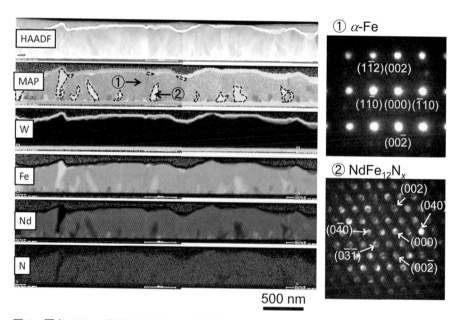

図2 厚さ360 nm程度のNdFe$_{12}$N$_x$の断面STEM/EDX像とナノビーム電子線回折像[28]
MAPにおいて黒破線で囲まれた領域はα-Fe相である。ナノビームを用いた電子線回折結果より,MgO(100)[100]//W(110)[110]//NdFe$_{12}$N$_x$(001)[001]である。

とで(Vは2%以下),α-Feの析出を5 vol.%以下に抑え,4.3 kOeと比較的大きな保磁力が得られている[10]。また,作製された膜は非常に平滑であることも特徴的である。磁化測定の結果NdFe$_{12}$N$_x$の飽和磁化は1.7 T,異方性磁界は6 Tと報告している。このように永久磁石として高い磁気特性を有するNdFe$_{12}$N$_x$であるが,現在では薄膜での合成に限られるため,永久磁石材料として使用するためには,バルク化のプロセスが必須である。また,580℃付近に分解温度が存在することより,Nd$_2$Fe$_{14}$Bのように高温で焼結させ,稠密な成型物を得ることは難しい。よって,安定なNdFe$_{12}$N$_x$粉で大量に作る方法や,その粉末に対して低温焼結[13]などを用いることで稠密化する方法を開発することも必要である。

3. Sm(Fe$_{1-x}$Co$_x$)$_{12}$化合物薄膜の合成方法とその磁気特性について

SmFe$_{12}$については,NdFe$_{12}$と異なり,すべて薄膜であるが,比較的多くの報告がある。1991年にAl$_2$O$_3$を基板として用いてSmFe$_{12}$が作製され[14][15],Tiを使用しているバルクの値と比較して大きな$\mu_0 M_S = 1.43$ Tを報告している[15]。その後Ta(011)基板を用い(022)[16],もしくは(002)[17]に配向したSmFe$_{12}$を作製し,$\mu_0 H_A = 8.5$ T,$T_C = 593$ Kを報告している[17]。また,Fullertonらは Mg(001)基板,Wをバッファー層に用い,約300 nmのSmFe$_{12}$のc軸が面直方向であるエピタキシャル膜を合成した[18]。その後Sunらは,ガラス基板を用い,優先配向面が(111)もしくは(001)であるSmFe$_{12}$の約1~3 μmの膜を合成し,SmFe$_{11}$Tiに比べ30%も高い飽和磁化を有することを報告した[19]。

筆者らはMgO(001)単結晶基板を用い,下地層V(100)の上に基板温度を400℃の条件の下,Fe,CoとSmを同時スパッタし,所定組成となるように堆積することでNdFe$_{12}$N$_x$と同様,c軸が面直方向であるエピタキシャルSm(FeCo)$_{12}$膜の合成に成功した。FeをCoで約20%置換したSm(Fe$_{0.8}$Co$_{0.2}$)$_{12}$は$\mu_0 M_S = 1.78$ T,$\mu_0 H_A = 12$ T,$T_C = 859$ Kであり,Nd$_2$Fe$_{14}$Bと比べて,大きな飽和磁化,異方性磁界,高いキュリー温度を有することを報告した[11]。図3に,膜厚約0.6 μmの

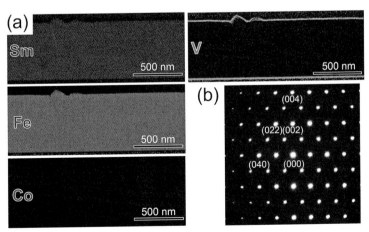

図3 (a)厚さ600 nm程度のSm(Fe$_{0.8}$Co$_{0.2}$)$_{12}$の断面STEM/EDX像と
(b)制限視野電子線回折像[11]

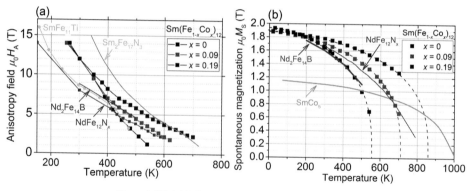

図4 (a)異方性磁界，(b)飽和磁化の温度依存性[11]

Sm(Fe$_{0.8}$Co$_{0.2}$)$_{12}$のSTEM/HADDF，EDX像，制限視野回折像を示す。NdFe$_{12}$膜と異なり，フラットでα-Feの析出もなくThMn$_{12}$単相の膜が合成できたことがわかる。図4にNdFe$_{12}$N$_x$も含め，(a)異方性磁界$\mu_0 H_A$と(b)飽和磁化$\mu_0 M_S$の温度特性を示した。比較として，Sm$_2$Fe$_{17}$N$_3$とNd$_2$Fe$_{14}$Bも載せた。室温以上では$\mu_0 H_A$，$\mu_0 M_S$いずれもNd$_2$Fe$_{14}$Bと同等か高い値を有している。また，Sm(Fe$_{1-x}$Co$_x$)$_{12}$はCo量を増加させていくにつれT_Cが急激に増加し（FeをCoで20%置換で約300℃上昇），耐熱性が増している。そのために，室温ではCo濃度が高くなるにつれ，飽和磁化の向上が確認できる。一方で，低温での飽和磁化はCo濃度を高くすることに対して変化はなく，本物質系ではスレーターポーリング曲線のような振る舞いはない。この振る舞いについては，原嶋らによる第一原理計算によって説明されている[20]。

4. YFe$_{12}$化合物について

希土類-鉄2元系化合物において，唯一薄膜ではなくバルク（粉末）で得られている化合物がYFe$_{12}$である。鈴木らは液体急冷法を用いて薄体を作製した後，適切な温度で熱処理・急冷をすることでYFe$_{12}$を含む粉末を得ている[12]。熱処理温度を高くしていくことでTbCu$_7$構造からThMn$_{12}$構造へ連続的に変化し，900℃での熱処理条件でThMn$_{12}$構造を得ることに成功している。メスバウアー測定より，YFe$_{12}$の飽和磁化は液体窒素温度（77 K）で1.66 Tと算出され，熱磁気曲線よりT_Cは485 Kと報告されている。

表1にRFe$_{12}$化合物とRFe$_{11}$Ti化合物のXRD測定から得られた格子定数をまとめた。いずれもTiがある場合と比べてa軸は縮小し，c軸長は変化しない。a軸が短いために，ダンベル鉄の入る空間が少なく，不安定になっている，とも考えられる。もちろん，格子定数のみで論じることは乱暴ではあり，熱力学的に相が安定であるかどうかが重要である。原嶋らは，第一原理計算により，RFe$_{12}$の生成エネルギーとRの原子半径との相関を報告しており[21]，希土類サイトに入る元素の原子半径が小さくなるにつれ，純物質と比較したRFe$_{12}$の生成エネルギー（RFe$_{12}$←R+12Fe）は負に向かい，Yの原子半径程度である0.177 nm程度でゼロになる。また，R_2Fe$_{17}$と比較したRFe$_{12}$の生成エネルギー（RFe$_{12}$←R_2Fe$_{17}$+7/2Fe）は，その符号は正であるが，原子半径が0.176 nm付近で極小値をとる。したがって，YFe$_{12}$はSmFe$_{12}$やNdFe$_{12}$と比べてより安定

第4章　磁石材料の新展開（省レアアース/フリー磁石の開発）

表1　RFe$_{12}$化合物とRFe$_{11}$Ti化合物の格子定数（$R=$Nd, Sm, Y）

	a（nm）	c（nm）	a/c	参考文献
NdFe$_{12}$	0.852	0.480	1.78	9）
NdFe$_{11}$Ti	0.856	0.478	1.79	26）
SmFe$_{12}$	0.835	0.481	1.74	11）
SmFe$_{11}$Ti	0.853	0.478	1.78	27）
YFe$_{12}$	0.8440	0.4795	1.76	12）
YFe$_{11}$Ti	0.851	0.478	1.78	26）

であるということを示唆しており，YFe$_{12}$のみがバルクでの合成に成功した結果と一致する。また，RサイトのSmやNdをZr[22)-24)]やY[25)]で置換することでThMn$_{12}$構造をより安定化させることに成功している点についても，ZrやYの原子半径の小ささが影響を与えていると考えられる。このようにバルク化させるためには，計算による予測を参考にし，適切量の安定化元素を添加することにより，飽和磁化，異方性磁界の低下をできる限り抑制した材料設計が重要である。

5. まとめと今後の展望

　本稿では，ThMn$_{12}$構造を有する磁石化合物であるNdFe$_{12}$Nx，Sm(FeCo)$_{12}$，YFe$_{12}$化合物について，合成方法，磁気特性について述べた。NdFe$_{12}$Nx，Sm(FeCo)$_{12}$はNd$_2$Fe$_{14}$Bに比べ永久磁石材料としてより高いポテンシャルを秘めるが，膜のみでの合成に限られているのが現状である。一方で，YFe$_{12}$はバルクでの合成に成功しているが，本化合物自体はNd$_2$Fe$_{14}$Bを凌駕するポテンシャルを有しない。しかしながら，安定化元素を用いずにThMn$_{12}$構造が得られることは非常に興味深い。というのも，実用的な永久磁石を開発するには，バルクで作製する必要があり，ThMn$_{12}$構造の安定化は現状必要であるからである。よって，第一は高磁化を保ちつつ，α-Feを析出させずにThMn$_{12}$構造をいかに安定させるか，という課題に尽きる。したがって，どのような場合にThMn$_{12}$構造が安定化するか，適切な第三元素の選定とその組成について，計算予測による情報をおおいに参考にし，材料設計を進めることで，ThMn$_{12}$構造を有する化合物を用いた高性能磁石が現実のものになる第一歩となり得る。

文　献

1）R. Verhoef et al.: *Journal of Magnetism and Magnetic Materials*, **75**, 319（1988）.

2）V. K. Sinha et al.: *Journal of Magnetism and Magnetic Materials*, **81**, 227（1989）.

3）D. B. De Mooij and K. H. J. Buschow: *Journal of the Less Common Metals*, **136**, 207（1988）.

4）K. Ohashi et al.: *Journal of Applied Physics*, **64**, 5714（1988）.

5）P. Tozman et al.: *Acta Materialia*, **153**, 354（2018）.

6）S. Suzuki et al.: *Journal of Magnetism and Magnetic Materials*, **401**, 259（2016）.

7）T. Miyake et al.: *Journal of the Physical Society of Japan*, **83**, 043702（2014）.

8）W. Korner et al.: *Scientific Reports*, **6**, 24686（2016）.

9）Y. Hirayama et al.: *Scripta Materialia*, **95**, 70

第２編　省・脱レアアース磁石と高効率モータ開発

(2015).

10) T. Sato et al.: *Journal of Applied Physics*, **122**, 053903 (2017).

11) Y. Hirayama et al.: *Scripta Materialia*, **138**, 62 (2017).

12) H. Suzuki: *AIP Advances*, **7**, 056208 (2017).

13) K. Takagi et al.: *Journal of Magnetism and Magnetic Materials*, **324**, 2336 (2012).

14) F. J. Cadieu et al.: *Applied Physics Letters*, **59**, 875 (1991).

15) H. Hegde et al.: *Journal of Applied Physics*, **70**, 6345 (1991).

16) P. W. Jang et al.: *Journal of Applied Physics*, **81**, 4664 (1997).

17) D. Wang et al.: *Journal of Magnetism and Magnetic Materials*, **124**, 62 (1993).

18) E. E. Fullerton et al.: *Journal of Applied Physics*, **81**, 5637 (1997).

19) H. Sun et al.: *Journal of Applied Physics*, **81**, 328

(1997).

20) Y. Harashima et al.: *Journal of Applied Physics*, **120**, 203904 (2016).

21) Y. Harashima et al.: arXiv；1805. 12241, (2018).

22) K. Kobayashi et al.: *Journal of Alloys and Compounds*, **694**, 914 (2017).

23) M. Gjoka et al.: *Journal of Alloys and Compounds*, **687**, 240 (2016).

24) A. M. Gabay and G. C. Hadjipanayis: *Journal of Magnetism and Magnetic Materials*, **422**, 43 (2017).

25) M. Hagiwara et al.: *Journal of Magnetism and Magnetic Materials*, **465**, 554 (2018).

26) H. Bo-Ping et al.: *Journal of Physics*；Condensed Matter, **1**, 755 (1989).

27) S. F. Cheng et al.: *Journal of Magnetism and Magnetic Materials*, **75**, 330 (1988).

28) 平山悠介ほか：まてりあ, **55**, 97 (2016).

第2編　省・脱レアアース磁石と高効率モータ開発

第4章　磁石材料の新展開（省レアアース/フリー磁石の開発）

第3節　ThMn₁₂ 構造を有する 高鉄含有磁石の合成と磁気特性

静岡理工科大学　**小林　久理眞**

1. はじめに

ThMn$_{12}$（1-12）型構造を有する磁石材料は，1990 年代から詳細に研究されてきた[1)2)]。この構造の磁石材料は，組成として遷移金属含有量が多く（92 at. %），そのことから，CaCu$_5$ 型構造（83 at. %）や Th$_2$Zn$_{17}$ や Th$_2$Ni$_{17}$ 型構造（89 at. %）と比較して，大きな飽和磁気分極（J_S）を示すと期待された。しかし，Nd や Sm などの希土類元素（R）と，Fe や Co などの遷移金属元素（TM）の R-TM 組成の合金または化合物は，理想どおりの RTM$_{12}$ 組成の構造が不安定なため，第三成分が必要となる。典型的な第三成分は Ti であり，1990 年代から最近まで，研究対象となった磁石材料の典型的組成は，

$$RFe_{12-x}Ti_x \quad (x>1.0) \tag{1}$$

であった。Ti 以外の第三成分では Si や Mo なども用いられたが，それらの含有量は Ti の場合よりも多い場合が通常であった。

永久磁石材料の場合，希土類元素としては，この 1-12 型構造の希土類磁石材料に限らず，典型的には R＝Nd および Sm である。Fe 原子副格子には，既述の Ti や Co などが置換可能である。ただし，従来の表記では，上記の(1)式のように，置換遷移金属原子は Fe 副格子から分離して表記する。それは，遷移金属や他の置換原子の占有サイトが，Fe 副格子には限定されず，R 副格子の場合もあるからである。

本グループ[3)] や三宅，平山らの初期の研究[4)5)] では，R は Nd であり，その場合，磁石材料として十分大きな結晶磁気異方性の発現のために，出発合金を窒化することが必要である[6)7)]。窒素原子の占有サイトは，結晶学的には 2b または 4d サイトであるが，2b サイトをすべて窒素原子が占有すると，RFe$_{12-x}$M$_x$N$_{1.0}$ 組成となり，2b サイトと 4d サイトのすべてを占有した場合は，RFe$_{12-x}$M$_x$N$_{3.0}$ 組成となる。通常の 1-12 型構造を有する磁石材料では，−N$_{1.0}$ 窒化物が物性的に最適であると考えられている。

先述のとおり，1990 年代からの研究で扱った物質は，ほとんどが(1)式の組成式で x＞1.0 であった。しかし，その時点では，なぜそのような組成で 1-12 構造が安定化するのかは不明であった。本稿では，はじめに上述のような先行研究の結果を踏まえて，本研究グループでどのような研究を行ったかを，他の研究グループの成果も交えて解説する。

2. ThMn₁₂型構造磁石材料の結晶学的安定性

2.1 結晶構造的考察

図1（上）に示すのはThMn₁₂型結晶構造の模式図である。構造中で，希土類原子（R）は2aサイトを占有しており，遷移金属原子（主にFe）は3つのサイト，すなわち8i，8jおよび8fサイトを占有している。組成的には，図中に示した1つの単位胞に(1)式の組成式で2単位が含まれている（Z=2）。

特に，この構造の安定性を論じるには，この結晶構造を図中（下）の2部分構造（unit-Aとunit-Bと表示した）で構成されていると見なすことが有用である[8]。すなわち，unit-Aは希土類原子を中心に20個の遷移金属原子がそれを取り囲んで構成される構造単位であり，unit-BはFe(8i)原子対を中心にFe原子の6員環が取り囲む構造単位である。

このThMn₁₂型結晶構造の安定性について，筆者らは原子サイズの観点から論じた[8]。その内容は本稿の主題にとって重要であるので，ここで簡潔に紹介する。

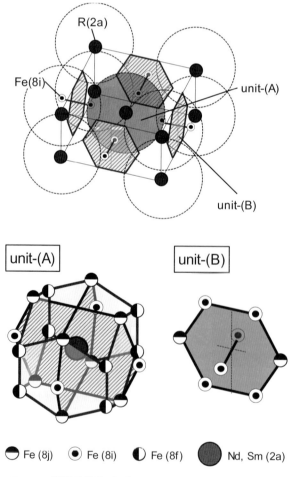

図1 ThMn₁₂型結晶構造（上）における2つの部分構造単位（下）

第4章　磁石材料の新展開（省レアアース/フリー磁石の開発）

　多くの結晶構造中で，Fe 原子の（金属）原子半径（r）は 0.126 nm 程度である。すなわち，Fe–Fe 原子対の距離（2r；d_{Fe-Fe}）は，平均的に 0.252 nm 程度である。それが Fe 原子の電子構造から，もっとも無理のない原子対間隔ということになる。その観点から，3つの Fe サイトの平均的隣接 Fe 原子までの距離（2r）を算出する。近接 Fe 原子数は，8i サイトで 13 個，8j および 8f サイトでは同じ 10 個であり，本グループで調製した（R=Nd）1-12 系合金（–Ti$_{0.5}$）では，2r（Fe(8i)）= 0.271 nm，2r(Fe(8j)) = 0.259 nm，2r(Fe(8f)) = 0.251 nm となり，Fe（8i）サイト以外のサイトでは，許容範囲内（数％以内）の原子間距離と見なせるが，Fe（8i）サイトの Fe 原子のみは，格段に大きな空間（7～8％増加）を占有していることになる。ただし，調製した 1-12 型構造を有する磁石材料の組成，窒化の有無で，各サイトで d_{Fe-Fe} は異なる。しかし，そのサイトごとの大小関係は上述のとおり 2r(Fe(8i)) > 2r(Fe(8j)) > 2r(Fe(8f)) で，どの試料でも同様である。

　Ti 原子の置換サイトは論文（文献 8)）に述べたように，各原子種の占有サイトが識別できる収差補正型走査透過電子顕微鏡（Cs–STEM）を用いて観察すると，Fe（8i）サイトのみであり，他の Fe サイトには置換しない。Ti 原子半径は r = 0.147 nm であり，したがって Ti–Fe 原子対の距離は，単純計算で 0.273 nm となる。上述のように，1-12 構造中の 2r（8i）は 0.271 nm 程度であるので，Ti–Fe 原子対の距離はほぼ最適値となる。つまり，組成として $RFe_{11}Ti_{1.0}$ の場合は，Fe（8i）原子の構成する unit-B 部分構造の Fe 原子に，単純計算で 1.5 個の Ti 原子が置換していることになるので，原子間隔が広すぎることによるひずみは，ずいぶん補正される。

　別の見方をすれば，$ThMn_{12}$ 型構造自体の結晶格子の a 軸長は，直線的には R–Fe(8i)–Fe(8i)–R の直鎖長であり，その距離は格子を構成する他の原子の配置と電子構造で決まっている。その–Fe(8i)–Fe(8i)–鎖部分が，まさに長すぎるわけで，このどちらかの Fe（8i）サイトに Ti が置換すると，原子間距離のバランスが是正されて構造が安定化する。それが

　　　　　$R(=Nd$ or $Sm)Fe_{11}Ti_{1.0}$

組成の化合物が安定な理由と考えられる。

　以上の前提に立てば，R–Fe(8i)–Fe(8i)–R の直鎖長を短くする，または，その部分の電子密度を増加させる原子置換は，1-12 構造の安定化に寄与すると考えることができる。先の論文[8] に述べたように，この是正方法で，Ti 原子置換以外の方向性を示唆したのが，桜田らによる研究であった[9]。

　すなわち，桜田らの研究では希土類サイトに Zr 原子が置換すると，Fe 成分比率の高い構造（彼らの研究では 1-7 もしくは 1-10 構造である）が安定化されている。そこで，本グループでも同様の Zr 原子置換を試みた。なお，Zr 原子が 1-12 型構造に置換する場合，置換サイトは当初から明瞭であったわけではない。すなわち，これも本グループと共同研究グループの論文[8][10] で示したように，Cs–STEM を用いて確認したのである。

　当然，この事実は，先述の R–Fe(8i)–Fe(8i)–R の直鎖長の議論に直接関連する。すなわち，希土類原子の原子半径は，r（Sm or Nd）= 0.180–182 nm であるが，Zr 原子半径は 0.160 nm であるので，R 原子サイト（2a）に Zr 原子が置換すると，R–Fe(8i)–Fe(8i)–R の直鎖長が収縮する

243

ことになる。論文[8)10)]で示したように，そのことはZr置換量を変化させた一連の試料群について，X線回折図形（以下XRDと略す）から実験的事実として確認されている。

結局，Zr原子の1-12型構造への置換は，R-Fe(8i)-Fe(8i)-Rの直鎖長，すなわちa軸長の減少，収縮をもたらす。それはFe(8i)-Fe(8i)原子対長が長すぎることを是正するための，TiのFeサイトへの置換とは，別の方法であると解釈できる。すなわち，図1（下）のunit-Aおよび-B部分構造における格子の不安定化要因である，原子間距離が広がり過ぎているという，1-12型構造の根本的弱点は，筆者らの研究の組成物では，Ti原子とZr原子置換という2つの方法により是正できたと理解できる。

2.2 現実に調製できた磁石材料

1-12型構造が安定化したことの，もっとも単純な証拠は，X線回折図形がThMn$_{12}$型構造の回折ピークで構成され，α-Fe相などの他相のピークを示さないことである。もし，1-12相が分解してα-Fe相が析出する反応を，組成式で単純に表現するのであれば，

$$2RTM_{12} \rightarrow R_2TM_{17} + 7Fe(=\alpha-Fe) \qquad (2)$$

である。重ねていえば，TMはFe，Tiを主体とする遷移金属原子である。右辺の1-12相の分解で発生するR-TM相が，式(2)のような2-17相以外の場合でも基本的には同様で，α-Fe相の析出は1-12型構造の安定性のよい指標となる。

図2は，以下に組成式で示す，本グループの初期の研究で重要な役割を果たした化合物(A)（R=Sm）と，これまで述べてきた知識を踏まえて組成の最適化を行った化合物(B)のXRDである。その組成式は，

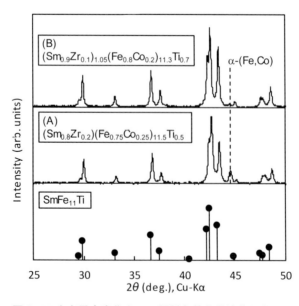

図2 Ti含有量を変化させ，調製条件を最適化したR＝Sm系化合物のXRD
α-(Fe, Co)相の析出量に注目した。

(A)；$(Sm_{0.8}Zr_{0.2})(Fe_{0.75}Co_{0.25})_{11.5}Ti_{0.5}$　（文献 11））

(B)；$(Sm_{0.9}Zr_{0.1})_{1.05}(Fe_{0.8}Co_{0.2})_{11.3}Ti_{0.7}$　（文献 12））

である。これまでの議論にあるように，調製工程を洗練されたものにしても，試料(A)の XRD 的にみた α-Fe 相析出量は 6.7 vol.％程度である。Ti 置換量を若干増加させ，Zr 置換量を抑えた粉体試料(B)では，α-Fe 相析出量は XRD 的に 1.2 vol.％で，実質的には α-Fe 相フリーの 1-12 相の単相試料と見なしてもよい試料調製レベルである。

　試料(A)の磁気特性は，室温において飽和磁気分極（J_S）が 1.57 T，磁気異方性磁場（H_a）は 5.9 MA/m，キュリー温度（T_C）が 980 K 付近である（J_S については α-Fe 相の寄与は除去してあり，T_C については 900 K 付近までの熱減磁曲線からの外挿温度である）。試料(B)においては Ti 原子置換量が少し増加しているが，磁気特性はほとんど同等である（論文準備中）。ちなみに，R＝Nd 系の，同様に組成を最適化した窒化物試料（$-N_{1.5}$）では，飽和磁気分極（J_S）が約 1.70 T，磁気異方性磁場（H_a）は約 9.0 MA/m，キュリー温度（T_C）が 950 K 付近である（同じく論文準備中）。

3. ThMn$_{12}$ 型構造磁石材料の磁気特性発現原理

3.1　磁気体積効果か混成軌道形成効果か

　原子間距離が広がると，金属的な結合を表現するバンド幅が狭まるという一般論がある[13]。通常，原子間距離が広がることは格子膨張で起こるので，格子体積の膨張でバンド幅が狭まり，それで磁気特性が向上することが考えられる。これは広義の「磁気体積効果」である。なお，バンド幅と強磁性発現機構の相互関係については，公知の Stoner の古典的議論がある。

　一方，Nd-Fe-B 系磁石の B 原子のように，B の格子内への導入で Fe-B 原子間結合が形成され，すなわち混成軌道が形成され，その「B と結合した Fe 原子」の「Co 原子化」が起こり，Fe-Co 原子結合について，よく知られる Slater-Pauling 曲線のように磁化の増加が起こるという考え方がある[14)15)]。この考え方は，Sm-Fe-N 系磁石や-C 系化合物の N や C の格子内への導入効果にも適用でき，総じて「混成軌道形成効果」と呼ばれる。

　本稿で取り上げている 1-12 型構造磁石は，R＝Nd 系では，すでに述べたように窒化することで磁気異方性が発現するので，当然，後者の「混成軌道形成効果」による磁気特性の変化が考えられる。一方，窒化は格子膨張ももたらす。したがって，「磁気体積効果」による磁気特性の変化も考えられる。そこで，筆者らは両効果の区別が可能かどうかを調べる目的で研究を行った[16]。

　なお，その研究では組成的に Co 置換した化合物も研究対象としたので，その点も考察している。そこで，本稿でもその Co 置換効果についても，他の効果と合わせて論ずる。

3.2　上記研究結果の概要

　上記の研究では，6 種類の R＝Nd 系 1-12 型構造化合物と 4 種類の R＝Sm 系化合物を試料として調製した。それら計 10 種類の試料群の XRD と，それから求めた格子定数やメスバウワースペ

クトル測定から求めた内部磁場などの解析方法の詳細は論文[16]を参照いただきたい。ここでは，得られた結果の概要を解説する。

図3(a)に示すように，Co未含有のNdFe$_{11}$Ti金属間化合物（以下組成式のみを表示）と比較すると，Co$_{0.25}$をFe副格子に置換したNd(Fe$_{0.75}$Co$_{0.25}$)$_{11}$Tiは，各Feサイトの内部磁場（IF）が約30%増加している。IFは磁気モーメントに変換できるため，Co置換の磁化増加への寄与は，前述のSlater-Pauling（S-P）曲線の示す傾向と同じである。さらにTi量を-Ti$_{0.5}$まで低下させると，1-12型構造は不安定化してα-Fe相の最強ピークが若干出現するが，すでに論じた考え方で，構造の安定性を回復するために希土類サイトにZrを導入した(Nd$_{0.7}$Zr$_{0.3}$)(Fe$_{0.75}$Co$_{0.25}$)$_{11}$Ti$_{0.5}$では，各FeサイトのIFは，若干増加する。すなわち，それらの結果には，CoおよびZr置換効果と，Ti（Fe（8i）サイトに置換する）置換効果の磁化の向上へ与える影響が現れている。

R=Sm系化合物についての同様の検討結果を，図3(b)に示す。この系では，TiのFe（8i）サイトへの置換量の減少（-Ti$_{1.0}$→-Ti$_{0.5}$）のIF向上へ及ぼす効果がR=Nd系化合物よりも明瞭であるが，全体としてCo置換効果，ZrのRサイトへの置換の効果はR=Nd系化合物と同様である。

ここで1つ注意すべき点がある。すなわち，Co置換の磁化増加への寄与が，S-P曲線と同様であると仮定すると，磁化の増加はFe副格子の約30%をCo原子が置換する組成で，未置換の試料の約10%増加になる。しかし，1-12系化合物では，増加量は明らかに大きく，R=Sm系で約15%であり，R=Nd系では20%以上に達する。この点は，さらに検討することが必要である。

図3に示したIF変化では，もう1つ，各Feサイトの平均d$_{Fe-Fe}$は先述のとおり2r（Fe(8i)）＞2r(Fe(8j))＞2r(Fe(8f))で変化することと，格子体積の増加につれて，平均d$_{Fe-Fe}$の増加がIFの増加をもたらすことが，検討した試料群全体で成り立っていることが明瞭である。これは，ある意味で1-12型構造内部のFeサイトにおける「磁気体積効果」である。

一方，R=Nd系のみは，窒化（N化）によりIFが増加することも明らかである。本研究の試

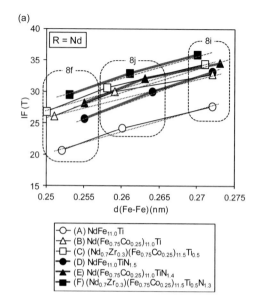

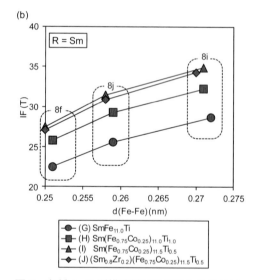

図3 各種1-12型構造材料物質における各Feサイトの平均Fe-Fe原子間距離と，Mössbauer分光法により測定した内部磁場（IF）の相関関係
((a) R=Nd系および(b) R=Sm系材料)

料群については，窒素の導入は「磁気体積効果」の及ぼす影響とは別の効果を示している。そのことは，各 Fe サイトの平均 d_{Fe-Fe} の増加直線が，未窒化物のそれと窒化物のそれで，本研究で取り上げた 3 組成全部で，独立の直線（いずれかの延長上にはない）として現れることに明瞭に現れている。特に，NdFe$_{11}$Ti 試料とその窒化物の場合に，そのことが明瞭に現れる。

　他方，$-$Co$_{0.25}$ 置換試料の場合（図 3(a)中の試料(B)と(E)の場合）は，まず Co 置換により IF が上昇しており，その試料をさらに窒化すると，それにより，さらに IF の増加がもたらせられるが，その IF 増加直線は，窒素の格子内への導入による格子体積の増加による「磁気体積効果」と理解することも可能である。つまり，Co 置換効果が発現した 1-12 構造内では，Fe-N 化学結合形成による「Fe 原子の Co 原子化」は，磁化増加に対して，有効には働かないと解釈することもできる。この点は，今後，さらなる検討が必要である。

　以上述べてきたように，ThMn$_{12}$ 型構造を有する，この新規磁石材料物質は，磁気特性発現機構の基本的考察にとっても，非常に有用な情報を与えてくれる。

4. ThMn$_{12}$ 型構造磁石材料の保磁力に関する話題

　これまで述べてきたように，1-12 型構造を有する新規永久磁石材料については，基礎的な知識が増え，この材料の根本的な性質を見極める段階に達した。本稿は，紙幅の制約もあるため，基礎的な研究は将来改めて報告することにして，以下に，現実的な保磁力発現について得られた知見を紹介する。

4.1　単磁区粒子化による保磁力発現[12]

　これまで説明してきた各種組成の 1-12 型構造磁石材料は，20〜30 μm 径の薄片状粉体（厚さは 0.5 μm 程度）として調製される。このような粉体をさらにボールミルを用いて粉砕して，数 μm 径の微粒子とすると，保磁力が発現する。以下に代表的な 3 試料で発現した保磁力を示す[12]。

試料の組成式	微粉体の保磁力（H_C）
$(Nd_{0.8}Zr_{0.2})(Fe_{0.8}Co_{0.2})_{11.3}Ti_{0.7}N_{1.5}$	1.8 kOe
$Nd(Fe_{0.8}Co_{0.2})_{11}MoN_{1.3}$	2.7 kOe
$(Sm_{0.9}Zr_{0.1})(Fe_{0.8}Co_{0.2})_{11.3}Ti_{0.7}N_{1.5}$	1.3 kOe

　これらの試料群の磁気異方性磁場（H_a）は，文献に詳しく紹介したように，飽和漸近則（LAFS）で測定すると，6〜9 MA/m 程度あり，保磁力は本来的には上記の数値をはるかに上回るはずである。保磁力と H_a の相関性は古くから残された未解決問題であるが，1-12 型構造磁石材料の研究の現状では，試料粉体を微粉砕で単磁区粒子化する方法が確立されていない。試料粉体では，数 μm 径の 1 次粒子がより大きな磁気的に等方性の 2 次粒子を形成していて，粉砕で 1 次粒子を分離して取り出すことが，現在の課題である[12]。

　なお，磁区構造の磁気力顕微鏡像（MFM）観察から平均磁区幅を実測し，それから古典的計算式を用いて算出した磁壁エネルギー（γ）と単磁区磁石臨界半径（R_c）は，上記のそれぞれの

第2編　省・脱レアアース磁石と高効率モータ開発

試料で，R＝Nd 系（－$Ti_{0.7}N_{1.5}$）で γ＝6.6 mJ/m²，R_c＝120 nm，R＝Nd 系（－$Mo_{1.0}N_{1.3}$）で γ＝20.0 mJ/m²，R_c＝400 nm，R＝Sm 系（－$Ti_{0.7}$）試料で γ＝6.9 mJ/m²，R_c＝120 nm となる[17]。これらの計算結果は，－Mo 系粉体試料の単磁区粒子径がもっとも大きく，それは通常のボールミル粉砕によって保磁力を発現させるのに有利であることも意味するので，実験事実と矛盾しない。

1-12 型構造磁石材料の機械的な粉砕による結晶ひずみの発生度合いなど，これから検討すべき重要課題はいくつかあるが，ここでは次の話題に移る。

4.2　超急冷粉体の保磁力発現

これまで調製してきた試料粉体は，ストリップキャスト（SC）法によるものが主体であり，試料調製時の熔湯の冷却速度をより速くするなど，粉体調製方法の検討も必要である。その意味で，超急冷法などで調製した粉体と，その保磁力発現機構，すなわちアニール条件による結晶化機構の検討が必要である。

詳細は省略するが，1-12 型構造磁石のこれまでの研究例には－Ti_x（x＞1.0）組成を中心に，上記の問題意識に立つ研究が散見され，保磁力も 5 kOe（＝0.4 MA/m）前後発現した例も見られる。しかし，本研究の組成域の材料についての系統的な報告はなく，今後の検討が必要であると考えている。

なお，先に挙げた 3 試料のうち，R＝Sm 系試料に類似の組成の超急冷粉体を出発物質として，その熱処理（アニール）条件を系統的に変化させて，得られた熱処理粉体の物性値を測定すると，現状の研究段階では，粉体の保磁力は，ほぼ 5 kOe に達する。さらに，系統的な検討を進めれば，保磁力のさらなる増加も期待できると感じている[18]。

4.3　単磁区粒子径と磁壁エネルギー

先述のように，筆者らは磁石粒子の磁区構造観察から，磁壁エネルギーや単磁区粒子臨界径などを測定，議論する研究に興味を持ってきた。磁壁エネルギーを正確に見積もることができれば，さらに基礎的な物理量である交換スティッフネス定数や交換相互作用係数の算出などを行うことも可能である[19][20]。

本研究の 1-12 型構造磁石材料でも，各種組成の試料粉体（薄片状粒子から数 μm 径の微粒子まで）の粒子の磁区構造の磁気力顕微鏡（MFM）などによる観察を試みている。今後，磁区幅などの実測値に基づいて解析を進め，学会などに報告していきたい[17]。

4.4　$ThMn_{12}$ 型構造磁石材料の高温安定性

本稿で論じている磁石材料に関連して，従来の研究には Sm-Fe-Ti 系物質の状態図の温度変化（3 成分系相図）が示されている[21]。もちろん，それらの研究の試料は 1-12 型構造を有するが，組成的には本稿で論じてきた－Ti_x（x＜1.0）の化合物ではない。しかし，その研究によれば，上記の物質は 880 K 付近では安定には存在せず，むしろ，1,100 K 付近で再度安定化することが示唆されている[21]。

その研究結果を受け入れれば，1-12 型構造磁石材料物質は，高温で安定化される相であり，そ

の意味で，室温では準安定物質である可能性もある．本グループでは，その点も踏まえて同磁石材料の高温安定性を検討している[22)23)]．

　結論的に述べると，R＝Nd系の窒化物は上述の-Ti$_x$系，-Mo$_x$系で，それぞれ873Kおよび1,073K付近で分解して，α-Fe相とXRD的にはアモルファス相に変化する．つまり，上記温度以上に加熱すれば1-12相は安定して存在できないので，焼結法によりバルク化することは難しい．

　一方，R＝Sm系の場合は，基本的に融点付近まで1-12相は安定であるが，焼成雰囲気中の酸素濃度（P_{O2}）に非常に敏感であり，例えば$P_{O2}>10$ Paの雰囲気では，800K以上では完全に分解してしまう．ただし，分解機構における酸化の役割などの詳細は，現在のところ不明である．

　一方，十分に酸素分圧の低い（例えば，ジルコニア酸素ポンプを用いて調製する$P_{O2}<10^{-15}$ Pa）雰囲気では，従来の状態図的な報告[21)]とは異なり，880K付近の温度領域も含めて，1-12相自体が不安定となる領域は，別段存在しないという結果が示唆されている[24)]．その場合，R＝Sm系1-12試料粉体の焼結法によるバルク化は，さらに現実味を帯びてくる．

　いずれにしても，この材料の高温安定性は，材料の焼結工程や使用雰囲気中の相安定性を論ずるための基本的性質であり，今後さらに詳細に検討する必要がある．

5.　まとめ

　ThMn$_{12}$型構造を有する磁石材料（主に（R，Zr）（Fe，Co）$_{12-x}$Ti$_x$N$_y$（x＜1.0，R＝Nd系でy～1.0，R＝Sm系ではy＝0））は，室温付近でネオジム磁石を若干上回る磁気特性を示し，高温域（500K付近）では，J_Sは20～30％上回り，H_aもほぼ同等の値を示す．それは，組成の最適化により，-Ti$_{0.7}$の組成としてα-Fe相をほとんど除去した物質でも，ほとんど変化しない．本稿では，このことを実現できた理由である，組成上のCoおよびZr原子置換の効果を，結晶構造に基づいて考察した論文の内容を，さらに噛み砕いて説明した．

　また，Mössbauer分光法を用いて測定したIFの解析から，結晶構造に基づくCo原子置換効果と，N化による格子定数変化も含む「磁気体積効果」，さらにFe-N間結合の形成による「混成軌道形成効果」などに関する実験結果を順次論じた．ThMn$_{12}$型構造磁石材料は，それらの効果の磁気特性に及ぼす影響の相違を検討するのに適している．

　本稿後半では，同材料の磁石材料として重要である，保磁力発現に関する，これまでの検討結果をまとめた．さらに高温安定性に関する検討結果の概略も説明した．

謝　辞

　本報告の研究は，国立研究開発法人新エネルギー・産業技術総合開発機構（NEDO）の未来開発研究プロジェクト　次世代自動車向け高効率モータ用磁性材料技術開発（Mag-HEM）で行われたものであり，その研究助成に対し，深く感謝致します．

文　献

1）H. –S. Li and J. M. D. Coey: *Handbook of Magnetic Materials*, **6**, Chap. 1 1–84, Elsevier（1991）.

2）H. Fujii and H. Sun: *Handbook of Magnetic Materials*, **9**, Chap. 3, 303–404, Elsevier（1995）.

3）S. Suzuki et al.: *AIP advances* **4**, 117131（2014）.

4）T. Miyake et al.: *J. Phys. Soc. Jpn*, **83**, 043702（2014）.

5）Y. Hirayama et al.: *Scr. Mater.*, **95**, 70（2015）.

6）S. A. Nikitin et al.: *J. Alloy. Compd*, **316**, 46（2001）.

7）M. Bacmann et al.: *J. Alloy. Compd*, **383**, 166（2004）.

8）K. Kobayashi et al.: *J. Alloy. Compd*, **694**, 914（2017）.

9）S. Sakurada et al.: *J. Appl. Phys.*, **79**, 4611（1996）.

10）Sakuma et al.: *AIP advances*, **6**, 056023（2016）.

11）T. Kuno et al.: *AIP Advances*, **6**, 025221（2016）.

12）久野智子ほか：日本金属学会 2018 春期講演大会概要集（285）, 2018 年 3 月 21 日発表（a paper is under preparation）

13）V. Heine: *Phys. Rev.*, **153**, 673（1967）.

14）J. Friedel: "Metal, alloys", *Nuovo Cimento*, **7**, 287（1958）.

15）K. Terakura and J. Kanamori: *Prog. Theor. Phys.*, **46**, 1007（1971）.

16）K. Kobayashi et al.: *J. Magn. Magn. Mater.*, **426**, 273（2017）.

17）小林久理眞ほか：日本金属学会 2018 秋期講演大会概要集（*）, 2018 年 9 月 20 日発表

18）久野智子ほか：日本金属学会 2018 秋期講演大会概要集（*）, 2018 年 9 月 20 日発表

19）K. Kobayashi et al.: *Electrical Engineering in Japan*（Wiley）, **154**, 863（2004）.

20）K. Kobayashi et al.: *J. Alloys and Compd.*, **615**, 569（2014）.

21）V. Raghavan: *J. Phase Equiliblia*, **21**, 464（2000）.

22）平口誠也ほか：日本金属学会 2018 春期講演大会概要集（283）, 2018 年 3 月 21 日発表（論文準備中）

23）K. Kobayashi et al.: in *Materials Transactions*, **59**, 11, 1845–1853（2018）.

24）S. Hiraguchi et al.: to be proposed.

第2編　省・脱レアアース磁石と高効率モータ開発

第4章　磁石材料の新展開（省レアアース/フリー磁石の開発）

第4節　$L1_0$型FeNi超格子薄膜材料の作製と磁気特性

東北大学　**水口　将輝**　　東北大学　**小嶋　隆幸**　　東北大学　**高梨　弘毅**

1. はじめに

　日本が最先端の開発競争を進めている永久磁石の研究分野では，ネオジム磁石をはじめとして，さまざまな磁石材料がその研究対象となっている。それらに要求される特性は，磁気異方性や保磁力，エネルギー積などのパラメータが大きいことや，高温におけるそれらの磁気特性の維持などである。そのような磁石材料の有力な候補の1つとして，$L1_0$型（AuCu型）規則合金が長く研究されてきた。この規則合金は，2種類の原子層が交互に積層した構造をとり，結晶の一軸性に起因した強い磁気異方性を有する材料が数多く存在する。なかでも遷移金属と貴金属との組み合わせからなるFePt，CoPtあるいはFePd，CoPdなどは，非常に大きな一軸結晶磁気異方性（一軸磁気異方性エネルギー：K_uにして10^7 erg/cm^{3}以上）を示し，次世代高性能永久磁石の材料として期待されている[1]-[3]。例えば，$L1_0$型FePtのような硬磁性材料と軟磁性材料を組み合わせたナノコンポジット構造[4)5]や，$L1_0$型FePtのナノサイズ微粒子がAl–OやSiO$_2$などの酸化物の母相に分散したグラニュラー構造[6)7]などが作製され，その永久磁石への応用が長年研究されてきた。

　しかしながら，これらの既存の$L1_0$型規則合金は，PtやPdのような希少元素である貴金属を多く含有しており，元素戦略的見地からは好ましくない。そのため，$L1_0$型規則合金磁石材料において，これらの貴金属元素を他のユビキタス元素で代替できれば，その経済的効果が絶大であることは想像に難くない。筆者らは，そのような希少貴金属を含まない新しい磁性材料として，材料が潤沢でかつ安価なFeとNiを用いた「単結晶$L1_0$型FeNi規則合金」の開発を進めている。FeとNiの合金は，Fe$_{50}$Ni$_{50}$の等比組成付近・低温領域において$L1_0$型規則合金の存在が指摘されている。しかしながら，$L1_0$型FeNi規則合金は超徐冷環境でのみ形成される合金であり，自然界では宇宙空間で徐冷された石質鉄隕石中にのみ含まれる[8]。これまでに人工的に作製された例がいくつかあるが，中性子線[9]，電子線[10]あるいはイオン粒子[11]などの照射という大規模な手法により作られたものに限られていた。例えば，中性子線を照射して作製した試料では，$K_u = 1.3 \times 10^7$ erg/cm^{3}という値が報告されている。そこで，筆者らは「単原子交互積層法」と呼ばれる手法により$L1_0$型FeNi規則合金薄膜を創製することを目指している[12)13]。この手法は，異なる元素の単原子層を交互に蒸着することにより，c軸方向に磁気異方性を有する規則合金を人工的に作製する技術である。これまでに，この手法により$L1_0$型FeAu[14]，hcp型CoRu[15]などの自然界に存在しない物質を非平衡状態で作製した研究が報告されており，$L1_0$型FeNi規則合金の人工合成へ

の応用が期待される。本稿では，単原子交互積層法による $L1_0$ 型 FeNi 規則合金薄膜の作製とその特性評価の現状について概説する。最初に，適切な下地層上に成膜した $L1_0$ 型 FeNi 薄膜の作製とその特性評価の結果について詳述する[16)-18)]。続いて，Fe-Ni の組成比を変えた FeNi 薄膜の作製[19)]や，第三元素を添加した FeNi 薄膜の作製[20)]，金属単結晶基板上への FeNi 薄膜の作製[21)]などについて紹介する。最後に，この材料の現状での課題や将来的な可能性を展望する。

2. 単原子交互積層法による $L1_0$ 型 FeNi 規則合金薄膜の作製と特性評価

　本項で紹介する FeNi 規則合金薄膜の成膜は，すべて超高真空分子線エピタキシー法（MBE）により行われた。蒸着レートは水晶振動子を用いた膜厚計から算出した。MgO(001)単結晶基板上に基板温度 80℃ で膜厚 1 nm の Fe シード層および膜厚 20 nm の Au 下地層を成膜した。この下地層の上に，基板温度 500℃ で膜厚 50 nm の Cu 下地層を成膜し，続いて基板温度 100℃ で $Au_6Cu_{51}Ni_{43}$ 三元合金下地層を成膜した。この三元合金下地層を成膜する目的は，FeNi 層の成膜のために，原子レベルで平坦な下地層を準備する必要があることに加え，$L1_0$ 型 FeNi の結晶格子になるべく格子整合し，なおかつ非磁性である下地層が必要なためである。なお，下地層である Au 層と Cu 層は，500℃ における Cu 層の成膜時に合金化し，$Cu_3Au(001)$ 層を形成することが，筆者らの以前の研究で X 線回折（XRD）により確認されている[13)]。さまざまな組成比の Au-Cu-Ni 層を成膜してその結晶構造および磁気特性を評価した結果，$Au_6Cu_{51}Ni_{43}$ の組成の下地層上に成膜した $L1_0$ 型 FeNi の磁気特性がもっとも優れ，なおかつ非磁性であることがわかった。この $Au_6Cu_{51}Ni_{43}$ 下地層上に，FeNi 層を単原子交互積層法により成膜した。さまざまな基板温度で，Fe および Ni の単原子層（1 ML）を交互に成膜した。**図 1** に，本項で説明する試料の層構造を示す。成膜中の結晶の表面構造は，反射高速電子回折（RHEED）で確認した。

　40℃ ～217℃ の温度範囲における基板温度で，Fe および Ni の単原子層を交互に 50 層ずつ成膜した FeNi 薄膜において，RHEED のストリークパターンを観測した。これにより，どの FeNi 層もエピタキシャル成長していることが示された。成膜後の FeNi 層の磁気特性を，超伝導量子干渉計（SQUID）により測定した。試料を 4.0×4.0 mm の大きさに切り出して SQUID 内に封入した後，基板面内方向，面直方向に外部磁場を印加した状態で，それぞれの磁化曲線を室温で測定

[Fe (1 ML) / Ni (1 ML)]₅₀
$Au_{0.06}Cu_{0.51}Ni_{0.43}$ (40 - 50 nm)
Cu (50 nm)
Au (20 nm)
Fe (1 nm)
MgO(001) 基板

図 1　試料の層構造。括弧内の長さは，各層の膜厚を示す

した。2つの磁化曲線に囲まれた面積および形状磁気異方性の効果を考慮して，K_uを算出した。いずれの基板温度で作製したFeNi薄膜についても薄膜形状に起因する形状磁気異方性が強いため，磁化容易軸は面内方向であることがわかった。しかしながら，形状磁気異方性の効果を考慮すると，いずれのFeNi薄膜においても，垂直磁気異方性が誘導されていることがわかった。基板温度187℃で成膜した試料の磁気異方性の大きさを見積もったところ，$K_u = 7.0 \times 10^6$ erg/cm^{3}であることがわかった。この値は，$L1_0$型FeNiで予想される理論値には達していないものの，明らかに$L1_0$型規則構造に起因した垂直磁気異方性が誘導されていることが推測される。$Au_6Cu_{51}Ni_{43}$下地層は，$L1_0$型FeNiとおおよそ格子整合していると考えられ，FeNi層の基板温度を最適化することにより大きな垂直磁気異方性が発現したと考えられる。

規則構造において，どの程度原子が規則的に配列しているのかを示すパラメータとして，長距離規則度（S）がある。Sは0〜1の間の値をとり，この値が大きいほど規則性が高いことを表す。FeNi層の$L1_0$長距離規則度を算出するため，大型放射光施設SPring-8において，放射光を用いた斜入射X線回折（GI-XRD）を行った。試料面からわずか0.35°の微小角度でX線を斜入射して基板面内のXRDスペクトルを取得し，FeNi層の格子定数を見積もった。また，入射X線のエネルギーをFeのエネルギー吸収端である7.11 keVに設定することにより，X線の共鳴状態による異常分散効果を用いることが可能であるため，超格子線の強度を強めることができる。この手法により，それぞれの薄膜のSを精密に見積もった。GI-XRDの実験で観測された超格子線（例えば110 $L1_0$-FeNi）および基本線（例えば200 FeNi）の回折強度の比と，理論的に予想されるそれらの計算値を用いて，Sを算出した。GI-XRD測定の結果，すべての基板温度で成膜したFeNi薄膜において，200 FeNi基本線に加え，110 $L1_0$-FeNi超格子線を観測し，$L1_0$相のFeNiが形成されたことが示された。また，すべてのスペクトルにおいて下地のCu_3Au層の基本線および超格子線も確認された。FeNi層の基本線の強度は基板温度によらずほぼ一定であるのに対し，超格子線の強度は基板温度により大きく変化しており，その$L1_0$規則度は基板温度に強く依存していることが示唆された。例えば，187℃で成膜したFeNi薄膜では110 $L1_0$-FeNi超格子線が明らかに観測された一方で，40℃で成膜したFeNi薄膜ではその強度はかなり小さくなった。また，参考として，FeおよびNiを同時に蒸着して（単原子交互積層を行わずに）作製したFeNi薄膜では，超格子線はほとんど確認されなかった。これは，基板温度が低下すると$L1_0$規則度が低下し，同時蒸着のFeNi薄膜ではほとんど規則化が起きていないことを示唆している。また，217℃で成膜したFeNi薄膜の110 $L1_0$-FeNi超格子線強度も，187℃での成膜のものと比較して小さくなった。結果として，40℃〜100℃までは基板温度とともに規則度は増加し，100℃〜187℃の基板温度では$S = 0.3$〜0.5のほぼ一定の値を示し，217℃の基板温度ではSは減少に転じることがわかった。基板温度に対するK_uの変化も，上記のSの変化とほぼ同じであったため，両者には相関があることが推測された。そこで，これらの薄膜についてのSとK_uの関係を調べた。**図2**にその結果を示すが，推測どおりSの増加に伴いK_uも単調に増加しており，磁気異方性と$L1_0$規則度は強く相関していることがわかった。また，図に形状磁気異方性の大きさ（$2\pi M_s^2$）を示している。K_uとSに比例関係があると仮定すると，Sの大きさが0.6程度を超えれば垂直磁気異方性の大きさは形状磁気異方性の大きさを上回り，垂直磁化薄膜が得られることが予想される。こ

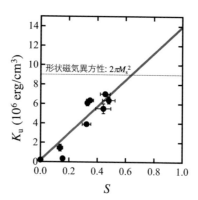

図2 さまざまな基板温度で成膜したFe$_{50}$Ni$_{50}$薄膜におけるL1$_0$長距離規則度（S）と一軸磁気異方性エネルギー（K_u）の関係。実線は，直線によるフィッティングの結果を示す。破線は，Fe$_{50}$Ni$_{50}$薄膜における形状磁気異方性のエネルギーを示す[18]

の結果から，規則度の向上がこの材料の磁気機能の向上のカギであることが明らかになった。なお，K_uがSの何乗に比例するのかについては，理論的な研究も進んでおり，実験結果との比較が待たれるところである[22]。

3. L1$_0$型FeNi規則合金薄膜におけるFe-Ni組成依存性

[2.]で述べたL1$_0$型FeNi規則合金薄膜の作製においては，FeとNiの組成比は，すべてFe：Ni＝1：1とした。これまでに多くの研究がなされているL1$_0$型FePt規則合金薄膜については，Pt組成が多い薄膜（Fe：Pt＝38：62）で，もっともK_uおよびSが大きな値を示すことが報告されている[23]。これは，L1$_0$型規則合金薄膜において，必ずしも化学量論組成においてこれらの特性パラメータが最大値をとるわけではないことを示唆している。そこで，同様にL1$_0$型FeNiにおいても，FeとNiの組成比に対してK_uやSなどのパラメータがどのような傾向を示すのかを調べた。

[2.]で用いたのと同じAu$_6$Cu$_{51}$Ni$_{43}$下地層の上に，基板温度100℃でNi（1＋x ML）およびFe（1－x ML）層を交互に10層ずつ成膜した後，基板温度190℃でNi（1＋x ML）およびFe（1－x ML）層を交互に40層ずつ成膜した。Fe-Ni層の成膜の初期段階で，下地層との相互拡散が起こりやすいことがわかっていたため，これを抑制するために，このような基板温度を二段階に切り替える成膜方法を用いた。－0.4≦x≦0.4の範囲でxを変化させることにより，Fe$_{70}$Ni$_{30}$～Fe$_{30}$Ni$_{70}$の組成を有したFeNi薄膜を作製した。これらの薄膜の磁気特性を調べた結果，Fe組成が70～45％の範囲のFeNiでは，異なる組成に対して飽和磁化（M_s）は変化するが，基板面直方向に磁場を印加した場合の飽和磁場は大きく変化していないことがわかった。一方，Fe組成34および30％のFeNi薄膜では，Fe組成の減少に伴いM_sが大きく減少し，飽和磁場は著しく増加した。GI-XRDの測定および磁気測定から算出した各組成におけるFeNi薄膜のM_s，K_uおよびSを**図3**に示す。M_sはFe組成の減少に従って増加し，Fe組成が60％で最大値（M_s＝1,470 emu/

第4章 磁石材料の新展開（省レアアース/フリー磁石の開発）

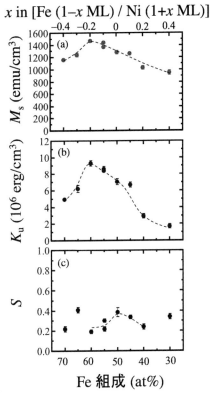

図3 FeとNiの組成比をさまざまに変化させて成膜した［Fe(1−x ML)/Ni(1+x ML)］薄膜における飽和磁化（M_s），一軸磁気異方性エネルギー（K_u），$L1_0$長距離規則度（S）のFe組成依存性[19]

cm^3）をとり，その後，減少に転じることがわかった。M_sを1原子当たりの磁気モーメントに換算し，Slater-Pauling曲線から算出した磁気モーメントと比較したところ，両者はよく一致することがわかった。また，K_uもM_sとほぼ同じ挙動を示し，Fe組成が60%で最大値（K_u = 9.3 × 10^6 erg/cm^3）をとった。この値は，Fe：Ni = 1：1の場合より大きな値であり，$L1_0$型FeNi規則合金薄膜の場合は，$L1_0$型FePt規則合金の場合と対照的に，Feの組成が多い組成比の薄膜で磁気異方性が最大となることが明らかになった。一方，Sは上記した磁気特性とは異なり，Fe組成50%（すなわちFe：Ni = 1：1）の薄膜において最大値をとることがわかった。現時点でK_uとSが最大値をとる組成がそれぞれ異なる原因はわかっておらず，より詳細な調査が必要であると考えられる。

4. $L1_0$型FeNi規則合金薄膜におけるCo原子の添加効果

次に，$L1_0$型FeNi規則合金薄膜へFeおよびNi以外の第三元素を添加した場合の結晶構造や磁気特性に与える効果について調べた。$L1_0$型規則合金においては，しばしば第三元素の添加が

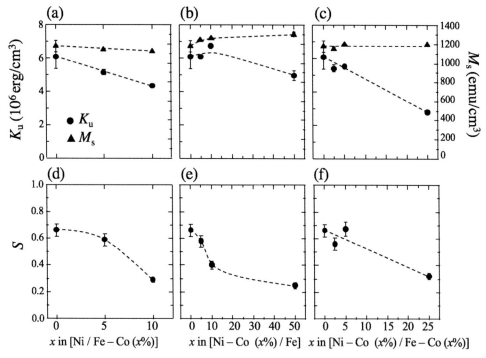

図4 (a) Fe層にCoを添加したFeNi薄膜の飽和磁化（M_s）および一軸磁気異方性エネルギー（K_u）のCo添加量依存性。(b) Ni層にCoを添加したFeNi薄膜のM_sおよびK_uのCo添加量依存性。(c) Fe層およびNi層の双方にCoを添加したFeNi薄膜のM_sおよびK_uのCo添加量依存性。(d) Fe層にCoを添加したFeNi薄膜の$L1_0$長距離規則度（S）のCo添加量依存性。(e) Ni層にCoを添加したFeNi薄膜のSのCo添加量依存性。(f) Fe層およびNi層の双方にCoを添加したFeNi薄膜のSのCo添加量依存性[20]

$L1_0$型規則化を促進する研究結果がある。例えば，CoPt薄膜へのSn，Pb，Sb，Bi，Agなどの添加[24]やFePt薄膜へのCu添加など[25]において，これらの元素を添加しない場合と比較して，より低温で規則化が生じることが報告されている。そこで，本項ではFeNi薄膜に添加する第三元素として，飽和磁化を減少させず，なおかつ大きな磁気異方性を維持できる元素として期待されるCoの添加効果を調べた。

［2.］で用いたのと同じ$Au_6Cu_{51}Ni_{43}$下地層の上に，基板温度100℃でNiおよびFe層を交互に5層ずつ成膜した後，基板温度190℃でNiおよびFe層を交互に45層ずつ成膜した。Co原子をFe層のみ，Ni層のみ，FeおよびNi層の双方の3通りの添加方法で添加した薄膜を作製した。M_s，K_uおよびSのCo添加量依存性を図4に示す。磁気特性についてみると，Fe層のみに添加した場合はCo添加量の増加に対してM_sは減少，Ni層のみに添加した場合はM_sは増加，双方に添加した場合はM_sはほとんど変化しておらず，電子数の増減に対応した変化となっていると考えられる。一方，K_uについてはFe層のみに添加した場合と双方に添加した場合では，添加量の増加に対して顕著に減少した。Ni層のみに添加した場合は，添加量が$Ni_{90}Co_{10}$まではわずかにK_uの増加がみられたが，それ以上では減少する傾向がみられた。ただし，観測されたK_uの値は，Fe：Ni＝1：1のFeNi薄膜と比較しても顕著に増加した値とはなっておらず，Co添加による磁気異方性の増加効果は小さいことがわかった。一方Sは，いずれの添加方法についてもCo添加

量の増加に従い減少する傾向がみられた。これは，$L1_0$ 型 FeNi に対する Co 原子の添加は，$L1_0$ 相の相安定性の低下をもたらすものであることを示唆している。なお，GI–XRD で調べたこれらの薄膜の格子定数は，Co の添加量に対して多少の増減が確認されたが，c/a（c 軸/a 軸比）は 0.99 程度からほとんど変化しておらず，格子ひずみの変化による磁気異方性などの変化は起きていないと想定される。これらの結果から，$L1_0$ 型 FeNi 規則合金においては，Co 原子の添加による規則化促進効果はなく，また磁気異方性を増加する効果も小さいことが示唆された。

5. Cu 単結晶基板上への FeNi 薄膜の作製

　[4.] までに概説した FeNi 薄膜の成膜は，MgO(001) 単結晶基板上に $Au_6Cu_{51}Ni_{43}$ 下地層を成膜して行った。しかしながら，$Au_6Cu_{51}Ni_{43}$ 層と $L1_0$ 型 FeNi との間には若干の格子不整合がある上，FeNi 層成膜中に下地層との間でわずかな相互拡散が起きることにより，規則度や磁気異方性の低下がもたらされていると考えられる。そこで，より安定で格子不整合の小さな基板上に FeNi 薄膜を成膜することを目的とし，Cu 単結晶基板上への $L1_0$ 型 FeNi 規則合金薄膜の作製を試みた。同時に，FeNi の成膜において，サーファクタントによる規則化促進効果があるのかについても検証を行った。サーファクタントとは，薄膜成長において，成長中，常に表面に偏析し続け，成長層の成長様式を変化させる異種元素のことであり，それ自身の化学的状態は変化しない，薄膜成長における触媒のようなものである[26)27)]。成長物質と化学的に混ざり合わず，表面エネルギーが低く，表面偏析しやすい元素がサーファクタントとして効果が高い。金属のエピタキシーにおいては，サーファクタントが成長物質のテラス上の拡散を抑制し，layer–by–layer 成長を促進させるという報告が多くなされている。

　Cu(001) 単結晶基板にイオンスパッタリングと熱処理の工程を繰り返し行うことにより，平坦かつ清浄な Cu 表面を得た。この基板上にさまざまな基板温度で，Fe および Ni の単原子層を交互に 20 層ずつ成膜した。また，成膜中におけるサーファクタントの影響を調べるため，1.125 Langmuir の気体の O_2 を暴露するか，0.5 ML の Au 原子を蒸着するかした後に，FeNi 層の成膜を行う実験も行った。極磁気光学カー効果（p–MOKE）により，これらの試料のカー回転角の磁場依存性を調べた。サーファクタントとして O および Au を加えずに基板温度 190℃ で成膜した FeNi 薄膜のカー回転角ヒステリシスでは，飽和磁場が 15 kOe 程度であり，磁気異方性はほぼゼロであることがわかった。$Au_6Cu_{51}Ni_{43}$ 下地層上に基板温度 190℃ で成膜した FeNi は，大きな磁気異方性を示していることから，Cu 単結晶基板上の FeNi 薄膜成長では，薄膜の結晶構造あるいは局所的な原子の環境などに差が生じており，磁気異方性が誘導されなかったと考えられる。O をサーファクタントとした場合，ヒステリシスの飽和磁場に減少がみられた。基板温度 250℃ の試料では飽和磁場が低減しており，磁気異方性が誘導されたことが確認された。同じように，Au をサーファクタントとした場合でも，顕著な飽和磁場の減少が確認され，基板温度 190℃ の試料で飽和磁場がもっとも低減した。それぞれの場合の M_s および K_u の基板温度依存性を図 5 に示す。M_s は，O，Au，どちらの場合でも基板温度に依存せず，ほぼ一定値を示した。一方，K_u はサーファクタント効果によって明らかに増加し，O，Au，それぞれについて K_u が最

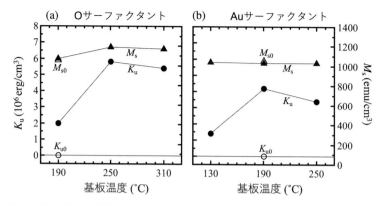

図5 (a)Cu単結晶基板上に1.125 Langmuirの気体のO₂を暴露して成膜したFe₅₀Ni₅₀薄膜の飽和磁化（M_s）および一軸磁気異方性エネルギー（K_u）の基板温度依存性。M_{s0}およびK_{u0}は，それぞれO₂を暴露せずに成膜したFe₅₀Ni₅₀薄膜のM_sおよびK_uを示す。(b)Cu単結晶基板上に0.5 MLのAu原子を蒸着して成膜したFe₅₀Ni₅₀薄膜のM_sおよびK_uの基板温度依存性。M_{s0}およびK_{u0}は，それぞれAu原子を蒸着せずに成膜したFe₅₀Ni₅₀薄膜のM_sおよびK_uを示す[21]

大となる基板温度が存在することが明らかになった。これらの結果から，Cu単結晶基板を用いることにより期待されたFeNi層の磁気異方性の増加は認められなかったが，FeNiの成長様式にサーファクタントの利用が有効であることが示された。その他のサーファクタント種の効果や，添加量依存性などを調べることにより，大きな磁気異方性を有する$L1_0$型FeNi規則合金薄膜が得られる可能性が示唆された。

6. 課題と将来展望

次世代高性能永久磁石材料への幅広い応用が期待される，$L1_0$型FeNi規則合金薄膜の作製と特性評価について紹介した。Au₆Cu₅₁Ni₄₃三元合金下地層上に単原子交互積層法により成膜したFeNi薄膜について，$K_u = 7.0 \times 10^6$ erg/cm³の磁気異方性が観測された。FeとNiの組成依存性を調べた結果，Fe₆₀Ni₄₀の組成のFeNi薄膜について，$K_u = 9.3 \times 10^6$ erg/cm³となり，磁気異方性はさらに増加したことがわかった。しかしながら，これらの磁気異方性の大きさは，まだ中性子線照射により作製された$L1_0$型FeNiバルクの値におよばない。[2.]で説明したように，現時点でSは最大で0.5程度に留まっていることから，それと相関するK_uの値も理論値に達していないと想定される。現時点で規則度Sが十分に大きくならない原因として，2つの要因が考えられる。1つは，FeNi層と下地層の間に存在する格子不整合から，FeNi層に多くのテラス構造ができ，規則度が低下している可能性がある。実際に，FeNi層を蒸着後の表面を走査型トンネル顕微鏡（STM）で観察した結果，FeNi表面には複数のテラスが形成されていることがわかった。もう1つは，テラス内における逆位相境界の存在である。[2.]で作製した$L1_0$型FeNi規則合金薄膜の断面構造を，透過電子顕微鏡（TEM）により観察した結果，Fe原子層とNi原子層の境界線がさまざまな方向に存在している様子が観測された。逆位相境界の存在は，磁気異方性を著しく低

下させることが理論的に計算されており，これを減少させることが磁気異方性の増加につながると考えられる。また，$L1_0$規則度が1に達していないということは，不規則相が存在していることを示しているが，実際に［2.］で作製した薄膜のメスバウアー測定を行った結果，主に$A1$相が存在していることが明らかになっている[28]。なお，これらのFeNi薄膜について，その他のさまざまな手法により局所磁気構造を詳細に調べた研究[29][30]や，磁気緩和と磁気異方性の関係を調べた研究[31]も行われており，本材料の多角的な特性調査が進行している。

一方，Coの添加効果や，Cu単結晶基板上にFeNi層を成膜することによる磁気異方性の顕著な増加は確認されなかったが，FeNiの成長にサーファクタントの利用が有効であることが示された。また，FeNiのひずみが強く磁気異方性に相関していることが推測され，その制御も重要になると考えられる。本稿で紹介したMBE法による$L1_0$型FeNi規則合金薄膜の作製に加え，より応用に適した手法として，筆者らはスパッタリング法による作製の研究も進めている[32]-[34]。規則度Sは本稿で示した値には及ばないが，FeNi層の磁気異方性の向上や保磁力の増加などが確認されており[34]，新しい作製法として注目を集めている[35]。さらに，薄膜だけではなく，バルク体の$L1_0$型FeNi規則合金を作製する研究の報告例も増えている[36]-[41]。最近，化学的手法による$L1_0$型FeNi規則合金微粒子の作製についても報告された[42]。その規則度Sは，本稿で示した値を超えており，より実用的な永久磁石への応用が期待される。なお，その詳細については次節で詳述されており，そちらを参考にされたい。

$L1_0$型FeNi規則合金は，自然界では石質鉄隕石中にのみに存在する合金であることからも，大きな可能性を秘めた材料であると考えられる。今後も，さまざまな作製法や解析手法を駆使し，次世代高性能永久磁石へ応用可能な$L1_0$型FeNi合金の創製を目指して研究を加速していく必要があると考えている。

謝　辞

　本研究に関する実験を担当してくれた学生諸氏に深謝する。また，共同研究者として実験・理論計算・議論にご協力いただいた数多くの方々に謝意を表す。
　本研究の一部は，科学技術振興機構 産学共創基礎基盤研究プログラム「革新的次世代高性能磁石創製の指針構築」ならびに文部科学省委託事業「元素戦略プロジェクト（拠点形成型）（ESICMM）」の支援のもとに行われた。

文　献

1）D. E. Laughlin et al.: *Scripta Mater.*, **53**, 383 (2005).

2）T. Shima et al.: *J. Appl. Phys.*, **93**, 7238 (2003).

3）H. Shima et al.: *Phys. Rev. B*, **70**, 224408 (2004).

4）M. H. Lu et al.: *J. Appl. Phys.*, **95**, 6735 (2004).

5）X. Zhan et al.: *Rare Metals*, **25**, 588 (2006).

6）M. Watanabe et al.: *Appl. Phys. Lett.*, **76**, 3971 (2000).

7）T. O. Seki et al.: *Appl. Phys. Lett.*, **103**, 023910 (2008).

8）M. Kotsugi et al.: *Appl. Phys. Express*, **3**, 013001 (2010).

9）J. Paulevé et al.: *J. Appl. Phys.*, **39**, 989 (1968).

10）A. Chamberod et al.: *J. Magn. Magn. Mat.*, **10**, 139 (1979).

11）L. Amaral et al.: *Surf. Sci.*, **389**, 103 (1997).

12）T. Shima et al.: *J. Magn. Magn. Mat.*, **310**, 2213 (2007).

13) M. Mizuguchi et al.: *J. Appl. Phys.*, **107**, 09A716 (2010).

14) K. Takanashi et al.: *Appl. Phys. Lett.*, **67**, 1016 (1995).

15) K. Himi et al.: *Appl. Phys. Lett.*, **78**, 1436 (2001).

16) T. Kojima et al.: *J. Phys.; Conf. Ser.*, **266**, 012119 (2011).

17) M. Mizuguchi et al.: *J. Magn. Soc. Jpn.*, **35**, 370 (2011).

18) T. Kojima et al.: *Jpn. J. Appl. Phys.*, **51**, 010204 (2012).

19) T. Kojima et al.: *J. Phys.; Cond. Matt.*, **26**, 064207 (2014).

20) T. Kojima et al.: *J. Phys. D; Appl. Phys.*, **47**, 425001 (2014).

21) T. Kojima et al.: *Thin Solid Films*, **603**, 348 (2016).

22) Y. Kota and A. Sakuma: *J. Phys. Soc. Jpn.*, **81**, 084705 (2012).

23) T. Seki et al.: *Appl. Phys. Lett.*, **82**, 2461 (2003).

24) O. Kitakami et al.: *Appl. Phys. Lett.*, **78**, 1104 (2001).

25) T. Maeda et al.: *Appl. Phys. Lett.*, **80**, 2147 (2002).

26) M. Copel et al.: *Phys. Rev. Lett.*, **63**, 632 (1989).

27) H. A. van der Vegt et al.: *Phys. Rev. Lett.*, **68**, 3335 (1992).

28) K. Mibu et al.: *J. Phys. D; Appl. Phys.*, **48**, 205002 (2015).

29) M. Kotsugi et al.: *J. Magn. Magn. Mat.*, **326**, 235 (2013).

30) T. Ueno et al.: *JPS Conf. Proc.*, **8**, 034008 (2015).

31) M. Ogiwara et al.: *Appl. Phys. Lett.*, **103**, 242409 (2013).

32) T. Y. Tashiro et al.: *J. Appl. Phys.*, **117**, 17E309 (2015).

33) K. Takanashi et al.: *J. Phys. D; Appl. Phys.*, **50**, 483002 (2017).

34) T. Tashiro et al.: *J. Alloys Compd.*, **750**, 164 (2018).

35) A. Frisk et al.: *J. Phys.; Condens. Matter.*, **28**, 406002 (2016).

36) S. Lee et al.: *Philos. Mag. Lett.*, **94**, 639 (2014).

37) Y. Geng et al.: *J. Alloys Compd.*, **633**, 250 (2015).

38) A. Makino et al.: *Sci. Rep.*, **5**, 16627 (2015).

39) A. M. Montes-Arango et al.: *Acta Mater.*, **116**, 263 (2016).

40) F. Meneses et al.: *J. Alloys Compd.*, **766**, 373 (2018).

41) J. Cui et al.: *Acta Mater.*, **158**, 118 (2018).

42) S. Goto et al.: *Sci. Rep.*, **7**, 13216 (2017).

第2編　省・脱レアアース磁石と高効率モータ開発

第4章　磁石材料の新展開（省レアアース/フリー磁石の開発）

第5節　完全レアアースフリーFeNi磁石の開発

筑波大学　**柳原　英人**　　株式会社デンソー　**後藤　翔**

1. はじめに

　資源問題の緩和などの観点から，希土類を含まない磁性材料についてその合成，および磁石化を目指しさまざまな研究・開発が行われている。その候補材料の1つとして，本稿では完全レアアースフリー磁石材料である$L1_0$型結晶構造を持ったFeNi化合物の合成方法とその磁気特性について紹介する。磁石材料として十分に大きな飽和磁化と，高い磁気異方性とが同時に実現している物質として古くからよく知られていたこのレアアースフリーな規則合金は，合金状態図にも示されているれっきとした熱平衡相である[1]。そしてその規則―不規則転移温度は約320℃で生じるといわれている。この温度では，Fe中のNiの拡散は極めて遅く，例えば300℃ではNi原子が1原子分移動するのに10^4年かかるといわれている[1]。したがって合金の規則相を得るために構造相転移温度直下で時間をかけて熱処理をするような従来の合成方法では，数億年かかってしまう。そこで熱処理中に中性子照射を施してNiの拡散を促進させてバルクの$L1_0$FeNiを得る方法[2]や，前節のような精密な薄膜プロセスを用いてその磁気物性が評価されてきた。磁石材料として$L1_0$FeNi規則相が有する可能性を実際の材料として生かすためには，バルク化可能な大量合成プロセスの開発が不可欠である。最近，デンソーを中心とした研究グループで一度窒化物であるFeNiNを経てこれを還元することでFeNi規則相に至る合成プロセスが開発された[3]。本稿では，この合成プロセスの詳細やその可能性について述べる。

2. 新規磁石材料開発の背景

　最近，電力消費量低減に向けた高性能モータの開発がさまざまな産業分野で行われている。なかでも自動車業界では電気自動車やハイブリッド車といった電動化車両への転換が世界規模で進んでおり，高性能モータの重要性が年々高まっている[4]。昨今の自動車には駆動用主機モータ（MG）をはじめとして100個以上のモータが搭載されており，モータ製品の性能向上とコスト低減が求められている。特に高トルクが要求されるMGでは，高価な強力磁石を大量に使用するため，より高性能かつより安価な磁石の登場は，潜在的に大きなインパクトがある。強力な磁石の代表格であるネオジム磁石の性能は理論限界値近くまで達しつつある。また，原料に用いられるネオジムやディスプロシウムといったレアアースの産出国が限定されているため，資源の安定供給リスクが懸念されている。このような背景もあり，レアアースを用いない新規高性能磁石"レ

アアースフリー磁石"の開発が求められている[5]。そこで候補となるレアアースフリーな磁性材料には，室温で大きな磁気異方性と磁化を有し，かつキュリー温度が十分に高いことが望まれる。大きな磁化については，3d遷移金属を主成分とする磁性体が有利である。一方，磁気異方性については，大きな結晶磁気異方性を有する物質でなければならない。このため低い対称性を持つ結晶構造でかつ大きなスピン軌道相互作用を示す磁性材料が候補となる。一般に3d遷移金属イオン間の交換相互作用は，3d-4f間のそれに比べて大きいことから，前者は後者に対してより高いキュリー温度を持つ可能性がある。この点においてもレアアースフリーな磁石材料が開発された場合，既存の磁石材料と比べてモータ設計や使用方法の選択肢を広げられるという意味でも魅力的である。

3. FeNi超格子の特長

そこで着目した材料が$L1_0$FeNi超格子磁石である。$L1_0$FeNi超格子は1960年代に発見された材料であり[6]，鉄隕石中にごくわずかに存在することが知られている[1,7]。FeNi超格子は，**図1**に示すようにFeとNiが原子レベルで規則配列した面心正方格子（fct）構造である。FeNi超格子はネオジム磁石に匹敵する一軸磁気異方性エネルギー（Ku）と飽和磁化を有している。このKuは規則度が0.4程度の試料で測定した値[2]であるため，規則度1が実現できればさらに大きな値が期待できる。

加えてFeNi超格子は，優れた耐熱性，耐食性を持っている。FeNi超格子は，キュリー点Tcが高いことが知られている。FeNi超格子のTcは550℃以上といわれており[8]，ネオジム磁石と比較して200℃以上高温である。このことは，ネオジム磁石と比べて熱減磁が小さく高温作動が期待できる。またFeNi超格子は，耐酸化性・耐腐食性に優れていることが知られている。実際，FeNi隕石中に含まれるFeNi超格子片のX線顕微観察を行うために，塩酸を用いてFeNi超格子以外をエッチングすることで薄片試料を作製している[7]。耐食性に優れるということは，製造・性能の両面で材料としての利点が期待できる。製造面では希土類磁石では必須である酸化・腐食対策が不要になるため，製造コストの低減が期待できる。性能面では，材料をナノサイズ化しても表面酸化による性能低下が小さい。すなわち高保磁力化に有利な微細粒子が使用可能となる。

こういった特徴を満たすようなFeNi超格子磁石が実用化されれば，安価かつ，高温や燃料中などの過酷な環境下

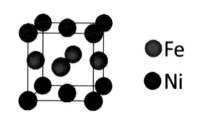

図1　FeNi超格子の結晶構造モデル

表1　FeNi超格子とネオジム磁石の磁気特性

	一軸磁気異方性エネルギー（Ku） [10^6 J/m^3]	飽和磁化 [Wb/m^2]	キュリー温度 [℃]
FeNi超格子	1.3 （規則度0.4）	1.6	>550
ネオジム磁石	4.6	1.6	312

においても高い性能で使用可能な磁石となる。そしてFeNi超格子磁石をモータに適用することで，主機MGのみでなく車載用小型モータにも革新をもたらすことが期待される。

4. FeNi超格子磁石の課題

理想的なFeNi超格子磁石を得るためには，図2に示すような3つの要件を満たす材料が必要であると考える。以下でこれらの要件について順に説明する。

① 高い規則度を有するFeNi超格子相

FeNi超格子の磁気異方性エネルギーは，FeとNiの配列の規則正しさ（＝規則度）に強く依存する。KotaとSakumaは第一原理計算によって$L1_0$型磁性材料の多くが，規則度の冪に比例して磁気異方性が変化することを指摘している[9]。またKojimaらは，薄膜プロセスを用いて1原子層ずつFeとNiを積層した試料において，後述する規則度と，結晶磁気異方性エネルギーKuとの間に比例関係が成り立つことを示している[10)11]。彼らの実験から予想されるKuは，最大（図1のようにFeとNiが完璧に1原子ずつ交互に積層した状態（規則度＝1））で$1.4 MJ/m^3$であった。規則度＝1に近いバルク試料が作製できれば実験的に$L1_0$FeNiのKuが明らかにできる。

② 高含有率のFeNi超格子相

高い規則度を持つFeNi超格子は高い磁気異方性を有しているが，不純物や副生成物が存在する場合，磁石としての特性は希釈され平均的なものとなってしまう。特にFeNiランダム合金は軟磁性であることから，FeNiランダム合金とFeNi超格子相が磁気的に結合すると，その特性は大きく損なわれる。FeNi超格子相は可能な限り高純度であることが望ましい。

③ バルク化の可能性

FeNi超格子を磁石として用いるためには，ある程度の大きさが必要である。すなわちFeNi超格

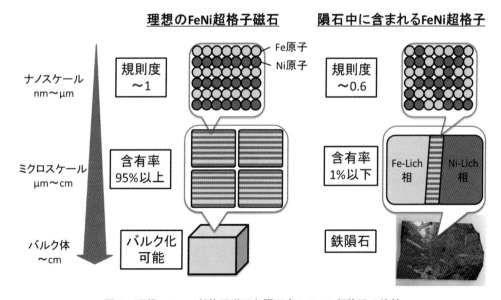

図2 理想のFeNi超格子磁石と隕石中のFeNi超格子の比較

子はバルク，あるいはバルク化可能な粉末の状態で得られなければならない。

過去の報告では，上記をすべて満たすFeNi超格子は得られておらず，磁石化には至っていない。FeNi超格子磁石実現のためには，上記3要件を満たす材料合成法の確立が最大の課題である。

5. FeNi超格子の合成法

従来FeNi超格子の合成は非常に困難であるとされており，その理由としてFeNi超格子の安定性が低いことが挙げられる。一般的に，規則合金は不規則合金を規則─不規則転位温度 $T_λ$ 以下で熱処理を行い，合金元素を十分に相互拡散させることで得られる[1]。$T_λ$ は規則構造の安定性と強い相関があり，FeNi超格子の $T_λ$ は300℃程度である[1,6]。これはFePtなどの一般的な規則合金に比べて1,000℃以上低い。300℃では原子の拡散が極めて遅いため，FeNi超格子の形成に至るまでに10億年以上という天文学的な時間が必要となる[6]。すなわち，原子拡散による規則化という従来の冶金工学的なプロセスでは高品質のFeNi超格子を得ることは事実上不可能である。以上を踏まえ，筆者らはFeNi超格子の原子拡散に頼らない"規則化"手法の開発がカギであると考え，規則化した安定な中間物を経由した規則合金作製プロセスである「窒化脱窒素法；Nitrogen Insertion and Topotactic Extraction（NITE）法」を新たに考案した[3]。

6. NITE法

図3にNITE法と従来法によるFeNi超格子の合成スキームの比較を示す。図中の濃淡で区別された原子は塗り分けられた面積の比率でFeとNiがランダムで占有することを示す。図中の結晶格子モデルは(a)FeNiランダム合金（A1-FeNi），(b)FeNi窒化物，(c)FeNi超格子，(d)低規則度-FeNi超格子である。

図3(b)FeNi窒化物の金属原子配置がFeNi超格子と全く同じである点に着目し[12]，FeNi窒化物から規則構造を壊すことなく窒素原子を引き抜くトポタクティック脱窒素反応が実現されれ

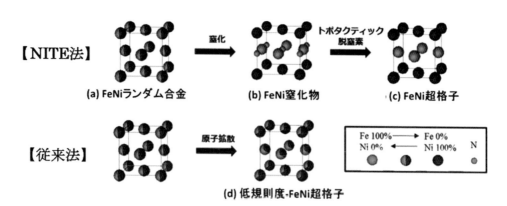

図3　NITE法ならびに従来法による規則合金の合成スキーム

第4章 磁石材料の新展開（省レアアース/フリー磁石の開発）

ば，高規則度のFeNi超格子が得られると考えた。NITE法は化学反応により合金の規則化を促すという点で従来の冶金学と思想が大きく異なる新規な規則合金作製法である。

代表的なNITE法の実施手順は下記のとおりである。窒化工程ではFeNiランダム合金粒子に対し，アンモニア雰囲気下で300℃，50時間の熱処理を行う。脱窒素工程では窒化物粒子に対し水素雰囲気下で250℃，4時間の熱処理を行う。

7. NITE法により合成したFeNi超格子の特性

FeNi超格子の実現のためには，トポタクティック脱窒素の成否がカギを握る。成否の判断には，原子スケールでのFeとNiの配列と，規則配列した領域がどれだけ広がっているかという，ミクロ―マクロ両面での評価が必要となる。ミクロな規則状態の評価のためにTEM-EDXを，全体の規則度評価のためにXRDをそれぞれ用いて評価を行った。

7.1 ミクロな規則状態の評価

NITE法により合成したFeNi超格子の微視的な規則化状態を明確にするために，原子分解能を有するSTEM-EDSを用いて元素マッピングを行った結果を図4に示す。FeNi超格子に対し，矢印の方向から観察している。FeとNiが1原子ずつ交互に積層している様子が観察された。懸念であった脱窒素時の不規則構造への変態は生じず，FeNiNの規則配置が維持されていると考えられる。脱窒素反応がトポタクティックに生じていることは明らかであり，NITE法によって合成されたFeNi超格子は原子レベルで高い規則度を有していることがわかった。

7.2 マクロ分析による規則度・含有率の評価

原料のFeNiランダム合金粒子，窒化処理後ならびに脱窒素処理後のFeNi試料のXRDパターンを図5に示す。図5の左側のプロファイルは，FeNi超格子に由来する超格子回折線が観察される低角側を50倍に拡大したものである。窒化後の試料のXRDパターンを見るとFeNi窒化物が単一相で得られていることがわかる。FeNi窒化物を脱窒素した試料は(001)や(110)といった超格子に特有な回折線が観測された。このことから図3のNITE法メソッドに示したとおり，FeNiランダム合金がFeNi超格子に変態したことが明らかとなった。

得られたFeNi超格子の粉末の規則度"S"について，超格子回折線(001)および基本回折線(111)の積分強度比から以下の式を用いて見積もった。

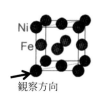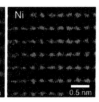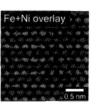

図4　FeNi超格子の規則化状態の直接観察

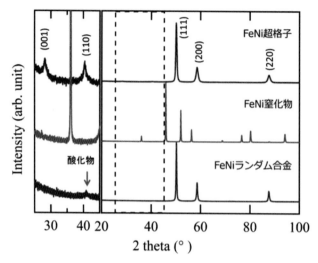

図5 FeNiランダム合金，FeNi窒化物，FeNi超格子のXRDパターン

$$S=\sqrt{\frac{(I_{(001)}/I_{(111)})^{obs}}{(I_{(001)}^{L1_0}/I_{(111)}^{L1_0})^{cal}}} \tag{1}$$

ここで，分母は計算により導出した完全に規則化したFeNi超格子（$S=1$）の積分強度比であり，分子はXRDの結果から実験的に得られた積分強度比である。評価の結果，試料全体の平均的な規則度Sは0.71と求められた。図2で示したように，鉄隕石中の場合，規則度0.6の超格子が局所的に含まれる程度である。これと比較してNITE法で作製したFeNi超格子粒子は非常に高品位であるといえる。

7.3 磁気特性評価結果

図6にFeNiランダム合金粉末およびFeNi超格子粉末のヒステリシス曲線を示す。測定温度は300 Kとした。保磁力はFeNiランダム合金粉末の14.5 kA/mに対して，FeNi超格子粉末では142 kA/mと見積もられた。超格子構造の形成に伴い保磁力が増加したと考えられる。磁気的にもFeNi超格子の形成を示すものである。今後，FeNi超格子の規則度の改善により保磁力のさらなる向上が見込める。

7.4 バルク化

NITE法は粉末とガスを反応させるシンプルなプロセスであるため，高品位な粉末を大量に合成可能である。今回グラムオーダーのFeNi超格子が合成できたため，プレス成形して磁石化した。その写真を図7に示す。比較としてFeNiランダム合金の成形体を併記した。FeNiランダム合金は代表的な軟磁性材料であり，残留磁化が小さいためクリップを持ち上げることはできなかった。一方でFeNi超格子ではクリップが数個吸着しており，規則化に伴い着磁され，磁石として機能している様子が見てとれる。今後，磁粉完全規則化技術，粒子形状制御技術，配向制御技術などの開発により磁石性能は格段に進歩していくと考えている。

第4章 磁石材料の新展開（省レアアース/フリー磁石の開発）

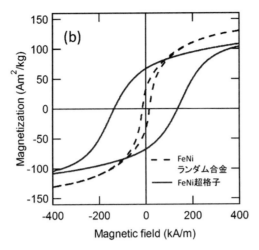

図6　FeNiランダム合金粉末ならびにFeNi超格子のM-H曲線

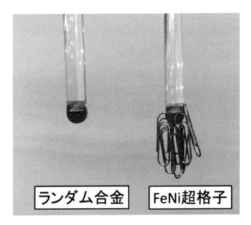

図7　FeNiランダム合金磁石とFeNi超格子磁石の写真

　以上のことから，NITE法は高規則度かつ高含有率でバルク化可能なFeNi超格子を合成する極めて有効な手法とであることが示せた。今回の成形体は，FeNi超格子を原料とする世界で初めての磁石である。筆者らの研究がFeNi超格子の量産化に向けたきっかけとなると信じている。

8. おわりに

　今回，開発したNITE法により高規則度かつ高含有率なFeNi超格子を得ることができた。さらにこの手法は，FeNiランダム合金とアンモニアおよび水素ガスとの反応を用いたシンプルなプロセスであるため工業的生産に適していると考えられる。今後は，$L1_0$FeNiの磁石材料としての可能性を追求すべく保磁力の向上を行うことが重要である。また，FeNi超格子磁石の製品適用を目指した成形法も必要となる。磁石化に向けてステップとしては，まずはFeNi超格子を用いたボンド磁石成形技術を確立し，小型モータなどで使用したい。そして長期的にはFeNi超格子の高密度成形技術を開発し，MGなどの高出力モータ用の高性能磁石としてネオジム磁石を超

える性能を持つ魅力的な磁石の実現を目指していきたい。

　一方で NITE 法そのものは，遷移金属化合物の未知なる非平衡相を得る手段となり得ることから，FeNi に限らず新規材料開発の新たな手段として今後広く展開されることが期待される。

謝　辞

　本稿で紹介した筆者らの成果は，嶋田雄介，水口将輝，高梨弘毅（以上，東北大学），岸本幹雄，喜多英治（以上，筑波大学）との共同研究によるものです。各氏のご協力に深く感謝を申し上げます。また，この成果は，国立研究開発法人新エネルギー・産業技術総合開発機構（NEDO）の委託事業未来開拓研究プログラム「次世代自動車向け高効率モーター用磁性材料技術開発」の結果得られたものです。

文　献

1) K. B. Reuter et al.: *Metall. Trans. A*, **20A**, 719（1989）.

2) J. Pauleve et al.: *J. Appl. Phys.*, **39**, 2（1968）.

3) S. Goto et al.: *Sci. Rep.*, **7**, 1（2017）.

4) 矢野経済研究所，車載モータ市場の最新動向と将来展望（2016）.

5) J. M. D. Coey: *IEEE Trans. Magn.*, **47**, 4671（2011）.

6) L. Néel et al.: *J. Appl. Phys.*, **35**, 873（1964）.

7) M. Kotsugi et al.: *Appl. Phys. Express*, **3**,（2010）.

8) P. J. Wasilewski, *Phys. Earth Planet. Inter.* **52**, 150（1988）.

9) Y. Kota and A. Sakuma: *J. Phys. Soc. Japan*, **81**, 1（2012）.

10) T. Kojima et al.: *Jpn. J. Appl. Phys.*, **51**, 1（2012）.

11) K. Takanashi et al.: *J. Phys. D. Appl. Phys.*, **50**, 483002（2017）.

12) R. J. Arnott and A. Wold: *J. Phys. Chem. Solids*, **15**, 152（1960）.

第2編	省・脱レアアース磁石と高効率モータ開発

第4章　磁石材料の新展開（省レアアース/フリー磁石の開発）

第6節　積層型ナノコンポジット磁石の開発

長崎大学　**中野　正基**　　長崎大学　**柳井　武志**　　長崎大学　**福永　博俊**

1. はじめに

　次世代磁石として研究されているナノコンポジット磁石膜において，ソフト磁性相の磁気分極がハード磁性相の磁気分極と一体となって振る舞うためには，ソフト磁性相の磁気分極反転がハード磁性相の磁気分極によって抑制される必要がある。このためには，ソフト磁性相の厚さあるいはソフト磁性相結晶粒の結晶粒径を抑制する必要がある。ここでは，各磁性層の厚み方向の結晶粒の成長を抑制可能な「積層型ナノコンポジット磁石（膜）の開発」に関し，多くの報告がある積層型 Nd–Fe–B 系ナノコンポジット磁石ではなく，ハード磁性相として Sm–Co 系磁石，ソフト磁性相として α-Fe とした積層型 Sm–Co 系ナノコンポジット磁石を取り上げる。その理由として，ここ 10 年程度，希土類資源の現状から，Dy フリーの磁石開発が盛んに行われており，(Nd, Dy)–Fe–B 磁石に代わる磁石として，Sm–Co 系磁石も着目されているからである。Sm–Co 系磁石はキュリー温度が高く，温度安定性に優れるため Dy を必要としない。しかし，Nd–Fe–B 系磁石に比べて飽和磁気分極が小さく，到達可能な $(BH)_{max}$ が低い。この欠点は，ソフト磁性材料である α-Fe（$Js = 2.15\,T$）とのコンポジット化により，飽和磁気分極を改善することができれば克服できると考えられる。そこで，Sm–Co/α-Fe ナノコンポジット磁石を対象として，その可能性を検討し，Nd–Fe–B と比較することにした。

　例えば，2005 年 Zhang らが報告した $Sm(Co, Cu)_5$/Fe 系ナノコンポジット磁石膜は，その $(BH)_{max}$ が $SmCo_5$ 磁石の理論値の約 230 kJ/m^3 を上回る結果を示し[1]，V.Neu らは UHV を用いた PLD 法によって $(BH)_{max}$：400 kJ/m^3 以上の磁気特性を有する積層型ナノコンポジット多層磁石膜を実現している[2]。上述した内容と重複するが，積層型を用いることにより，各磁性層を 10 nm 程度の厚さに制御できれば，結晶粒径も厚さ方向において 10 nm 程度にしか成長しないと考えられ，結晶粒の肥大化を抑えることができ，磁気特性の向上の可能性を有する。

　以下，積層型ナノコンポジット磁石に関して，計算機による解析結果を示した後，自動的に積層型の磁石膜を作製することができ，かつ構造制御が比較的行いやすい PLD（Pulsed Laser Deposition）法による実験結果を述べる。

2. 等方性積層型 SmCo₅/α-Fe ナノコンポジット磁石の計算機解析

2.1 解析条件および解析モデル

まず，図1のような積層構造を持つ等方性ナノコンポジット磁石について計算した結果を示す。SmCo₅層が複数の結晶を持ち，磁化容易軸が等方的に配置された等方性のモデルに関し，300 K，473 K における磁気特性について，計算機解析を行った。解析に使用したパラメータに関しては表1に記載している。

2.2 ナノコンポジット化の効果

α-Fe 磁性相とのナノコンポジット化による効果を検討するため，まずは SmCo₅ 単相磁石の解析を行った。図2は SmCo₅ 単相磁石と α-Fe 含有量が 50% のナノコンポジット磁石について，積層周期（単相の場合は一辺に結晶粒が4つあるため，結晶粒径の4倍）に対する保磁力，残留磁気分極を示している。結晶粒の磁化容易軸分布により，解析結果がばらつくため，各積層周期で5回ずつ計算を行っている。結果を見ると，α-Fe が 50% のとき，SmCo₅ 単相と比べ，急激に保磁力が低下していることが確認できる。一方で，残留磁気分極に関しては，おおよそ2倍程度の向上が確認できる。積層周期が 10 nm 以下で保磁力，残留磁気分極ともに減少している様子が確認できる。これは結晶粒径が著しく小さくなることで，異方性の平均化が生じるためである。

2.3 保磁力，$(BH)_{max}$ の温度依存性

図3は 300，473 K における保磁力の積層周期依存性を示している。それぞれのプロットは5回

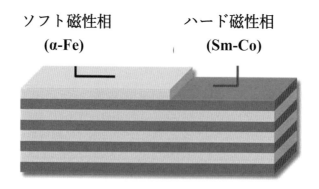

図1 積層構造のモデル

表1 解析パラメータ

	SmCo₅		α-Fe	
温度 T [K]	300	473	300	473
結晶磁気異方性定数 K_u [MJ/m³]	10.0	6.80	0.00	0.00
飽和磁気分極 J_s [T]	1.00	0.95	2.15	2.09
交換スティフネス定数 A [10⁻¹¹ J/m]	1.20	1.09	2.50	2.36

第 4 章 磁石材料の新展開(省レアアース/フリー磁石の開発)

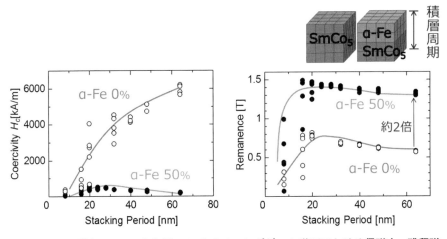

図 2 SmCo₅ 単相,α-Fe 含有量 50％のナノコンポジット磁石における保磁力,残留磁気分極の積層周期依存性

計算した平均値を示しており,エラーバーは最大最小を示している。300 K では積層周期が 20〜30 nm においてピーク値を持ち,その値は 500 kA/m 程度である。473 K においては積層周期に対するピークが厚い方向にシフトしている様子が確認できる。ピーク値で約 350 kA/m 程度の保磁力が得られる。保磁力の温度係数は約 −0.28 ％/K で,この値は Nd-Fe-B 系磁石の約 −0.5 ％/K よりはるかに小さい値である。さらに,この温度係数は後述する PLD 法により作製した多周期 Sm-Co/α-Fe 薄膜のものとおおよそ一致している。積層周期に対して,保磁力のピーク値が得られる現象は異方性の平均化に起因している。積層周期の減少に伴い,結晶粒径も減少する。このとき結晶粒間の交換相互作用が強固となり,磁気分極の方向がある一方向に揃う。このため,各結晶の磁気異方性が平均化され,ハード結晶粒間の交換結合がナノコンポジット磁石の磁気特性を決定することになるので,横軸を交換エネルギーと異方性エネルギーの比である η ($=J_hS/K_uV$),縦軸を異方性磁界で規格化した規格化保磁力 h_c ($=H_c/H_A$) として,再度図 3 のデータをプロットしたものを図 4 に示している。ここで J_h はハード間の交換積分,S は結晶粒表面積,K_u は異方性定数,V は結晶粒体積を表している。これより,300,473 K のデータが同曲線上に重なることから,SmCo₅/α-Fe の保磁力は温度に関係なく,交換エネルギーと異方性エネルギーの比により決

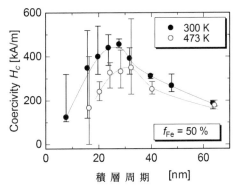

図 3 300,473 K における保磁力の積層周期依存性

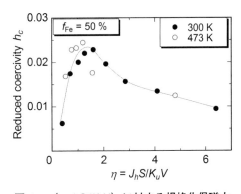

図 4 η ($=J_hS/K_uV$) に対する規格化保磁力

定することがわかる。

図5は300，473 Kにおける$(BH)_{max}$の積層周期依存性を示している。保磁力がピーク値を持つのと同様に，$(BH)_{max}$もピーク値を有する。300，473 Kでそれぞれ，約300 kJ/m³，約250 kJ/m³のピーク値が得られた。

3. 等方性積層型 Sm-Co/α-Fe ナノコンポジット磁石膜の作製

3.1 複合ターゲットの作製

ハード磁性相とソフト磁性相が交互に積層された膜を作製するために，ハード磁性材料とソフト磁性材料の複合ターゲットを使用している。図6にその様子を示す。ソフト磁性材料とハード磁性材料の体積比は固定し，他のさまざまなパラメータを変化する際に図6の(a)を用い，ソフト磁性材料とハード磁性材料の体積比を変化させたい場合は(b)を用いている。

3.2 PLD 法による多層膜の作製と熱処理手法

積層型のナノコンポジット磁石の作製に関する実験条件を表2に示す。PLD 法ではターゲットを回転させることができるため，図7に示すように複合ターゲットを回転させながらレーザを照射することで積層膜の作製が可能となる。この方法では各ターゲットの成膜レートをもとに，複合ターゲットのソフト／ハード磁性面積比を決定することでハード磁性相，ソフト磁性相の1層当たりの

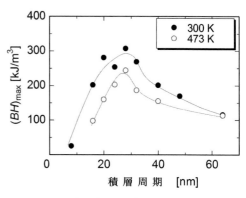

図5 $(BH)_{max}$の積層周期依存性

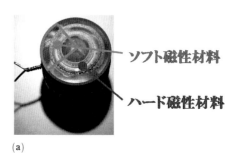

図6 複合ターゲットの様子

膜厚比を制御することが可能である。また，レーザパワーやターゲット回転数，ターゲットと基板間の距離を変えることで，1層当たりの厚みを制御できる。ここでは，Nd：YAG レーザ（λ = 355 nm）を 6.5 rpm で回転するターゲットに照射し，ターゲット物質を解離・放出させ Ta 基板に付着・堆積させることで，一層の厚みが 20 nm 程度で合計 780 層を有する 15 μm 厚程度の超多周期積層構造膜を作製した。その際，背圧は 10^{-5} Pa，ターゲット基板間距離は 10 mm，成膜時間 60 分とした。

成膜後の Sm-Co 相の結晶化のために施した熱処理には，極短時間のプロセスであるパルス熱処理法（Pulse Annealing；PA 法）を用いた。パルス熱処理の昇温過程は極めて短時間であり，

第4章 磁石材料の新展開(省レアアース/フリー磁石の開発)

表2 Sm$_x$Co$_5$/α-Fe 積層型ナノコンポジット磁石膜の作製条件

基板	Ta(40μm)
ターゲット(ハード相)	Sm$_x$Co$_5$(x=1.2, 1.4, 1.9, 2.1, 5)
ターゲット(ソフト磁性相)	α-Fe(0, 25, 50, 75(vol.%))
ターゲット-基板間距離	10(mm)
成膜時間	60(min)
エネルギー密度	>200(mJ/mm^2)
レーザパワー	4.0〜4.7(W)
ターゲット回転速度	6.5(rpm)
成膜雰囲気	1.4〜8.5×10^{-5}(Pa)
熱処理法	PA法

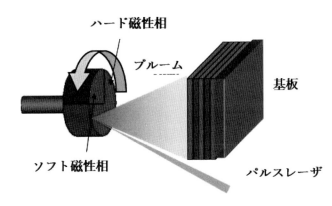

図7 PLD法による積層膜作製の概要図

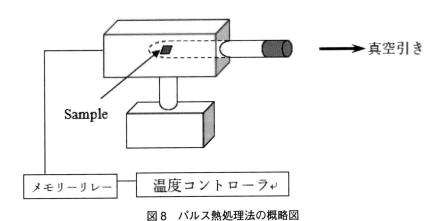

図8 パルス熱処理法の概略図

熱電対が温度上昇に追従できず温度測定が困難であるため,赤外線加熱炉出力を100%一定とし,熱処理条件として,熱処理時間のみを変化させた。PA法の概略図は図8に示す。パルス熱処理は,熱処理時間が短いため結晶粒肥大化抑制,および試料の熱処理時の表面酸化抑制に効果がある。熱処理時間については,各秒数において保磁力を測定し,最大の保磁力が得られた秒数を最

273

第2編　省・脱レアアース磁石と高効率モータ開発

適熱処理時間と定め，1.6 sec とした。

3.3　磁気特性に及ぼす膜組成の影響

　ここでは Sm 含有量，Fe 含有量を制御し，磁気特性に及ぼす膜組成の影響を検討した。膜の Sm 含有量はターゲット組成を変えることで変化させ，Fe 含有量はターゲットの α-Fe の割合を変えることで変化させた。一層の厚みが 20 nm 程度になるようにターゲット回転速度は 6.5 rpm に設定し，約 800 層の膜を積層させた。

　図9に Sm 含有量と Fe 含有量が及ぼす磁気特性（(a)残留磁気分極，(b)保磁力，(c)$(BH)_{max}$）への影響を示す。ターゲットに占める Fe セグメントの割合が多くなるほど残留磁気分極が高くなっている。これは，膜組成の Fe 含有量が Fe セグメントの割合とほぼ同様な値をとり，Fe 含有量が増加しているためである。また，Sm/(Sm+Co) が増加するに伴い，残留磁気分極がほぼ比例的に減少する傾向が得られた。これは，$SmCo_5$ の化学量論組成である 16.7 at.％より小さい領域では Co リッチとなるため，飽和磁気分極が上昇することで残留磁気分極が高くなり，16.7 at.％より大きい領域では Sm リッチになるため，Co リッチ時より飽和磁気分極が減少し，全体としてほぼ比例的に減少したと考えられる。

　保磁力の変化を図9(b)に示している。ターゲットを占める Fe セグメントの割合が多くなるほど保磁力は減少しているが，ソフト磁性相の増加によるものと考えられる。一方，Sm/(Sm+Co) の増加に対しての保磁力は，Sm/(Sm+Co)≒20 at.％付近まで増加するが，それ以上の場合，保磁力を再び減少させる。各 Fe セグメントにおける最大保磁力は，0/4 Fe セグメントで Sm/(Sm+Co) が 22.2 at.％のとき約 1,820 kA/m，1/4 Fe セグメント Sm/(Sm+Co) が 21.9 at.％のとき約 700 kA/m，2/4 セグメントで Sm/(Sm+Co) が 20.3 at.％のとき約 342 kA/m，3/4 Fe セグメントで Sm/(Sm+Co) が 19.6 at.％のとき約 110 kA/m であった。

　以上の残留磁気分極と保磁力の結果から，$(BH)_{max}$ は図9(c)のようになった。$(BH)_{max}$-Sm/(Sm+Co) 曲線は，ピークを有するが，ピークの位置は α-Fe 量の増加と高 Sm 含有側にシフトした。Fe セグメントが 2/4 のときにもっとも $(BH)_{max}$ が高くなり，H_c＝315 kA/m，Mr＝1.17 T，$(BH)_{max}$＝100 kJ/m³ を得た。この値は，$SmCo_5$ 単層膜（$(BH)_{max}$＝16 kJ/m³）の 6 倍以上高い値である。もっとも $(BH)_{max}$ が高くなったときのヒステリシス曲線を図10に示す。

3.4　高温下における磁気特性

　もっとも $(BH)_{max}$ が高い膜（図10）の室温（20℃）と高温（150℃）での特性を Nd-Fe-B/α-Fe ナノコンポジット厚膜磁石の特性とともに図11に示す。Sm-Co/α-Fe ナノコンポジット磁石膜で，温度上昇による特性劣化が抑制されていることが了解され，150℃において Nd-Fe-B/α-Fe ナノコンポジット磁石の $(BH)_{max}$（46 kJ/m³）を超える $(BH)_{max}$ を有する Sm-Co/α-Fe ナノコンポジット磁石膜を作製できた。この値は，図12に示すように，(Nd, Dy)-Fe-B 粉末磁石の 150℃での $(BH)_{max}$ 値も超えている。

　また，温度係数（室温〜150℃）で比較すると，保磁力は Nd-Fe-B 焼結磁石の値（−0.5 ％/℃程度）よりも，作製した厚膜磁石のほうが優れた値（−0.3％/℃程度）を示した。この値は，Sm-

274

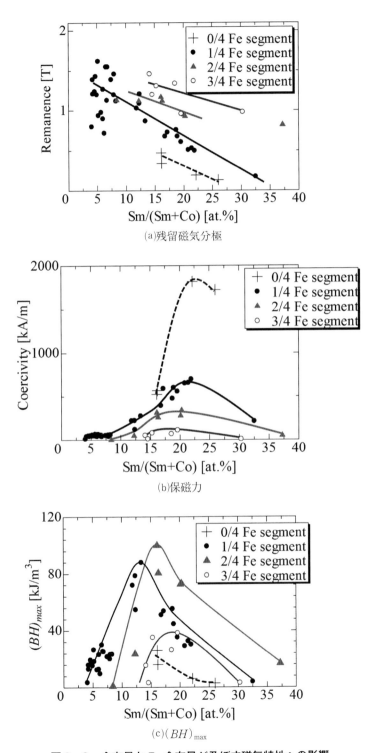

(a)残留磁気分極

(b)保磁力

(c)$(BH)_{max}$

図9 Sm含有量とFe含有量が及ぼす磁気特性への影響

第2編　省・脱レアアース磁石と高効率モータ開発

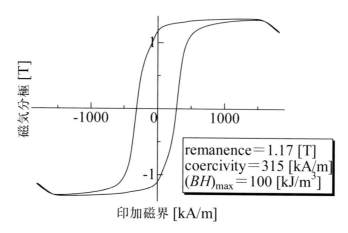

図10　もっとも高い $(BH)_{max}$ が得られたときのヒステリシス曲線

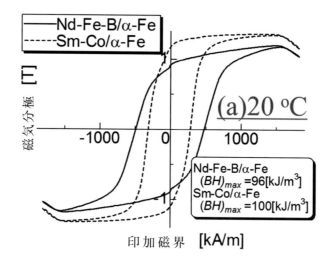

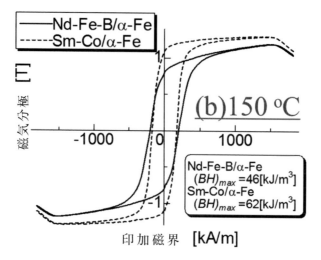

図11　(a)室温と(b)高温下におけるNd-Fe-B/α-Feナノコンポジット厚膜磁石とSm-Co/α-Feナノコンポジット厚膜磁石のヒステリシス曲線

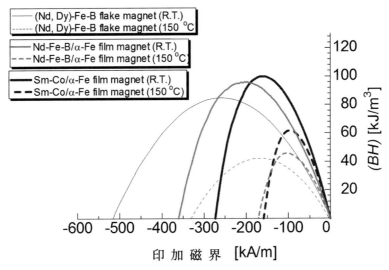

図12 室温，高温下における各磁石の $(BH)_{max}$ の H 依存性

Co焼結磁石の値と同程度であり，Nd-Fe-B/α-Feナノコンポジット厚膜磁石の値（-0.45%/℃）の約70%である。

4. おわりに

等方性積層型 SmCo$_5$/α-Fe ナノコンポジット磁石の計算機解析において得られた知見を示す。

(1) α-Fe 含有量が50%において，積層周期が20～30 nm（結晶粒径が4～5 nm）のとき保磁力，$(BH)_{max}$ ともにピークが得られ，それぞれ，室温で400 kA/m，300 kJ/m^3，200℃では300 kA/m，250 kJ/m^3 の値が得られた。

(2) 積層周期に対して保磁力がピーク値を持つという現象は，積層周期の減少に伴い結晶粒径が減少したことにより，ハード磁性結晶粒の磁気異方性の平均化が生じたためと考えられる。

(3) 保磁力の温度係数は約-0.28%/Kであり，異方性Nd-Fe-B系磁石の-0.55%/Kに比べ著しく小さい値である。

PLD法により等方性積層型 SmCo$_5$/α-Fe ナノコンポジット磁石を作製する実験において得られた知見を示す。

(1) PLD法で作製した積層膜の成膜直後のSmCo層は非晶質状態であったため，パルス熱処理により磁気的に硬化させた。その結果，α-Fe 含有量および Sm/(Sm+Co) がそれぞれ，47.3 at.%および0.161のときにもっとも高い $(BH)_{max}$ 値が得られた。この Sm/(Sm+Co) 値は SmCo$_5$ に対する値に近い値であった。得られた磁気特性は等方的であり，$(BH)_{max}$ = 100 kJ/m^3，H_c = 315 kA/m，M_r ~ 1.17 T であった。

(2) 上記厚膜磁石の保磁力の温度係数（室温～150℃）は-0.3%/℃程度となり，SmCo焼結磁石の値と同程度であった。また，その150℃において，その $(BH)_{max}$ は，Nd-Fe-B/α-Fe 薄膜磁石，Nd-Fe-B ボンド磁石および (Nd,Dy)-Fe-B 粉末磁石のそれを上回った。

第2編　省・脱レアアース磁石と高効率モータ開発

　以上の結果は，SmCo$_5$/α-Fe ナノコンポジット磁石は，（Nd, Dy）-Fe-B 磁石の新規代替材料として，高い可能性を秘めていることを示唆している。

文　献

1）J. Zhang et al.: *Applied Physics Letters*, **86**, 122509（2005）.

2）V. Neu et al.: *IEEE Trans. Magn*, **48**, 11, 3599（2012）.

第2編　省・脱レアアース磁石と高効率モータ開発

第5章　高効率永久磁石モータの開発

第1節　IPMモータの開発

ダイキン工業株式会社　山際　昭雄

1. IPMモータの開発

　モータを分類する場合，モータを駆動する電源による種別，モータが発生するトルクの原理，モータの構造的な特徴，またモータの用途や使用する形態からの分類方法が行われている[1]が，図1に示した分類はモータを駆動する電源種別からみた主要なモータ形式の種別を示している。駆動電源としては多くは直流駆動，交流駆動，非正弦波駆動（パルス波駆動）に大別できる。

　直流駆動される永久磁石同期モータ（DCモータ）においては，トルクを発生する電機子巻線はブラシと整流子を介して直流駆動源に接続される。そのため，ブラシ付き永久磁石同期モータとも呼ばれることもある。そのブラシが摩耗するという欠点がある。

　非正弦波駆動は主にパルス波駆動を行う用途であり，基本は同期型のモータとなり，モータ形式も永久磁石界磁形（BLDCM）の形式である同期モータと同じような構成をとることが多い。

　正弦波駆動されるACモータは，大きくは誘導モータ（IM）と同期モータ（SM）に分類できる。誘導モータは正弦波駆動波形によって生成される回転磁界に対して，遅れを持った速度で回転する。そのため，すべりに対してロータ内の導体に2次銅損が発生し効率を低下させる。

　同期モータは，回転磁界に対して同期した速度で回転するため，原理的に誘導モータのような

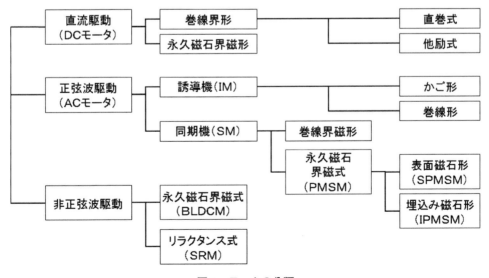

図1　モータの分類

第2編　省・脱レアアース磁石と高効率モータ開発

表1　モータ形式の特徴

	直流モータ	誘導モータ	SPMモータ	IPMモータ
構造	永久磁石	ロータバー	永久磁石	永久磁石
駆動方式	直流電源 チョッパ駆動	商用電源 インバータ駆動	インバータ駆動	インバータ駆動
体積	△	○	◎	◎
効率	△	△	○	◎
力率	○	△	◎	◎
騒音	○	○	◎	○
コスト	◎	◎	○	○
特徴	・低速用途 ・制御は容易 ・耐久性では不利	・低コスト ・連続運転用途 ・インバータ化容易	・機械組込小容量 ・起動頻度大	・機械組込中容量 ・連続，起動頻度大

2次銅損は発生しない。代表的なモータとしては，永久磁石界磁形がある。永久磁石界磁形においては，その永久磁石の配置方法において2種類に分類され，永久磁石をロータ表面に配置した表面磁石形（SPMSM，SPMモータ）とロータ内部に磁石を配置した埋込磁石形（IPMSM，IPMモータ）に区別されている。

　上記のモータ形式の各種特徴を**表1**に示す。誘導モータは商用電源でもインバータ駆動でも可能であり，また，構造が頑丈なため低速用途から高回用途まで実用化されている。汎用性があることが，広く使用されている大きな理由の1つである。ただし，誘導モータはロータ損失が他のモータより大きくロータやシャフト，ベアリングの温度が高くなるため，ベアリング寿命などに影響を与えることがある。永久磁石同期モータの1つである表面磁石形は，2次銅損の発生がないため小型・高性能な特長を示し，永久磁石のコスト分，少し高くなるが近年の省エネルギー化に伴い使用される例が急拡大している。

　表面磁石形同期モータは発停を繰り返す用途（サーボ用途）に使われるために，モータを起動させる頻度が多いという特長がある。もう1つの埋込磁石形は永久磁石のトルク以外にリラクタンストルクを併用でき，高トルク・高効率な特性を示し，かつ，永久磁石がロータ表面に配置されていないため，永久磁石の保護が不要となり比較的高回転化にも対応しやすいことから，近年，圧縮機やファンモータにも採用されている。

　本稿では，永久磁石の埋め込み位置や形状などの設計自由度が高く，かつ，高トルク・高効率のモータ性能を発揮できるIPMモータについて，設計の考え方と開発されたIPMモータ事例を紹介する。

2. IPMモータの特徴

　空調・冷凍用途に用いられるモータの一例として，誘導モータIPMモータの効率を比較したグラフを**図2**に示す。どちらもモータ定格出力は750 Wのモータで，比較トルクは2N mである。IPMモータは全領域で誘導モータより高効率であり，また，低速領域では特に効率が良くなっている。これは，IPMモータには誘導モータに発生する2次銅損による損失がないことと，IPMモータでは永久磁石によるトルク以外に，ロータ表面の鉄心に働くリラクタンストルクを併用できるため，モータ電流が低減でき，ステータ巻線に発生する1次銅損を低減できるからである。特に回転磁界の周波数が低くなる低回転領域では，ステータ鉄心に発生する鉄損の比率が小さくなり，1次銅損低減の効果が大きく大幅な効率向上に寄与している。

　ここで，永久磁石のN極の向きをd軸とした電気角速度ωで回転するd-q軸直交座標系で表したIPMモータの等価回路を**図3**に示す。Ψaは永久磁石による電機子鎖交磁束，Vd，Vqはモータ端子電圧のd，q軸成分，id，iqはモータ電流のd，q軸成分，Ld，Lqはd，q軸インダクタンス成分，Raはステータ巻線の1相分の巻線抵抗，Rcはステータの等価鉄損抵抗，ωは電気角速度を表している。図3(b)に示すωΨaは永久磁石による誘起電圧を示しており，直列に配置されているd軸のインダクタンスによる電機子反作用ωLdidにおいて，idに負の電流を流すことにより，マイナスの電圧となり誘起電圧を低下させる効果が得られる。このような電流制御を弱め磁

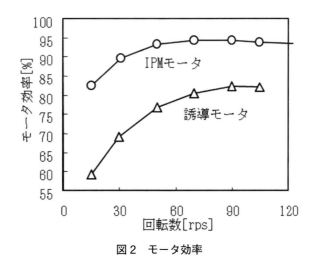

図2　モータ効率

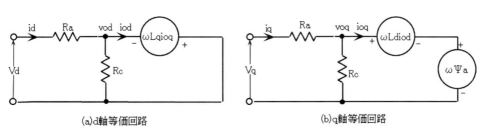

図3　IPMモータの等価回路

束制御と呼び，限られたインバータ電圧下においても，図2に示すとおりIPMモータが誘導モータを超える高速運転ができる理由である。

　また，IPMモータのトルクの式は(1)式で表される。Pnは極対数，Iaはモータ電流ベクトルの絶対値，βは電流位相である。第1項は永久磁石にトルク，第2項はリラクタンストルクを示す。ロータ内部に永久磁石を埋め込まないSPMモータは，ロータ表面の鉄心によるd軸とq軸のインダクタンスに差が生じないため，第2項のリラクタンストルクは発生せず，q軸電流による永久磁石のトルクのみが発生する。そのため，IPMモータはSPMモータに比べ，モータ電流を小さくできる。

$$T = Pn\, \Psi a\, iq + p(Ld - Lq)\, id\, iq$$
$$= Pn\, \Psi a\, Ia \cos\beta + \frac{Pn}{2}(Lq - Ld)\, Ia^2 \sin 2\beta \qquad (1)$$

　このように，IPMモータは永久磁石をロータ内部に埋め込む位置や形状により，永久磁石の鎖交磁束Ψaを変化させることができ，また，永久磁石の表面に存在する鉄心の形状や永久磁石の磁気抵抗により，d軸とq軸のインダクタンスを変化させることができるため，形状自由度が高いモータ設計ができる。そのため，近年，永久磁石，特にネオジム磁石の高性能化に伴い永久磁石の配置の自由度もさらに向上し，IPMモータの適用範囲が広がっている。

3．圧縮機用分布巻IPMモータの開発事例

　空調機の圧縮機用モータとして開発されたIPMモータの事例を紹介する[2]。本モータの外観を図4に示す。4極の分布巻IPMモータであり，仕様としては最大電圧165 V，最大電流5 A，定格電流3 Aにおいて定格トルクは1.8N mである。モータ体格はステータ鉄心外径と積厚が直径112 mmと60 mmであり，ロータ鉄心外径と積厚は55 mmと65 mmのモータである。

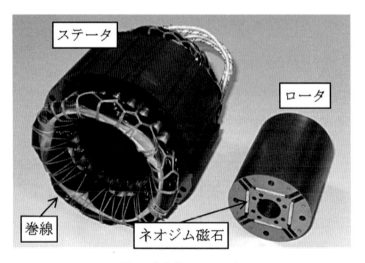

図4　分布巻IPMモータ

このIPMモータの特長は，ロータ表面から永久磁石を深く埋め込んだ位置に配置していながらネオジム磁石を採用することにより鎖交磁束は大きくでき，併せてd軸とq軸のインダクタンス値の差も大きいことである。高耐熱のネオジム磁石が実用化されたことが実際の圧縮機用IPMモータに適用できるようになったためである。本モータに使用している電磁材料と機器定数を**表2**に示す。この機器定数が実現できたため，**図5**に示すように，横軸をモータの電流位相，縦軸にモータトルクの実測値を表した場合，電流位相を進めていくにつれて，式(1)の第2項で示したリラクタンストルクが増大し，第1項の磁石トルクは減少するが，最大電流付近では約30 degの電流位相において最大トルクを発生させることができる。磁石トルクのみが発生している電流位相 0 degのポイントに比べ約20 %のトルクが増大している。それ以上に電流位相を進めるとさらに磁石トルクは低下し，電流位相が45 degを超えるとリラクタンストルクも低下すため急激にトルク低下が発生する特性がある。

また，**図6**にモータ電流を5 A通電時のモータ端子電圧を示す。モータ端子電圧は永久磁石に

表2 分布巻 IPM モータの電磁材料と機器定数

	材質名	ネオジム磁石
磁石	残留磁束密度	1.25 T
	比透磁率	1.05
	寸法	20.5×65×2.5 mm
電磁鋼板	グレード	50 A 350
機器定数	Ψ_a	0.1568 Wb
	L_d	10.7 mH（at 3 A）
	L_q	26.3 mH（at 3 A）
	R_a	0.814 Ω
	P_n	2
	相数	3
	巻数	140 回／相

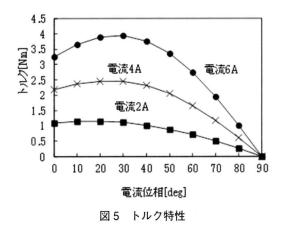

図5 トルク特性

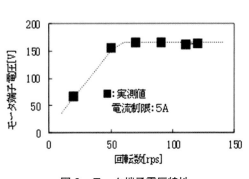

図6 モータ端子電圧特性

よる誘起電圧 $\omega\Psi_a$ が支配的であり，回転数に対して比例的に電圧上昇がみられるが，このモータの場合は，60 rps より高い回転数においては，最大電圧以下に制限ができており，高速回転が可能となっている。理由は前述したとおり，弱め磁束制御による永久磁石による誘起電圧の制御が適切にできているためである。なお，効率特性は図2に示したとおりである。

4. 圧縮機用集中巻 IPM モータの開発事例

IPM モータの次の開発事例として，空調機の圧縮機用モータで集中巻タイプを紹介する[3]。モータの外観を図7に示す。6極9スロットの集中巻 IPM モータで，ステータ直径は 112 mm，モータ定格出力は 1,100 W の仕様である。表3に集中巻 IPM モータの構造と電磁材料を示す。この IPM モータの特長は，まず，ステータ巻線を集中巻にしている点である。[3.] で紹介した分布巻 IPM モータに比べ，巻線に使用している銅線が少なく済むために，ステータ巻線の抵抗値を約 35% 低減できている。また，永久磁石も重希土類粒界拡散ネオジム磁石を採用している。この永久磁石を採用する利点は，従来品と同等の固有保磁力を確保しながら残留磁束密度の向上が図れることで，最大エネルギー積を 20% 増加可能となった。その結果，モータの永久磁石によるトルクを増大できたことから，モータ電流を小さくすることが可能となった。それにより，ステータ巻線の銅損を大幅に低減できた。その反面，磁石磁束が増加することで，ステータ鉄心に発生する鉄損が課題となる。その対策として，ロータ内部に配置する永久磁石の形状を V 字配置にする

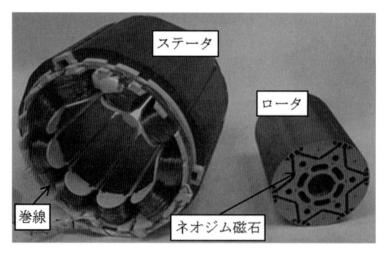

図7 集中巻 IPM モータ（重希土類粒界拡散ネオジム磁石を採用）

表3 集中巻 IPM モータの構造と電磁材料

モータ形式	6 極集中巻 IPM モータ
磁石配置形状	V 字配置
電磁鋼板厚み	0.30 mm
永久磁石	重希土類粒界拡散ネオジム磁石

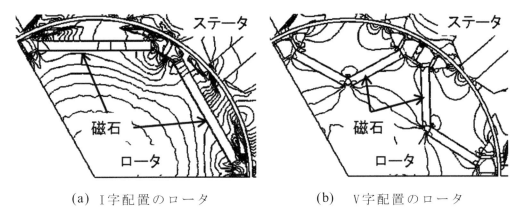

(a) I字配置のロータ　　　　(b) V字配置のロータ

図8　磁石配置による磁束密度分布

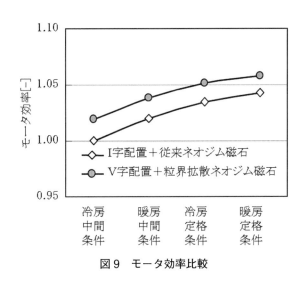

図9　モータ効率比較

ことで，ロータ内部の磁束密度上昇を低減させている。比較のために I 字配置と V 字配置のロータ内の磁束密度を解析したコンター図を図8に示す。鉄心の磁気飽和を緩和することでロータ・ステータ内部での磁束のひずみを少なくして，磁束高調波成分を抑制するとともに電磁鋼板の薄板化でモータ鉄損を低減している。

永久磁石配置と材料を変更した場合の集中巻 IPM モータにおける銅損と鉄損を低減した結果として，モータ効率の向上効果を図9に示す。I 字配置の磁石構造と従来のネオジム磁石を用いた IPM モータの冷房中間負荷条件の効率を1とすると，V 字配置の磁石構造と重希土類粒界拡散ネオジム磁石を用いた IPM モータは，空調機の冷暖房の定格負荷点とその半分の中間負荷点の4ポイントにおいて，全ポイントで+1.4〜1.7%のモータ効率向上を実現した。

5. おわりに

IPM モータの基本的な特徴と実際の空調機の圧縮機用モータとして開発した実例を紹介し，そ

第 2 編　省・脱レアアース磁石と高効率モータ開発

の効果を示した。IPM モータは誘導モータに対して，磁石トルクとリラクタンストルクを併用できるため，大幅な効率向上が可能となった。実際に平板状のネオジム磁石をロータに埋め込んだ分布巻 IPM モータでは，誘導モータに比べ低速領域で＋20％，高速領域でも＋12％の効率改善が実現した。また，重希土類粒界拡散ネオジム磁石を採用した集中巻 IPM モータでは，集中巻の低巻線抵抗と永久磁石の配置，高残留磁束密度での効率向上を実現した。

　このように IPM モータの高性能化には，モータ構造の改善ももちろんのことであるが，キーデバイスとして高残留磁束密度な永久磁石との適切な組み合わせが必要である。さらに IPM モータの容量拡大や小型化の展開においても，永久磁石の高残留磁束密度は欠かせず，新規永久磁石材料の開発への期待は大きい。

文　　献

1) 電気学会精密小型電動機調査専門委員会編：小型モータ，9-120，コロナ社（1991）.
2) 電気学会リラクタンストルク応用電動機の技術に関する調査専門員会：リラクタンストルク応用モータ，86-106，オーム社（2016）.
3) H.Kamiishida et al.: *International Compressor Engineering Conference at Purdue*, 1394（2010）.

第2編 省・脱レアアース磁石と高効率モータ開発

第5章 高効率永久磁石モータの開発

....

第2節 自動車駆動用高効率 IPM モータの開発

大阪府立大学 **森本 茂雄**

1. はじめに

　自動車の排気ガスによる環境汚染問題や温室効果ガス削減のため，モータを動力源として利用するハイブリッド車（HV），電気自動車（EV），燃料電池自動車（FCV）などの電動車両が注目されている。これら電動車両を駆動するモータには，自動車駆動のために必要な最大トルク，最大出力に加え十分な運転領域（速度—トルク特性）が必要不可欠である。これらに加えて小型軽量（高トルク密度・高出力密度）であることや幅広い運転領域で高効率であることが求められている。このような要求を満たすモータとして，埋込磁石同期モータ（Interior Permanent Magnet Synchronous Motor；IPMSM，IPM モータ）が広く用いられている。IPM モータに適用される電磁鋼板や永久磁石などの磁性材料の特性は IPM モータの運転特性を決める重要な要素であり，特に永久磁石の特性が運転特性に及ぼす影響は大きい。

　本稿では，次世代永久磁石として残留磁束密度の高い強磁力磁石が開発されることを想定して，強磁力磁石に適した IPM モータのロータ構造について検討し，効率などの特性改善効果について述べている。まず HV 駆動用モータをモデル化した1層 V 字構造の IPM モータを基準モデルに設定し，この IPM モータに強磁力磁石を適用したモデルおよび強磁力磁石の配置を2層構造に変更したモデルを解析し，強磁力磁石の適用と磁石配置が運転特性に及ぼす影響を示す。さらに基準モデルと同等の運転領域を満足する条件の下，小型・軽量化および高効率化に向けた検討結果について述べる。

2. 磁石の特性と配置が運転特性に及ぼす影響

2.1 解析モデルと諸元

　本稿の検討では，第3世代プリウスの駆動用モータを想定した1層 V 字構造を基準モデルに設定する。**図1**に基準モデルの断面図を示す。検討したモータのステータ構造はすべて共通の8極48スロット分布巻とし，ロータ内の磁石配置は**図2**に示すように基準モデルの1層 V 字構造（Type1V）と筆者らが提案している2層構造[1]（Type2D）とした。Type2D は，リラクタンストルクが大きくなるように磁石を2層に配置した構造である。また，両ロータは最高回転数13,500 min^{-1} における機械強度を考慮して設計している。

　表1に解析モデルの諸元を示す。基準モデルとした Type1V_R は，Type1V に磁石材料として

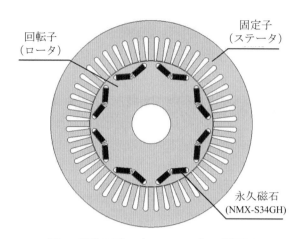

図1　基準モデル（Type1V_R）の断面図

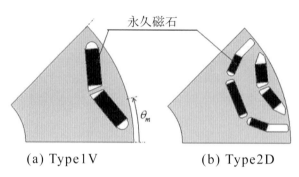

(a) Type1V　　　(b) Type2D

図2　検討したロータ構造（1極分）

表1　解析モデルの諸元

項目（単位）	Type1V_R	Type1V_N	Type2D_N
極数／スロット数	8/48		
ステータ外径（mm）	264		
ロータ外径（mm）	160.4		
エアギャップ長（mm）	0.75		
シャフト径（mm）	51		
積厚（mm）	50		
巻線抵抗[1]（Ω）	0.129		
ロータ構造	Type1V		Type2D
永久磁石材料	NMX-S34GH	強磁力磁石	
残留磁束密度*（T）	0.99	1.35	
体積（cm^3）	100		

＊　温度180℃での値

NMX–S34GH を用いたモデルである。Type1V および Type2D に仮想的な強磁力磁石（以下，強磁力磁石と称する）を適用したモデルをそれぞれ Type1V_N, Type2D_N とする。ここで，強磁力磁石の残留磁束密度 B_r は，文献[2]に示された物性値から主相率，配向度ともに 95％として算出した。また保磁力 H_{cj} は異方性磁界の4分の1と仮定した。強磁力磁石は，基準モデルの永久磁石である NMX–S34GH よりも約 36％高い B_r を有している。各モデルにおいて磁石体積は同一であり，温度条件は自動車駆動用のため 180℃に設定した。また，モータの解析条件として，電流制限値 I_{em}（最大相電流）を 134 A とし，線間電圧の制限値（電圧制限値 V_{am}）を 507 V とした。

2.2 トルク・出力特性の比較

図3に無負荷時における r 方向成分エアギャップ磁束密度の分布波形と，その調波分析結果を示す。ここで，図3(a)の機械角 θ_m は図2(a)中に示した位置を表している。強磁力磁石を用いたモデル（Type1V_N，Type2D_N）の磁束密度は磁石の B_r が高いため，Type1V_R よりも大きくなっている。また強磁力磁石を適用したモデルでは，Type1V_N に比べて Type2D_N の磁束密度の基本波成分は小さいが，低次調波成分（3次と5次）が低減され，ひずみ率は小さくなっている。

図4に最大電流 I_e = 134 A（電流密度 17.6 A/mm^2）における最大トルク特性を，表2にそのときのモータパラメータを示す。基準モデル Type1V_R と Type1V に強磁力磁石を用いたモデル Type1V_N を比較すると，d, q 軸インダクタンスの差（L_q-L_d）にほとんど変化がなく，リラクタンストルクはほぼ同じである。一方，Type1V_N のマグネットトルクは磁石磁束 Ψ_a が増加したため約 51％増加し，結果として，トータルトルクは約 16％大きくなった。また，強磁力磁石を使用した Type1V_N と Type2D_N を比較すると，Type2D_N では磁石磁束 Ψ_a が小さいためマグネットトルクは小さくなっているが，2層構造であるため L_q-L_d が大きくなりリラクタンストルクが増加する結果，トータルトルクは Type1V_N とほぼ同等となった。

図5に電圧制限値と電流制限値を考慮した速度―出力特性を示す。基底速度（モータ端子電圧が制限値に達する回転速度）までは，最大トルクの違いに相当する出力差が生じており，基底速度以上では強磁力磁石を使用することで最大出力および高速域の出力が大幅に増加している。こ

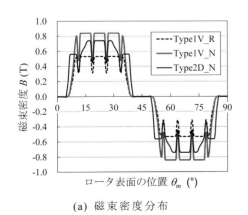
(a) 磁束密度分布

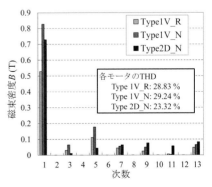
(b) 磁束密度の調波解析結果

図3 無負荷時における r 方向成分エアギャップ磁束密度

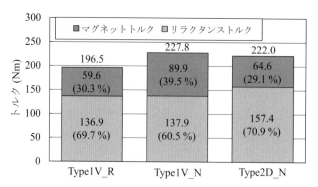

図4　最大電流における最大トルク特性（I_e＝134 A）

表2　最大トルク時のモータパラメータ（I_e＝134 A）

項目（単位）	Type1V_R	Type1V_N	Type2D_N
d軸インダクタンス L_d（mH）	0.99	0.90	0.87
q軸インダクタンス L_q（mH）	2.28	2.19	2.39
インダクタンス差 L_q-L_d（mH）	1.30	1.29	1.52
磁石磁束 Ψ_a*1（Wb）	0.102	0.145	0.116
最小d軸鎖交磁束 Ψ_{dmin}*2（Wb）	−0.178	−0.119	−0.136

＊1　電流位相（電流ベクトルのq軸からの進み位相）β＝0°での値
＊2　β＝90°におけるd軸鎖交磁束

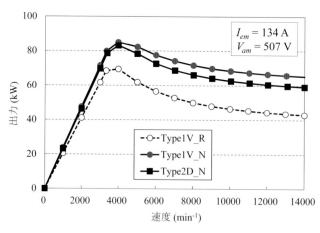

図5　速度―出力特性

れは，表2に示したように強磁力磁石の使用で磁石磁束 Ψ_a が増加し，最小d軸鎖交磁束 Ψ_{dmin} が零に近づいたためである。Ψ_{dmin} がもっとも零に近い Type1V_N の出力がもっとも大きくなっていることが確認できる。ここで，最小d軸鎖交磁束 Ψ_{dmin} は，高速域での速度―トルク・出力特性を決めるパラメータであり，零に近いほど高速域の出力が大きくなることが知られている。

以上より，強磁力磁石を適用することで最大トルク，最大出力および速度―トルク・出力特性が向上することが明らかとなった。なかでも Type1V_N の特性が Type2D_N に比べて若干優れ

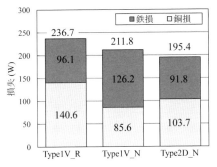 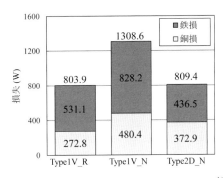

(a) 市街地走行時 (20 Nm, 3,500 min^{-1})　　(b) 高速道路走行時 (20 Nm, 11,000 min^{-1})

図6　特性評価点における損失特性

ているといえる。

2.3　損失・効率特性の比較

実際の自動車の走行を想定して，市街地走行時（20 Nm, 3,500 min^{-1}）と高速道路走行時（20 Nm, 11,000 min^{-1}）の2つの運転点を特性評価点に設定した。

図6に2つの運転点における損失特性を示す。市街地走行評価点における損失は，強磁力磁石を用いたType1V_N，Type2D_Nが小さくなった。これは強磁力磁石を用いることで同トルクを得るための電流が小さく，銅損が小さくなるためである。高速道路走行評価点では，強磁力磁石を用いたモデルにおいては高速運転を実現する弱め磁束制御のために必要な電流が大きくなり，銅損が大きくなっている。これは市街地走行評価点での銅損特性と逆の傾向である。鉄損に注目すると，磁石磁束が大きくかつ高調波成分の多いType1V_Nの鉄損が基準モデルに比べて大幅に増加している。一方，Type2D_Nは，$\varPsi_a$が小さくかつ図3に示すようにエアギャップ磁束密度のひずみ率が小さいため，Type1V_Nよりも鉄損が抑えられ，全損失はType1V_Rと同等となった。

以上の結果から，強磁力磁石を用いると最大トルクや出力は増加するが，走行評価点における損失はType2D_Nのほうが小さく，総合的に評価して強磁力磁石をType2Dに適用したモデル（Type2D_N）がもっともよい運転特性を示すことが明らかとなった。

3.　小型化・高効率化の検討

3.1　検討したモデル

現行のHV駆動用モータ（基準モデル：Type1V_R）を強磁力磁石を用いたIPMモータ（Type2D_N）に置き換えることを想定した場合，モータの運転領域（速度―トルク・出力特性）はType1V_Rと同等であればよい。図5に示したように，Type2D_Nの最大トルクはType1V_Rに比べ10％程度大きいので，次の2つのモデルを検討する。
- 小型・軽量モデル（Type2D_45）：Type2D_Nの積厚を50 mmから45 mmに変更（10％短縮）し，小型・軽量化を図る。

● 高効率モデル（Type2D_LWi）：鉄心に低鉄損材料を適用し，さらなる高効率化を図る。

表3に解析モデルの諸元を示す。ただし，鉄心の材料特性は基準モデルの材料Aを基準に正規化しており，B_{50} は5,000 A/mの磁化における磁束密度，$W_{10/50}$ は周波数50 Hzおよび最大磁束密度1.0 Tにおける鉄損である。表3に掲示していないモータ諸元については表1と同じである。鉄心材料Bは，鉄損の減少が期待できる反面，飽和磁束密度が低いため，トルクの低下が予想される。

3.2 トルク・出力特性の比較

図7に最大電流（134 A）における最大トルク特性，表4に最大トルク時のモータパラメータを示す。トータルトルクは，全モデルでほぼ同等の値となった。図4に示したType2D_Nの特性と比較するとType2D_45については，積厚が10％減少したためトルクも10％減少している。Type2D_LWiについては，マグネットトルクはType2D_Nと同等であるが，鉄心材料に飽和磁束密度の小さい材料を適用していることからインダクタンス差が小さくなり（表2，4参照），リラクタンストルクが小さくなった。

図8に最大出力制御時の速度―トルク特性を示す。基底速度以下の速度域においては，最大ト

表3　解析モデルの諸元

項目（単位）	Type1V_R	Type2D_45	Type2D_LWi
積厚（mm）	50	45	50
巻線抵抗＊（Ω）	0.129	0.119	0.129
ロータ構造	Type1V	Type2D	
鉄心材料	A		B
B_{50}（p.u.）	1		0.89
$W_{10/50}$（p.u.）	1		0.55
永久磁石材料	NMX-S34GH	強磁力磁石	
体積（cm³）	100	90	100

＊　温度180℃での値

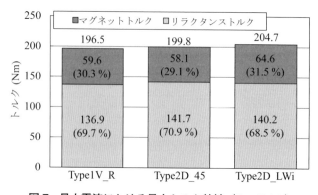

図7　最大電流における最大トルク特性（I_c＝134 A）

表4 最大トルク時のモータパラメータ (I_e＝134 A)

項目（単位）	Type1V_R	Type2D_45	Type2D_LWi
d軸インダクタンス L_d（mH）	0.99	0.78	0.82
q軸インダクタンス L_q（mH）	2.28	2.15	2.16
インダクタンス差 L_q-L_d（mH）	1.30	1.37	1.34
磁石磁束 ψ_a*（Wb）	0.102	0.104	0.113

＊ $\beta=0°$ での値

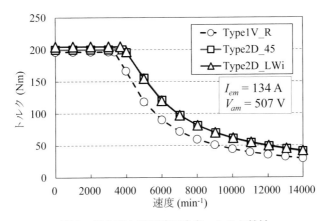

図8 最大出力制御時の速度―トルク特性

ルクは図7に示したようにほぼ同等の値であるが，基底速度以上の速度域では，Type2D_45，Type2D_LWi が Type1V_R よりも高トルクとなっている。したがって，Type2D_45 と Type2D_LWi は基準モデルの代替が可能であるといえる。

3.3 損失・効率特性の比較

図9に基準モデル Type1V_R の効率マップを示す。Type2D_45 と Type2D_LWi についても同様に効率マップを計算し，両モデルと基準モデルとの効率差をとったマップ（効率差のマップ）を図10に示す。ただし，基準は Type1V_R であり，運転領域も基準モデル Type1V_R の出力可能範囲としている。

効率差のマップより Type2D_45 の効率は，ほぼすべての運転領域において Type1V_R より高くなった。これは Type2D_45 の積厚が小さくなったことにより，鉄損が運転領域全体で小さくなったためである。この結果より，Type2D_45 はコア体積の10％の小型化に加え，基準モデルよりも高効率となることがわかった。

また Type2D_LWi の効率も，鉄心材料に低鉄損材料を適用し鉄損が低減されたため，ほぼすべての運転領域で Type1V_R より高くなった。また図10(a)と(b)を比較すると，図10(b)のほうが効率差の値が運転領域全体で大きく，Type2D_LWi のほうが Type2D_45 よりも高い効率特性を有していることがわかる。

市街地走行時および高速道路走行時の2つの特性評価点における最大効率運転時の損失特性を

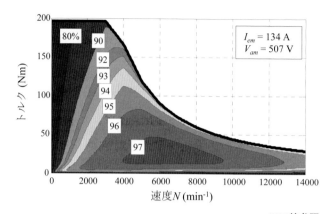

※口絵参照

図9　基準モデル Type1V_R の効率マップ

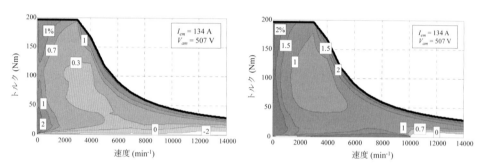

(a) Type2D_45 の効率－Type1V_R の効率　　(b) Type2D_WLi の効率－Type1V_R の効率

※口絵参照

図10　基準モデルとの効率差のマップ

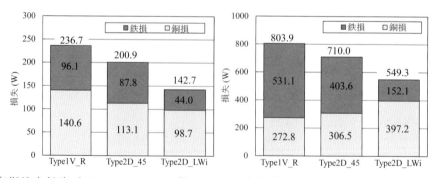

(a) 市街地走行時（20 Nm, 3,500 min^{-1}）　　(b) 高速道路走行時（20 Nm, 11,000 min^{-1}）

図11　特性評価点における損失特性

図11に示す。市街地走行評価点においては，銅損，鉄損ともに Type2D_LWi，Type2D_45，Type1V_R の順に小さくなり，低損失・高効率となった。これは強磁力磁石を用いたモデルは同トルクを得るのに必要な電流が小さく，低速域の損失で支配的な銅損が小さくなるためである。また積厚を小さくしたり鉄心材料に低鉄損材料を適用したりすると発生する鉄損が小さくなり，

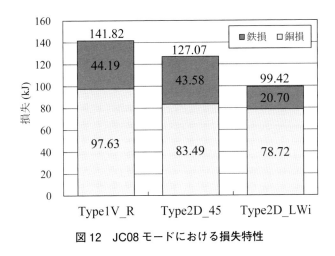

図12 JC08モードにおける損失特性

その減少幅はType2D_LWiがType2D_45より大きかったため,結果としてType2D_LWiがもっとも低損失となった。

高速道路走行評価点では,Type2D_LWi,Type2D_45,Type1V_Rの順に銅損は増加するものの鉄損は減少し,鉄損の減少効果が大きく働き,全損失は市街地走行評価点と同様にType2D_LWi,Type2D_45,Type1V_Rの順に小さくなった。強磁力磁石を用いたモデルでは,表4に示すように永久磁石の磁束 Ψ_a が大きいため,弱め磁束制御に大電流が必要となり銅損は大きくなっている。一方,鉄損は市街地走行評価点と同様にType2D_LWi,Type2D_45,Type1V_Rの順に小さくなるため,トータル損失はType2D_LWiがもっとも小さくなっている。

実際の自動車走行時の特性を評価するため,JC08モードの走行パターンを用いて損失の比較評価を行った。図12にJC08モード走行時に発生する各モデルの損失特性を示す。ここでは,第3世代プリウスの車両パラメータを使用して,エンジンを全く使用しない電気自動車モードで駆動した場合のモータ損失を求めた。このとき回生ブレーキは考慮せずトルクが正の場合のみの損失を算出している。JC08モード走行時に発生する損失は,Type2D_LWi,Type2D_45,Type1V_Rの順に小さくなった。図10に示したように全運転領域で高効率であるType2D_LWiの発生損失がもっとも小さくなり,基準モデルのType1V_Rに比べて約30%低減した。

4. おわりに

本稿では強磁力磁石が開発された際にその磁石に適したロータ構造を検討し,磁石特性と磁石配置が自動車駆動用IPMモータの運転特性に及ぼす影響を検討した。得られた結果をまとめると次のとおりである。
- 強磁力磁石を用いることで最大トルクは増加するが,基準モデルの構造(Type1V)に適用したモデル(Type1V_N)では高速時の損失が大幅に増加し,効率が悪化した。
- 2層構造のType2Dに強磁力磁石を適用したモデル(Type2D_N)では,高トルク化に加えて低損失化が実現できた。

第2編　省・脱レアアース磁石と高効率モータ開発

● Type2D_N の積厚を 10%短縮したモデル Type2D_45 は，基準モデルと同等の速度―トルク特性を有し，損失も低減できるため，小型・軽量化と高効率化を実現できた。

● Type2D_N の鉄心に低鉄損材料を用いた Type2D_LWi は，基準モデルと同等の速度―トルク特性を有し，全運転領域で大幅な損失低減が実現できるためもっとも高効率となった。

　以上のように，強磁力磁石を使用し適切な構造設計や鉄心材料の選択を行うことで，小型・軽量化や高効率化を実現できることが明らかになった。強磁力を有する新規磁石の実用化に期待したい。

　この成果は，国立研究開発法人新エネルギー・産業技術総合開発機構（NEDO）の委託事業未来開拓研究プログラム「次世代自動車向け高効率モーター用磁性材料技術開発」の結果得られたものです。

文　　献

1）清水悠生ほか：電気学会論文誌 D，**137**（5），437（2017）.

2）Y. Hirayama et al.: *MATERIALIA*, **95**, 70（2015）.

第2編　省・脱レアアース磁石と高効率モータ開発

第5章　高効率永久磁石モータの開発

第3節　重希土類フリーハイブリッド自動車用モータの開発

株式会社本田技術研究所　相馬　慎吾　　株式会社本田技術研究所　藤代　智

1. はじめに

　希土類-鉄-ボロン系磁石（ネオジム磁石）は，最大エネルギー積〔$(BH)_{max}$〕が現存する磁石でもっとも大きく，ハイブリッド自動車（HV）の駆動用モータに用いられているが，特に高車速では高回転を使用するため，磁石自体が高温となる上に駆動力を出すために高い電流による強逆磁界が発生するため，磁石には高い耐熱性すなわち保磁力（H_{cj}）が求められる。その対応として，Dysprosium（Dy），Terbium（Tb）といった重希土類元素を添加し，結晶磁気異方性を高めることにより，H_{cj}を向上させる手法が一般的である。

　ネオジム磁石に重希土類を添加しないと，高温・強逆磁界環境下では保磁力が低下する。そのため重希土類の使用量を低減するには，低保磁力磁石でも使用可能なように磁石にかかる逆磁界を低減すること，および磁石のパーミアンスを上げることが必要である。磁界は磁石が挿入されているロータ形状に影響されるため，低保磁力磁石に合わせた磁気回路形状を設計する必要がある。そこで，重希土類を一切使用していない重希土類フリー熱間加工磁石を用いたHV駆動モータの実現を目的に開発を行った。

2. 重希土類フリーHV用モータ

　表1に従来モータと新規開発したモータとの主要緒元を示す。

　電動モータを構成する部品として，ステータと呼ばれる部品とロータと呼ばれる部品がある。ステータにはコイルが巻かれていて，アンペールの法則に従い，電流を通電すると磁束を発生させる。インバータを用いた電流制御により，回転磁界を作り出す。ロータは，磁石を配置してありステータの発生させた電磁力を受けて回転することによって電力変換を行い，エネルギーを取り出す。

　埋込磁石同期モータ（IPMSM）は小型，高効率という観点からハイブリット自動車用モータに用いられる。**図1**は，1モータスポーツハイブリットシステムに搭載されているモータのレイアウトであるが，モータスペースに制限があるため，小型，高効率のIPMSMを採用している[1]。

　IPMSMは，磁石から発生するマグネットトルクとロータ角度に依存する磁気抵抗変化を利用した吸引力の差から生じるリラクタンストルクを持つ。各々トルク位相が異なることから最大トルクを引き出すために電流位相を進めて使用する。そのため，逆磁界がマグネットに対して大き

表1 Specifications comparisons

	従来モータ	新規開発モータ
タイプ	IPMSM	IPMSM
相数	3	3
極対数	6	6
コイルターン数	55	55
冷却方式	Oil-cooled	Oil-cooled
システム電圧 [V]	173	173
最高出力 [kW]	22	22
最大トルク [Nm]	160	160
体格 [L]	2.57	2.57
B_r [T]	1.27	1.35
H_{cj} [kA/m]	>2294 Dy=7.5%	>1500 Dy=0%
ピーク効率 [%]	96	96

図1 1モータスポーツハイブリットシステム[1]

く印加されるため減磁しやすい。

　従来は減磁に対する対策として，保磁力の大きい磁石を採用してきた。それに対し，低保磁力磁石を使うためには，逆磁界を下げるためにコイルの巻き数を下げる，もしくは電流値を下げる手法が考えられる。しかし1モータハイブリットシステムに搭載可能な既存モータ体格を維持してトルク・出力といったモータ基本性能を達成するためには，磁気回路の工夫で対応することと

した。

そこで本開発では，まず重希土類を含有しない磁石の動向を把握し，熱間加工磁石の特性進化に着目した。理由は，従来の重希土類フリー焼結磁石のレベルから H_{cj} が 300 kA/m 以上の向上が開発上見込まれたからである。その中で選択可能な新規開発熱間加工磁石の量産可能な保磁力は，1,500 kA/m 以上，飽和磁化は 1.35 T 程度であることが予測されたため[2]，この磁石の特性をロータ形状検討の目標値として開発を開始した。

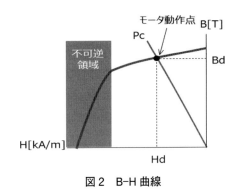

図2　B-H 曲線

ロータに組み込まれた磁石の動作点は，磁石形状やロータ形状により B-H カーブ上のある点で示される。この動作点での磁束密度 Bd と磁界強度 Hd からパーミアンス Pc が求められる（図2）。

減磁は，温度による B-H カーブの変化やステータ通電電流による逆磁界により動作点が不可逆減磁領域に入ってしまうことによって引き起こされる。そのため減磁を解決するにはパーミアンスを上げることが有効である。しかしながら，減磁の対策のためにマグネットをロータ内部へ深埋めすると漏れ磁束が増えマグネットトルクが低下することが知られているため，減磁とトルクを両立することは容易ではない。

本開発では，重希土類フリー熱間加工磁石を採用し，1 モータハイブリットシステムに搭載可能なサイズでトルクや出力，効率を従来同等以上に保つことを目標とした。特にモータ減磁特性を維持することがモータ設計上の課題となる。そこで，新型モータは従来モータと同等以上の性能を有するために，下記3項目の技術を構築した。

① 高精度減磁解析の確立
② 重希土類フリー磁石の分割適正化
③ 磁石パーミアンスの向上

3. 達成手法

3.1 高精度減磁解析の確立

モータ減磁の解析は，磁石温度，磁石の諸特性，通電する電流振幅および電流位相を用いて解析を行う。一般的に焼結ネオジム磁石の角型性は 95％以上と高く，従来解析において考慮をしていなかった。磁石減磁現象に関して，磁石要求保磁力を限界まで下げる必要性があったため，磁石 B-H 特性の角型性を考慮した解析を行った。

角型を考慮して計算するため，図3のリコイル比透磁率 μ_r と垂下特性比透磁率 μ_g の交わる部分の R を実際の磁石 J-H カーブを計測し解析を行った。

今回，実用同等体格で熱間加工磁石を使用した試作モータにて実測を行い，解析の確かさを検証した。角型性を考慮すると，減磁指標は緩やかに低下していくような振る舞いを見せることが

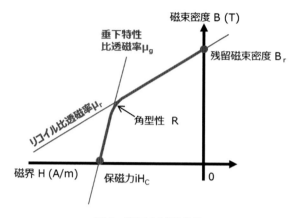

図3　磁石の減磁曲線

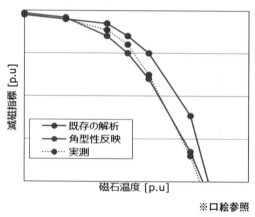

※口絵参照

図4　モータ減磁特性

わかった（**図4**）。その結果，角型性を磁場解析へ取り込むことで実測と解析の差分を従来と比較して縮めることができ，磁石要求保磁力の下限値を適切に見積もれるようになった。

3.2　磁石の分割適正化

　磁石は分割数を増やすことで，磁石内部渦電流損失の低減効果が得られることが知られている[3]。従来モータでは，磁石発熱を抑えるために極当たりに軸方向に4分割に並べる必要があり合計96個使用していた。一方，磁石の分割数に応じて加工コストの増加が生じるため，分割数を少なくすることも求められている。

　図5で磁石に逆磁界を与えたときの磁石内部で発生する渦電流のコンター図を示す。磁石内で発生した渦電流が互いに打消し合うことで磁石端部と内部で磁石に発生する差があることがわかる。この結果，磁石内部に発生する渦電流を受ける面積を小さくすることが有効であると考えられる。

　そこで，磁石分割数が最小限かつ従来モータ同等の磁石損失になるように3次元磁場解析によってパラメータスタディを実施した。その結果，**図6**に示すとおり従来モータの磁石を軸方向

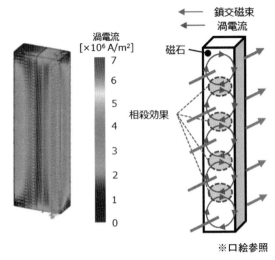

図5 磁石損失解析結果

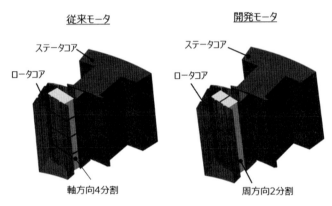

図6 磁石断面比較

に4分割に並べるのに対して，新型モータでは磁石を周方向に2分割に並べた。

次に，図7に磁場解析結果にて磁石分割の有無および分割配置の違いによる磁石損失結果を示す。解析条件は新型モータ体格で磁石内部渦電流損失がもっとも発生する7,000 rpm，−30 Nmにおいて実施した。磁石を分割することで鉄損が半減できることに加え，本開発の分割手法により，従来モータ同等以下の損失にできる見通しが得られた。

3.3 磁石パーミアンスの向上

重希土類フリーモータを達成するためのロータ詳細形状について説明する[4]。図8のように磁石V字深埋め配置を選択し，磁石形状を変更した上でセンターリブ形状（図8A部），フラックスバリア形状（図8B部），およびその近傍の小穴群（図8C部）を配置し，減磁温度指標を向上させる方法で検討を開始した。

磁石の深埋め位置と角度を決めたのち，漏れ磁束を減らすために中央の梁部を廃止したセンターリブ形状（図8A部）を採用した。センターリブ長さ変化と形状変化が，トルクや減磁温度

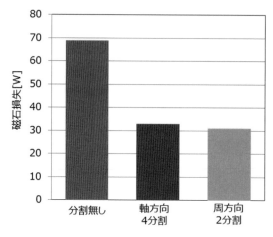

図7　磁石損失の解析結果

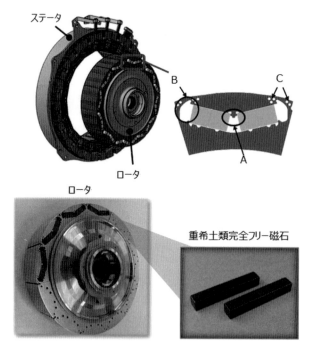

図8　開発モータの外観

に寄与することを明らかにし，設計を行った。

　さらに，フラックスバリア形状（図8B部）において，磁石角部近傍のコア突き出し量を調整することで新たな磁束経路が形成され，磁気抵抗が変化することで，磁石からみたパーミアンスが高まることによって，磁石動作点が変化し，減磁しない領域に収めることができる。このコア突き出し量の変化によってもトルク，減磁に対する磁気回路設計パラメータとし検討することができた。

　また，一般的にはフラックスバリア形状（図8B部）外周側の梁の幅を細くすることによって，

漏れ磁束を抑えトルクを向上させることができるようになる。しかしながら漏れ磁束を減らすために中央の梁部を廃止した2梁構造を採用しているため，梁の幅に強度的な限界がある。そこで，フラックスバリア近傍に小穴群（図8C部）を配置して漏れ磁束を減少させた。鎖交磁束量が増えるためトルク向上効果が見込め，また磁気抵抗が変化することから磁石角部のパーミアンスを変化させることができ，さらに磁気飽和部の分布変化が起こり，ロータ表面磁束波形を大きく変化させ，コギングトルクも抑えられる。小穴の個数，大きさ，配置には無数の組み合わせがあるが，現実的に製造でき，量産可能な範囲で最適化を行った。

具体的には応力集中部位を避け，φ1.0の小穴をそれぞれリブ形成するように配置することで最大効果を得られることが見込めた。上記の変更により最適なロータ磁気回路形状を導出でき，要求特性を満足するモータを創出できる見通しを得た。

3.3.1 センターリブ形状について（図8A部）

センターリブ長さの変化に対するトルクとある基準温度で規格化した減磁温度指標値の関係を電磁界解析によって明らかにすると，図9のような振る舞いになる。トルクと減磁温度指標値について関係性が存在することがわかった。センターリブが長いと漏れ磁束が増えトルクは低下するが，耐減磁性を求めるとセンターリブ長さに対して極値を持つことが明らかになり，減磁温度指標値がもっとも高い0.6 mmを採用した。

センターリブの長さは，完全に廃止すると漏れ磁束短絡磁路がなくなるためトルクが大きくなる。センターリブ長さを伸ばしていくと漏れ磁束短絡磁路が増えトルクが低下する。

センターリブを完全に廃止すると磁気抵抗が変化し磁石動作点が変化することに伴い，減磁温

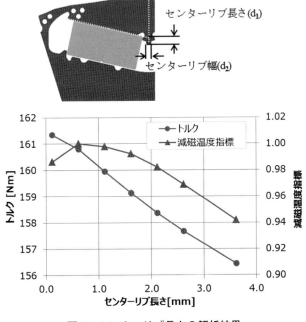

図9　センターリブ長さの解析結果

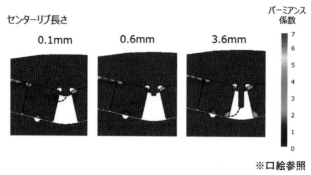

図10 センターリブ長さの磁場解析コンター図

度指標値が下がってしまう。よって，減磁温度指標値に対しては，センターリブ長さ0.6 mmが極値になったと考えられる。

図10に示すとおりセンターリブ（図8A部）をモデル化した場合，磁気抵抗 $R_m \propto d_1/(\mu \times d_2 \times 積厚長)$ が変化することによって磁石動作点が変化することがわかる。

3.3.2 フラックスバリアの形状について（図8B部）

フラックスバリア形状（8B部）の突き出し長さの変化に対するトルクと減磁温度指標値の変化関係を電磁界解析によって明らかにすると，図11のような関係が得られた。突き出し長さが長いほど減磁温度指標が高いことがわかった。そこで所望トルクが達成できる1.25 mmで設定し

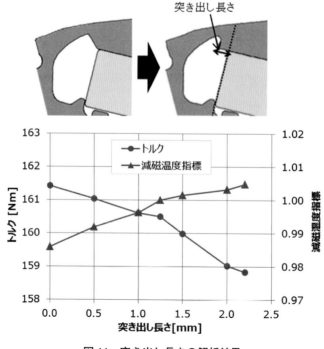

図11 突き出し長さの解析結果

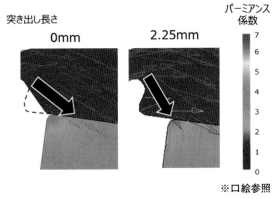

図12　突き出し長さの磁場解析コンター図

た。

　マグネットの角部は，ロータ外周部に近いことから逆磁界が強く減磁しやすい傾向にある。そこで，マグネット角部に対して透磁率が高い鉄を設けることによって磁気抵抗が下がり（パーミアンスが上がり），モータの減磁温度指標値が向上していることがわかる。これは，先のセンターリブ形状と同様に磁気抵抗を変化させることによって，モータの減磁温度指標値が変化していく傾向がみられる。しかしながら，磁石角部での漏れ磁束の短絡が発生するためトルクが低下していく傾向になっていると考えられる（図12）。

3.3.3　小穴の効果および生技性について（図8C部）

　減磁対策のためにマグネットの配置をコイル磁界から遠くにする必要がある。しかしながらマグネットをV字のように配置し，かつロータ内部深埋め構造を採用すると漏れ磁束量が増えてトルクが少なくなる。トルクを得るためには，漏れ磁束を低減することが重要である。そのためにはロータ外周梁部を薄くする必要性がある。

　しかしながら，遠心力に対する強度，耐力から梁形状に限界がある。そこで，最高回転数時梁部付近に集中する応力を避けるように小穴を配置することにより，漏れ磁束の削減を図った。図13のコンター図は，最大保証回転数での応力分布を示している。応力分布を鑑みて，小穴距離および小穴配置に関して配置可能なレイアウトを考えると，モデル1～3のような穴配置および穴形状が大まかに考えられる。

　また，小穴のサイズが$\phi 1$であれば，打ち抜き時の加工ひずみ範囲が十分小さく性能に影響ないことから採用している。さらに，鉄損に関しては，ステータコア部の鉄損比率のほうが多く小穴の損失影響は小さい。モデル1のように配置することで，強度低下を招くことなくトルクを3Nm向上させることができた。モデル1は，モデル2，3に比べてトルク，減磁温度指標，さらには磁気飽和部の最適分布変化といった観点において優れる。

　さらに，小穴群を設けることによって車両発進時にモータのみで走行するEV走行におけるトルクリプルを大幅に低減させることができた（図14）。

　この低減効果は，図15のとおり磁極が切り替わるポイントに対して小穴を設けることによっ

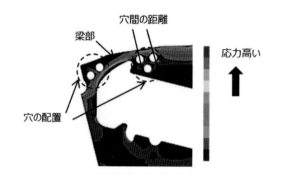

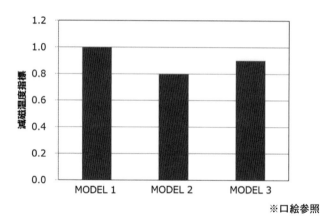

※口絵参照

図13 応力コンター図と減磁温度指標の解析結果

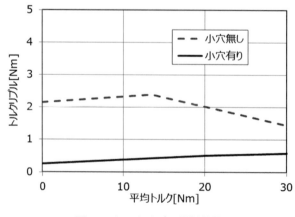

図14 トルクリプル解析結果

第5章　高効率永久磁石モータの開発

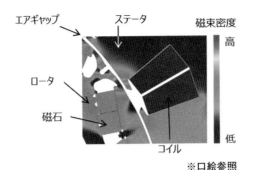

※口絵参照
図15　磁石切り替わり時の磁束密度コンター

図16　小穴の生技性

て，磁気飽和部の分布変化が起こり，ロータ磁束波形を大きく変化させられることがわかった。その結果，磁気飽和の分布を最適に変化させることによりトルク脈動を抑えることができ，磁石V字配置を取りながらトルクリプルの基本次数を低減できることがわかった。

　次に，小穴の新規性から生技性について述べる。一般的にモータ電磁鋼板を量産する上では順送金型を用いて作製される。そこで量産性を見据えてあらかじめ最小の小穴径と小穴位置を加味した打ち抜き可能なロータ形状にした。具体的には，型のメンテナンスサイクル数が増えることはコスト増加に影響するので，従来同等の金型耐久性を担保できる最小径として小穴径を$\phi1$とした。

　また，小穴位置を設定する上で小穴とロータ外径の距離設定を外周梁部と同様に電磁鋼板の板厚の2倍程度を確保することで打ち抜き可能とした。これにより順送金型による打ち抜き量産が可能となった（図16）。

4. 実験結果

以上の達成手法を踏まえて実機での測定結果を示す。

4.1 電流-トルク特性

目標の電流-トルク特性を実測で確認でき，車両要求の最大トルク160 Nmを達成した（**図17**）。

4.2 減磁流特性

また，耐減磁特性として，**図18**に示すとおり従来モータに対して最大磁石温度にて0.1％程度向上していることを実測で確認した。磁石磁束の漏れ磁束経路を減らすことと，パーミアンスに影響を及ぼす磁石両角部の鉄の量を変更し，ロータ磁気飽和部に小穴を設け動作点を変更することによって減磁温度指標およびトルクについて目標値を達成できることがわかった。

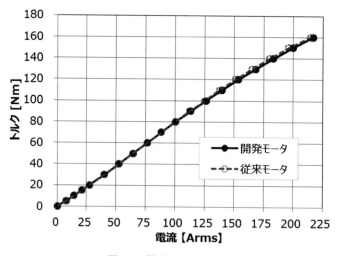

図17 電流-トルク特性

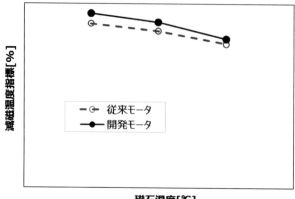

図18 減磁実測結果

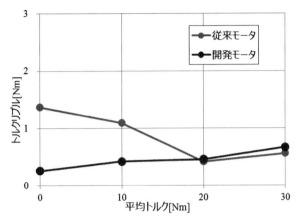

図19 トルクリプル実測結果

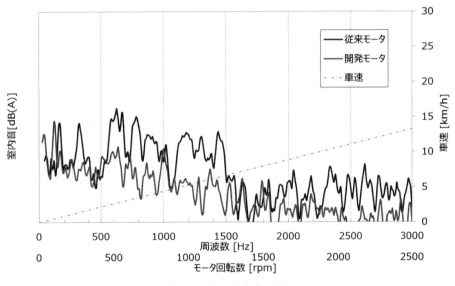

図20 実車室内音結果

4.3 実車モータ音

1モータスポーツハイブリットシステムのEV走行時はエンジンがかからないため,モータ音が特に聴感で目立つ傾向にある。そこで加振力であるトルクリプルを下げることが実車の商品性向上として望まれる。図19に従来と開発のトルクリプル6次成分の実測した結果を示す。緩加速である低トルク領域で最大70%程度低減することが確認できた。

また,図20に同一車両に従来モータと開発モータを搭載し室内音を比較した結果を示す。車両発進時の低車速で約10 dBほど低減することができた。

5. おわりに

1モータハイブリットシステム搭載用として同じ諸特性を満足できる重希土類フリー磁石を用

第２編　省・脱レアアース磁石と高効率モータ開発

いたモータの磁気回路設計と開発を行った。ロータ形状の設計として，磁石の埋め構造を採用し，ロータコアのセンターリブ形状，磁石角部近傍の形状および梁部の小穴配置の最適設計を行ったことにより耐減磁特性，トルク，出力，商品性を満足させることができた。

　本開発により生産偏在性が少なく調達リスクのない，市場動向に影響される希少な重希土元素を一切使わない１モータハイブリットシステム電動車両の量産が可能となった。

文　　献

1）四方哲，鎌田剛史：新型 HEV モータの開発，自動車技術会学術講演会前刷集，3-14，1-4（2014）．
2）清水治彦ほか：駆動モータ用重希土フリー熱間加工磁石，*Honda R&D Technical Review*，**28**，（2），（2016）．
3）青山康明ほか：永久磁石同期電動機の磁石分割に

よる損失低減効果の解析，電気学会産業応用部門大会講演論文集，771-774（2001）．
4）相馬慎吾ほか：重希土類フリーハイブリッド自動車用モータの磁気形状研究，*Transactions of Society of Automotive Engineers of Japan*，**48**，（5），1079-1083（2017）．

第2編　省・脱レアアース磁石と高効率モータ開発

第5章　高効率永久磁石モータの開発

第4節　高効率可変界磁型モータの開発

名古屋工業大学　小坂　卓

1. はじめに

　地球温暖化や化石燃料枯渇など環境問題に対して，自動車分野ではハイブリッド自動車（HEV）や電気自動車（EV）など，モータを動力源とした環境対応車の実用化とさらなる普及拡大へ向けた研究開発が加速している。現在，HEV駆動用途では，小型軽量・高効率の観点からネオジム系磁石など希土類系磁石を用いた永久磁石形同期モータ（Permanent Magnet Synchronous Motor，以下PMSMと略記）が主に採用されている。PMSMでは，低速域での高トルク化，低中速—軽負荷域での銅損低減による高効率化の実現ために，永久磁石界磁によるギャップ面の界磁磁束密度をできる限り高くする必要がある。一方，高速域では逆起電力抑制や鉄損低減の観点から，界磁磁束密度を低くすることが望まれる。これら2点はPMSMにおける高トルク・高効率性能両立の背反問題を意味する。

　上記問題を解決する一手段として，近年，界磁磁束密度を可変とする可変界磁型モータが注目を集めている[1]。可変界磁型モータは，その可変機構によってさまざまなタイプに分類されるが[1]，その1つに永久磁石界磁と巻線界磁を組み合わせたハイブリッド界磁フラックススイッチングモータ（Hybrid Excitation Flux Switching Motor，以下HEFSMと略記）がある[2]。文献2)のHEFSMの構造を図1に示す。HEFSMは可変界磁機能を有するとともに，以下の特徴を有す

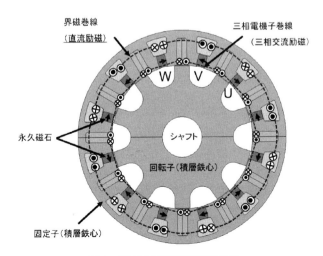

図1　磁石内周配置型HEFSM

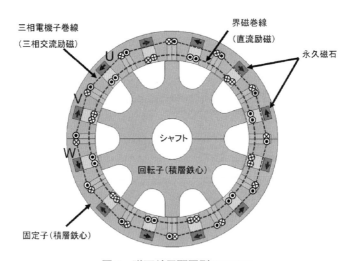

図2 磁石外周配置型 HEFSM

る。
① 巻線・磁石など発熱部品が固定子側に集約されており，冷却が容易
② 回転子は積層鉄心のみで構成され，堅牢性に優れ，高速回転用途に好適

　HEFSM は，固定子側の磁石配置によって分類できる。図1の HEFSM は，界磁巻線スロットの固定子内周側（ギャップ側）に永久磁石を配置したタイプであり，**図2**の HEFSM は界磁巻線スロットの固定子外周側（スロット底部）に磁石を配置したタイプである。前者を磁石内周配置型，後者を磁石外周配置型とすると，同一比較条件の下で耐減磁設計に必要となる磁石保磁力，最大トルク密度，最大出力密度，モータ効率の点で，両者はトレードオフの関係を有する。

　以下では，国内 2009 年（米国 2010 年）に発売されたトヨタ自動車製の第3世代プリウスの駆動用埋込磁石形同期モータ（Interior PMSM，以下 IPMSM と略記）を高出力密度・高効率モータの比較基準に，可変界磁型モータとしての HEFSM の筆者らの研究開発状況を述べる。磁石内周配置型，磁石外周配置型の両者の性能上のトレードオフを説明し，それを踏まえて提案する高効率磁石中央配置型 HEFSM について説明する。

2. HEFSM の構造と可変界磁動作原理

　磁石内周配置型 HEFSM（20 極 12 スロット，20p12s）の構造は図1のとおりで，積層鉄心で構成される固定子の 12 スロットに三相電機子巻線，その中間の界磁巻線スロット（12 スロット）に界磁巻線がそれぞれ収納され，界磁巻線スロットの内周側に永久磁石を配置した構造である。回転子は積層鉄心のみで構成される突極構造で，機械的に堅牢で高速回転に適する。磁石外周配置型 HEFSM（20 極 12 スロット，20p12s）の構造は図2のとおりで，磁石配置以外の基本的な構成は磁石内周配置型と同一である。磁石内周／外周配置型それぞれの試作機の試作途中段階の固定子磁石配置写真を**図3**に示す。

　低速回転域での高トルク化と銅損低減，高速回転域でのモータ逆起電力抑制と鉄損低減，これ

第5章 高効率永久磁石モータの開発

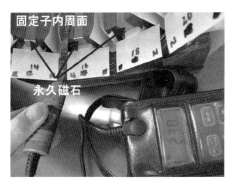
(a)磁石内周配置型

(b)磁石外周配置型

図3　磁石内周/外周配置型 HEFSM の試作機磁石配置

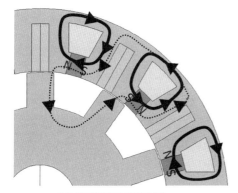
(a)界磁巻線非通電時

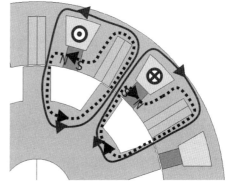
(b)界磁巻線通電時（強め界磁電流）

図4　磁石内周配置型 HEFSM の界磁巻線非通電／通電時の永久磁石磁束経路

ら2つの IPMSM の設計背反問題に対し，HEFSM ではその可変界磁動作によりその克服が期待できる。磁石内周配置型 HEFSM の界磁巻線非通電時の永久磁石磁束の流れを図4に示す。同図(a)内の破線で示す磁束はエアギャップと鎖交する永久磁石磁束であり，界磁巻線非通電時のマグネットトルク発生に寄与する界磁磁束となる。一方，同図(a)内実線で示す永久磁石磁束は，図示のようにその大部分がN極端面を出発点に界磁スロットバックヨークを通ってS極に戻る固定子鉄心内短絡経路をたどる。この結果，界磁巻線を非通電とすればギャップ磁束密度を低くでき，高速回転域でのモータ逆起電力抑制や鉄損低減が可能となる。次に界磁巻線通電による強め界磁制御時のモータ内部の磁束の流れを同図(b)に示す。界磁巻線起磁力からみた永久磁石の磁気抵抗は大きいため，界磁巻線起磁力によって生じる磁束は実線で示す磁束経路をたどる。永久磁石磁束は界磁巻線起磁力により界磁スロットバックヨーク部への短絡経路を遮断され，破線で示すように全磁束がエアギャップと鎖交する。この結果，界磁巻線起磁力によって生じる磁束と永久磁石磁束がギャップ面で合成されて強め界磁動作を実現でき，電機子巻線磁束鎖交数の増加，すな

313

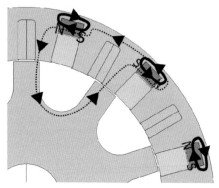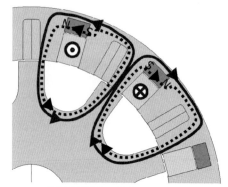

　　　(a)界磁巻線非通電時　　　　　　　(b)界磁巻線通電時（強め界磁電流）
　　　図5　磁石外周配置型HEFSMの界磁巻線非通電／通電時の永久磁石磁束経路

わちトルク定数の増加による高トルク出力や必要発生トルクに対する電機子巻線の銅損低減が可能となる。磁石外周配置型HEFSMの界磁巻線非通電時の永久磁石磁束の流れと界磁巻線通電による強め界磁制御時のモータ内部の磁束の流れをそれぞれ図5(a)，(b)に示す。磁石配置は異なるものの，前述の磁石内周配置型と同様の可変界磁動作原理を有する。

3. 磁石内周/外周配置型HEFSMの得失比較

3.1 耐減磁に必要となる永久磁石保磁力の比較

　磁石内周/外周配置型HEFSMの永久磁石の磁化方向と強め界磁制御時に界磁巻線起磁力よって永久磁石に働く磁界の方向との関係を図6に示す。磁石内周配置型では，同図(a)のように界磁巻線起磁力によって永久磁石に働く磁界が磁石磁化方向に対する逆磁界となる。この逆磁界は，自動車駆動用モータが曝される高温環境下での永久磁石の不可逆減磁を助長する。不可逆減磁を回避するためには，高耐熱性磁石，すなわちディスプロシウム添加量の多い高保磁力磁石が必要となる。一方，磁石外周配置型では，同図(b)のように界磁巻線起磁力によって永久磁石に働く磁界が磁石磁化方向に対する順磁界となるため，永久磁石の減磁には寄与しない。この結果，ディスプロシウム添加量の少ない低保磁力磁石を使用できる。定性的ではあるが，上記のことから磁石外周配置型は磁石内周配置型に比べ，相対的に低保磁力磁石の使用が可能で耐減磁設計の点で優れる。

3.2 試作機試験による動力性能の比較

　試作機の設計にあたり目標とした性能仕様および制約条件を表1に示す。これらの仕様条件は，2010年に米国で発売されたトヨタ自動車製の第3世代プリウスに搭載されたIPMSM駆動システムの値を参考にしている[3]。形状制約として，モータ外径（固定子外径）を264 mm，コイルエンドを含むモータ全軸長を120 mm以下，エアギャップ長を0.8 mmとし，磁石使用量を750 g

▶ ▶ ▶ ：強め界磁制御時の界磁巻線起磁力による磁界

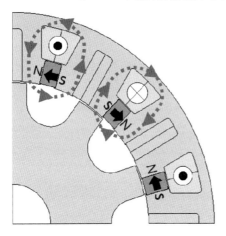
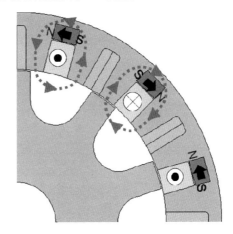

(a)磁石内周配置型　　　　　　　　(b)磁石外周配置型

図6　磁石内周／外周配置型 HEFSM の磁石磁化方向と界磁巻線起磁力による磁界の関係

表1　設計目標性能および制約条件

項目	値
モータ外径（固定子外径）[mm]	264
モータ軸長（コイルエンド長含む）[mm]	<120
エアギャップ長 [mm]	0.8
使用磁石重量 [kg]	<0.75
インバータ最大直流母線電圧 [V]	650
インバータスイッチング素子耐圧 [V_{0-p}]	1,200
インバータ最大電流 [Arms]	170
三相電機子巻線最大電流密度 [Arms/mm^2]	26
界磁巻線最大電流密度 [DCA/mm^2]	26
最大トルク [N·m]	>207
最大出力 [kW]	>60
最高回転数 [r/min]	13,500

以下と設定している。熱的・電気的制約として，電機子巻線電流密度を 26 A/mm^2，界磁巻線電流密度も同様に 26 A/mm^2 とし，三相インバータの最大直流母線電圧を 650 V，最大電流を 170 Arms とし，インバータ素子耐圧の波高値を 1,200 V_{0-p} と設定している。これら制約条件の下，主要目標動力性能である最大トルク 207 N·m，最大出力 60 kW，最高回転数 13,500 r/min を満たす磁石内周／外周配置型 HEFSM の最適形状を2次元／3次元有限要素磁場解析（2D-FEM，3D-FEM）を用いて設計した。

　磁石内周/外周配置型 HEFSM の設計諸元を**表2**に，それぞれの試作機の概観写真を**図7**および**図8**に示す。固定子鉄心積厚はそれぞれ 60/65 mm で，比較対象 IPMSM の 50 mm に対して，それぞれ 20％，30％長い。これはインバータ・モータの最大電圧・電流制約の中で，目標最大ト

表2　3D-FEAによる設計諸元

	磁石内周	磁石外周
モータ軸長（コイルエンド長含む）[mm]	119	120
固定子鉄心積厚 [mm]	60	65
コイルエンド長（接続側）[mm]	32	30
コイルエンド長（反接続側）[mm]	27	25
電磁鋼板型式	35HX250	
磁石型式	N41Z-GR	N52
三相電機子巻線ターン数/コイル	18	15
最大界磁巻線起磁力/コイル [AT]	3,800	2,650
使用磁石重量 [kg]	0.742	0.742
最大トルク（3D-FEA）[N·m]	214.6	208.5
最大出力（3D-FEA）[kW]	61.4	67.2

(a) 固定子部品　　　(b) 回転子部品

(c) コイルエンド（接続側）　　(d) コイルエンド（反接続側）

図7　磁石内周配置型HEFSMの試作機外観写真

ルク・目標最大出力を確保するためである。一方，同一サイズ制約という点で，コイルエンドを含めたモータ全占有空間容積を同じにするため，コイルエンド長を含む全軸長を比較対象IPMSMの120 mmとほぼ同一にしている。比較対象IPMSMは分布巻巻線であり，HEFSMでは図7(c)(d)，図8(c)(d)に示すように，界磁巻線，三相電機子巻線ともに集中巻巻線で，界磁巻線と電機子巻線が重なるのみであるため，コイルエンド長を短くできる。電磁鋼板については，高トルク性能と低損失を両立するため，比較的高い飽和磁化を有しつつ，低鉄損な新日鐵住金製の35HX250を採用した。永久磁石については前述のように，磁石内周配置型では高保磁力磁石が必要で，より少ないディスプロシウム添加量で高保磁力を実現する信越化学工業製の粒界拡散磁石N41Z-GRを，磁石外周配置型では磁石減磁を生じないため，低保磁力―高B_rタイプの同社製

(a) 固定子鉄心　　　　　　(b) 回転子部品

(c) コイルエンド（接続側）　　(d) コイルエンド（反接続側）

図 8　磁石外周配置型 HEFSM の試作機外観写真

表 3　両試作機の動力性能試験結果比較

	IPMSM	磁石内周配置型 HEFSM	磁石外周配置 HEFSM
最大トルク［N・m］	207	207.6	199.9
最大出力 @6,000r/min［kW］	60	55.5	63.7
モータ効率 @13N・m-2,000r/min［％］	89.5	89.2	83.4
モータ効率 @13N・m-6,000r/min［％］	91.0	88.3	85.1（30Nm-6,000r/min 時）
モータ効率 @13N・m-10,000r/min［％］	92.0	88.2	NA（未計測）

N52 をそれぞれ採用した。両設計試作モータの 3D-FEA による最大トルク，最大出力はともに目標性能を満たしている。

　両試作機を対象に，表 1 に示した主要目標性能である最大トルク 207 N・m，最大出力 60 kW，ならびに自動車用モータとしての想定多様動作点でのモータ効率について行った試験結果を**表 3**に示す。最大トルクについては，表 2 に示した 3D-FEA による設計予測値に比べて磁石内周配置型で 3.3%，磁石外周配置型で 4.1% 低下しているものの，設計予測値に近い最大トルクが得られている。特に磁石内周配置型は，磁石外周配置型に比べコア積厚が 7.7% 短いにも関わらず目標値である 207 N・m を満足しており，磁石内周配置型 HEFSM が高トルク密度化に適することがわかる。一方，最大出力については，表 2 に示した 3D-FEA による設計予測値に比べて磁石内周配置型で 9.6%，磁石外周配置型で 5.7% 低下しているものの，磁石外周配置型では目標値である 60 kW を満足しており，磁石外周配置型 HEFSM が高出力密度化に適することがわかる。モータ効率については，比較対象 IPMSM に比べてどちらも下回るものの，両者を比べると磁石内周配置型 HEFSM が高効率モータの適性を有することが確認できる。

3.3 磁気回路に基づく両者の動力性能得失要因分析

高トルク化，高効率化の点では磁石内周配置型が高出力化，磁石低保磁力化の点では磁石外周配置型が優れる。磁石低保磁力化の両者の得失については前述のとおりで，以下では動力性能である高トルク化，高出力化，高効率化の点での両者の得失の要因を磁気回路に基づいて説明する。

3.3.1 高トルク化

磁石内周／外周配置型 HEFSM の最大トルク発生時の磁束経路を図9に示す。図中実線が永久磁石磁束，破線が界磁巻線起磁力によって生じる磁束（以下，界磁巻線磁束と略記），一点鎖線が電機子反作用である。また，HEFSM の発生トルク T は次式で記せる。

$$T = P_n (\phi_{mag} + \phi_f) i_q \tag{1}$$

ここで，P_n は極対数，ϕ_{mag}，ϕ_f はそれぞれ電機子巻線に対する永久磁石磁束の磁束鎖交数，界磁巻線磁束の磁束鎖交数，i_q は q 軸電流（トルク電流）である。有限要素磁場解析の結果より，磁石配置に関わらず最大トルク発生時では，ϕ_f がもっとも多い磁束量となることを確認している。このことは，界磁巻線スロット面積の拡大による界磁巻線起磁力の増加が高トルク化に寄与することを意味する。磁石内周配置型では，図9(a)より界磁巻線スロットの左側の固定子ティース部の先端を除く大部分で，界磁巻線磁束と電機子反作用の2つの磁束が流れる。一方，同図(b)から磁石外周配置型では，界磁巻線スロットの左側の固定子ティース部の大部分で，界磁巻線磁束と電機子反作用に加え，永久磁石磁束の3つの磁束が流れる。このため磁石内周配置型では磁石外周配置型に比べ，固定子ティース部での磁気飽和が緩和される。同図(a)(b)の比較から，磁石内周配置型では固定子ティース幅を狭くして，界磁巻線スロットを周方向に拡幅している。この結果，界磁巻線起磁力の増加によってより大きな最大トルクが得られるため，磁石内周配置型は高トルク密度化に有利な構造といえる。

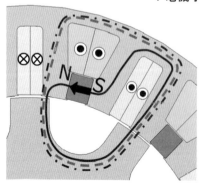 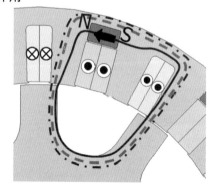

(a)磁石内周配置型　　　　(b)磁石外周配置型

図9　磁石内周/外周配置型 HEFSM の最大トルク発生時の磁束経路

3.3.2 高出力化

式(1)より電機子反作用そのもの自身は，トルク発生に寄与しないことは明らかである。高出力化をインバータ出力電圧制約の下での基底速度（最大トルク発生可能な最大回転数）の増加と置き換えると，最大トルク制御時の力率改善，すなわち電機子反作用の抑制が重要となる。図9(a)(b)の比較から，磁石内周配置型に比べて磁石外周配置型の電機子反作用は，その大部分の磁束経路で他の2つの磁束，永久磁石磁束と界磁巻線磁束と重なることがわかる。これに伴う磁気飽和による界磁巻線磁束の減少は前述のように高トルク化には不利に働くが，磁気飽和による電機子反作用の減少は力率の改善による基底速度の増加，すなわち高出力化に寄与するため，磁石外周配置型は高出力化に有利な構造といえる。

3.3.3 高効率化

表3に示したモータ効率は，低・中・高速回転域での軽負荷点（巡航走行）での効率である。軽負荷点での効率を上げるためには，永久磁石磁束によるマグネットトルクができるだけ大きいことが望ましい。界磁巻線を通電しない状態での永久磁石磁束を増加させるためには，図4(a)，図5(a)に実線で示した界磁スロットバックヨーク部を介した短絡磁束を抑制すればよい。この1つの方策として，界磁バックヨーク部の磁気抵抗の増加が考えられる。前述した3.3.1の高トルク化で述べたように，磁石内周配置型では界磁巻線スロットを周方向に拡幅しているため，図9に見るように界磁バックヨーク長も長くなり，磁石外周配置型に比べ，界磁バックヨーク部の磁気抵抗を大きくできる。結果，高トルク化と連動して，磁石内周配置型は軽負荷域での高効率化に有利な構造といえる。

4. 高効率磁石中央配置型 HEFSM

4.1 構造と磁束経路

磁石中央配置型 HEFSM の構造断面図ならびに試作途中段階の固定子側の磁石配置写真を**図10**に示す。磁石を界磁巻線スロットの径方向中央に配置し，その径方向外側/内側のスロットに界磁巻線を有する構造である。本モータの最大トルク発生時の磁束経路を**図11**に示す。実線で示す永久磁石磁束経路からわかるように，図9の磁石内周/外周配置型の磁束経路の中間をとった磁束経路を形成する。これにより磁石中央配置型は，磁石内側/外側配置型の構造・磁束経路に起因した性能上のトレードオフを緩和する構造となり，高トルク化，高出力化，高効率化の点でバランスに優れた特性となる。磁石の低保磁力化については，固定子外周側界磁巻線起磁力が永久磁石への逆磁界を発生するが，内周側界磁巻線起磁力は永久磁石への順磁界を発生する。高トルク化のため，図示のように外周側界磁巻線スロットを大きくしており，内周側界磁巻線起磁力との磁界は完全には相殺しない。しかしながら磁石内周配置型に比べて永久磁石への逆磁界を抑制できるため，磁石内周配置型よりも低保磁力の磁石の採用が可能である。

4.2 試作機による性能評価試験結果

磁石中央配置型 HEFSM の設計諸元を**表4**に，概観写真を**図12**に示す。インバータ・モータ

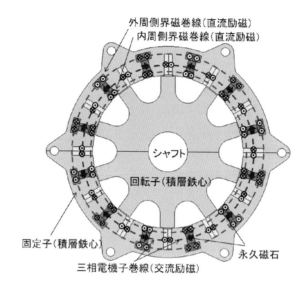

(a)構造断面図

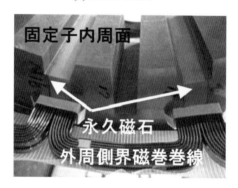

(b)試作機磁石配置

図10　磁石中央配置型 HEFSM

██████：永久磁石磁束磁路
▬ ▬ ▬：界磁巻線起磁力による磁束磁路
▬ ▪ ▪：電機子反作用

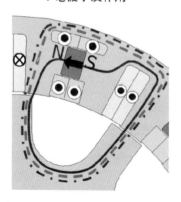

図11　磁石中央配置型 HEFSM の最大トルク発生時の磁束経路

表4 磁石中央配置型 HEFSM の設計諸元

モータ軸長（コイルエンド長含む）[mm]	129
固定子鉄心積厚 [mm]	64
コイルエンド長（接続側）[mm]	39
コイルエンド長（反接続側）[mm]	26
電磁鋼板型式	30JNE1500
磁石型式	N48TS-GR
三相電機子巻線ターン数/コイル	14
外周側／内周側界磁巻線ターン数/コイル	16/14
使用磁石重量 [kg]	0.74
最大トルク（3D-FEA）[N·m]	220.9
最大出力（3D-FEA）@8,000r/imn [kW]	72.5

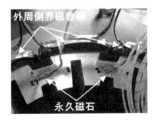
(a)固定子（製作途中） (b)固定子部品

(c)回転子部品 (d)全体（固定子＋回転子）

図12 磁石中央内周配置型 HEFSM の試作機外観写真

の最大電圧・電流制約の下，目標最大トルク・最大出力を確保するため，コア積厚は比較対象 IPMSM に対して 28%増の 64 mm としている。一方，低鉄損化を目的に 0.3 mm 厚の薄板電磁鋼板，低銅損化を目的に平角線による高占積率巻線を外周側界磁巻線（フラットワイズ巻），内周側界磁巻線，三相電機子巻線（ともにエッジワイズ巻）を採用している。コイルエンドが接続側で 39 mm，非接続側で 26 mm と増長した結果，コイルエンド長を含む全軸長が 129 mm と比較対象 IPMSM の 7.5%増となっている。磁石内周配置型で使用した N41G-ZR よりも低保磁力－高 B_r タイプである同社製の N48TS-GR を用いている。3D-FEA による最大トルク，最大出力の解析評価値はともに目標性能を満たしており，表3との比較から，最大トルクは磁石内周配置型よりも高く，最大出力は磁石外周配置型より高く設計できている。

第2編　省・脱レアアース磁石と高効率モータ開発

表5　磁石中央配置型 HEFSM の多用動作点効率測定結果

動作点		IPMSM	中央磁石配置型 HEFSM							
			測定値						解析値（3D-FEA）	
速度 [r/min]	トルク [N·m]	効率 [%]	効率 [%]	電機子銅損 [W]	界磁銅損 [W]	鉄損 [W]	機械損 [W]	効率 [%]	銅損 [W]	鉄損 [W]
1,000	13	88.5	88.9	113	0	45	8.7	90.3	129	14
1,000	75	89	82.2	656	701	328	8.6	85.4	233	98
2,000	13	89.5	91.3	103	38	80	15.3	94.1	239	36
2,000	130	90.5	85.3	1,298	2,014	1,259	15	89.1	2,953	312
3,000	13	90	91.2	106	49	176	44.7	95	128	65
6,000	13	91	93.2	89	56	350	103.4	95.7	133	180
8,000	13	91	92.6	81	80	526	176.4	95.6	142	270
10,000	13	92	91.3	87	110	763	344.7	94.8	167	368

　ダイナモ装置側から 500r/min 一定速度で試作機を回転させ，界磁電流ならびに電機子電流を変化させて電機子電流−トルク特性を測定した。その結果，最大電流密度条件となる電機子電流 170 Arms（電流進角位相 $\beta = 10$ deg），界磁巻線起磁力 2,468 AT（外周側 100 A×16 T，内周側 62 A×14 T）の下で測定最大トルクは 212.5 N·m となり，目標値である 207 N·m を満足することを確認している。一方，ダイナモ装置側から 2,000〜12,000 r/min まで 2,000 r/min ごとに回転数を調整し，界磁電流ならびに電機子電流を変化させて速度−最大出力特性を測定した。結果，4,000 r/min 以上の全回転域で 60 kW 以上の最大出力が得られ，6,000 r/min では 67.6 kW と目標値を満足することを確認している。自動車用モータとしての想定多様動作点でのモータ効率について行った試験結果を**表5**に示す。トルクが 13 N·m である軽負荷点では回転速度によらず，比較対象である IPMSM より高いモータ効率が実現できていることが確認できる。1,000 r/min-75 N·m や 2,000 r/min-130 N·m の高負荷動作点では，鉄損の増加により効率が低下している。この理由は，主に平角線での渦電流損が要因であると考えられるため，改善設計策が今後の課題である。

文　献

1）小坂卓：電気学会全国大会講演論文集，第4分冊，S21（22）-S21（23），（2016）．

2）E. Hoang et al.: Proc. of European Conf. on Power Electronics and Appl., **14**，（2007）．

3）https://info.ornl.gov/sites/publications/files/pub26762.pdf

索　引

英数・記号

1 次銅損 ････････････････････････････ 281

1 層 V 字構造 ･･････････････････････ 287

2 次元／3 次元有限要素磁場解析 ･･･ 315

2 次銅損 ････････････････････････････ 279

2 層構造 ････････････････････････････ 287

2 粒子粒界相 ･･････････････････････････ 14

3 次元アトムプローブ ･････････････････ 64

Ca–La–Co 系 M 型フェライト ･････････ 79

Ca–La–Co 系フェライト ･･････････････ 204

d (dynamic)–HDDR 法 ･･････････････ 161

DFT ･････････････････････････････････ 12

dhcp–Nd ････････････････････････････ 87

DSC ･････････････････････････････････ 91

Dy フリー ･･･････････････････････････ 161

d 軸インダクタンス ･･････････････････ 290

EBSD ･･･････････････････････････････ 134

EDS ･････････････････････････････････ 63

　元素マッピング像 ･･･････････････････ 71

EXAFS 振動 ･･･････････････････････ 221

fcc–Nd ･･････････････････････････････ 87

Fe 原子の Co 原子化 ････････････････ 247

Fe セグメント ･･･････････････････････ 274

GGA ･････････････････････････････････ 12

HAADF–STEM 法 ･･･････････････････ 63

HAADF 像 ･････････････････････････ 74

HDDR（Hydrogenation–Disproportionation–
Desorption–Recombination）法 ････････ 161

HDDR 磁石 ･･････････････････････････ 72

HRTEM 像 ･･････････････････････････ 71

IPMSM ･･･････････････････････ 287, 297

IPM モータ ･････････････････････････ 287

I 字配置 ･･･････････････････････････ 285

JC08 モード ･･･････････････････････ 295

Kerr 効果顕微鏡 ･････････････････････ 53

$L1_0$FeNi ･･････････････････････････ 261

$L1_0$ 型 ･･･････････････････････････ 251

　結晶構造 ･･････････････････････････ 261

　FeNi ･････････････････････････････ 251

La–Co 置換フェライト ････ 203, 204, 207

layer–by–layer 成長 ･･･････････････ 257

MAGFINE ･･･････････････････････ 163

MgO ･･･････････････････････････････ 252

$Nd_2Fe_{14}B$ ････････････････････････ 61

Nd_2O_3 ･･････････････････････････ 87, 136

$NdFe_{11}TiN$ ･･････････････････････ 227

$NdFe_{12}N$ ･･････････････････････ 228

$NdFe_{12}N_x$ ･･････････････････････ 235

Nd–Fe–B/α–Fe ナノコンポジット厚膜磁石 ･･･ 277

Nd–Fe–B 系磁石 ･････････････････････ 245

Nd–Fe–B 焼結磁石 ･･･････････････ 87, 114

NdO_x ･････････････････････････････ 87

Nd 結晶相 ･･････････････････････････ 47

Nd リッチ結晶粒界相 ･･･････････････････ 62

Nd リッチ相 ･････････････････････････ 61

NITE 法 ･･･････････････････････････ 264

Permanent Magnet Synchronous Motor ･･････ 173

PLD（Pulsed Laser Deposition）法 ･･･ 269

q 軸インダクタンス ･･････････････････ 290

rf マグネトロンスパッタ法 ･･･････････ 22

Rietveld 解析 ･････････････････････ 25, 217

SEM ･･･････････････････････････････ 87

Slater–Pauling（S–P）曲線 ･･･････････ 246

Slater–Pauling 曲線 ･･･････････････ 245, 255

$Sm(FeCo)_{12}$ ･･･････････････････････ 235

$Sm_2Fe_{17}N_3$ ･･････････････････ 177, 193

　磁石 ･････････････････････････････ 185

$Sm_2Fe_{17}N_x$/$Sm_2(Fe, M)_{17}N_x$ コアシェル粉末
････････････････････････････････････ 200

Sm–Co/α–Fe ナノコンポジット磁石 ･･････ 269

SmCo 磁石 ･･････････････････････････ 167

Sm–Cu 基共晶合金 ················· 183
Sm–Fe–N/Zn 複合粉末 ············· 198
Sm–Fe–N 系 Zn ボンド磁石 ········· **193**
Sm–Fe–N 磁石 ··················· **188**
SOC ···························· 13
Spin–SEM ······················ 65
SPring–8 ···················· 134, 220
SPS ··························· 213
Sr 系 M 型フェライト ·············· 79
TEM ························ 62, 87
Th_2Zn_{17} 型 ···················· 178
$ThMn_{12}$ ······················ 235
　（1–12）型構造を有する磁石材料 ····· 241
　構造 ························ 227
V 字配置 ······················ 284
W 型フェライト ·················· 213
　～の生成領域 ················· 214
　～の結晶構造 ················· 215
Wigner–Seitz cell ················ 96
Wyckoff 記号 ··················· 78
XAFS（X-ray Absorption Fine Structure）··· 215
XMCD ························ 134
XPS ·························· 136
X 線
　MCD ······················ 65
　回析 ···················· **87, 215**
　回析（XRD）················· 252
　吸収微細構造解析 ·············· 81
　極点図形 ···················· 26
YFe_{12} ························ 235
Z コントラスト ·················· 74
α–Fe ·························· 136

和 文

あ
アークプラズマ蒸着（APD）法 ········· 198
あいちシンクロトロン光センター ········ 217
圧縮成形 ······················ 163

アモルファス
　構造 ························ 15
　相 ························· 15
　粒界相 ······················ 71
安定化元素 ···················· 239
アンモニア窒化 ················· 188

い
イオンの価数 ··················· 216
異種原子 ······················ 16
異常分散効果 ··················· 253
一軸結晶磁気異方性（一軸磁気異方性エネル
ギー） ·················· **251**
一体成形 ······················ 163
異方性
　磁石（MQ3）················· 69
　磁場 ······················ 151
　焼結磁石 ·················· 6, 178
　ナノコンポジット磁石 ··········· 21
　ボンド磁石 ················ **161**
インダクタンス ················· 281
インレンズ 2 次電子 ·············· 61

う
薄板電磁鋼板 ··················· 321
渦電流 ······················· 300
　損 ························· 322
埋込
　磁石形 ··················· **280**
　磁石同期モータ ········· **3, 287, 297**

え
永久磁石
　界磁形 ·················· 279, 280
　形同期モータ ················· 311
　同期電動機 ················ **173**
　同期モータ ················ **279**
液相焼結 ···················· 5, 82
エッジワイズ巻 ················· 321

エネルギー

　積 ································ 251

　選択後方分散乱電子（EsB）········· 70

　分解能 ····························· 81

　分散型 X 線分光スペクトル（EDS）········· 69

　密度 ····························· 273

お

大型放射光施設 SPring-8 ··········· 115, 253

オープンコア擬ポテンシャル ··········· 13

　法 ····························· 13

オストワルド成長 ················· 45

温間成形 ······················· 162

温度係数 ······················· 127

か

カー効果 ························· 29

加圧焼結法 ······················ 178

界磁巻線 ························ 312

回折 ··························· 95

回転子 ························· 175

回転磁界 ························ 279

界面エネルギー ···················· 17, 46

化学効果 ························ 231

化学量論組成 ···················· 254

画像処理 ························ 53

加熱昇温温度 ···················· 137

可変界磁

　型モータ ···················· **311**

　機能 ························· 311

還元拡散法 ···················· **185**

　（RD）························· 199

完全レアアースフリー ··············· 261

き

規格化保磁力 ···················· 271

規則合金 ······················ **251**

基底速度 ························ 289

軌道磁気モーメント ················ 85

希土類磁石 ···················· **167**

基板加熱スパッタ ················· 25

逆位相境界 ······················ 258

逆磁区生成 ······················ 56

逆問題解析 ······················ 48

急速加熱 ······················ **138**

球面収差補正機 ··················· 77

急冷薄帯 ························ 134

急冷速度 ························ 135

キュリー温度 ··················· **89, 97, 190**

　（T_c）······················· 245

強磁性共鳴 ······················ 22

強磁場 ························· 117

　走査型軟 X 線 MCD（Magnetic Circular
　　Dichrosm）顕微分光 ············· 113

共晶反応 ······················ **88**

強磁力磁石 ······················ 289

共沈法 ························· 186

極磁気光学カー効果（p-MOKE）······· 257

局所結晶磁気異方性 ················ 11

局所磁気

　特性 ························· 11

　ヒステリシス ··················· 118, 120

均質化 ························ **133**

均質微細 ························ 139

く

駆動モータ ······················ 133

駆動用埋込磁石形同期モータ ··········· 312

グラニュラー構造 ················· 251

グローブボックス ················· 182

け

軽希土類元素 ···················· 97

形状磁気異方性 ··················· 253

形状自由度 ······················ 164

結晶

　化 ························· 137

　構造 ························· 95

　粒界 ························· 61

　粒径 ························· 271

結晶磁気
  異方性 ················· 22
  異方性磁界 ················· 6
  異方性定数 ················· 270
結晶場
  解析 ················· 13
  理論 ················· 228
結晶粒集団での磁化反転 ················· 56
減磁 ················· 299
減磁曲線 ················· 22, 169
原子
  間距離 ················· 216
  サイト ················· 95
  散乱因子 ················· 217
  分解能像 ················· 74
検出深さ ················· 114
元素選択性 ················· 215

こ

コアシェル構造 ················· 74, 98
高温
  X線回折 ················· 87
  安定性 ················· 248
高角度環状暗視野
  （HAADF）像 ················· 79
  走査透過型電子顕微鏡法 ················· 63
交換結合 ················· 21, 230
  定数 ················· **23**
  ナノコンポジット磁石 ················· **21**
交換
  スティフネス定数 ················· **248, 270**
  スプリング磁石 ················· 21
  相互作用係数 ················· 248
高効率化 ················· **166, 318**
高効率磁石中央配置型 HEFSM ················· **312**
格子
  拡散 ················· 153
  定数の温度依存性 ················· 89
  ひずみ ················· 257
高出力化 ················· 318

高占積率巻線 ················· 321
構造相転移 ················· 93
高速回転化 ················· 164
高速道路走行 ················· 291
高速フーリエ変換（FFT）解析 ················· 73
高耐食性 ················· 167
高耐熱性 ················· 167, 201
  磁石 ················· 314
高鉄濃度化 ················· **167**
高トルク化 ················· 318
高分解能像 ················· 71
高保磁力磁石 ················· 314
効率マップ ················· **293**
交流駆動 ················· 279
小型軽量化 ················· **164**
コギングトルク ················· 303
固相焼結 ················· 5
コバルト化 ················· 232
固有保磁力 ················· 284
固溶効果 ················· 14
混成軌道形成効果 ················· 245, 249

さ

サーファクタント ················· 257
最小 d 軸鎖交磁束 ················· 290
最大
  エネルギー積 ················· **24, 64**
  効率運転 ················· 293
  出力制御 ················· 293
サイト
  選択（site preference） ················· 96
  占有率 ················· 95, 216
材料組織 ················· 11
サブミクロンサイズの $Sm_2Fe_{17}N_3$ 微粉末 ······ 186
サマリウムコバルト磁石 ················· **167**
酸化被膜処理 ················· 163
産業用機械 ················· 3
三相電機子巻線 ················· 312
酸素
  拡散 ················· **89**

濃度 ················· 170, 214
不純物 ····················· 14
散乱長 ······················· 95
残留磁化 ····················· 69
～の温度係数 ·············· 177
残留磁束密度 ········· 151, 283, 289

し

ジェットミル ············ 170, 182
市街地走行 ················· 291
磁化
反転 ····················· 11
反転過程 ················· 113
反転挙動 ················· 110
容易軸 ················· 66, 270
容易方向 ················· 24
磁気
SANS ··················· 104
異方性 ············· 16, 97, 251
異方性磁場（H_a） ········ 245
イメージング ············· 52
回路 ················· 164, 297
緩和 ····················· 259
結晶構造 ················· 218
構造 ····················· 96
散乱 ················· 96, 104
散乱断面積 ··············· 105
双極子相互作用 ··········· 28
体積効果 ······ 231, 245, 246, 247, 249
～的微細構造 ············· 107
～的分断 ················· 107
～的飽和 ················· 105
モーメント ··············· 255
モーメントの大きさ ······· 216
磁気力顕微鏡（MFM） ······· 248
磁区 ············· **51, 103, 113**
観察 ··················· **51**
時効処理 ················· 167
磁石
外周配置型 ··············· 312

低保磁力化 ················· 318
内周配置型 ··············· 312
磁束
高調波成分 ··············· 285
漏洩 ····················· 164
磁壁 ················· 11, 51
エネルギー（γ） ········· 247
幅 ······················· 74
ピニングサイト ··········· 168
四面体構造 ················· 221
射出成形 ················· 163
斜入射 X 線回析（GI-XRD） ··· 253
主相 ······················· 3
重希土類 ············· 167, 299
元素 ··················· **3, 97**
粒界拡散ネオジム磁石 ····· **284**
収差補正
型走査透過電子顕微鏡（Cs-STEM） ········ 243
～—走査透過電子顕微鏡（Cs-STEM） ······ 69
集中巻
IPM モータ ············· **284**
巻線 ····················· 316
自由落下 ················· 139
主相 ····················· 96
省エネ化 ················· 166
焼結
磁石 ················· **61, 69**
助剤 ········· **207, 209, 225**
密度 ····················· 224
焼成温度 ················· 214
状態密度 ············· 12, 229
初磁化曲線 ··········· 125, 140
磁歪 ····················· 89
振動試料型磁力計 ··········· 114

す

垂下特性比透磁率 ··········· 299
水素プラズマ—金属反応（HPMR）法 ········ 194
ステータ巻線 ··············· 281
ステップテラス構造 ········· 83

索-v

索　引

スピン・起動相互作用 ················ **13**
スピンフリップ転位 ··················· 29
スレーター・ポーリング曲線 ··········· 229
寸法精度 ··························· 164

せ

制限視野電子解析（SAD）·············· 70
静磁エネルギー ····················· 109
生成エネルギー ······················ 16
生成条件 ·························· 213
積層
　型ナノコンポジット磁石（膜）········· 269
　周期 ························· 270, 271
セル
　壁相 ··························· 168
　状組織 ·························· 167
　相 ····························· 168
全エネルギー ······················· 13
全電子収量（TEY）法 ··············· 118
占有サイト ························· 213

そ

双極子相互作用 ····················· 109
走査
　型電子顕微鏡（SEM）·············· 116
　型トンネル電子顕微鏡（STM）········ 258
　型軟X線MCD顕微分光 ············· 115
　電子顕微鏡（SEM）················· 69
双晶境界 ··························· 72
想定多様動作点 ····················· 317
速度—トルク特性 ··················· 287
組織 ···························· 133
　均質化 ·························· 139
粗大結晶粒 ························ 134
その場観察 ························· 52
ソフト磁性相 ······················ 272

た

第一原理計算 ············ **12, 26, 89, 228**
第一原理分子動力学法 ················· 15

大強度陽子加速器施設（J-Parc）········· 218
第三元素 ·························· 255
第3世代プリウス ··············· 287, 312
体積分率 ··························· 22
　〜の温度依存性 ···················· 91
体積膨張 ··························· 14
多磁区構造 ························· 52
多層膜型ナノコンポジット磁石 ········· 21
単磁区 ··························· 110
　結晶粒 ·························· 125
　構造 ··························· 52
　磁石臨界半径（R_c）··············· 247
断面TEM観察 ······················ 26

ち

窒化 ···························· 178
　脱窒素法 ························ 264
中間負荷点 ························ 285
中期焼結過程 ······················· 82
中性子 ·························· **103**
　回折 ··························· 216
　散乱断面積 ······················· 95
　小角散乱 ····················· **103**
長距離規則度（S）················· 253
超高真空分子線エピタキシー法（MBE）····· 252
超多周期積層構造膜 ·············· **272**
超伝導量子干渉計（SQUID）··········· 252
直接圧入 ·························· 164
直流駆動 ·························· 279

つ

通電焼結技術 ······················ 178

て

低温共晶合金浸透法 ················· 143
定格
　温度上昇試験 ···················· 173
　負荷点 ························· 285
低酸化
　環境工程 ························ 181

索-vi

プロセス技術 …………………………… 183

低酸素

化 ………………………………………… 194

複合粉末 …………………………………… 199

低鉄損材料 …………………………………… 292

低保磁力磁石 ………………………………… 314

データサイエンス …………………………… 48

鉄隕石 ………………………………………… 262

鉄心 …………………………………………… 281

鉄損 …………………………………… 284, 291

テラス ………………………………………… 258

添加剤 ………………………………………… 183

電機子

鎖交磁束 …………………………………… 281

作用の抑制 ………………………………… 319

反作用 ……………………………………… 281

電気

自動車 ……………………………………… 311

抵抗率 ……………………………………… 166

電子

エネルギー損失分光法 …………………… 77

スピン共鳴 ………………………………… 26

密度分布 …………………………………… 17

電子線

回折 ………………………………… 62, 136

ホログラフィー …………………………… 65

電動車両 ……………………………………… 133

電流位相 ……………………………………… 282

と

透過電子顕微鏡（TEM）…………… 69, 258

同期モータ …………………………………… 279

同軸度 ………………………………………… 164

銅損 …………………………………………… 291

トポタクテイック脱窒素反応 ……………… 264

トルクリプル ………………………………… 307

な

ナノコンポジット

構造 ………………………………………… 251

磁石 …………………………………………… 21

磁石膜 ………………………………………… 269

に

二粒子粒界 ……………………………… 71, 83

ね

ネオジム磁石 ………………………… 69, 141, 282

熱間加工

磁石 ………………………… **69, 106, 133, 142**

ネオジム磁石 ……………………………… 123

法 …………………………………………… 142

熱減磁過程 …………………………………… 54

熱分解 ………………………………………… 178

熱力学パラメータ …………………………… 48

は

ハード磁性相 ………………………………… 272

パーミアンス ………………………………… 299

配向度 …………………………………… 70, 105

媒体ミル ……………………………………… 182

ハイブリッド

界磁フラックススイッチングモータ ……… **311**

自動車 ……………………………………… 311

破断面 ………………………………………… 114

八面体構造 …………………………………… 221

発電機 ………………………………………… 167

発展方程式 …………………………………… 44

反射

高速電子回折（RHEED）……………… 252

電子SEM（BSE-SEM）像 ……………… 61

電子像 ……………………………………… 82

ひ

ビームライン ………………………………… 116

微細

構造 ………………………………………… 95

組織 …………………………………… **120, 134**

非磁性相 ……………………………………… 65

非晶質 ………………………………………… 135

構造 ···································· 65

状態 ···································· 277

非正弦波駆動 ································ 279

必要起動電流 ································ 173

比透磁率 ···································· 283

非平衡フェーズフィールド法 ··················· 43

表面

エネルギー ······························ 18

酸化膜 ································ 181

磁石形 ································ 280

平角線 ···································· 321

ピンニング型 ································ 140

ふ

フェーズフィールド法 ······················ 43

フェライト磁石 ···························· 98

フェリ磁性体 ······························ 98

不可逆減磁 ······················· 172, 314

複雑形状 ···································· 163

副相 ·· 96

浮遊帯溶融法 ······························ 28

フラックスバリア ·························· 303

形状 ······························· 301, 302

フラットワイズ巻 ·························· 321

フレネルゾーンプレート（FZP）········· 115

分布巻

IPM モータ ····························· 282

巻線 ·································· 316

へ

平均粉末粒径 ······························ 170

ほ

ホイール速度 ······························ 135

ボイスコイルモータ ························· 3

放射光 ······································ 113

放電プラズマ焼結 ························ 213

（SPS）····························· 199

飽和磁化 ·························· 6, 151

（M_s）····························· 254

飽和磁気分極 ······························ 270

（J_s）····························· 245

飽和磁束密度 ······························ 292

飽和磁場 ···································· 254

ボールミル ································ 170

保磁力 ········· 64, 69, 97, 141, 151, 223, 251, 289

機構 ·· 6

低下現象 ································ 179

～の温度係数 ······················ 277

ま

マイクロ磁気学 ···························· 105

マグネット

トルク ································ 289

プランバイト型構造（M 型構造）········· 74

プランバイト型フェライト ·············· 203

マテリアルズインフォマティスクス ········· 48

マルチフェーズフィールド法（MPF 法）······· 43

み

密度汎関数理論 ······················ 12, 228

無負荷誘起電圧 ···························· 173

め

メスバウアー ······························ 259

メルトスパン法 ···························· 133

も

モータ ···································· 167

漏れ磁束 ······················· 301, 303

ゆ

誘起電圧 ···································· 284

誘導モータ ································ 279

ユビキタス元素 ···························· 213

よ

陽イオン分布 ······························ 98

溶解―析出過程 ···························· 82

溶体化熱処理 ······························ 167

弱め磁束制御 ················ 281, 291

ら

落下式熱処理 ·················· 138

ラメラ状組織 ················· 162

り

リートベルト解析 ·············· 101

力率改善 ····················· 319

リコイル比透磁率 ·············· 299

リサイクル ··················· 166

粒界3重点 ····················· 61

　相 ························· 13

粒界

　エネルギー ················· 46

　相 ·········· 43, 82, 87, 96, 114

粒界拡散 ············ 69, 88, 153

　磁石 ······················ 316

　法 ························ 161

粒間流感交換結合 ··············· 65

粒径の微細化 ················ 186

粒度分布 ····················· 170

リラクタンストルク ········ 280, 289

ろ

ロータ損失 ··················· 280

次世代永久磁石の開発最前線
磁性の解明から構造解析、
省・脱レアアース磁石、モータ応用まで

発行日	2019年2月15日　初版第一刷発行
監修者	尾崎 公洋　　杉本 諭
発行者	吉田 隆
発行所	株式会社 エヌ・ティー・エス 〒102-0091 東京都千代田区北の丸公園2-1　科学技術館2階 TEL.03-5224-5430　http://www.nts-book.co.jp
印刷・製本	美研プリンティング株式会社

ISBN978-4-86043-586-8

ⓒ2019　尾崎公洋, 合田義弘, 加藤宏朗, 小池邦博, 大久保忠勝, 小山敏幸, 塚田祐貴, 竹澤昌晃, 佐々木泰祐, 板倉賢, 小林義徳, 川田常宏, 岡﨑宏之, 斉藤耕太郎, 小野寛太, 中村哲也, 小谷佳範, 豊木研太郎, 日置敬子, 服部篤, 清水治彦, 中澤義行, 秋屋貴博, 廣田晃一, 中村元, 三嶋千里, 度會亜起, 桜田新哉, 髙木健太, 岡田周祐, 松浦昌志, 小原学, 中川貴, 清野智史, 山本孝夫, 三宅隆, 平山悠介, 小林久理眞, 水口将輝, 小嶋隆幸, 高梨弘毅, 柳原英人, 後藤翔, 中野正基, 柳井武志, 福永博俊, 山際昭雄, 森本茂雄, 相馬慎吾, 藤代智, 小坂卓.

落丁・乱丁本はお取り替えいたします。無断複写・転写を禁じます。定価はケースに表示しております。
本書の内容に関し追加・訂正情報が生じた場合は、㈱エヌ・ティー・エスホームページにて掲載いたします。
※ホームページを閲覧する環境のない方は、当社営業部(03-5224-5430)へお問い合わせください。

NTSの本　関連図書

	書籍名	発刊日	体裁	本体価格
1	希土類の材料技術ハンドブック ～基礎技術・合成・デバイス製作・評価から資源まで～	2008年	B5 1050頁	54,800円
2	ALD（原子層堆積）によるエネルギー変換デバイス	2018年	B5 328頁	32,000円
3	超伝導現象と高温超伝導体	2013年	B5 530頁	45,600円
4	ポストリチウムに向けた革新的二次電池の材料開発	2018年	B5 372頁	42,000円
5	蓄電システム用二次電池の高機能・高容量化と安全対策 ～材料・構造・量産技術、日欧米安全基準の動向を踏まえて～	2015年	B5 280頁	43,000円
6	リチウムに依存しない革新型二次電池	2013年	B5 266頁	41,600円
7	高性能リチウムイオン電池開発最前線 ～5V級正極材料開発の現状と高エネルギー密度化への挑戦～	2013年	B5 342頁	42,000円
8	次世代パワー半導体 ～省エネルギー社会に向けたデバイス開発の最前線～	2009年	B5 400頁	47,000円
9	高性能蓄電池 ～設計基礎研究から開発・評価まで～	2009年	B5 420頁	45,200円
10	光触媒/光半導体を利用した人工光合成 ～最先端科学から実装技術への発展を目指して～	2017年	B5 250頁	40,000円
11	貴金属・レアメタルのリサイクル技術集成 ～材料別技術事例・安定供給に向けた取り組み・代替材料開発～	2007年	B5 600頁	43,200円
12	自動車のマルチマテリアル戦略 ～材料別戦略から異材接合、成形加工、表面処理技術まで～	2017年	B5 384頁	45,000円
13	しなやかで強い鉄鋼材料 ～革新的構造用金属材料の開発最前線～	2016年	B5 440頁	50,000円
14	自動車の軽量化テクノロジー ～材料・成形・接合・強度、燃費・電費性能の向上を目指して～	2014年	B5 342頁	37,000円
15	モータの騒音・振動とその低減対策	2011年	B5 460頁	38,000円
16	電気自動車の最新制御技術	2011年	B5 272頁	37,800円
17	【調査レポート】今やIoTデバイスにつながっている 半導体メーカーのM&A戦略　2018年版	2018年	A4 76頁	7,500円
18	半導体微細パターニング ～限界を超えるポスト光リソグラフィ技術～	2017年	B5 416頁	40,000円
19	翻訳　マテリアルズインフォマティクス ～探索と設計～	2017年	B5 312頁	37,000円
20	科学技術計算のためのPython ～確率・統計・機械学習～	2016年	B5 310頁	6,000円
21	Juliaデータサイエンス ～Juliaを使って自分でゼロから作るデータサイエンス世界の探索～	2017年	B5 308頁	3,600円
22	カーボンナノチューブ・グラフェンの応用研究最前線 ～製造・分離・分散・評価から半導体デバイス・複合材料の開発、リスク管理まで～	2016年	B5 480頁	60,000円

※本体価格には消費税は含まれておりません。